黑龙江建筑职业技术学院
国家示范性高职院校建设项目成果

国家示范性高职院校工学结合系列教材

市政管道工程施工

（市政工程技术专业）

边喜龙　张　波　邓曼适　合编

中国建筑工业出版社

图书在版编目（CIP）数据

市政管道工程施工/边喜龙，张波，邓曼适合编．—北京：中国建筑工业出版社，2010.11
国家示范性高职院校工学结合系列教材（市政工程技术专业）
ISBN 978-7-112-12729-0

Ⅰ.①市… Ⅱ.①边…②张…③邓… Ⅲ.①市政工程：管道工程-工程施工-高等学校：技术学校-教材 Ⅳ.①TU990.3

中国版本图书馆 CIP 数据核字（2010）第 238297 号

本书内容包括市政给水管道、市政排水管道、市政供热管道、市政燃气管道及其构筑物工程施工。本书是以项目或任务为载体，按照真实工程项目以"工作过程"为导向，介绍了承插式铸铁给水管道开槽施工、钢筋混凝土（混凝土）管道开槽施工、PE（PVC）管道开槽施工、市政供热管道工程施工、市政燃气管道开槽施工、构筑物施工、钢筋混凝土管道顶管施工、盾构法施工的基本知识、施工工艺和施工方法。

本书可作为高职高专市政工程技术专业、给水排水工程技术专业的教学用书，也可以作为相关工程技术人员的参考用书。

为了方便教学，作者特制作了电子课件，如有需要，请发邮件至 cabpbeijing@126.com 索取。

* * *

责任编辑：朱首明　王美玲
责任设计：董建平
责任校对：姜小莲　赵　颖

国家示范性高职院校工学结合系列教材

市政管道工程施工

（市政工程技术专业）

边喜龙　张　波　邓曼适　合编

*

中国建筑工业出版社出版、发行（北京西郊百万庄）
各地新华书店、建筑书店经销
北京红光制版公司制版
北京市安泰印刷厂印刷

*

开本：787×1092毫米　1/16　印张：22　字数：550千字
2011 年 2 月第一版　2015 年 12 月第五次印刷
定价：46.00 元（赠送课件）
ISBN 978-7-112-12729-0
（19994）

版权所有　翻印必究
如有印装质量问题，可寄本社退换
（邮政编码 100037）

前　言

近年来，我国城市基础设施建设的发展愈来愈快，而市政管道工程建设占有相当的比重。市场上需求大批的职业技术人才。为了适应市场经济条件下城市建设的需要，满足高等职业技术教育教学和工程技术人员的需求，真正做到理论与实践结合、学校和企业结合。编者在总结多年的教学与工程实践的基础上，编写了以"工作过程"为导向、按实际工程"生产流程"为主线的工学结合型的教材。

本教材摒弃了传统的学科体系的教材模式，依据生产一线典型的工作任务，构建了以实际工程项目或任务为载体的教材内容。本教材的内容包括：承插式铸铁给水管道开槽施工、钢筋混凝土（混凝土）管道开槽施工、PE（PVC）管道开槽施工、市政供热管道工程施工、市政燃气管道开槽施工、管道顶管施工、盾构法施工、市政管道工程构筑物施工。

本教材由黑龙江建筑职业技术学院边喜龙，哈尔滨市供水工程有限责任公司张波，广州大学市政技术学院邓曼适合编，哈尔滨市政建设有限公司夏远征、北京中建润通机电工程有限公司刘百彬主审。

参编人员为黑龙江建筑职业技术学院于文波、郭春明，哈尔滨技师学院刘文玲。

编写分工：项目1、项目2、项目3由边喜龙、刘文玲编写；项目4、项目5、项目8由张波、邓曼适编写；项目6、项目7由于文波、郭春明编写。

本书可作为高职高专市政工程技术专业、给水排水工程技术专业的教学用书，也可以作为相关工程技术人员的参考用书。

由于编者水平有限，难免存在疏漏与不妥之处，敬请广大读者批评指正。

目　　录

项目1　承插式铸铁给水管道开槽施工 ·· 1
    任务1　承插式铸铁给水管道施工准备 ·· 1
    任务2　沟槽土方开挖施工 ·· 7
    任务3　地基处理施工 ·· 19
    任务4　铸铁管道安装施工 ·· 25
    任务5　铸铁管道安装质量检查 ·· 37
    任务6　沟槽土方回填 ·· 42
    任务7　文明施工 ·· 45
    复习思考题 ·· 47

项目2　钢筋混凝土（混凝土）管道开槽施工 ·································· 49
    任务1　混凝土管道开槽施工准备 ·· 49
    任务2　施工排水 ·· 63
    任务3　管道基础施工 ·· 84
    任务4　钢筋混凝土（混凝土）管道安装施工 ···································· 85
    任务5　钢筋混凝土（混凝土）管道安装质量检查 ································ 91
    任务6　沟槽土方回填 ·· 93
    复习思考题 ·· 95

项目3　PE（PVC）管道开槽施工 ·· 96
    任务1　PE（PVC）管道管材 ·· 96
    任务2　PE管道热熔焊接施工 ·· 100
    任务3　PVC管道安装 ·· 103
    任务4　土方回填 ·· 108
    任务5　试水试验 ·· 110
    复习思考题 ·· 110

项目4　市政供热管道工程施工 ·· 111
    任务1　市政供热管道构造 ·· 111
    任务2　市政供热管道材料与附件 ·· 122
    任务3　市政供热管道工程施工 ·· 129
    任务4　市政供热管道防腐与绝热施工 ·· 155
    任务5　市政供热管道质量检查 ·· 160
    任务6　工程验收 ·· 161
    复习思考题 ·· 176

项目5　市政燃气管道开槽施工 177
   任务1　燃气管道施工准备 177
   任务2　沟槽土方开挖 202
   任务3　沟槽支撑施工 204
   任务4　燃气管道安装施工 209
   任务5　燃气管道防腐施工 215
   任务6　燃气管道试验与验收 221
   任务7　燃气管道沟槽土方回填 226
   任务8　燃气管道安全、文明施工 227
   任务9　某燃气管道工程施工案例 230
   复习思考题 254

项目6　管道顶管施工 256
   任务1　顶管施工的准备 256
   任务2　顶管工作坑设置 259
   任务3　顶进设备安装施工 265
   任务4　顶管顶进施工 268
   任务5　顶管测量和校正 275
   复习思考题 279

项目7　钢管盾构法施工 280
   任务1　盾构施工简介 280
   任务2　盾构施工 283
   任务3　盾构施工（钢管）方案实例 287
   复习思考题 296

项目8　市政管道工程构筑物施工 297
   任务1　砖砌检查井等附属构筑物施工 297
   任务2　钢筋混凝土构筑物施工 306
   任务3　渠道施工 330
   复习思考题 343

主要参考文献 344

项目1 承插式铸铁给水管道开槽施工

【学习目标】

了解给水管道的基本构造；了解管道工程施工内业的基本知识；了解管道工程文明施工、安全施工的基本知识。能熟练识读管道工程施工图；能按照施工图，合理地选择管道施工方法，理解施工工艺，会进行承插铸铁管道开槽施工；具有承插式铸铁给水管道开槽施工过程管理、内业、安全和材料管理的基本能力。具有安全文明施工的良好意识；胜任管道施工员岗位工作。

任务1 承插式铸铁给水管道施工准备

一、给水管道系统

（一）给水系统组成部分

给水系统是由取水、输水、水处理、配水等设施以一定的方式组合而成的总体。通常由取水构筑物、水处理构筑物、泵站、输水管道、配水管网和调节构筑物六部分组成，如图1-1所示。

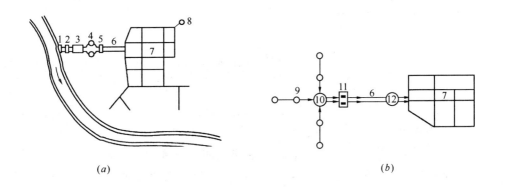

图1-1 给水系统
（a）地表水源给水系统；（b）地下水源给水系统
1—取水构筑物；2—一级泵站；3—水处理构筑物；4—清水池；
5—二级泵站；6—输水管；7—配水管网；8—调节构筑物；
9—井群；10—地下水处理构筑物（除铁、锰等）；11—泵站；12—水塔

根据水源的不同，一般有地表水源给水系统和地下水源给水系统两种形式。

(二)给水管道工程的主要任务

将符合用户要求的水(成品水)输送和分配到各用户,一般通过泵站、输水管道、配水管网和调节构筑物等设施共同工作来完成。

(1)输水管的任务:输水管道是从水源向给水厂,或从给水厂向配水管网输水的管道,输水管道一般都采用两条平行的管线,并在中间适当的地点设置连通管,安装切换阀门,以便其中一条输水管道发生故障时由另一条平行管段替代工作,保证安全输水,其供水保证率一般为70%。

(2)配水管的任务:配水管网是用来向用户配水的管道系统。它分布在整个供水区域范围内,接受输水管道输送来的水量,并将其分配到各用户的接管点上。一般配水管网由配水干管、连接管、配水支管、分配管、附属构筑物和调节构筑物组成。

二、管道的布置

(一)输水管布置形式

1. 重力输水系统

适用于水源地地形高于给水区,并且高差可以保证以经济的造价输送所需水量的情况。此时,源水可以靠自身的重力,经重力输水管送入给水厂,经处理后将成品水再送入配水管网,供用户使用;如水源水质满足用户要求,也可经重力输水管直接进入配水管网,供用户使用。该输水系统无动力消耗、管理方便、运行经济。当地形高差很大时,为降低供水压力,可在中途设置减压水池,形成多级重力输水系统,如图1-2所示。

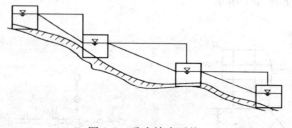

图1-2 重力输水系统

2. 压力输水系统

适用于水源地与给水区的地形高差不能保证以经济的造价输送所需的水量,或水源地地形低于给水区地形的情况。此时,水源(或清水池)中的水必须由泵站加压经输水管送至给水厂进行处理,或送至配水管网供用户使用。该输水系统需要消耗大量的动力,供水成本较高,如图1-3所示。

3. 重力、压力输水相结合的输水系统

在地形复杂且输水距离较长时,往往采用重力和压力相结合的输水方式,以充分利用地形条件,节约供水成本。该方式在大型的长距离输水管道中应用较为广泛,如图1-4所示。

(二)配水管网布置形式和特点

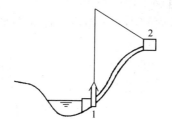
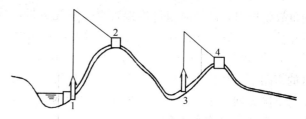

图 1-3 压力输水系统
1—泵站；2—高地水池

图 1-4 重力和压力相结合的输水系统
1、3—泵站；2、4—高地水池

1. 枝状管网

枝状管网是因从二级泵站或水塔到用户的管线布置类似树枝状而得名，其干管和支管分明。管径由泵站或水塔到用户逐渐减小，如图 1-5 所示。由此可见，树状管网管线短、管网布置简单、投资少；但供水可靠性差，当管网中任一管段损坏时，其后的所有管线均会断水。在管网末端，因用水量小，水流速度缓慢，甚至停滞不动，容易使水质变坏。

2. 环状管网

管网中的管道纵横相互接通，形成环状。当管网中某一管段损坏时，可以关闭附近的阀门使其与其他的管段隔开，然后进行检修，水可以从另外的管线绕过该管段继续向下游用户供水，使断水的范围减至最小，从而提高了管网供水的可靠性；同时还可以大大减轻因水锤作用而产生的危害。但环状管网管线长、布置复杂、投资多，如图 1-6 所示。

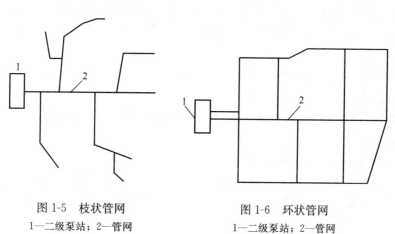

图 1-5 枝状管网
1—二级泵站；2—管网

图 1-6 环状管网
1—二级泵站；2—管网

（三）配水管网的布置要求

（1）配水管网由各种大小不同的管段组成，不论枝状管网还是环状管网，按管段的功能均可划分为配水干管、连接管、配水支管和分配管。

1）配水干管接受输水管道中的水，并将其输送到各供水区。干管管径较大，一般应布置在地形高处，靠近大用户沿城市的主要干道敷设，在同一供水区内可布置若干条平行的干管，其间距一般为 500～800m。

2）连接管用于配水干管间的连接，以形成环状管网，保证在干管发生故障关闭事故管段时，能及时通过连接管重新分配流量，从而缩小断水范围，提高供水可靠性。连接管一般沿城市次要道路敷设，其间距为 800~1000m。

3）配水支管是把干管输送来的水分配到接户管道和消火栓管道，敷设在供水区的道路下。在供水区内配水支管应尽量均匀布置；尽可能采用环状管线，同时应与不同方向的干管连接。当采用枝状管网时，配水支管不宜过长，以免管线末端用户水压不足或水质变坏。

4）分配管（也称为接户管、入户管）是连接配水支管与用户的管道，将配水支管中的水输送、分配给用户供用户使用。一般每一用户有一条分配管即可，但重要用户的分配管可有两条或数条，并应从不同的方向接入，以增加供水的可靠性。

(2) 管网附件

管网的适当位置上应设置阀门、排气阀、泄水阀、消火栓等附属设备。

其布置原则是数量尽可能少，但又要运用灵活。

1）阀门的作用与布置

阀门是控制水流、调节流量和水压的设备，其位置和数量要满足故障管段的切断需要，应根据管线长短、供水重要性和维修管理情况而定。一般干管上每隔 500~1000m 设一个阀门，并设于连接管的下游；干管与支管相接处，一般在支管上设阀门，以便支管检修时不影响干管供水；干管和支管上消火栓的连接管上均应设阀门；配水管网上两个阀门之间独立管段内消火栓的数量不宜超过 5 个。

2）消火栓及其他附件的布置与要求

应布置在使用方便，显而易见的地方，距建筑物外墙应不小于 5.0m，距车行道边不大于 2.0m，以便于消防车取水而又不影响交通。一般常设在人行道边，两个消火栓的间距不应超过 120m。

排气阀用于排除管道内积存的空气，以减小水流阻力，保证管道有效过水面积，一般常设在管道的高处。

泄水阀用于排空管道内的积水，以便于检修或事故时排空管道，一般常设在管道的低处。

3）给水管道在街道的位置确定

为保证给水管道在施工和维修时不对其他管线和建（构）筑物产生影响，给水管道在平面布置时，应与其他管线和建（构）筑物有一定的水平距离，其最小水平净距应符合规范要求。

给水管道相互交叉时，其最小垂直净距为 0.15m；给水管道与污水管道、雨水管道或输送有毒液体的管道交叉时，给水管道应敷设在上面，最小垂直净距为 0.4m，且接口不能重叠；当给水管必须敷设在下面时，应采用钢管或钢套管，钢套管伸出交叉管的长度，每端不得小于 3.0m，且套管两端应用防水材料封闭，并应保证 0.4m 的最小垂直净距。

三、给水管道工程施工图识读

（一）识读施工图的意义

（1）保证工程施工质量的前提，一般给水管道施工图包括平面图、纵断面图、大样图和节点详图四种；

（2）了解工程的实际设计意图和设计思路；

（3）核对施工图的正确性，并提出改进意见。

（二）识读平面图

管道平面图主要体现的是管道在平面上的相对位置以及管道敷设地带一定范围内的地形、地物和地貌情况。识读时应主要搞清以下一些问题：

（1）图纸比例、说明和图例；

（2）管道施工地带道路的宽度、长度、中心线坐标、折点坐标及路面上的障碍物情况；

（3）管道的管径、长度、节点号、桩号、转弯处坐标、中心线的方位角、管道与道路中心线或永久性地物间的相对距离以及管道穿越障碍物的坐标等；

（4）与本管道相交、相近或平行的其他管道的位置及相互关系；

（5）附属构筑物的平面位置；

（6）阀门等管网附件的位置；

（7）主要材料明细表。

（三）识读纵断面图

纵断面图主要体现管道的埋设情况。识读时应主要搞清以下一些问题：

（1）图纸横向比例、纵向比例、说明和图例；

（2）管道沿线的原地面标高和设计地面标高；

（3）管道的管中心标高或管底标高和埋设深度；

（4）管道的敷设坡度、水平距离和桩号；

（5）管径、管材和基础；

（6）附属构筑物的位置、其他管线的位置及交叉处的管底标高；

（7）施工地段名称。

（四）识读大样图

大样图主要是指阀门井、消火栓井、排气阀井、泄水井、支墩等的施工图。识读时应主要搞清以下一些内容：

（1）图纸比例、说明和图例；

（2）井的平面尺寸、竖向尺寸、井壁厚度；

（3）井的组砌材料、强度等级、基础做法、井盖材料及大小；

（4）管件的名称、规格、数量及其连接方式；

（5）管道穿越井壁的位置及穿越处的构造；

（6）支墩的大小、形状及组砌材料。

（五）识读节点详图

节点详图主要是体现管网节点处各管件间的组合、连接情况，以保证管件组合经济合理，水流通畅。识读时应主要搞清以下一些内容：
(1) 管网节点处所需的各种管件的名称、材质、规格、数量；
(2) 管件间的连接方式。

四、管道的定线与放线

管道定线放线的目的是确定给水管道在安装地点上的实际位置。定线是通过测量工具按设计图纸测量出给水管道在街道或绿化地带上或过障碍物的实际平面位置尺寸；该平面尺寸再用线桩或拉线和白灰等把给水管道的中心线及待开挖的沟槽边线显示出来，称为放线。

(一) 管道定线放线的原则

(1) 管道的定线放线应严格按给水管道工程图纸进行。
(2) 先定出管道走向的中心线，再定出待开挖的沟槽边线。
(3) 先定出管道直线走向的中心线，再定出管道变向的转点及中心线。
(4) 所设线位桩可用钢桩或木桩，线位桩在土内应埋入一定深度，能固定牢靠。
(5) 所拉的线绳和所放的白灰线应准确且不影响沟槽开挖。

(二) 进行管道的定线与放线工作

依据施工图给定的中线的位置，确定两个中心钉的位置，拉线后在离开沟槽开挖范围设立中心控制桩，并且进行保护措施的设置。

依据管道管径的大小、开挖方法、开挖深度、现场情况确定沟槽开挖宽度，从中心向两侧分别量出沟槽开挖宽度的二分之一，每侧两点，分别连线，按此连线撒灰线即可。

五、安全知识

(一) 安全生产的概念

安全生产就是在工程施工中不出现伤亡事故、重大的职业病和中毒现象。就是说在工程施工中不仅要杜绝伤亡事故的发生，还要预防职业病和中毒事件的发生。

(二) 安全生产的基本法律

《中华人民共和国劳动保护法》、《中华人民共和国建筑法》、《中华人民共和国安全生产法》、《中华人民共和国职业病防治法》、《建设工程安全生产管理条例》。

(三) 安全生产方针

建设工程安全生产管理，坚持安全第一、预防为主的方针。

建设单位、勘察单位、设计单位、施工单位、工程监理单位及其他与建设工程安全生产有关的单位，必须遵守安全生产法律、法规的规定，保证建设工程安全生产，依法承担建设工程安全生产责任。

(四) 安全负责人

企业法人或主要负责人。

(五) 负责人的安全职责

对安全生产工作全面负责。应当建立健全安全生产责任制度和安全生产教育培训制度，制定安全生产规章制度和操作规程，保证本单位安全生产条件所需资金的投入，对所承担的建设工程进行定期和专项安全检查，并做好安全检查记录。

任务2　沟槽土方开挖施工

一、土的工程特性指标

（一）土的物理性质

1. 土的质量密度和重力密度

天然状态单位体积土的质量称为土的质量密度，简称土的密度，用符号 D 表示。天然状态单位体积土所受的重力称为土的重力密度，简称土的重度，用符号 y 表示。

$$D = m/V$$
$$y = G/V = m \cdot g/V = D \cdot g$$

式中　m——土的质量（t）；

　　　V——土的体积（m³）；

　　　G——土的重力（kN）；

　　　g——重力加速度（m/s²）。

天然状态下土的密度值变化较大，通常砂土 $D=1.6\sim2.0\text{t/m}^3$，黏性土和粉砂 $D=1.8\sim2.0\text{t/m}^3$。通常砂土 $y=16\sim20\text{kN/m}^3$，黏性土和粉砂 $y=18\sim20\text{kN/m}^3$。

2. 土粒相对密度

土粒单位体积的质量与同体积的4℃时纯水的质量相比，称为土粒相对密度。土粒相对密度参考值见表1-1。

土粒相对密度参考值　　　　表1-1

土的类别	砂土	粉土	黏性土	
			粉质黏土	黏土
土粒相对密度	2.65~2.69	2.70~2.71	2.72~2.73	2.73~2.74

3. 土的含水量

水的质量与土颗粒质量之比的百分数称为土的含水量，含水量是表示土的湿度的一个指标。天然土的含水量变化范围很大。含水量小，土较干；反之土很湿或饱和。

4. 土的干密度和干重度

土的单位体积内颗粒的质量称为土的干密度；土的单位体积内颗粒所受重力称为土的干重度。一般土的干密度为 $1.3\sim1.8\text{t/m}^3$，土的干密度愈大，表明土愈密实，工程上常用这一指标控制回填土的质量。

5. 土的孔隙比与孔隙率

土中孔隙体积与颗粒体积之比称为孔隙比；土中孔隙体积与土的体积之比的百分数称为土的孔隙率。孔隙比是表示土的密实程度的一个重要指标。一般来说孔隙率小于 0.6 的土是密实的，土的压缩性小；孔隙率大于 1.0 的土是疏松的，土的压缩性大。

6. 土的饱和重度与土的有效重度

土中孔隙完全被水充满时土的重度称为饱和重度；地下水位以下的土受到水的浮力作用，扣除水的浮力后单位体积上所受的重力称为土的有效重度，土的饱和重度一般为 18～23kN/m³。

7. 土的饱和度

土中水的体积与孔隙体积之比的百分数称为土的饱和度，根据饱和度的数值可把细砂、粉末等土分为稍湿、很湿和饱和三种湿度状态，见表1-2。

砂土湿度状态划分　　　　　　　　　　　　　　　表1-2

湿度状态	稍湿	很湿	饱和
饱和度 S_r（%）	$S_r \leqslant 50$	$50 < S_r \leqslant 80$	$S_r > 80$

8. 土的可松性和压缩性

土的可松性是指自然状态下的土经开挖后土的结构被破坏，因松散而体积增大，这种现象称为土的可松性。土经过开挖、运输、堆放而松散，松散土与原土体积之比用可松性系数 K 表示。土经回填后，其体积增加值用最后可松性系数表示。可松性系数的大小取决于土的种类，见表1-3。

土的可松性系数　　　　　　　　　　　　　　　表1-3

土 的 名 称	体积增加百分比		可松性系数	
	最初	最后	K_1	K_2
砂土、黏质粉土	8～17	1～2.5	1.08～1.17	1.01～1.03
种植地、淤泥、淤泥质土	20～30	3～4	1.20～1.30	1.03～1.04
粉质黏土、潮湿土、砂土混碎（卵）石、粉质黏土、混碎（卵）石，素填土	14～28	1.5～5	1.14～1.28	1.02～1.05
黏土、重粉质黏土、砾石土、干黄土、黄土混碎（卵）石、粉质黏土、混碎（卵）石、压实素填土	24～30	4～7	1.24～1.30	1.04～1.07
重黏土、黏土混碎（卵）石、卵石土、密实黄土、砂岩	26～32	6～9	1.26～1.32	1.06～1.09
泥灰岩	33～37	11～15	1.33～1.37	1.11～1.15
轻质岩石、次硬质岩石	30～45	10～20	1.30～1.45	1.10～1.20
硬质岩石	45～50	20～30	1.45～1.50	1.20～1.30

注：1. K_1 是用于计算挖方工程量装运车辆及挖土机械的主要参数；
　　2. K_2 是计算填方所需挖土工程量的主要参数；
　　3. 最初体积增加百分比=$(V_2-V_1)/V_1 \times 100\%$；
　　4. 最后体积增加百分比=$(V_3-V_1)/V_1 \times 100\%$。

土经过开挖、运输、堆放而松散，松散土与原土体积之比用可松性系数 K_1 表示。

$$K_1 = V_2/V_1$$

土经回填后，其体积增加值用最后可松性系数 K_2 表示：

$$K_2 = V_3/V_1$$

式中　V_1——开挖前土的自然状态下体积；

　　　V_2——开挖后土的松散体积；

　　　V_3——压实后土的体积。

土的压缩性是指土经回填压实后，使土的体积减小的现象。

土的密实度与土的含水量有关。其含水量的大小都会影响土的密实度，实践证明应控制土的最佳含水量，即在土方回填时应具有最佳含水量，当土的自然含水量低于最佳含水量20%时，土在回填前要洒水渗浸。土的自然含水量过高，应在压实或夯实前晾晒。在地基主要受力层范围内，按不同结构类型，要求压实系数达到 0.94～0.96 以上。

9. 土的渗透性

土的渗透性是指水流通过土中空隙难易程度的性质，反映土的渗透性的指标为渗透系数，渗透系数为单位时间通过土体的水量，单位为 cm/s 或 m/d。土的渗透系数可以通过室内渗透试验或现场抽水试验来测定。现场抽水试验测定的数据较为可靠。

（二）土的力学性质

1. 土的抗剪强度

土的抗剪强度就是某一受剪面上抵抗剪切破坏时的最大剪应力，土的抗剪强度可由剪切试验确定，如图1-7所示。

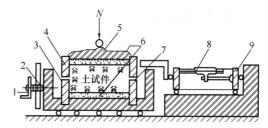

图1-7　土的剪应力试验装置示意

1—手轮；2—螺杆；3—下盒；4—上盒；
5—传压板；6—透水石；7—开缝；
8—测量计；9—弹性量力环

砂是散粒体，颗粒间没有相互的黏聚作用，因此砂的抗剪强度即为颗粒间的摩擦力。黏性土颗粒很小，由于颗粒间的胶结作用和结合水的连锁作用，产生黏聚力。黏性土的抗剪强度由内摩擦力和一部分黏聚力组成。由于不同的土，抗剪强度不同，即使同一种土，密实度和含水量不同，抗剪强度也不同。抗剪强度决定着土的稳定性，抗剪强度愈大，土的稳定性愈好，反之，亦然。

完全松散的土自由地堆放在地面上，土堆的斜坡与地面构成的夹角，称为自然倾斜角。为了要保证土壁稳定，必须有一定边坡，含水量大的土，土颗粒间产生润滑作用，使土颗粒间的内摩擦力或黏聚力减弱，土的抗剪强度降低时，土的稳定性减弱，因此，应留有较缓的边坡。当沟槽上荷载较大时，土体会在压力作用下产生滑移，因此，边坡也要平缓或采用支撑加固。

2. 侧土压力

地下给水排水构筑物的墙壁和池壁，地下管沟的侧壁，施工中沟槽的支撑，顶管工作坑的后背，以及其他各种挡土结构，都受到土的侧向压力作用，如图1-8所示。这种土压力称为侧土压力。

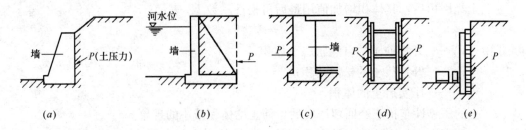

图1-8　各种挡土结构
(a) 挡土墙；(b) 河堤；(c) 池壁；(d) 支撑；(e) 顶管工作坑后背

根据挡土墙受力后的位移情况，侧土压力可分为以下三种：

(1) 主动土压力。挡土墙在墙后土压力作用下向前移动或移动土体随着下滑，当达到一定位移时，墙后土体达到极限平衡状态，此时作用在墙背上的土压力就称为主动土压力，如图1-9 (a) 所示。

(2) 被动土压力。挡土墙在外力作用下向后移动或转动，挤压填土，使土体向后位移，当挡土墙向后达到一定位移时，墙后土体达到极限平衡状态，此时作用在墙背上的土压力称为被动土压力，如图1-9 (b) 所示。

(3) 静止土压力。挡土墙的刚度很大，在土压力作用下不产生移动和转动，墙后土体处于静止状态，此时作用在墙背上的土压力称为静止土压力，如图1-9 (c) 所示。

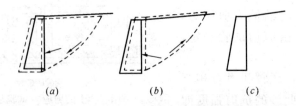

图1-9　三种土压力
(a) 主动土压力；(b) 被动土压力；(c) 静止土压力

上述三种土压力，在相同条件下，主动土压力最小，被动土压力最大，静止土压力介于两者之间。三种土压力的计算可按库仑土压力理论或者朗肯土压力理论计算。

掌握土的压力，对于处理施工中的支撑工作坑后背，各类挡土墙的结构是极其重要的。

二、自然界土分类

工程上一般按土的组成、生产年代和生产条件对土进行分类。

(1) 按《建筑地基基础设计规范》GB 50007—2002将地基土分为岩石、碎石土、砂土、粉土、黏性土、人工填土六类。每类又可以分成若干小类。

1) 岩石。在自然状态下颗粒间连接牢固，呈整体或具有节理裂隙的岩体。

2) 碎石土。粒径大于 2mm 的颗粒占全重 50% 以上，根据颗粒级配和占全重百分比不同，分为漂石、块石、卵石、圆砾和角砾，见表 1-4。

碎石土的分类　　　　　　　　　　表 1-4

土的名称	颗粒形状	土的颗粒在干燥时占全部重量百分比（%）
漂石	圆形及亚圆形为主	粒径大于 200mm 的颗粒超过全重 50%
块石	棱角形为主	
卵石	圆形及亚圆形为主	粒径大于 20mm 的颗粒超过全重 50%
碎石	棱角形为主	
圆砾	圆形及亚圆形为主	粒径大于 2mm 的颗粒超过全重 50%
角砾	棱角形为主	

注：定名时应根据表中粒径分组由大到小以最先符合者确定。

3) 砂土。粒径大于 2mm 的颗粒含量小于或等于全重 50% 的土。砂土根据粒径和占全重的百分比不同，又分为砾砂、粗砂、中砂、细砂和粉砂，见表 1-5。

砂土的分类　　　　　　　　　　表 1-5

土的名称	土的颗粒在干燥时占全部重量百分比（%）
砾砂	粒径大于 2mm 的颗粒占全重 25%～50%
粗砂	粒径大于 0.5mm 的颗粒超过全重 50%
中砂	粒径大于 0.25mm 的颗粒超过全重 50%
细砂	粒径大于 0.075mm 的颗粒超过全重 85%
粉砂	粒径大于 0.075mm 的颗粒不超过全重 50%

4) 粉土。粉土性质介于砂土与黏性土之间。塑性指数≤10，当塑性指数接近 3 时，其性质与砂土相似；当塑性指数接近 10 时，其性质与粉质黏土相似。

5) 黏性土。黏土按其粒径级配、矿物成分和溶解于水中的盐分等组成情况的指标，分为黏质粉土、粉质黏土和黏土、人工填土。

(2) 按其生成分为素填土、杂填土和冲填土三类。

1) 素填土。由碎石土、砂土、黏土组成的填土。经分层压实的统称素填土，又称压实填土。

2) 杂填土。含有建筑垃圾、工业废渣、生活垃圾等杂物的填土。

3) 冲填土。由水力冲填泥砂产生的沉积土。

(3) 按土石坚硬程度和开挖方法及使用工具，将土分为八类，见表 1-6。

土的工程分类　　　　　　　　　　表 1-6

土的分类	土（岩）的分类	密度（t/m³）	开挖方法及工具
一类土（松软土）	略有黏性的砂土、粉土、腐殖土及疏松的种植土、泥炭（淤泥）	0.6～1.5	用锹、少许用脚蹬或用锄头挖掘
二类土（普通土）	潮湿的黏性土和黄土，软的盐土和碱土，含有建筑材料碎屑、碎石、卵石的堆积土和种植土	1.1～1.6	用锹、需用脚蹬，少许用镐

续表

土的分类	土（岩）的分类	密度 (t/m³)	开挖方法及工具
三类土（坚土）	中等密实的黏性土或黄土，含有碎石、卵石或建筑材料碎屑的潮湿的黏性土或黄土	1.8～1.9	主要用镐、条锄，少许用锹
四类土（砂砾坚土）	坚硬密实的黏性土或黄土，含有碎石、砾石的中等密实黏性土或黄土，硬化的重盐土、软泥灰岩	1.9	全部用镐、条锄挖掘，少许用撬棍
五类土（软岩）	硬的石炭纪黏土；胶结不紧的砾岩；软的、节理多的石灰岩及贝壳石灰岩；坚实白垩	1.2～2.7	用镐或撬棍、大锤挖掘，部分使用爆破方法
六类土（次坚石）	坚硬的泥质页岩，坚硬的泥灰岩；角砾状花岗石；泥灰质石灰岩；黏土质砂岩；云母页岩及砂质页岩；风化花岗石、片麻岩及正常岩；密实石灰岩等	2.5～2.9	用爆破方法开挖，部分用风镐
七类土（坚石）	白云岩；大理石；坚实石灰岩；石灰质及石英质的砂岩；坚实的砂质页岩；以及中粗花岗石等	2.5～2.9	用爆破方法开挖
八类土（特坚石）	坚实细粗花岗岩；花岗片麻岩、闪长岩、坚实角闪岩、辉长岩、石英岩；石安山岩、玄武岩；最坚实辉绿岩、石灰岩及长光岩等	2.7～3.3	用爆破方法开挖

三、鉴别各类土的方法

工程上，在野外经常会遇到鉴别土的类别，简单可行的方法总结归纳见表1-7、表1-8。

碎石土、砂土野外鉴别方法　　　　　表1-7

类别	土的名称	观察颗粒粗细	干燥时的状态及强度	湿润时用手拍击状态	黏着程度
碎石土	卵（碎）石	一半以上的颗粒超过20mm	颗粒完全分散	表面无变化	无黏着感觉
	圆（角）砾	一半以上的颗粒超过2mm	颗粒完全分散	表面无变化	无黏着感觉
砂土	砾砂	约有1/4以上的颗粒超过2mm	颗粒完全分散	表面无变化	无黏着感觉
	粗砂	约有1/2以上的颗粒超过0.5mm	颗粒完全分散，但有个别胶结一起	表面无变化	无黏着感觉
	中砂	约有1/2以上的颗粒超过0.25mm	颗粒基本分散，局部胶结但一碰即散	表面偶有水印	无黏着感觉
	细砂	大部分颗粒与粗豆米粉近似	颗粒大部分分散，少量胶结，部分稍加碰撞可散	表面有水印	偶有轻微黏着感觉
	粉砂	大部分颗粒与小米粉近似	颗粒少部分分散，大部分胶结，稍加压力可分散	表面有显著翻浆现象	偶有轻微黏着感觉

土的野外鉴别方法　　　　　　　　　表 1-8

土的名称	湿润时用刀切	湿土用手捻摸时的感觉	土的状态		湿土搓条情况
			干土	湿土	
黏土	切面光滑，有黏力阻力	有滑腻感，感觉不到有砂粒，水分较大时很黏手	土块坚硬用锤才能打碎	易黏着物体，干燥后不易剥去	塑性大，能搓成直径小于 0.5mm 的长条，手持一端不易断裂
粉质黏土	稍有光滑面，切面平整	稍有滑腻感，有黏着感，感觉到有少量砂粒	土块用力可压碎	能黏着物体，干燥后易剥去	有塑性，能搓成直径为 0.5~2.0mm 的土条
粉土	无光滑面，切面粗糙	有轻微黏着感或无黏滞感，感觉到砂粒较多	土块用手捏或抛扔时易碎	不易黏着物体，干燥后一碰就掉	塑性小，能搓成直径为 2~3mm 的短条
砂土	无光滑面，切面粗糙	无黏滞感，感觉到全是砂粒	松散	不能黏着物体	无塑性，不能搓成土条

四、沟槽开挖

在工程施工中，土方开挖是先行工序。因此如何选择合适的施工开挖方法，如何选择合适的设备至关重要。

（一）人工法开挖管道沟槽

用锹、镐、锄头等工具开挖沟槽称为人工法。人工法开挖适用于土质松软、地下水位低、地下其他管线在开挖时需保护的地段沟槽开挖。

人工开挖管道沟槽体力劳动强度大，作业辛苦，施工进度慢，在沟槽深度大且易塌方的地方开挖不易保证开挖人员的安全。

（二）机械法开挖管道沟槽

用挖土机等机械开挖沟槽称为机械法。机械法开挖适用于土质松软地段，不受地下水位影响。具有施工进度快、安全和体力劳动强度小等特点。采用机械开挖管道沟槽，应特别注意查明地下其他管线、电缆及构筑物，避免使其受到破坏。

机械开挖所采用的机械常有以下几种：

1. 单斗挖土机

单斗挖土机分正向铲和反向铲两种。

正向铲挖土机的工作特点是开挖停机面以上的土壤，挖掘力大、生产率高，适用于无地下水，开挖高度在 2m 以上的土壤。正向铲挖土机工作状态如图 1-10 所示。

反向铲挖土机是开挖停机面以下的土壤，不需设置进出口通道，适用于开挖管沟和基槽，也可开挖小型基坑，尤其适用于开挖地下水位较高或泥泞的土壤。反向铲挖土机工作状态如图 1-11 所示。

2. 拉铲挖土机

拉铲挖土机的开挖方式基本上与反向铲挖土机相似，其工作状态如图1-12所示。

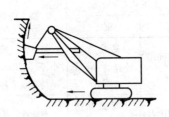 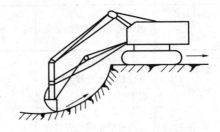

图1-10 正向铲挖土机工作状态　　图1-11 反向铲挖土机工作状态

3. 抓铲挖土机

抓铲挖土机可用以挖掘面积较小、深度较大的沟槽，最适应于进行水下挖土，其工作状态如图1-13所示。

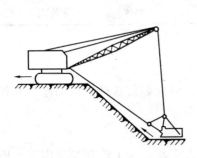 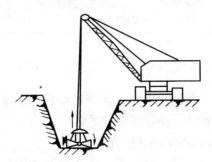

图1-12 拉铲挖土机工作状态　　图1-13 抓铲挖土机工作状态

4. 多斗挖土机

多斗挖土机又称挖沟机、纵向多斗挖土机。链斗式挖沟机工作状态如图1-14所示。挖沟机土斗装设在围绕斗架的无极斗链上，土斗前端用铰链连接于斗链，后端自由地悬挂，斗架位于机械后部，前端有钢索连接于升降斗架的卷筒，并有滚子嵌在凹槽形的导轨内，开动卷筒，通过钢索使斗架沿导轨升降，改变沟槽开挖深度。动力装置通过传动机构使主动链轮转动，带动斗链转动，使没入土中的土斗切土。当土斗上升至主动链轮处，其后端即与斗链分开而卸土，土沿堆土板滑下，由装设在堆土板下方的皮带运输器卸至机器一侧，皮带运输器由一电机带动，其运行的方向与挖沟机的开行方向垂直。

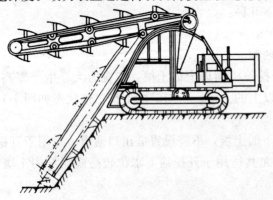

图1-14 多斗挖土机工作状态

五、沟槽土方量计算

计算土方工程量时应先确定

沟槽开挖的断面形式，即确定沟槽断面。

（一）沟槽断面的确定

沟槽断面的形式有直槽、梯形槽、混合槽和联合槽等，如图 1-15 所示。选择沟槽断面通常根据土的种类、地下水情况、现场条件及施工方法，并按照设计规定的基础、管道的断面尺寸、长度和埋置深度等进行。正确地选择沟槽的开挖断面，可以为后续施工过程创造良好条件，保证工程质量和施工安全，以及减少土方开挖量。

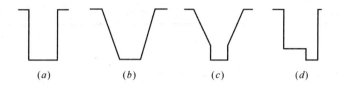

图 1-15　沟槽断面种类

（a）直槽；（b）梯形槽；（c）混合槽；（d）联合槽

直槽适用于深度小、土质坚硬的地段；梯形槽适用于深度较大、土质较松软的地段；混合槽是直槽和梯形槽的结合，即上梯下直，适用于深度大且土质松软的地段；联合槽适用于两条或多条管道共同敷设且各埋设深度不同，深度均不大，土质较坚硬的地段。

（二）沟槽底宽和沟槽开挖深度

沟槽底宽如图 1-16 所示，且由下式决定：

$$W = B + 2b$$

式中　W——沟槽底宽（m）；

　　　B——管道基础宽（m）；

　　　b——工作宽度（m）；工作宽度决定于管道断面尺寸和施工方法，每侧工作面宽度参见表 1-9。

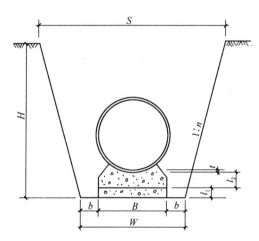

图 1-16　沟槽宽度和挖深

t—管壁厚度；l_1—基础厚度；l_2—管座厚度

沟槽上口宽度由下式计算：

$$S = W + 2nH$$

式中 S——沟槽上口的宽度（m）；
　　n——沟槽槽壁边坡率；
　　H——沟槽开挖深度（m）。

沟槽底部每侧工作面宽度　　　　　　表1-9

管道结构宽度 (mm)	沟槽底部每侧工作面宽度	
	非金属管道	金属管道或砖沟
200～500	400	300
600～1000	500	400
1100～1500	600	600
1600～2500	800	800

注：1. 管道结构宽度无管座时，按管道外皮计；有管座时，按管座外皮计；砖砌或混凝土管沟按管沟外皮计；
　　2. 沟底需设排水沟时，工作面应适当增加；
　　3. 有外防水的砖沟或混凝土沟，每侧工作面宽度宜取 800mm。

当采用梯形槽时，其边坡的选定，应按土的类别并符合表 1-10 的规定。不设支撑的直槽边坡一般采用 1∶0.05。当槽深 h 不超过下列数值时可开挖直槽并不需要支撑。

砂土、砂砾土　　　　　　　$h<1.0$m
砂质粉土、粉质黏土　　　　$h<1.25$m
黏土　　　　　　　　　　　$h<1.5$m

深度在 5m 以内的沟槽、基坑（槽）的最大边坡　　　表1-10

土的类别	最大边坡（1∶n）		
	坡顶无荷载	坡顶有静载	坡顶有动载
中密的砂土	1∶1.00	1∶1.25	1∶1.50
中密的碎石土（充填物为砂土）	1∶0.75	1∶1.00	1∶1.25
硬塑的黏质粉土	1∶0.67	1∶0.75	1∶1.00
中密的碎石类土（充填物为黏性土）	1∶0.50	1∶0.67	1∶0.75
硬塑的粉质黏土、黏土	1∶0.33	1∶0.50	1∶0.67
老黄土	1∶0.10	1∶0.25	1∶0.33
软土（经井点降水后）	1∶1.00	—	—

沟槽开挖深度与管道埋深有关。一般给水管道埋在道路下，水管管顶以上覆土深度，在非冰冻地区由外部荷载、管道强度和管线交叉情况决定，通常不小于 0.7m。非金属管的管顶覆土深度应大于 1～1.2m，以免受到动荷载的作用而影响其强度。在冰冻地区的管道埋深应考虑土壤的冰冻深度。一般管道埋设深度可采用如下数值：$DN<300$mm 时，管底埋设深度应在冰冻线以下 $DN+200$mm；DN 在 300～600mm 之间时，管底埋设深度应在冰冻线以下 $0.75DN$，$DN>600$mm 时，管底埋设深度应在冰冻线以下 $0.5DN$。

管道埋深还与管道基础有关，在土壤耐压力较高和地下水位较低处，管道可直接埋在管沟内的天然地基上，如图 1-17（a）所示；在岩石或半岩石地基处，必须铺垫厚度为 100mm 以上的中砂或粗砂，再在上面埋管，如图 1-17（b）所示；在土壤松软的地基处，应采用标高不小于 100mm 的混凝土基础，如图 1-17（c）所示，如遇流砂或通过沼泽地带，混凝土基础下还应有桩排架。

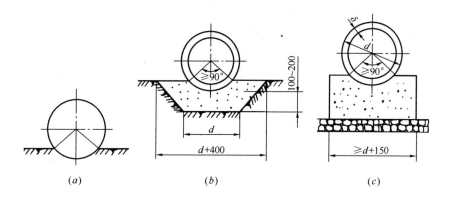

图 1-17　给水管道基础

(a) 天然基础；(b) 砂基础；(c) 混凝土基础

（三）沟槽土方量计算

沟槽土方量计算通常采用平均法，由于管径的变化、地面起伏的变化，为了更准确地计算土方量，应沿长度方向分段计算，如图 1-18 所示。

其计算公式：

$$V_1 = 1/2 \times (F_1 + F_2) \times L_1$$

式中　V_1——各计算段的土方量（m³）；

L_1——各计算段的沟槽长度（m）；

F_1、F_2——各计算段两端断面面积（m²）。

将各计算段土方量相加即得总土方量。

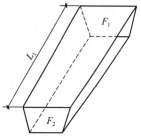

图 1-18　沟槽土方量计算

【例题】 已知某一给水管线纵断面图设计如图 1-19 所示，土质为黏土，无地下水，采用人工开槽法施工，其开槽边坡采用 1∶0.25，工作面宽度 $b=0.4$，计算土方量。

解： 根据管线纵断面图，可以看出地形是起伏变化的。为此将沟槽按桩号 0+100 至 0+150，0+150 至 0+200，0+200 至 0+225，分三段计算。

1. 各断面面积计算：

(1) 0+100 处断面面积

沟槽底宽 $W = B + 2b = 0.6 + 2 \times 0.4 = 1.4$m

沟槽上口宽度 $S = W + 2nH_1 = 1.4 + 2 \times 0.25 \times 2.3 = 2.55$m

沟槽断面面积 $F_1 = 1/2(S+W) \times H_1 = 1/2(2.55+1.4) \times 2.30 = 4.54$m²

(2) 0+150 处断面面积

沟槽底宽 $W = B + 2b = 0.6 + 2 \times 0.4 = 1.4$m

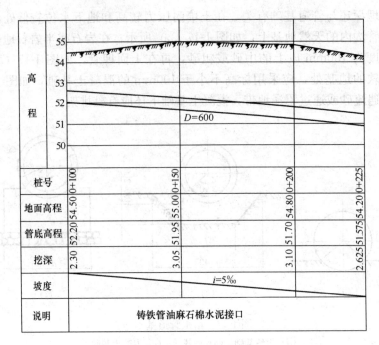

图 1-19 管道纵断面图

沟槽上口宽度 $S=W+2nH_2=1.4+2\times0.25\times3.05=2.93\text{m}$

沟槽断面面积 $F_2=1/2(S+W)\times H_2=1/2(2.93+1.4)\times3.05=6.60\text{m}^2$

(3) 0+200 处断面面积

沟槽底宽 $W=B+2b=0.6+2\times0.4=1.4\text{m}$

沟槽上口宽度 $S=W+2nH_3=1.4+2\times0.25\times3.10=2.95\text{m}$

沟槽断面面积 $F_3=1/2(S+W)\times H_3=1/2(2.95+1.4)\times3.10=6.74\text{m}^2$

(4) 0+225 处断面面积

沟槽底宽 $W=B+2b=0.6+2\times0.4=1.4\text{m}$

沟槽上口宽度 $S=W+2nH_4=1.4+2\times0.25\times2.625=2.71\text{m}$

沟槽断面面积 $F_4=1/2(S+W)\times H_4=1/2(2.71+1.4)\times2.625=5.39\text{m}^2$

2. 沟槽土方量计算：

(1) 桩号 0+100～0+150 段的土方量

$$V_1=1/2(F_1+F_2)L_1=1/2(4.54+6.60)\times(150-100)=278.50\text{m}^3$$

(2) 桩号 0+150～0+200 段的土方量

$$V_2=1/2(F_2+F_3)L_2=1/2(6.60+6.74)\times(200-150)=333.50\text{m}^3$$

(3) 桩号 0+200～0+225 段的土方量

$$V_3=1/2(F_3+F_4)L_3=1/2(6.74+5.39)\times(225-200)=151.63\text{m}^3$$

故沟槽总土方量 $V=\Sigma V_1=V_1+V_2+V_3$

$$=278.50+333.50+151.63$$

$$=763.63\text{m}^3$$

六、沟槽开挖的质量与施工安全措施

（一）开挖的质量要求

(1) 不扰动天然地基或基础处理符合设计要求；

(2) 槽壁平整，边坡坡度符合施工设计的规定；

(3) 沟槽中心线每侧的净宽不应小于管道沟槽底部开挖宽度的一半；

(4) 槽底高程的允许偏差：开挖土方时应为±20mm；开挖石方时应为+20mm、-200mm。

（二）沟槽开挖安全措施

(1) 雨天不易开挖，做好防滑措施；

(2) 人工开挖大于3m深的沟槽应分层开挖，每层深度不宜超过2m；

(3) 人工挖槽时，堆土高度不宜超过1.5m，距槽口边缘不宜小于0.8m；

(4) 采用机械开挖时，机械行走应保证沟槽槽壁稳定。

任务3 地基处理施工

一、地基处理的目的

（一）地基处理的意义

在工程上，无论是给水排水构筑物，还是给水排水管道，其荷载都作用于地基土上，导致地基土产生附加应力，附加应力引起地基土的沉降，沉降量取决于土的孔隙率和附加应力的大小。

在荷载作用下，若同一高度的地基各点沉降量相同，则这种沉降称为均匀沉降；反之，称为不均匀沉降。无论是均匀沉降，还是不均匀沉降都有一个容许范围值，称为极限均匀沉降量和最大不均匀沉降量。当沉降量在允许范围内时，构筑物才能稳定安全，否则，结构就会失去稳定或遭到破坏。

地基在构筑物荷载作用下，不会因地基土产生的剪应力超过土的抗剪强度而导致地基和构筑物破坏的承载力称为地基容许承载力。因此，地基应同时满足容许沉降量和容许承载力的要求，如不满足时，则采取相应措施对地基土进行加固处理。

（二）地基处理的目的

(1) 改善土的剪切性能，提高抗剪强度。

(2) 降低软弱土的压缩性，减少基础的沉降或不均匀沉降。

(3) 改善土的透水性，起着截水、防渗的作用。

(4) 改善土的动力特性，防止砂土液化。

(5) 改善特殊土的不良地基特性（主要是指消除或减少湿陷性和膨胀土的胀缩性等）。

二、地基处理方法

地基处理的方法有换土垫层、碾压夯实、挤密振实、排水固结和注浆液加固五类。各类方法见表 1-11。

地基处理方法分类　　　　　　　表 1-11

分类	处理方法	原理及作用	适用范围
换土垫层	素土垫层 砂垫层 碎石垫层	挖除浅层软土，用砂、石等强度较高的土料代替，以提高持力层的承载力，减少部分沉降量；消除或部分消除土的湿陷性、胀缩性及防止土的冻胀作用；改善土的抗液化性能	适用于处理浅层软弱土地基、湿陷性黄土地基（只能用灰土垫层）、膨胀土地基、季节性冻土地基
挤密振实	砂桩挤密法 灰土桩挤密法 石灰桩挤密法 振冲法	通过挤密法或振动使深层土密实，并在振动挤压过程中，回填砂、石等材料，形成砂桩或碎石桩，与桩周土一起组成复合地基，从而提高地基承载力，减少沉降量	适用于处理砂土粉土或部分黏土颗粒含量不高的黏性土
碾压夯实	机械碾压法 振动压法 重锤夯实法 强夯法	通过机械碾压或夯击压实土的表层，强夯法则利用强大的夯击，能迫使深层土液化和动力固结而密实，从而提高地基的强度，减少部分沉降量，消除或部分消除黄土的湿陷性，改善土的抗液化性能	一般是用于砂土、含水量不高的黏性土及填土地基。强夯法应注意其振动对附近（约 30m 内）建筑物的影响
排水固结	堆载顶压法 砂井堆载顶压法 排水纸板法 井点降水顶压法	通过改善地基的排水条件和施加顶压荷载，加速地基的固结和强度增长，提高地基的强度和稳定性，并使基础沉降提前完成	适用于处理厚度较大的饱和软土层，但需要具有顶压的荷载和时间，对于厚的泥炭层则要慎重对待
浆液加固	硅化法 旋喷法 碱液加固法 水泥灌浆法 深层搅拌法	通过注入水泥、化学浆液，将土粒粘结；或通过化学作用、机械拌合等方法，改善土的性质，提高地基承载力	适用于处理砂土、黏性土、粉土、湿陷性黄土等地基，特别是用于对已建成的工程地基的事故处理

三、地基处理施工

（一）换土垫层施工

换土垫层是一种直接置换地基持力层软弱土的处理方法。施工时将基底下一定深度的软弱土层挖除，分层填回砂、石、灰土等材料，并加以夯实振密。换土垫层是一种较简易的浅层地基处理方法，在各地得到广泛应用。

1. 素土垫层

素土垫层一般适用于处理湿陷性黄土和杂填土地基。素土垫层是先挖去基础下的部分土层或全部软弱土层，然后分层回填，分层夯实素土而成。

软土地基土的垫层厚度，应根据垫层底部软弱土层的承载力决定，其厚度不应大于3m。

素土垫层的土料，不得使用淤泥、耕土、冻土、垃圾、膨胀土以及有机物含量大于8%的土作为填料。土料含水量应控制在最佳含水量范围内，误差不得大于±2%。填料前应将基底的草皮、树根、淤泥、耕植土铲除，清除全部的软弱土层。施工时，应做好地面水或地下水的排除工作，填土应从最低部分开始进行，分层铺设，分层夯实。垫层施工完毕后，应立即进行下道工序施工，防止水浸、晒裂。

2. 砂和砂石垫层

砂和砂石垫层适用于处理在坑（槽）底有地下水或地基土的含水量较大的黏性土地基。

（1）材料要求

砂和砂石垫层所需材料，宜采用颗粒级配良好，质地坚硬的中砂、粗砂、砾石、卵石和碎石，也可采用细砂，宜掺入按设计规定数量的卵石或碎石。最大粒径不宜大于50mm。

（2）施工要点

1）施工前应验槽，坑（槽）内无积水，边坡稳定，槽底和两侧如有孔洞应先填实，同时将浮土清除。

2）采用人工级配的砂石材料，按级配拌合均匀，再分层铺筑，分层捣实。

3）垫层施工，每铺好一层垫层，经压实系数检验合格后方可进行上一层施工。

4）分段施工时，接槎处应做成斜坡，每层错开0.5~1.0m，并应充分捣实。

5）砂垫层和砂石垫层的底面宜铺设在同一标高上，如深度不同时，施工应按先深后浅的顺序进行，土面应挖成台阶或斜坡搭接，搭接处应注意捣实。

3. 灰土垫层

灰土垫层是用石灰和黏性土拌合均匀，然后分层夯实而成。适用于一般黏性土地基加固或挖深超过15cm时或地基扰动深度小于1.0m等，该种方法施工简单、取材方便、费用较低。

（1）材料要求

土料中含有有机质的量不宜超过规定值，土料应过筛，粒径不宜大于15mm。石灰应提前1~2d熟化，不含有生石灰块和过多水分。

灰土的配合比可按体积比，一般石灰：土为2：8或3：7。

（2）施工要点

施工前应验槽、清除积水、淤泥，待干燥后再铺灰土。

（二）碾压与夯实

1. 机械碾压

机械碾压法采用压路机、推土机、羊足碾或其他压实机械来压实松散土，常用于大面积填土的压实和杂填土地基的处理。

碾压的效果主要取决于压实机械的压实能量和被压实土的含水量。应根据具体的碾压机械的压实能量，控制碾压土的含水量，选择合适的铺土厚度和碾压遍数。最好是通过现场试验确定，在不具备试验条件的场合，可参照表 1-12 选用。

垫层的每层铺填厚度及压实遍数　　　　表 1-12

施 工 设 备	每层铺填厚度（cm）	每层压实遍数
平碾（8~12）	20~30	6~8
羊足碾（5~16）	20~35	8~16
蛙式夯（200kg）	20~25	3~4
振动碾（8~15）	60~130	6~8
振动压实机（2t，振动力 98kN）	120~150	10
插入式振动器	20~50	—
平板式振动器	15~25	—

2. 重锤夯实法

重锤夯实法是利用移动式起重机悬吊夯锤至一定高度后，自由下落，夯实地基。适用于地下水位 0.8m 以上稍湿的黏性土、砂土、湿陷性黄土、杂填土等地基加固。

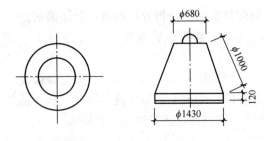

图 1-20　钢筋混凝土夯锤（单位：mm）

夯锤形状宜采用截头圆锥体，如图 1-20 所示。

重锤采用钢筋混凝土块、铸铁块或铸钢块，锤重一般为 14.7~29.4kN，锤底直径一般为 1.13~1.15m。

起重机采用履带式起重机，起重机的起重量应不小于 1.5~3.0 倍的锤重。

重锤夯实施工前，应进行试夯，确定夯实制度，其内容包括锤重、夯锤底面直径、落点形式、落距及夯击遍数。

在起重能力允许的条件下，采用较重的夯锤，底面直径较大为宜。落距一般采用 2.5~4.5m，还应使锤重与底面积的关系符合锤重在底面上的单位静压力为 1.5~2.0N/cm^2。

重锤夯击遍数应根据最后下沉量和总下沉量确定，最后下沉量是指重锤最后两击平均土面的沉降值，黏性土为 10~20mm，砂土为 5~10mm。

夯锤的落点形式及夯打顺序，条形基坑采用一夯换一夯顺序进行。在一次循环中同一夯位应连夯两下，下一循环的夯位，应与前一循环错开 1/2 锤底直径；非条形基坑，一般采用先周边后中间。

夯实完毕后，应检查夯实质量，一般采用在地基上选点夯击检查最后下沉量，夯击检查点数，每一单独基础至少应有一点；沟槽每 30m^2 应有一点；整片地基每 100m^2 不得少于两点，检查后，如质量不合格，应进行补夯，直至合格为止。

3. 振动压实法

振动压实法是利用振动机振动压实浅层地基的一种方法，如图 1-21 所示。

适用于处理砂土地基和黏性土含量较少、透水性较好的松散杂填土地基。

振动压实机的工作原理是由电动机带动两个偏心块以相同速度、相反方向转动而产生很大的垂直振动力。这种振动机的频率为 1160～1180r/min，振幅为 3.5mm，自重为 20kN，振动力可达 50～100kN，并能通过操纵机使它能前后移动或转弯。

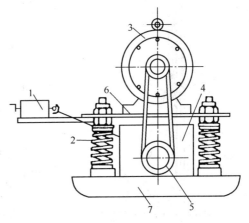

图 1-21 振动压实机示意
1—操纵机构；2—弹簧减振器；3—电动机；
4—振动器；5—振动机槽轮；6—减振架；
7—振动夯板

振动压实效果与填土成分、振动时间等因素有关，一般地说振动时间越长效果越好，但超过一定时间后，振动引起的下沉已基本稳定，再振也不能起到进一步的压实效果。因此，需要在施工前进行试振，以测出振动稳定下沉量与时间的关系。对于主要是由炉渣、碎砖、瓦块等组成的建筑垃圾，其振动时间约在 1min 以上。对于含炉灰等细颗粒填土，振动时间约为 3～5min，有效振实深度为 1.2～1.5m。

注意振动对周围建筑物的影响，一般情况下振源离建筑物的距离不应小于 3m。

（三）挤密桩与振冲法

1. 挤密桩

挤密桩加固是指在承压土层内，打入很多桩孔，在桩孔内灌入各种密实物，以挤密土层，减小土体孔隙率，增加土体强度。

挤密桩除了挤密土层加固土壤外，还能起换土的作用，在桩孔内以工程性质较好的土置换原来的弱土或饱和土，在含水黏土层内，砂桩还可作为排水井。挤密桩体与周围的原土组成复合地基，共同承受荷载。

根据桩孔内填料的不同，有砂桩、土桩、灰土桩、砾石桩、混凝土桩之分。其中砂桩的施工过程有以下几点：

（1）一般要求

砂桩的直径一般为 220～320mm，最大可达 700mm。砂桩的加固效果与桩距有关，桩距较密时，土层各处加固效果较均匀，其间距为 1.8～4.0 倍桩直径；砂桩深度应达到压缩层下限处，或压缩层内的密实下卧层；砂桩布置宜采用梅花形，如图 1-22 所示。

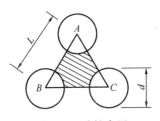

图 1-22 砂桩布置
A、B、C—砂桩中心；d—砂桩
直径；L—砂桩间距

（2）施工过程

1) 桩孔定位：按设计要求的位置准确确定桩位，

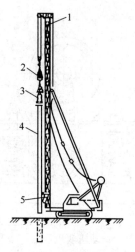

图 1-23 砂桩机
1—桩机导架；2—减振器；3—振动锤；
4—工具式桩管；5—上料架

并做上记号，其位置的允许偏差为桩直径。

2）桩机设备就位：使桩管垂直吊在桩位的上方，如图 1-23 所示。

3）打桩：通常采用振动沉桩机将工具管沉下，灌砂、拔管即成。振动力以 30～70kN 为宜，砂桩施工顺序应从外围或两侧向中间进行，桩孔的垂直度偏差不应超过 1.5%。

4）灌砂：砂子粒径以 0.3～3mm 为宜，含泥量不大于 5%，还应控制砂的含水量，一般为 7%～9%。砂桩成孔后，应保证桩深满足设计要求，此时，将砂由上料斗投入工具管内，提起工具管，砂从舌门漏出，再将工具管放下，舌门关闭与砂子接触，此时，开动振动器将砂击实，往复进行，直至用砂填满桩孔。每次填砂厚度应根据振动力而定，保证填砂的干密度满足要求，其施工过程如图 1-24 所示。

（3）桩孔灌砂量的计算

一般按下式计算：

$$g = \pi d^2 h \gamma (1+w\%)/4(1+e)$$

式中　g——桩孔灌砂量（kN）；
　　　d——桩孔直径（m）；
　　　h——桩长（m）；
　　　γ——砂的重力密度（kN/m³）；
　　　e——桩孔中砂击实后的孔隙比；
　　　w——砂含水量。

也可以取桩管入土体积。实际灌砂量不得少于计算的 95%，否则，可在原位进行复打灌砂。

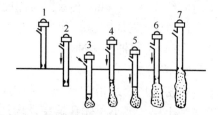

图 1-24 砂桩施工过程
1—工具管就位；2—振动器振动，将工具管打入土中；3—工具管达到设计深度；
4—投砂，拔出工具管；5—振动器打入工具管；6—再投砂，拔出工具管；
7—重复操作，直到地面

2. 振冲法

在砂土中，利用加水和振动可以使地基密实。振冲法就是根据这个原理而发展起来的一种方法。振冲法施工的主要设备是振冲器，如图 1-25 所示。它类似于插入式混凝土振动器，由潜水电动机、偏心块和通水管三部分组成。振冲器由吊机就位后，同时启动电动机和射水泵，在高频振动和高压水流的联合作用下，振冲器下沉到预定深度，周围土体在压力水和振动作用下变密，此时地面出现一个陷口，往口内填砂一边喷水振动，一边填砂密实，逐段填料振密，逐段提升振冲器，直到地面，从而在地基中形成一根较大直径的密实的碎石桩体，一般称为振冲碎石桩。

从振冲法所起的作用来看，振冲法分为振冲置换和振冲密实两类。振冲置换法适用于处理不排水，抗剪强度不小于 20kPa 的黏性土、粉土、饱和黄土和人工填土等地基。它是在地基土中制造一群以石块、砂砾等材料组成的桩体，这些桩体与原地基土一起构成复合地基。而振动密实法适用于处理砂土、粉土等，它是利用振动和压力水使砂层发生液化，砂颗粒重新排列，孔隙减少，从而提高砂层的承载力和抗液化能力。

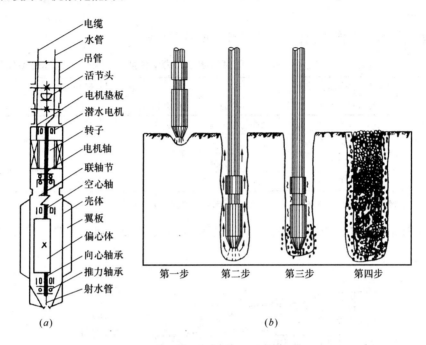

图 1-25　振冲法施工程序图
（a）振冲器构造图；（b）施工程序

任务 4　铸铁管道安装施工

一、给水管材的种类与选择

（一）给水管材应满足的要求

（1）要有足够的强度和刚度，以承受在运输、施工和正常输水过程中所产生的各种荷载；

（2）要有足够的密闭性，以保证经济有效的供水；

（3）管道内壁应整齐光滑，以减小水头损失；

（4）管道接口应施工简便，且牢固可靠；

（5）应寿命长、价格低廉，且有较强的抗腐蚀能力。

（二）铸铁管给水管材的种类

铸铁管主要用作埋地给水管道，与钢管相比具有制造容易、价格较低、耐腐蚀性较强等优点，其工作压力一般不超过 0.6MPa；但铸铁管质脆、不耐振动和弯折、重量大。

我国生产的铸铁管有承插式和法兰盘式两种。承插式铸铁管分砂型离心铸铁管、连续铸铁管和球墨铸铁管三种。

砂型离心铸铁管其材质为灰铸铁，按其壁厚分为 P 级和 G 级，适用于给水和燃气等压力流体的输送，选择时应根据工作压力、埋设深度和其他工作条件进行验算。

砂型离心铸铁直管试验水压及力学性能见表 1-13。

砂型离心铸铁直管试验水压及力学性能 表 1-13

级别	试验水压		管环抗弯强度	
	公称直径（mm）	试验压力（MPa）	公称直径（mm）	管环抗弯强度（MPa）
P	≤450	2.0	≤300	≥340
	≥500	1.5	350～700	≥280
G	≤450	2.5	≥800	≥240
	≥500	2.0		

注：如用于输送煤气等压力气体，需做气密性试验时，由供需双方按协议规定。

砂型离心铸铁直管如图 1-26 所示，主要规格尺寸见表 1-14，壁厚、质量见表 1-15。

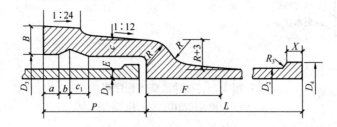

图 1-26　砂型离心铸铁直管

砂型离心铸铁直管规格 表 1-14

公称直径（mm）	各部尺寸（mm）											有效长度 L
	承　口						插　口					
	D_3	A	B	C	P	E	F	R	D_4	R_3	X	
200	240.0	38	30	15	100	10	71	25	230.0	5	15	5000
250	293.6	38	32	15	105	11	73	26	281.6	5	20	5000
300	344.8	38	33	16	105	11	75	27	332.8	5	20	5000
350	396.0	40	34	17	110	11	77	28	384.0	5	20	5000 6000
400	447.6	40	36	18	110	11	78	29	435.0	5	25	6000
450	498.8	40	37	19	115	11	80	30	486.8	5	25	6000
500	552.9	40	38	19	115	12	82	31	540.0	6	25	6000
600	654.8	42	41	20	120	12	84	32	642.8	6	25	6000
700	757.0	42	43	21	125	12	86	33	745.0	6	25	6000
800	860.0	45	46	23	130	12	89	35	848.0	6	25	6000
900	963.0	45	50	25	135	12	92	37	951.0	6	25	6000
1000	1067.0	50	54	27	140	13	98	40	1053.0	6	25	6000

注：尺寸符号如图 1-26 所示。

砂型离心铸铁直管的直径、壁厚、质量　　　　　表 1-15

公称直径 (mm)	壁厚 t (mm) P级	壁厚 t (mm) G级	内径 D_1 (mm) P级	内径 D_1 (mm) G级	外径 D_2 (mm)	总质量 (kg) 有效长度 5000mm P级	总质量 (kg) 有效长度 5000mm G级	总质量 (kg) 有效长度 6000mm P级	总质量 (kg) 有效长度 6000mm G级	承口凸部质量 (kg)	插口凸部质量 (kg)	直部质量 (kg/m) P级	直部质量 (kg/m) G级
200	8.8	10.0	202.4	200	220.0	227.0	254.0			16.30	0.382	42.0	47.5
250	9.5	10.8	252.6	250	271.6	303.0	340.0			21.30	0.626	56.5	63.7
300	10.0	11.4	302.8	300	322.8	381.0	428.0	452.0	509.0	26.10	0.741	70.8	80.3
350	10.8	12.0	352.4	350	374.0			566.0	623.0	32.60	0.857	88.7	98.3
400	11.5	12.8	402.6	400	425.6			687.0	757.0	39.00	1.460	107.7	119.5
450	12.0	13.4	452.4	450	476.8			806.0	892.0	46.90	1.640	126.2	140.5
500	12.8	14.0	502.4	500	528.0			950.0	1030.0	52.70	1.810	149.2	162.8
600	14.2	15.6	602.4	599.6	630.8			1260.0	1370.0	68.80	2.160	198.0	217.1
700	15.5	17.1	702.0	698.8	733.0			1600.0	1750.0	86.00	2.510	251.6	276.9
800	16.8	18.5	802.6	799.0	838.0			1980.0	2160.0	109.00	2.860	311.3	342.1
900	18.2	20.0	902.6	899.0	939.0			2410.0	2630.0	136.00	3.210	379.1	415.7
1000	20.5	22.6	1000.0	955.8	1041.0			3020.0	3300.0	173.00	3.550	473.2	520.6

连续铸铁直管即连续铸造的灰铸铁管，按其壁厚分为 LA、A 和 B 三级。适用于给水和燃气等压力流体的输送，选用时应根据管道的工作压力、埋设深度及其他工作条件进行验算。连续铸铁直管试验水压力见表 1-16。

连续铸铁直管的试验水压　　　　　表 1-16

公称直径 (mm)	试验水压 (MPa) LA级	试验水压 (MPa) A级	试验水压 (MPa) B级
≤450	2.0	2.5	3.0
≥500	1.5	2.0	2.5

连续铸铁直管如图 1-27 所示，主要规格尺寸见表 1-17，壁厚、质量见表 1-18。

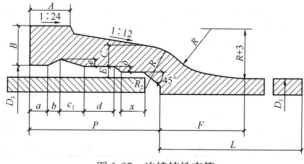

图 1-27　连续铸铁直管

连续铸铁直管规格 表 1-17

公称直径 (mm)	承口内径 D_3 (mm)	各 部 尺 寸 (mm)												
		A	B	C	E	P	e	F	δ	x	R	a	b	c_1	d
75	113.0	36	26	12	10	90	9	75	5	13	32				
100	138.0	36	26	12	10	95	10	75	5	13	32				
150	189.0	36	26	12	10	100	10	75	5	13	32				
200	240.0	38	28	13	10	100	11	77	5	13	33				
250	293.6	38	32	15	11	105	12	83	5	18	37	15	10	20	6
300	344.8	38	33	16	11	105	13	85	5	18	38				
350	396.0	40	34	17	11	110	13	87	5	18	39				
400	447.6	40	36	18	11	110	14	89	5	24	40				
450	498.8	40	37	19	11	115	14	91	5	24	41				
500	552.0	40	40	21	12	115	15	97	6	24	45				
600	654.8	42	44	23	12	120	16	101	6	24	47	18	12	25	7
700	757.0	42	48	26	12	125	17	106	6	24	50				
800	860.0	45	51	28	12	130	18	111	6	24	52				
900	963.0	45	56	31	12	135	19	115	6	24	55				
1000	1067.0	50	60	33	13	140	21	121	6	24	59	20	14	30	8
1100	1170.0	50	64	36	13	145	22	126	6	24	62				
1200	1272.0	52	68	38	13	150	23	130	6	24	64				

连续铸铁直管壁厚、质量 表 1-18

公称直径 (mm)	外径 D_2 (mm)	壁厚 t (mm)			承口凸部质量 (kg)	直部质量 (kg/m)			管子总质量 (kg/节)								
									有效长度 4000mm			有效长度 5000mm			有效长度 6000mm		
		LA级	A级	B级		LA级	A级	B级	LA级	A级	B级	LA级	A级	B级	LA级	A级	B级
75	93.0	9.0	9.0	9.0	6.66	17.1	17.1	17.1	75.1	75.1	75.1	92.2	92.2	92.2			
100	118.0	9.0	9.0	9.0	8.26	22.2	22.2	22.2	97.1	97.1	97.1	119	119	119			
150	169.0	9.0	9.2	10.0	11.43	32.6	33.3	36.0	142	145	155	174	178	191	207	211	227
200	220.0	9.2	10.1	11.0	15.62	43.9	48.0	52.0	191	208	224	235	256	276	279	304	328
250	271.6	10.0	11.0	12.0	23.06	59.2	64.8	70.5	260	282	305	319	347	376	378	412	446
300	322.8	10.8	11.9	13.0	28.30	76.2	83.7	91.1	333	363	393	409	447	484	486	531	575
350	374.0	11.7	12.8	14.0	34.01	95.9	104.6	114.0	418	452	490	514	557	604	609	662	718
400	425.6	12.5	13.8	15.0	42.31	116.8	128.5	139.3	510	556	600	626	685	739	743	813	878
450	476.8	13.3	14.7	16.0	50.49	139.4	153.7	166.8	608	665	718	747	819	884	887	973	1050
500	528.0	14.2	15.6	17.0	62.10	165.0	180.8	196.5	722	785	848	887	966	1040	1050	1150	1240
600	630.8	15.8	17.4	19.0	83.53	219.8	241.4	262.9	963	1050	1140	1180	1290	1400	1400	1530	1660
700	733.0	17.5	19.3	21.0	110.79	283.2	311.6	338.2	1240	1360	1460	1530	1670	1800	1810	1980	2140
800	836.0	19.2	21.1	23.0	139.64	354.7	388.9	423.0	1560	1700	1830	1910	2080	2250	2270	2470	2680
900	939.0	20.8	22.9	25.0	176.79	432.0	474.5	516.9	1900	2070	2240	2340	2550	2760	2770	3020	3280
1000	1041.0	22.5	24.8	27.0	219.98	518.4	570.0	619.3	2290	2500	2700	2810	3070	3320	3330	3640	3940
1100	1144.0	24.2	26.6	29.0	268.41	613.0	672.3	731.4	2720	2960	3190	3330	3630	3930	3950	4300	4660
1200	1246.0	25.8	28.4	31.0	318.51	712.0	782.2	852.0	3170	3450	3730	3880	4230	4580	4590	5010	5430

球墨铸铁直管规格及性能见表 1-19。

球墨铸铁承插直管规格及性能 表 1-19

公称直径 (mm)	壁厚 (mm)	有效管长 (mm)	制造方法	技术性能	质量 (kg)	
					直部每米重	每根管总重
500	8.5	6000	离心铸造	试验水压力 3.0MPa 抗压强度 3.0~5.0MPa 伸长率 2%~8% （经退火后可达 5% 以上）	99.2	650
600	10				139	905
700	11				178	1160
800	12				222	1440
900	13				270	1760
1000	14.5		连续铸造		334	2180
1200	17				469	3060

二、管道附件

市政给水管网附件主要有调节流量用的阀门、取水用的给水龙头和消火栓，其他还有单向阀、排气阀和安全阀等。

（一）阀门

阀门用来调节管线中的流量或水压，阀门的布置要数量少而调节灵活。干管上的阀门间距应不超过三条支管。干管和支管交接处的阀门常设在支管上，承接消火栓的水管上要安装阀门。

阀门的口径一般和水管的直径相同，但当管径较大，例如管径 $DN>500$mm，因阀门价高，为了降低造价，可安装口径为 0.8 倍给水管直径的阀门。

阀门内的闸板分楔式和平行式两种，根据阀门使用时阀杆是否上下移动，可分为明杆和暗杆两种。明杆是阀门启闭时，阀杆随之升降，因此易于掌握阀门的启闭程度。暗杆启闭时其上升不妨碍工作。

（二）止回阀

止回阀是限制水流只能朝一个方向流动的阀门，水流方向相反时，阀门自动关闭。

（三）安全阀

安全阀可防止因水管中的水压过高而发生事故，适用于消除因启闭阀门过快引起的水锤。按结构可分为弹簧式和杠杆式两类，前者用弹簧而后者用杠杆上的重锤来控制开启阀门所需的水压。

（四）水锤消除设备

水锤消除器适用于消除因突然停泵产生的水锤，它安装在止回阀的下游，距止回阀越近越好。

（五）排气阀和泄水阀

排气阀安装在管线的隆起部分，使管线投产或检修后通水时，管内空气可经此阀排出，平时用以排除从水中释放出的气体，以免空气积在管中而减小过水断面积、增加管线的水头损失。

一般采用单口排气阀,垂直安装在水平管线上。排气阀口径与管线直径之比一般采用1∶8~1∶12。排气阀放在单独的阀门井内,有条件时也可和其他管网配件合用一个阀井。

在管线的最低点必须安装泄水阀,用以排除水管中的沉积物以及检修时放空管内存水。由管线放出的水可直接排入水池或管沟,也可排入泄水井内,再用水泵抽除。泄水阀和排水管的直径由放空时间决定,为加速排水、缩短停水时间,可根据需要设进气管或进气阀。泄水阀可用闸阀或快速排污阀。

(六)消火栓

消火栓分地上式和地下式两种,前者适用于气温较高地区,后者适用于气温较低地区。地上式消火栓一般布置在交叉路口消防车可以驶近的地方;地下式消火栓安装在阀门井内,不影响交通,但使用不如地上式方便。

在分配管上承接消火栓的方式,分直通和旁通两种,前者直接从分配管的顶部接出,后者是从分配管接出支管,再和消火栓接通,支管上设阀门,以便检修。

以上附件的构造和参数参照各厂家样本。

三、铸铁管道安装的程序与方法

(一)下管前的准备

市政给水铸铁管道铺设前,应检查沟槽边的堆土位置是否符合规定,检查管道地基情况、施工排水措施、沟槽边坡及管材与配件是否符合设计要求。

开挖沟槽出的土应尽量堆放在沟槽边的一侧,以便在沟槽边的另一侧运输排管,如图1-28所示。

在沟槽边的另一侧排管,凡承插连接的管如铸铁管、预应力钢筋混凝土管、自应力钢筋混凝土管、承插塑料管,其承口应对着水流方向,如图1-29所示。

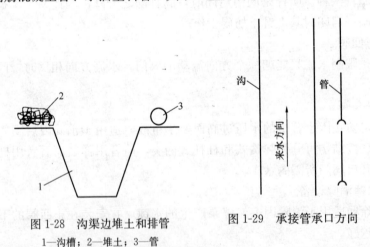

图1-28 沟渠边堆土和排管
1—沟槽;2—堆土;3—管

图1-29 承接管承口方向

沟槽内地基应按设计要求制作,管道支墩位置和形式应符合设计要求,沟槽边坡应稳固。应按设计图样确定管材与配件的数量和质量。

按图量测所用管长和各种配件的型号、数量和细部位置,并在沟槽边排设时确定。

在下管前细心检查管子、管件、配件的质量,有无破损和砂眼,可用小锤轻轻敲击,凡发出沙哑声处有可能被损坏。

下管前,在接口的位置上开挖工作坑,其尺寸参见表 1-20。

接口工作坑开挖尺寸　　　　　　　　表 1-20

管材种类	管外径 D_0 (mm)	宽 度 (mm)	长度 (mm)		深度 (mm)
			承口前	承口后	
预应力、自应力混凝土管、滑入式柔性接口球墨铸铁管	≤500	承口外径加	800	200	承口长度加 200	200
	600~1000		1000			400
	1100~1500		1600			450
	>1600		1800			500

(二)下管

1. 下管的要求

市政给水管道下管应以施工安全、操作方便、经济合理为原则,考虑管径、管长、沟深等条件选定下管方法。下管作业要特别注意安全问题,应有专人指挥,认真检查下管的绳、钩、杠、铁环桩等工具是否牢靠,在混凝土基础上下管时,混凝土强度必须达到设计强度的 50% 才可下管。

2. 下管方法

下管方法分人工下管法和机械下管法。

(1) 人工下管

利用人力、桩、绳、棒等下管,把沟槽边上的管子下至沟槽内称下管。人工下管法常见有:

1) 压绳下管法。此法适用于管径为 400~800mm 的管子。下管时,可在管子两端各套一根大绳套在立管上,并把管子下面的半段绳用脚踩住,上半段用手拉住,两组大绳用力一致,将管子徐徐下入沟槽,如图 1-30 所示。

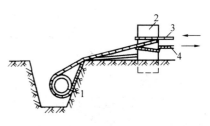

图 1-30　压绳下管法
1—管子;2—立管;3—放松绳;4—固定绳

2) 木架下管法。此法适用于直径 900mm 以内,长 3m 以下的管子。下管前预先特制一个木架,下管时沿槽岸跨沟方向放置木架,将绳绕于木架上,管子通过木架缓缓下入沟内。

(2) 机械下管

机械下管常采用吊车下管,吊车下管施工方便、安全、快捷,不易造成人员和管子损伤,是市政给水管道工程最好的下管方法,但要求施工现场容许吊车行走和工作。某地机械下管工作如图 1-31 所示。

图 1-31 机械下管

沟槽内下管在实际工程中，考虑到施工的方便，在局部地段，有时亦可采用承口背着水流方向排列。图 1-32 为在原有干管上引接分支管线的节点详图。若顾及排管方向要求，分支管配件连接应采用如图 1-32（a）所示为宜，但使闸门后面的插盘短管的插口与下游管段承口连接时，必须在下游管段插口处设置一根横木作后背，其后续每连接一根管子，均需设置一根横木，安装比较麻烦。如果采用如图 1-32（b）所示分支配件连接方式，其分支管虽然为承口背着水流方向排列，但其上承盘短管的承口与下游管段的插口连接，以及后续各节管子连接时均无须设置横木作后背，施工十分方便。

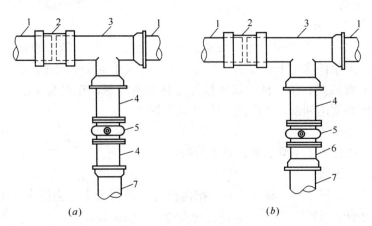

图 1-32 干管上引接分支管线节点详图
（a）分支管承口顺水流方向；（b）分支管承口背水流方向
1—原建干管；2—套管；3—异径三通；4—插盘短管；5—闸门；6—承盘短管；7—新接支管

3. 稳管方法

稳管是管子按设计的高程与平面位置稳定在沟槽基础上。如果分节下管，其稳管与下管均同时进行，即第一节管下到沟槽内后，随即将该节管位置稳定，继而下所需的第二节管并与第一节管对口，对口合格后并稳定，再下第三节管……依此类推。稳管应达到管的平面位置、高程、坡度坡向及对口等尺寸符合设计和安装规范的要求。

（1）中线控制

使管中心与设计位置在一条线上，可用中心线法和边线法进行控制，轴线偏差 30mm。

（2）高程控制

通过水准仪测量管顶或管底的标高，使之符合设计的高程要求。控制中心线与高程必须同时进行，使两者同时符合设计规定，高程偏差为±20mm。

(3) 对口控制

钢管常采用焊接，焊接端对口间隙应符合焊接要求。承插式接口的直线管道对口间隙和环向间隙应符合表1-21的要求。

承接式管道接口环向间隙和对口　　　　表 1-21

DN (mm)	环向间隙 (mm)	对口间隙 (mm)	DN (mm)	环向间隙 (mm)	对口间隙 (mm)
75	10^{+3}_{-2}	4	600~700	11^{+4}_{-2}	7
100~200	10^{+3}_{-2}	5	800~900	12^{+4}_{-2}	8
300~500	11^{+4}_{-2}	6	1000~1200	13^{+4}_{-2}	9

(4) 管道自弯水平借转控制

一般情况下，可采用90°弯头、45°弯头、22.5°弯头、11.25°弯头进行管道平面转弯，如果弯曲角度小于11°时，则可采用管道自弯作业。

承插式铸铁管的允许转角和借距见表1-22。

承插式铸铁管的允许转角和借距　　　　表 1-22

DN (mm)	D_0 (mm)	承口深度 (mm)	承插口缝宽 (mm)	许可转角	许可借距 (mm)	
					管长 (4m)	管长 (6m)
75	93.0	90	10	6°20′	441	662
100	118.0	95	10	6°01′	419	629
150	189.0	100	10	5°40′	393	589
200	220.0	100	10	4°21′	302	453
300	322.8	105	11	3°06′	216	325

(5) 管道反弯借高找正

排管时，当遇到地形起伏变化较大，新旧管道接通或翻越其他地下设施等情况时，可采用管道反弯借高找正作业。

施工中，管道反弯借高主要是在已知借高高度 H 值的条件下，求出弯头中心斜边长 L 值，并以 L 值作为控制尺寸进行管道反弯借高作业，L 值计算方法如下：

当采用45°弯头时：$L_1 = 1.414 \times H$ (m)；

当采用22.5°弯头时：$L_2 = 2.611 \times H$ (m)；

当采用11.25°弯头时：$L_3 = 5.128 \times H$ (m)。

4. 给水铸铁管道接口

铸铁管在管道敷设前应做好内外防腐处理，一般铸铁管内外壁涂刷热沥青。

常见的给水铸铁管接口形式有承插式和法兰式两种。承插式接口分刚性接口和柔性接口。铸铁管在插口和承口对口前，应用乙炔焊枪烧掉插口和承口处的防腐沥青，并用钢刷清除沥青渣。

(1) 承插式刚性接口

承插式铸铁管刚性接口常用麻—石棉水泥；石棉绳—石棉水泥；麻—膨胀水

泥砂浆；麻—铅等几种。

1）麻—石棉水泥接口

麻是广泛采用的一种挡水材料，以麻辫形状塞进承口与插口间环向间隙。麻辫的直径约为缝隙宽的 1.5 倍，其长度较管口周长长 100~150mm 作为搭接长度，视情况塞 1~3 圈麻辫；每圈麻辫用錾子填打紧密。錾子如图 1-33 所示。麻辫填塞完成后，再用石棉水泥填塞并分层打紧。

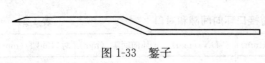

图 1-33　錾子

石棉水泥是纤维加强水泥，有较高的抗压强度，石棉纤维对水泥颗粒有很强的吸附能力，水泥中掺入石棉纤维可提高接口材料的抗拉强度，水泥在硬化过程中收缩，石棉纤维可阻止其收缩，提高接口材料与管壁的黏着力和接口的水密性。石棉水泥是采用具有一定纤维长度的Ⅳ级石棉和 32.5 级号以上硅酸盐水泥，使用之前应将石棉晒干弹松，不应有结块，其施工配合比为石棉：硅酸盐水泥＝3∶7，加水量为石棉水泥总重的 10% 左右，视气温与大气湿度酌情增减水量。拌合时，先将石棉与水泥干拌，拌至石棉水泥颜色一致，然后将定量的水徐徐倒进，随倒随拌，拌匀为止。实践中，使拌料能捏成团，抛能散开为准，加水拌制的石棉水泥灰应当在 1h 之内用毕。

打口时，应将石棉水泥填料分层填打，每层实厚不大于 25mm，灰口深在 80mm 以上采用四填十二打，即第一次填灰口深度的 1/2，打三遍；第二次填灰深约为剩余灰口的 2/3，打三遍；第三次填平打三遍；第四次找平打三遍。如灰口深为 60~80mm 者可采用三填九打。打好的灰口要比承口端部凹进 2~3mm，当听到金属回击声，水泥发青析出水分，若用力连击三次，灰口不再发生内凹或掉灰现象，接口作业即告结束。

为了提供水泥的水化条件，在接口完毕之后，应立即在接口处浇水养护，养护时间为 1~2d，养护方法是：春秋两季每天浇水两次；夏天在接口处盖湿草袋，每天浇水四次；冬天在接口抹上湿泥，覆土保温。

2）石棉绳—石棉水泥接口

石棉绳—石棉水泥接口与麻—石棉水泥接口的区别是以石棉绳代替麻辫，石棉绳具有良好的水密性与耐高温性，据研究，水长期和石棉接触可能造成水质污染。

3）麻—膨胀水泥砂浆接口

在接口处按麻—石棉水泥接口的填麻方法打麻辫，再进行膨胀水泥砂浆填塞。膨胀水泥在水化过程中体积膨胀，能增加其与管壁的黏着力，提高了水密性，而且产生封密性微气泡，提高接口抗渗性能。

膨胀水泥由作为强度组分的硅酸盐水泥和作为膨胀剂的矾土水泥及二水石膏组成，其施工配合比为 32.5 级硅酸盐水泥：42.5 级矾土水泥：二水石膏＝1∶0.2∶0.2。用作接口的膨胀水泥水化膨胀率不宜超过 150%，接口填料的线膨胀系数控制在 1%~2%，以免胀裂管口。膨胀水泥砂浆，采用洁净中砂，最大粒径不大于 1.2mm，含泥量不大于 2%。膨胀水泥砂浆施工配合比通常采用膨胀水泥：砂水＝1∶1∶0.3。当气温较高或风力较大时，用水量可酌量增加，但最大水灰比不宜超过0.35。膨胀水泥砂浆拌合应均匀，一次拌合量应在初凝期内用毕。

接口操作时，不需要打口，可将拌制的膨胀水泥砂浆分层填实，用錾子将各层捣实，最外一层找平，比承口边缘凹进1～2mm。

膨胀水泥水化过程中硫酸铝钙的结晶需要大量的水，因此其接口应采用湿养护，养护时间为12～24h。

实践表明：膨胀水泥砂浆除去用作一般条件下的管道接口材料之外，还可用于引接分支管等抢修工程的管道接口作业。此时，接口填料配合比可以采用膨胀水泥∶砂∶水＝1.25∶1∶0.3，另外再加水泥重量的4%的氯化钙，接口完毕，养护4～6h即可通水。其中，应特别注意控制氯化钙的投加量，若其投加量大于4%，强度增加到一定值后，会因继续膨胀而使管头破坏。加氯化钙的接口材料应在30～40min内用毕。

4）麻—铅接口

在接口处按麻—石棉水泥接口的填麻方法打麻辫，再进行灌铅。铅接口具有较好的抗震、抗弯性能，接口的地震破坏率远低于石棉水泥接口。铅接口操作完毕后便可立即通水。由于铅具有柔性，接口渗漏可不必剔口，仅需锤铅堵漏。因此，尽管铅的成本高、含毒性，一般情况下不作管道接口填料，但在市政给水管道工程中，如管道过河、穿越铁路、道路、地基不均匀沉陷等特殊地段及新旧管子连接开三通等抢修工程时仍采用铅接口。

铅的纯度应在90%以上，灌铅前，把接口所需的铅放进铅化锅，加热熔化。当熔铅呈紫红色时，即为灌铅的适宜温度。灌铅的管口必须干净和干燥，雨天禁止灌铅，否则易引起溅铅或爆炸，造成人身伤害。在灌铅前应在管口安设石棉绳，绳与管壁间的接触处敷泥堵严，并留出灌铅口。灌铅操作如图1-34所示。

每个铅接口应一次浇完，灌铅凝固后，先用铅钻切去铅口的飞刺，再用薄口錾子贴紧管身，沿插口管壁敲打一遍，一钻压半钻，而后逐渐改用较厚口錾子重复上法各打一遍至打实为止，最后用厚口錾子找平。

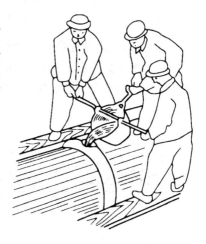

图1-34 灌铅操作

5）橡胶圈—水泥接口

橡胶圈—水泥接口与麻—石棉水泥接口的区别是以橡胶圈代替麻辫。

橡胶圈外观应粗细均匀，椭圆度在允许范围内，质地柔软、无气泡、无裂缝、无重皮，接口平整牢固，胶圈内环径一般为插口外径的0.86～0.87倍，胶圈的压缩率以35%～40%为宜。

对于橡胶圈接口，在对口之前，应将胶圈套在插口上，并先清除管口杂物，这一点应引起特别注意，以免重新对口。打口时，将胶圈紧贴承口，胶圈模棱应在一个平面上，不能拧成麻花形。先用錾子沿管外皮着力将胶圈均匀地打入承口内，开始打时，须在二点、四点、八点慢慢扩大的对称部位上用力锤击。胶圈要打至插口小台，胶圈吃深要均匀，不可在快打完时出现多余一段形成像"鼻子"形状的"闷鼻"现象，也不能出现深浅不一致及裂口等现象。若有一处难以打进，表明该处环向间隙太窄，可用錾子将此处撑大后再打。

橡胶圈填塞完成后，其胶圈外层的填料一般为石棉水泥或膨胀水泥砂浆。

(2) 承插式柔性接口

上述几种承插式刚性接口，抗应变能力差，受外力作用容易产生填料碎裂使管内水外渗等事故，尤其在松软地基地带和强震区，接口破碎率高，为此可采用以下柔性接口。

1) 楔形橡胶圈接口。此接口的承口内壁为斜形槽，插口端部加工成坡形。安装时先在承口斜槽内嵌入起密封作用的楔形橡胶圈，再对口使插口对准承口而使楔形橡胶圈紧固在接口处，如图 1-35 所示。由于承口内壁斜形槽的限制作用，胶圈在管内水压的作用下与管壁压紧，具有自密性，使接口对于承插口的椭圆度、尺寸公差、插口轴向相对位移及角位移具有很好的适应性。

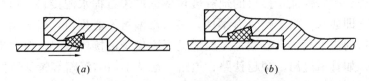

图 1-35 承接口楔行橡胶圈接口
(a) 起始状态；(b) 插入后状态

此种接口抗震性能良好，能提高施工进度，减轻劳动强度。

2) 其他形式橡胶圈接口。其他形式橡胶圈接口有橡胶圈螺栓压盖形、橡胶圈中缺形、橡胶圈角唇形、橡胶圈圆形等，均是接口的改进施工工艺，如图 1-36 所示。

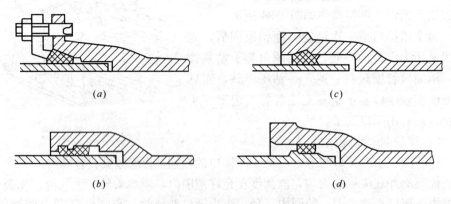

图 1-36 其他形式橡胶圈接口
(a) 螺栓压盖形；(b) 中缺形；(c) 角唇形；(d) 圆形

螺栓压盖形的主要优点是抗震性能良好，安装与拆修方便，缺点是配件较多，造价较高；中缺形是插入式接口，接口仅需一个胶圈，操作简单，但承口制作尺寸要求较高；角唇形的唇口可以固定安装胶圈，但胶圈耗胶量较大，造价较高；圆形则具有耗胶量小，造价较低的优点，但其仅适用于离心铸铁管。

任务5　铸铁管道安装质量检查

一、管道质量检查内容

铸铁压力管道质量检查时必须对管道、接口、阀门、配件、伸缩器及其他附属构筑物仔细进行外观检查；复测管道的纵断面；并按设计要求检查管道的放气和排水条件。管道验收还应对管道的强度和严密性进行试验，且还必须进行水质检查。

二、管道的强度和严密性检查

（一）管道压力试验符合有关规定

（1）应符合现行国家标准《给水排水管道工程施工及验收规范》GB 50268—2008规定。

水压试验前，施工单位应编制试验方案，其内容应包括后背及堵板的设计；进水管路、排气孔及排水孔的设计；加压设备、压力计的选择及安装的设计；排水疏导措施；升压分级的划分及观测制度的规定；试验管段的稳定措施和安全措施。

（2）试验管段的后背应符合下列规定：

后背应设在原状土或人工后背上，土质松软时应采取加固措施；后背墙面应平整并与管道轴线垂直。

（3）压力管道应用水进行压力试验。铸铁管在冬季或缺水情况下，可用空气进行压力试验，但均须有防护措施。

（4）压力管道的试验，应按下列规定进行：架空管道、明装管道及非隐蔽的管道应在外观检查合格后进行压力试验；地下管道必须在管基检查合格，管身两侧及其上部回填不小于0.5m，接口部分尚敞露时，进行初次试压，已全部回填土，并完成该管段各项工作后进行末次试压。此外，铺设后必须立即全部回填土的管道，在回填前应认真对接口做外观检查，仔细回填后进行一次试验；对于组装的有焊接接口的钢管，必要时可在沟边做预先试验，在下沟连接以后仍需进行压力试验。

（5）试压管段的长度不宜大于1km，水压试验管道内径大于或等于600mm时，试验管段端部的第一个接口应采用柔性接口，或采用特制的柔性接口堵板。

（6）水压试验采用的设备、仪表规格及其安装应符合下列规定：

采用弹簧压力计时，精度不低于1.5级，最大量程宜为试验压力的1.3~1.5倍，表壳的公称直径不宜小于150mm，使用前经校正并具有符合规定的检定证书；水泵、压力计应安装在试验段的两端部与管道轴线相垂直的支管上。

（7）开槽施工管道试验前，附属设备安装应符合下列规定：

非隐蔽管道的固定设施已按设计要求安装合格；管道附属设备已按要求紧固、锚固合格；管件的支墩、锚固设施混凝土强度已达到设计强度；未设置支墩、锚固设施的管件，应采取加固措施并检查合格。

（8）水压试验前，管道符合下列规定：

管道安装检查合格后，管道应部分回填土；管道顶部回填土宜留出接口位置以便检查渗漏处。

试验管段所有管端敞口应事先用管堵或管帽堵严，并加临时支撑，不得用闸阀代替；管道中的固定支墩，试验时应达到设计强度；试验前应将该管段内的闸阀打开，不得有渗漏水现象；不得含有消火栓、水锤消除器、安全阀等附件。

（9）当管道内有压力时，严禁修整管道缺陷和紧动螺栓，检查管道时不得用手锤敲打管壁和接口。

（二）管道强度与严密性试验的做法

1. 试验阶段

（1）预试验阶段

将管道内水压缓缓地升至试验压力并稳压 30min，期间如有压力下降可注水补压，但不得高于试验压力；

检查管道接口、配件等处有无漏水、损坏现象；有漏水、损坏现象时应及时停止试压，查明原因并采取相应措施后重新试压。

（2）主试验阶段

停止注水补压，稳定 15min；当 15min 后压力下降不超过 0.03MPa 时，将试验压力降至工作压力并保持恒压 30min，进行外观检查若无漏水现象，则水压试验合格。

管道升压时，管道的气体应排除；升压过程中，若发现弹簧压力计表针摆动、不稳，且升压较慢时，应重新排气后再升压。

应分级升压，每升一级应检查后背、支墩、管身及接口，无异常现象时再继续升压。

水压试验过程中，后背顶撑、管道两端严禁站人。

水压试验时，严禁修补缺陷；遇有缺陷时，应做出标记，卸压后修补。

压力管道采用允许渗水量进行最终合格判定依据时，实测渗水量应小于或等于表 1-23 规定的允许渗水量。

允许渗水量　　　　　　　　表 1-23

管道内径 D_i (mm)	允许渗水量 [L/(min·km)]		
	焊接接口钢管	球墨铸铁管、玻璃钢管	预（自）应力混凝土管、预应力钢筋混凝土管
200	0.56	1.40	1.98
300	0.85	1.70	2.42
400	1.00	1.95	2.80

续表

管道内径 D_i (mm)	允许渗水量 [L/(min·km)]		
	焊接接口钢管	球墨铸铁管、玻璃钢管	预(自)应力混凝土管、预应力钢筋混凝土管
600	1.20	2.40	3.14
800	1.35	2.70	3.96
900	1.45	2.90	4.20
1000	1.50	3.00	4.42
1200	1.65	3.30	4.70
1400	1.75	—	5.00

2. 试验做法

(1) 管道试压前管段两端要封以试压堵板，堵板应有足够的强度，试压过程中与管身接头处不能漏水。

(2) 管道试压时应设试压后背，可用天然土壁作试压后背，也可用已安装好的管道作试压后背，试验压力较大时，会使土后背墙发生弹性压缩变形，从而破坏接口。为了解决这个问题，常用螺旋千斤顶，即对后背施加预压力，使后背产生一定的压缩变形。管道水压试验后背装置如图1-37所示。

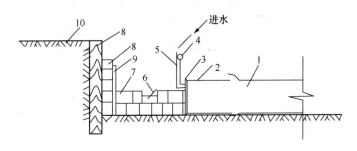

图1-37 给水管道水压试验后背
1—试验管段；2—短管乙；3—法兰盖堵；4—压力表；5—进水管；
6—千斤顶；7—顶铁；8—方木；9—钢板；10—后座墙

(3) 管道试压前应排除管内空气，灌水进行浸润，试验管段灌满水后，应在不大于工作压力的条件下充分浸泡后进行试压。浸泡时间应符合以下规定：铸铁管、球墨铸铁管不小于24h；有水泥砂浆衬里，不小于48h。进行严密性试验时，将管内水加压到0.35MPa，并保持2h。

(4) 冬季进行水压试验时，应采取有效的防冻措施，试验完毕后应立即排出管内和沟槽内的积水。

(5) 水压试验压力，按表1-24确定。

确定水压试验压力　　　　　表1-24

普通铸铁管及球墨铸铁管	工作压力 $P<0.5$	试验压力 $2P$
	工作压力 $P \geqslant 0.5$	试验压力 $P+0.5$

(6) 强度试验：在已充水的管道上用手摇泵向管内充水，待升至试验压力后，停止加压，观察表压下降情况。如 10min 压力降不大于 0.05MPa，且管道及附件无损坏，将试验压力降至工作压力，恒压 2h，进行外观检查，无漏水现象表明试验合格。落压试验装置如图 1-38 所示。

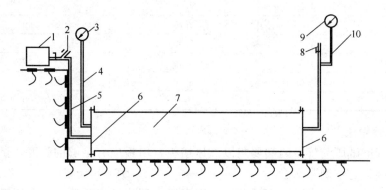

图 1-38 落压试验装置
1—手摇泵；2—进水总管；3—压力表；4—压力表连接管；5—进水管；
6—盖板；7—试验管段；8—放水管；9—压力表；10—连接管

(7) 严密性试验：将管段压力升至试验压力后，记录表压降低 0.1MPa 所需的时间 $T1$（min），然后在管内重新加压至试验压力，从放水阀放水，并记录表压下降 0.1MPa 所需的时间 $T2$（min）和此间放出的水量 W（L）。按下式计算渗水量：$q=W/(T1-T2)(L)$，式中 L 为试验管段长度（km）。渗水量试验示意如图 1-39 所示。若 q 值小于表 1-23 的规定，即认为合格。

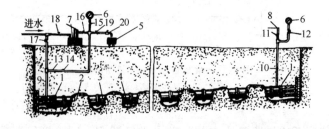

图 1-39 渗水量试验示意图
1—封闭端；2—回填土；3—试验管段；4—工作坑；5—水筒；
6—压力表；7—手摇泵；8—放水阀；9—进水管；10、13—压力表连接管；
11、12、14、15、16、17、18、19—闸门；20—龙头

铸铁管试验允许漏水率见表 1-23。

(8) 球墨铸铁管的接口单口水压试验应符合下列规定：

安装时应注意将单口水压试验用的进水口（管材出厂时已加工）置于管道顶部；管道接口连接完毕后进行单口水压试验，试验压力为管道设计压力的 2 倍，且不得小于 0.2MPa；试压采用手提式打压泵，管道连接后将试压嘴固定在管道承口的试压孔上，连接试压泵，将压力升至试验压力，恒压 2min，无压力降为合格；试压合格后，取下试压嘴，在试压孔上拧上 M10×20mm

不锈钢螺栓并拧紧；水压试验时应先排净水压腔内的空气；单口试压不合格且确认是接口漏水时，应马上拔出管节，找出原因，重新安装，直至符合要求为止。

（三）保证管道的出水水质

采用管道冲洗与消毒法。

试验合格后，竣工验收前应进行冲洗、消毒，使管道出水符合《生活饮用水的水质标准》。经验收才能交付使用。

1. 管道冲洗

（1）放水口

管道冲洗主要使管内杂物全部冲洗干净，使排出水的水质与自来水状态一致。在没有达到上述水质要求时，这部分冲洗水要有放水口，可排至附近河道、排水管道。排水时应取得有关单位协助，确保安全排放、畅通。安装放水口时，其冲洗管接口应严密，并设有闸阀3、排气管4和放水龙头2，如图1-40所示。弯头处应进行临时加固。

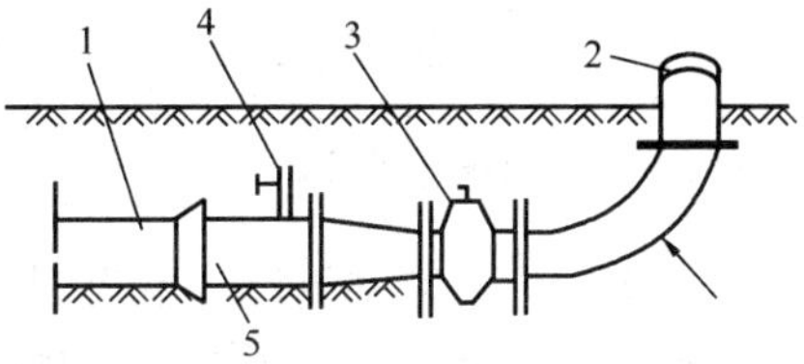

图1-40 放水口
1—管道；2—水龙头；3—闸阀；4—排气管；5—插盘短管

冲洗水管可比被冲洗的水管管径小，但断面不应小于二分之一。冲洗水的流速宜大于0.7m/s。管径较大时，所需用的冲洗水量较大，可在夜间进行冲洗，以不影响周围的正常用水。

（2）冲洗步骤及注意事项

1）准备工作：会同自来水管理部门，商定冲洗方案，如冲洗水量、冲洗时间、排水路线和安全措施等。

2）冲洗时应避开用水高峰，以流速不小于1.0m/s的冲洗水连续冲洗。

3）冲洗时应保证排水管路畅通安全。

4）开闸冲洗放水时，先开出水闸阀再开来水闸阀；注意排气，并派专人监护放水路线；发现情况及时处理。

5）检查放水口水质：观察放水口水的外观，至水质外观澄清，化验合格为止。

6）关闭闸阀：放水后尽量使来水闸阀、出水闸阀同时关闭。如做不到，可先关闭出水闸阀，但留几扣暂不关死，等来水阀关闭后，再将出水阀关闭。

7）放水完毕，管内存水24h以后再化验为宜，合格后即可交付使用。

2. 管道消毒

管道消毒的目的是消灭新安装管道内的细菌，使水质不受污染。

消毒液通常采用漂白粉溶液，注入被消毒的管段内。灌注时可少许开启来水闸阀和出水闸阀，使清水带着漂白液流经全部管段，从放水口检验出高浓度氯水为止，然后关闭所有闸阀，使含氯水浸泡24h为宜，氯浓度为26~30mg/L，其漂白粉耗用量可参照表1-25选用。

每100mm管道消毒所需漂白粉用量　　　　　　　　　　　表1-25

管径（mm）	100	150	200	250	300	400	500	600	800	1000
漂白粉（kg）	0.13	0.28	0.5	0.79	1.13	2.01	3.14	4.53	8.05	12.57

注：1. 漂白粉含氯量以25%计；2. 漂白粉溶解率以75%计；3. 水中含氯浓度30mg/L。

任务6　沟槽土方回填

一、沟槽土方回填的目的

管道施工完毕并经检验合格后应及时进行土方回填，以保证管道的正常位置，避免沟槽（基坑）坍塌，而且尽可能早日恢复地面交通。

二、土方回填的要求

管道沟槽位于路基范围内和路基范围外，因此回填土密实度的要求不同，按照《给水排水管道工程施工及验收规范》GB 50268—2008执行，见表1-26。当设计文件没有规定时，不应小于90%，也可以根据经验。沟槽各部位回填土密实度，如图1-41所示。

刚性管道沟槽回填土密实度　　　　　　　　　　　表1-26

序号	项　　目			最低压实度（%）		检查数量		检查方法
				重型击实标准	轻型击实标准	范围	点数	
1	石灰土类垫层			93	95	100m	每层每侧一组（每组3点）	用环刀法检查或采用现行国家标准《土工试验方法标准》GB/T 50123中其他方法
2	沟槽在路基范围外	胸腔部分	管　侧	87	90	两井之间或1000m²		
			管顶以上500mm	87±2（轻型）				
		其余部分		≥90（轻型）或按设计要求				
		农田或绿地范围表层500mm范围内		不宜压实，预留沉降量，表面整平				
3	沟槽在路基范围内	胸腔部分	管侧	87	90			
			管顶以上250mm	87±2（轻型）				
		由路槽底算起的深度范围（mm）	≤800	快速及主干路	95	98		
				次干路	93	95		
				支　路	90	92		
			800~1500	快速及主干路	93	95		

续表

序号	项目			最低压实度(%)		检查数量		检查方法
				重型击实标准	轻型击实标准	范围	点数	
3	沟槽在路基范围内	由路槽底算起的深度范围(mm)	800～1500			两井之间或1000m²	每层每侧一组(每组3点)	用环刀法检查或采用现行国家标准《土工试验方法标准》GB/T 50123中其他方法
				次干路 90	92			
				支路 87	90			
			>1500	快速路及主干路 87	90			
				次干路 87	90			
				支路 87	90			

三、回填土方法

回填施工包括返土、摊平、夯实、检查等施工过程。其中关键是夯实,应符合设计所规定的密实度要求。沟槽回填土夯实通常采用人工夯实和机械夯实两种方法。

管顶50cm以下部分还土的夯实,应采用轻夯,夯击力不应过大,防止损坏管壁与接口,可采用人工夯实。

管顶50cm以上部分还土的夯实,应采用机械夯实。常用的夯实机械有蛙式夯、内燃打夯机、履带式打夯机及轻型压路机等几种。

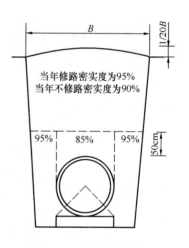

图1-41 沟槽各部位回填土密实度

（一）蛙式夯

由夯头架、拖盘、电动机和传动减速机构组成,如图1-42所示。该机具轻便、构造简单,目前广泛采用。

例如功率为2.8kW的蛙式夯,在最佳含水量条件下,铺土厚200mm,夯击3～4遍,压实系数可达0.95左右。

（二）内燃打夯机

又称"火力夯",一般用来夯实沟槽、基坑、墙边墙角,同时还土方便。

（三）履带式打夯机

履带式打夯机,如图1-43所示。用履带起重机提升重锤,夯锤重9.8～39.2kN,夯击高度为1.5～5.0m。夯实土层的厚度可达3m,它适用于沟槽上部夯实或大面积夯土工作。

（四）压路机

沟槽上部夯实或大面积夯实,常采用轻型压路机,工作效率较高。碾压的重叠宽度不得小于20cm。

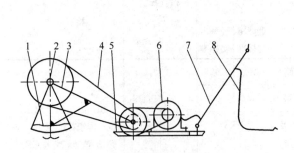
图 1-42 蛙式夯构造图
1—偏心块；2—前驱装置；3—夯头架；4—传动装置；
5—拖盘；6—电动机；7—操纵手柄；8—电气控制设备

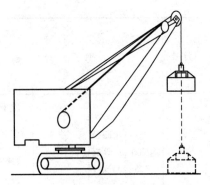
图 1-43 履带起重机

四、土方回填的施工方法

（一）回填用土的要求

学生独立查阅《给水排水管道工程施工及验收规范》GB 50268—2008 和相关资料找出答案。

（二）施工方法

沟槽回填前，应建立回填制度。根据不同的夯实机具、土质、密实度要求、夯击遍数、走夯形式等确定返土厚度和夯实后厚度。

沟槽回填前，管道基础混凝土强度和抹带水泥砂浆接口强度不应小于 5MPa，现浇混凝土管渠的强度达到设计规定；砖沟或管渠顶板应装好盖板。

沟槽回填顺序，应按沟槽排水方向由高向低分层进行。

返土一般用沟槽原土，槽底到管顶以上 50cm 范围内，不得含有机物、冻土以及大于 50mm 的砖、石等硬块，冬期回填时，在此范围以外可均匀掺入冻土，其数量不得超过填土总体积的 15%，并且冻块尺寸不得超过 100mm。

回填时，槽内不得有积水，不得回填淤泥、腐殖土及有机质。

沟槽两侧应同时回填夯实，以防管道位移。回填土时不得将土直接砸在抹带接口和防腐绝缘层上。

夯实时，胸腔和管顶上 50cm 内，夯击力过大，将会使管壁和接口或管沟壁开裂，因此，应根据管道及管沟强度确定夯实方法。管道两侧和管顶以上 50cm 范围内，应采用轻夯压实，两侧压实面的高度不应超过 30cm。

每层土夯实后，应检测密实度。测定的方法有环刀法和贯入法两种。采用环刀法时，应确定取样的数目和地点。由于表面土常易夯碎，每个土样应在每层夯实土的中间部分切取。土样切取后，根据自然密度、含水量、干密度等数值，即可算出密实度。

回填应使槽上土面略呈拱形，以免日久因土沉陷而造成地面下凹。拱高，一般为槽宽的 1/20，常取 15cm。

任务7 文 明 施 工

一、文明施工内容

（1）建设单位应会同设计、施工单位和有关部门对可能造成周围建筑物、构筑物、防汛设施、道路、地下管线损坏或堵塞的施工现场进行检查，并制定相应的技术措施，纳入施工组织设计，保证施工安全、文明施工。

（2）工地周围必须设置不低于 2.5m 的遮挡围墙。围墙应用彩钢板或砖砌筑，封闭严密，并粉刷涂白，保持整洁完整。

（3）工地的主要出入口处应设置醒目的施工标识牌，标明下列内容：

1）工程项目名称、工地范围和面积、工程结构、开工竣工日期和监督电话；

2）建设单位、设计单位、施工单位、监理单位的名称及工程项目负责人、技术和安全负责人的姓名；

3）建设规划许可证、建设用地许可证、施工许可证批准文号；

4）工地总平面布置图。

（4）工地应按安全、文明施工的要求设置各项临时设施，并达到下列要求：

1）设置连续、通畅的排水设施和沉淀设施，防止泥浆、污水、废水外流或堵塞下水道和河道；

2）施工区域与非施工区域严格分隔；

3）施工区域内的沟、井、坎、穴等危险地形旁，应有醒目的警示标志，并采取安全防护措施；

4）材料、机具设备按工地总平面图的布置在固定场地整齐堆放，不得侵占场内道路及安全防护等设施；

5）施工现场道路通畅，场地平整，无大面积积水。

（5）未经批准不得在工地围护设施外随意堆放材料、残土。在经批准临时占用的区域，应严格按批准的占地范围和使用性质存放、堆卸材料和机具设备，并设置高于 1m 的围护设施。

（6）在施工中应遵守下列规定：

1）完善技术和操作管理规程，确保防汛设施和地下管线通畅、安全；

2）采取各种措施，降低施工过程中产生的噪声；

3）控制夜间施工作业，确需夜间作业的，必须事先向环保部门申办《夜间作业许可证》；

4）设置各种防护设施，防止施工中产生的尘土飞扬及废弃物、杂物飘散；

5）随时清理垃圾，控制建筑污染；

6）除设有符合要求的防护装置外，不得在工地内熔融沥青，禁止在工地内焚烧油毡、油漆以及其他产生有害、有毒气体和烟尘的物品；

7）运用其他有效方式，减少施工对市容、绿化和环境的不良影响；

8）不得使用人力车、三轮车向场外运输垃圾、废土、材料。

(7) 施工人员应文明作业，并严格遵守下列规定：
1) 施工中产生的泥浆未经沉淀池沉淀不得排放；
2) 施工中产生的各类垃圾应及时清运到市容环境卫生管理部门指定的地点，严禁随意倾倒在城市道路、河道、绿化带和居民生活垃圾容器内；
3) 施工中不得随意抛掷材料、废土、旧料和其他杂物；
4) 施工中应注意清理施工场地，做到随做随清。

(8) 工地运输车辆的车厢应确保牢固、严密，严禁在装运过程中沿途抛、洒、滴、漏。并设置车辆冲洗设施，运输车辆必须冲洗后出场。

(9) 工地应设置醒目的环境卫生宣传标牌。

(10) 应当严格依照《中华人民共和国消防条例》规定，在施工现场建立和执行防火管理制度，设置符合消防要求的消防设施，并保持完好的备用状态。在容易发生火灾的地区施工或者储存、使用易燃易爆器材时，应采取必要的消防安全措施。

(11) 因工程施工造成沿线单位、居民的出入口障碍和道路交通堵塞，应采取有效措施，确保出入口和道路的畅通、安全。

(12) 在施工中造成下水道和其他地下管线堵塞或损坏的，应立即疏浚或修复；对工地周围的单位和居民财产造成损失的，应承担经济赔偿责任。

(13) 因设置工地围护、安全防护设施和其他因文明施工设置临时设施所发生的费用，按有关规定列入工程预算。

(14) 对违反本规定的单位和个人，由建筑业管理部门给予警告、通报批评、责令限期改正，并处以罚款。

二、编制实例

（一）文明施工目标

文明施工是本工程施工管理的重点，由项目经理全权负责，在安全员、文明施工员、交通协管员的配合下组织工作。

根据公司的施工保障能力，本工程的文明施工目标是：达到"哈尔滨市市级安全文明工地"标准。

（二）文明施工保证体系

考虑到本工程的特殊性、重要性，其地理位置、环境条件等因素，经理部将把文明施工与工程施工放在同等重要的位置。

(1) 成立以项目经理为中心的文明施工领导小组，全权负责本项目文明施工工作，保证各项措施落到实处。

(2) 实行责任制，项目经理及项目部管理人员、施工队伍层层签订"文明责任状"。

(3) 文明施工标准：一是封闭施工。特别是中心城区内施工区域要全封闭隔离施工，不得把马路、交通和社会运行的区域与施工区域混在一起。二是要满足交通组织的需要。要有一套科学、合理的交通组织方案，使施工对交通影响最小。三是"清洁运输"。在中心城区主要干道的渣土、材料、土方运输逐步实行封闭式运输管理，车辆驶出工地前要冲洗，防止泥土污染环境。四是环境影响要最小化。把施工对周围环境的影响降低至最低限度。五是减少对市民生活和出行的影响。

（三）文明施工措施

1. 施工围蔽措施

（1）工地内设置的临时设施如现场办公室，职工、民工宿舍等房屋，整齐放置，统一规划，保证明亮整洁。

（2）在施工期间，生活办公区及与既有道路相交处的施工范围边线设置围蔽。施工围蔽栏夜间挂红灯，并保证施工沿线在夜间有足够的照明设施；施工期间，根据监理工程师、业主或当地政府要求，在要求的时间和地点，提供和维持所有的照明灯光、护板、围墙、栅栏、警示信号标志并安排专门的值班人员 24 小时值班，对工程进行保护和为工程施工提供安全和方便。

（3）沟槽施工均采用合格的安全防护施工。

（4）施工区以外是已征用的待开发地，目前均覆盖着杂草植被，为了减少扬尘，需对其进行妥善保护，经理部除了要尽量减少占用土地之外，将采取措施以杜绝破坏天然植被的行为，除施工用地以外，不得随意占用其余土地。

2. 机具、材料管理

（1）在施工过程中，始终保持现场整齐干净，清理掉所有多余的材料、设备和垃圾，拆除不再需要的临时设施，做好文明施工。

（2）材料仓库用砖砌结构，材料进场后进行分类堆放，并按照 ISO 9001 文件的有关要求进行标识。工地一切材料和设施不得堆放在围栏外，在场内离开围栏分类堆放整齐，保证施工现场畅通，场地文明整洁。

（3）施工机具统一在确定场所内摆放，并用标识牌标明每一类施工机具摆放地点。

（4）所有施工机具保持整洁机容，每天进行例行保养。

（5）在运输和储存施工材料时，应采取可靠措施防止漏失。

3. 文明施工的宣传和监督

（1）学习文明施工管理规定，在每周安全学习例会中穿插文明施工管理规定的学习内容，务必使每个职工明白文明施工的重要性。

（2）做好施工现场的宣传工作。在作业班组积极开展文明施工劳动竞赛。

（3）注意搞好与兄弟单位的关系，以使工程顺利开展。

（4）施工现场大门右侧悬挂施工标牌，标明工程名称、工程负责人、工地文明施工负责人。

复习思考题

1. 给水系统有哪些组成部分？
2. 配水管网的布置有哪些要求？
3. 如何进行管道的定线放线？
4. 安全上要注意哪些方面？
5. 土的质量密度和重力密度？

6. 土的含水量?
7. 土的可松性和压密性?
8. 各种沟槽的适应条件是什么?
9. 沟槽开挖后的质量都有哪些要求?
10. 地基处理的目的是什么?
11. 素土垫层的材料要求是什么?如何施工?
12. 砂石垫层的材料要求与施工要点?
13. 重锤夯击法的施工要点?
14. 给水管材应满足的要求是什么?
15. 给水管道附件有哪些?作用是什么?
16. 铸铁管道安装程序?
17. 叙述胶圈-石棉水泥接口的材料要求及操作过程?
18. 叙述麻-铅接口的材料要求及操作过程?
19. 叙述铸铁管胶圈接口的材料要求及操作过程?
20. 管道压力试验应符合的要求是什么?
21. 强度试验的过程?
22. 严密性试验的过程?
23. 为什么进行冲洗和消毒?
24. 回填土的目的是什么?
25. 土方回填的施工方法?
26. 说明沟槽回填土各部分的密实度的要求?
27. 文明施工的原则是什么?
28. 文明施工的标准是什么?

项目2　钢筋混凝土（混凝土）管道开槽施工

【学习目标】

了解市政排水管道工程的基本构造；了解市政排水管道工程施工内业的基本知识；了解市政排水管道工程文明施工、安全施工的基本知识。能熟练识读排水管道工程施工图；能按照施工图，合理地选择管道施工方法，理解施工工艺，会进行钢筋混凝土管道开槽施工方案编制；具有钢筋混凝土（混凝土）管道开槽施工过程管理、内业资料、安全和材料管理的基本能力，同时培养学生具有安全文明施工的良好意识，能够胜任管道施工员的岗位工作。

任务1　混凝土管道开槽施工准备

一、市政排水管道系统

（一）市政排水管道系统排除城市污水

城市某一个地区内收集和输送城市污水和雨水的方式称为排水制度。城市污水是指城市中排放的各种污水和废水的统称，通常包括综合生活污水、工业废水和渗入地下水；在合流制排水系统中，还包括径流的雨水。排水体制分为合流制和分流制。

1. 合流制

合流制是指用同一管渠系统收集和输送城市污水和雨水的排水方式。根据污水汇集后处置方式的不同，可把合流制分为以下三种情况：

（1）直排式合流制

如图2-1所示，管道系统的布置就近坡向水体，管道中混合的污水未经处理就直接排入水体，我国许多老城市的旧城区大多采用这种排水体制。这是因为以前工业不发达，城市人口不多，生活污水和工业废水量不大，直接排入水体后对环境造成的污染还不明显。但随着城市和工业的发展，人们的生活水平不断提高，污水量不断增加且污染物质日趋复杂，造成的污染也将日益严重。因此这种方式目前不宜采用。

（2）截流式合流制

如图2-2所示，在沿河岸边铺设一条截流干管，同时在截流干管和合流干管交汇处的适当位置设置溢流井，并在下游设置污水处理厂，它是直排式发展的结果。晴天时，管道中只输送旱流污水，并将其在污水处理厂中进行处理后再排放。雨天时降雨初期，旱流污水和初降雨水被输送到污水处理厂经处理后排放，随着降雨量的不断增大，生活污水、工业废水和雨水的混合液也在不断增加，当该混合液的流量超过截流干管的截流能力后，多余的混合液就经溢流井溢流排放。该溢流排放的混合污水同样会对受纳水体造成污染，因此在选用时应满足的条件：

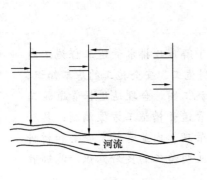

图 2-1 直排式合流制

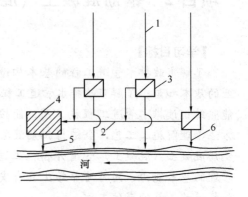

图 2-2 截流式合流制
1—合流干管；2—截留干管；3—溢流井；
4—污水处理厂；5—排放口；6—溢流排放口

1) 排水区域内有一处或多处水源充沛的水体，其流量和流速都足够大，一定量的混合污水排入后对水体造成的污染危害程度在允许的范围内；

2) 街坊和街道建设比较完善，必须采用暗管（渠）排除雨水，而街道横断面又比较窄，管渠的设置受到限制；

3) 地面有一定的坡度倾向水体，当水体处于高水位时岸边不受淹没，污水在中途不需要泵汲。

（3）完全合流制

将污水和雨水合流于一条管渠内，全部送往污水处理厂进行处理后再排放。其特点是污水处理厂的设计负荷大，要容纳降雨的全部径流量，给污水处理厂的运行管理带来很大的困难，其水量和水质的经常变化也不利于污水的生物处理；同时，处理构筑物过大，平时也很难全部发挥作用，造成一定程度的浪费。

2. 分流制

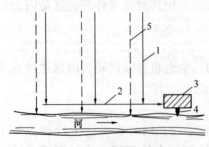

图 2-3 完全分流制
1—污水管道；2—污水干管；3—污水处理厂；4—出水口；5—雨水管道

指用不同管渠分别收集和输送各种城市污水和雨水的排水方式。排除综合生活污水和工业废水的管渠系统称为污水排水系统；排除雨水的管渠系统称为雨水排水系统。根据排除雨水方式的不同，分流制分为以下两种情况：

（1）完全分流制

完全分流制是将城市的生活污水和工业废水用一条管道排除，而雨水用另一条管道来排除的排水方式，如图 2-3 所示。完全分流制中有一条完整的污水管道系统和一条完整的雨水管道系统。这样可将城市的综合生活污水和工业废水送至污水处理厂进行处理,克服了完全合流制的缺点,同时减小了污水管道的管径。但完全分流制的管道总长度大,且雨水管道只在雨季才发挥作用,因此完全分流制造价高,初期投资大。

(2) 不完全分流制

受经济条件的限制,在城市中只建设完整的污水排水系统,不建雨水排水系统,雨水沿道路边沟排除,或为了补充原有渠道系统输水能力的不足只建一部分雨水管道,待城市发展后再将其改造成完全分流制,如图 2-4 所示。

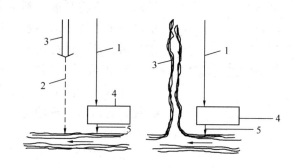

图 2-4 不完全分流制
1—污水管道;2—雨水管道;3—原有渠道;4—污水处理厂;5—出水口

3. 排水体制选择

在进行城市排水系统的规划时,要妥善处理好工业废水能否直接排入城市排水系统与城市综合生活污水一并排除和处理的问题。

(1) 当工业企业位于市内或近郊时,如果工业废水的水质符合《污水排入城市下水道水质标准》和《污水综合排放标准》的规定,具体而言就是工业废水不阻塞、不损坏排水管渠;不产生易燃、易爆和有害气体;不传播致病病菌和病原体;不危害养护工作人员;不妨碍污水的生物处理和污泥的厌氧消化;不影响处理后的出水和污泥的排放利用,就可直接排入城市下水道与城市综合生活污水一并排除和处理。如果工业废水的水质不符合上述两标准的规定,就应在工业企业内部进行预处理,处理到其水质符合上述两标准的规定时,才可排入城市下水道与城市综合生活污水一并排除和处理。

(2) 当工业企业位于城市远郊时,符合上述两标准的工业废水,是直接排入城市下水道与城市综合生活污水一并排除和处理还是单独设置排水系统,应通过技术经济比较确定。不符合上述两标准规定的工业废水,应在工业企业内部进行预处理,处理到其水质符合上述两标准的规定时,再通过技术经济比较确定其排除方式。排水体制的选择,应根据城市和工业企业规划、当地降雨情况、排放标准、原有排水设施、污水处理和利用情况、地形和水体等条件,在满足环境保护要求的前提下,通过技术经济比较,综合考虑而定。一般情况下,新建的城市和城市的新建区宜采用分流制和不完全分流制;老城区的合流制宜改造成截流式合流制;在干旱和少雨地区也可采用完全合流制。

(二)市政排水管道的组成

1. 市政污水管道系统的组成

市政污水管道系统主要承接城市内各小区的污水,并将其输送到污水处理系统,经处理后再排放利用。一般由支管、干管、主干管和检查井、泵站、出水口及事故排出口等附属构筑物组成,如图2-5所示。

支管承接若干小区主干管的污水,并将其输送到干管中;干管承接若干支管中的污水,并将其输送到主干管中;主干管承接若干干管中的污水,并将其输送到城市污水处理厂进行处理。

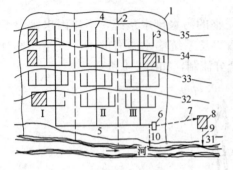

图 2-5 市政污水管道的组成
Ⅰ、Ⅱ、Ⅲ—排水流域
1—城市边界;2—排水流域分界线;3—支管;
4—干管;5—主干管;6—总泵站;7—压力管道;
8—城市污水处理厂;9—出水口;10—事故排出口;11—工厂

2. 市政雨水管道系统的组成

降落在屋面上的雨水由天沟和雨水斗收集,通过落水管输送到地面,与降落在地面上的雨水一起形成地表径流,然后通过雨水口收集流入小区的雨水管道系统,经过小区的雨水管道系统流入市政雨水管道系统,然后通过出水口排放。因此雨水管道系统包括小区雨水管道系统和市政雨水管道系统两部分,如图2-6所示。

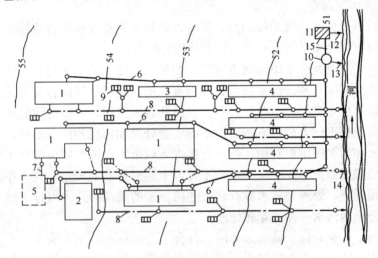

图 2-6 市政雨水管道系统的组成
1、2、3、4、5—建筑物;6—生活污水管道;7—生产污水管道;8—生产废水与雨水管道;9—雨水口;10—污水泵站;11—废水处理站;12—出水口;13—事故排出口;14—雨水出水口;15—压力管道

小区雨水管道系统是收集、输送小区地表径流的管道及其附属构筑物,包括雨水口、小区雨水支管、小区雨水干管、雨水检查井等。

市政雨水管道系统是收集小区和城市道路路面上的地表径流的管道及其附属构筑物,包括雨水支管、雨水干管和雨水口、检查井、雨水泵站、出水口等附属构筑物。

雨水支管承接若干小区雨水干管中的雨水和所在道路的地表径流,并将其输送到雨水干管;雨水干管承接若干雨水支管中的雨水和所在道路的地表径流,并将其就近排放。

3. 合流制管道系统

合流管道系统是收集输送城市综合生活污水、工业废水和雨水的管道及其附属构筑物,包括小区合流管道系统和市政合流管道系统两部分,由污水管道系统和雨水口构成。雨水经雨水口进入合流管道,与污水混合后一同经市政合流支管、合流干管、截流主干管进入污水处理厂,或通过溢流井溢流排放。

(三)排水管材如何选择

1. 排水管材应符合的条件

(1)必须具有足够的强度,以承受外部的荷载和内部的水压,并保证在运输和施工过程中不致破裂;

(2)应具有抵抗污水中杂质的冲刷磨损和抗腐蚀的能力;

(3)必须密闭不透水,以防止污水渗出和地下水渗入;

(4)内壁应平整光滑,以尽量减小水流阻力;

(5)应就地取材,以降低施工费用。

2. 排水管材的种类

(1)混凝土管和钢筋混凝土管

适用于排除雨水和污水,分为混凝土管、轻型钢筋混凝土管和重型钢筋混凝土管三种,管口有承插式、平口式和企口式三种形式,如图2-7所示。

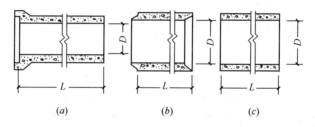

图2-7 混凝土管和钢筋混凝土管

混凝土管的管径一般小于450mm,长度多为1m,一般在工厂预制,也可现场浇制,其技术条件及标准规格见表2-1。

混凝土管技术条件及标准规格　　　　表2-1

公称内径 (mm)	管体尺寸(mm)		外压试验(N/m²)	
	最小管长	最小壁厚	安全荷载	破坏荷载
200	1000	27	10000	12000
250	1000	33	12000	15000
300	1000	40	15000	18000
350	1000	50	19000	22000
400	1000	60	23000	27000
450	1000	67	27000	32000

当管道埋深较大或敷设在土质不良地段，以及穿越铁路、城市道路、河流、谷地时，通常采用钢筋混凝土管。钢筋混凝土管按照承受的荷载要求，分为轻型钢筋混凝土管和重型钢筋混凝土管两种，其规格见表2-2、表2-3。

混凝土管和钢筋混凝土管便于就地取材，制造方便，在排水管道工程中得到了广泛应用。其主要缺点是抵抗酸、碱浸蚀及抗渗性能差；管节短、接头多、施工麻烦；自重大、搬运不便。

轻型钢筋混凝土排水管技术条件及标准规格　　　　表2-2

公称内径 (mm)	管体尺寸 (mm)		套环 (mm)			外压试验 (N/m²)		
	最小管长	最小壁厚	填缝宽度	最小壁厚	最小管长	安全荷载	裂缝荷载	破坏荷载
200	2000	27	15	27	150	12000	15000	20000
300	2000	30	15	30	150	11000	14000	18000
350	2000	33	15	33	150	11000	15000	21000
400	2000	35	15	35	150	11000	18000	24000
450	2000	40	15	40	200	12000	19000	25000
500	2000	42	15	42	200	12000	20000	29000
600	2000	50	15	50	200	15000	21000	32000
700	2000	55	15	55	200	15000	23000	38000
800	2000	65	15	65	200	18000	27000	44000
900	2000	70	15	70	200	19000	29000	48000
1000	2000	75	18	75	250	20000	33000	59000
1100	2000	85	18	85	250	23000	35000	63000
1200	2000	90	18	90	250	24000	38000	69000
1350	2000	100	18	100	250	26000	44000	80000
1500	2000	115	22	115	250	31000	49000	90000
1650	2000	125	22	125	250	33000	54000	99000
1800	2000	140	22	140	250	38000	61000	111000

重型钢筋混凝土排水管技术条件及标准规格　　　　表2-3

公称内径 (mm)	管体尺寸 (mm)		套环 (mm)			外压试验 (N/m²)		
	最小管长	最小壁厚	填缝宽度	最小壁厚	最小管长	安全荷载	裂缝荷载	破坏荷载
300	2000	58	15	58	150	34000	36000	40000
350	2000	60	15	60	150	34000	36000	44000
400	2000	65	15	65	150	34000	38000	49000
450	2000	67	15	67	200	34000	40000	52000
550	2000	75	15	75	200	34000	42000	61000
650	2000	80	15	80	200	34000	43000	63000
750	2000	90	15	90	200	36000	50000	82000
850	2000	95	15	95	200	36000	55000	91000
950	2000	100	18	100	250	36000	61000	112000
1050	2000	110	18	110	250	40000	66000	121000
1300	2000	125	18	125	250	41000	84000	132000
1550	2000	175	18	175	250	67000	104000	187000

(2) 陶土管

陶土管由塑性黏土制成，为了防止在焙烧过程中产生裂缝，通常加入一定比例的耐火土和石英砂，经过研细、调合、制坯、烘干、焙烧等过程制成。根据需要可制成无釉、单面釉和双面釉的陶土管。若加入耐酸黏土和耐酸填充物，还可制成特种耐酸陶土管。

陶土管一般为圆形断面，有承插口和平口两种形式，如图 2-8 所示。

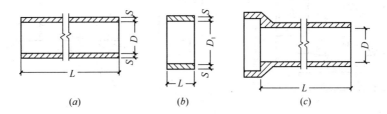

图 2-8　陶土管
(a) 直管；(b) 管箍；(c) 承插管

普通陶土管的最大公称直径为 300mm，有效长度为 800mm，适用于小区室外排水管道。耐酸陶土管的最大公称直径为 800mm，一般在 400mm 以内，管节长度有 300mm、500mm、700mm、1000mm 几种，适用于排除酸性工业废水。陶土管的技术条件和标准规格见表 2-4。

陶土管的技术条件和标准规格　　　　　表 2-4

公称内径（mm）	管长（mm）	壁厚（mm）	管重（kg/根）	安全内压（kPa）
150	900	19	25	29.4
200	900	20	28.4	29.4
250	900	22	45	29.4
300	900	26	67	29.4

带釉的陶土管管壁光滑，水流阻力小，密闭性好，耐磨损，抗腐蚀。陶土管质脆易碎，不宜远运；抗弯、抗压、抗拉强度低；不宜敷设在松软土中或埋深较大的地段。此外，管节短、接头多、施工麻烦。

(3) 排水渠道

在很多城市，除了采用上述排水管道外，还采用排水渠道。排水渠道一般有砖砌、石砌、钢筋混凝土渠道，断面形式有圆形、矩形、半椭圆形等，如图 2-9 所示。

砖砌渠道应用普遍，在石料丰富的地区，可采用毛石或料石砌筑，也可用预制混凝土砌块砌筑，对大型排水渠道，可采用钢筋混凝土现场浇筑。

(4) 新型管材

随着新型建筑材料的不断研制，用于制作排水管道的材料也日益增多，新型排水管材不断涌现，如英国生产的玻璃纤维筋混凝土管和热固性树脂管；日本生产的离心混凝土管，其性能均优于普通的混凝土管和钢筋混凝土管。在国内，口径在 500mm 以下的排水管道正日益被 LIPVC 加筋管代替，口径在 1000mm 以下

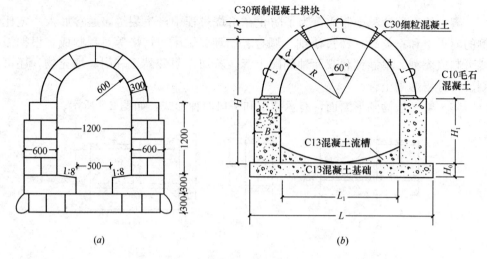

图 2-9 排水渠道（mm）
(a) 石砌渠道；(b) 预制混凝土块拱形渠道

的排水管道正日益被 PVC 管代替，口径在 900~2600mm 的排水管道正在推广使用塑料螺旋管（HIPE 管），口径在 300~1400mm 的排水管道正在推广使用玻璃纤维缠绕增强热固性树脂夹砂压力管（玻璃钢夹砂管）。但由于新型排水管材价格昂贵，因此使用受到了一定程度的限制。

3. 管渠材料的选择

(1) 首先应满足技术要求；

(2) 尽可能就地取材，采用当地易于自制、便于供应和运输方便的材料，以使运输和施工费用降至最低；

(3) 根据排除的污水性质，一般情况下，当排除生活污水及中性或弱碱性（pH＝8~11）的工业废水时，上述各种管材都能使用。排除碱性（pH＞11）的工业废水时可用砖渠，或在钢筋混凝土渠内做塑料衬砌。排除弱酸性（pH＝5~6）的工业废水时可用陶土管或砖渠。排除强酸性（pH＜5）的工业废水时可用耐酸陶土管、耐酸水泥砌筑的砖渠或用塑料衬砌的钢筋混凝土渠；

(4) 根据管道受压、埋设地点及土质条件，压力管段一般采用金属管、玻璃钢夹砂管、钢筋混凝土管或预应力钢筋混凝土管。在地震区、施工条件较差的地区以及穿越铁路、城市道路等，可采用金属管。

一般情况，优先选择混凝土管、钢筋混凝土管。

(四) 排水管道构造

排水管道为重力流，由上游至下游管道坡度逐渐增大，一般情况下管道埋深也会逐渐增加，在施工时除保证管材及其接口强度满足要求外，还应保证在使用中不致因地面荷载引起损坏。由于排水管道的管径大、重量大、埋深大，这就要求排水管道的基础要牢固可靠，以免出现地基的不均匀沉陷，使管道的接口或管道本身损坏，造成漏水现象。因此，排水管道的构造一般包括基础、管道、覆土三部分。

1. 基础

排水管道的基础包括地基、基础和管座三部分，如图 2-10 所示。地基是沟槽底的土层，它承受管道和基础的重量、管内水重、管上土压力和地面上的荷载。基础是地基与管道之间的设施，当地基的承载力不足以承受上面的压力时，要靠基础增加地基的受力面积，把压力均匀地传给地基。管座是管道底侧与基础顶面之间的部分，使管道与基础连成一个整体，以增加管道的刚度和稳定性。排水管道有三种基础：

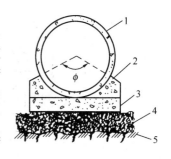

图 2-10 排水管道基础
1—管道；2—管座；3—基础；4—垫层；5—地基

（1）砂土基础

砂土基础又叫素土基础，包括弧形素土基础和砂垫层基础两种，如图 2-11 所示。

弧形素土基础是在沟槽原土上挖一弧形管槽，管道敷设在弧形管槽里。这种基础适用于无地下水，原土能挖成弧形（通常采用 90°弧）的干燥土；管道直径小于 600mm 的混凝土管和钢筋混凝土管；管道覆土厚度在 0.7～2.0m 之间的小区污水管道、非车行道下的市政次要管道和临时性管道。砂垫层基础是在挖好的弧形管槽里，填 100～150mm 厚的砂土作为垫层。这种基础适用于无地下水的岩石或多石土层；管道直径小于 600mm 的混凝土管和钢筋混凝土管；管道覆土厚度在 0.7～2.0m 之间的小区污水管道、非车行道下的市政次要管道和临时性管道。

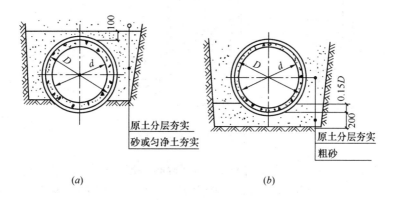

图 2-11 砂土基础
(a) 弧形素土基础；(b) 砂垫层基础

（2）混凝土枕基

混凝土枕基是只在管道接口处才设置的管道局部基础，如图 2-12 所示。通常在管道接口下用 C10 混凝土做成枕状垫块，垫块常采用 90°或 135°管座。这种基础适用于干燥土层中的雨水管道及不太重要的污水支管，常与砂土基础联合使用。

（3）混凝土带形基础

混凝土带形基础是沿管道全长铺设的基础，分为 90°、135°、180°三种管座形式，如图 2-13 所示。混凝土带形基础适用于各种潮湿土层及地基软硬不均匀的排水管道，管径为 200～2000mm。无地下水时常在槽底原土上直接浇筑混凝土；有

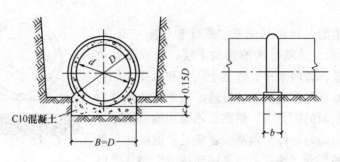

图 2-12 混凝土枕基

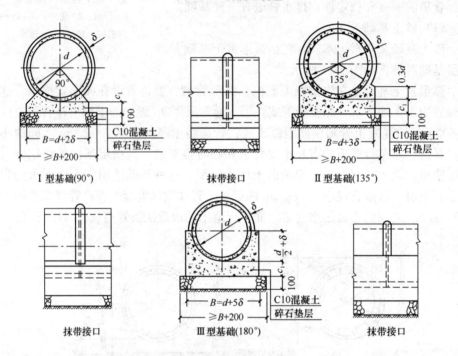

图 2-13 混凝土带形基础（单位：mm）

地下水时在槽底铺 100~150mm 厚的卵石或碎石垫层，然后在上面再浇筑混凝土，根据地基承载力的实际情况，可采用强度等级不低于 C10 的混凝土。当管道覆土厚度在 0.7~2.5m 时采用 90°管座，覆土厚度在 2.6~4.0m 时采用 135°管座，覆土厚度在 4.1~6.0m 时采用 180°管座。

在地震区或土质特别松软和不均匀沉陷严重的地段，最好采用钢筋混凝土带形基础。

（五）覆土

排水管道埋设在地面以下，其管顶以上应有一定厚度的覆土，以保证管道内的水在冬季不会因冰冻而结冰；在正常使用时管道不会因各种地面荷载作用而损坏；同时要满足管道衔接的要求，保证上游管道中的污水能够顺利排除。排水管道的覆土厚度与给水管道覆土厚度的意义相同。

在非冰冻地区，管道覆土厚度的大小主要取决于地面荷载、管材强度、管道衔接情况以及敷设位置等因素,以保证管道不受破坏为主要目的。一般情况下排水管道的最小覆土厚度在车行道下为 0.7m,在人行道下为 0.6m。在冰冻地区,除考虑上述因素外,还要考虑土层的冰冻深度。一般污水管道内污水的温度不低于 4℃,污水以一定的流量和流速不断流动。因此,污水在管道内是不会冰冻的,管道周围的土层也不会冰冻,管道不必全部埋设在土层冰冻线以下。但如果将管道全部埋设在冰冻线以上,则可能会因土层冰冻膨胀损坏管道基础,进而损坏管道。一般在土层冰冻深度不太大的地区,可将管道全部埋设在冰冻线以下;在土层冰冻深度很大的地区,无保温措施的生活污水管道或水温与生活污水接近的工业废水管道,管底可埋设在冰冻线以上 0.15m;有保温措施或水温较高的管道,管底在冰冻线以上的距离可以加大,其数值应根据该地区或条件相似地区的经验确定,但要保证管道的覆土厚度不小于 0.7m。

(六)排水管网附属构筑物的构造

1. 检查井

在排水管渠系统上,为便于管渠的衔接以及对管渠进行定期检查和清通,必须设置检查井。检查井通常设在管渠交汇、转弯、管渠尺寸或坡度改变、跌水等处以及相隔一定距离的直线管渠段上。检查井在直线管渠段上的最大间距,一般按表 2-5 采用。

检查井最大距离　　　　表 2-5

管径或暗渠净高(mm)	最大间距(m)	
	污水管渠	雨水(合流)管渠
200~400	40	50
500~700	60	70
800~1000	80	90
1100~1500	100	120
1600~2000	120	120

根据检查井的平面形状,可将其分为圆形、方形、矩形或其他不同的形状。方形和矩形检查井用在大直径管道上,一般情况下均采用圆形检查井。检查井由井底(包括基础)、井身和井盖(包括盖座)三部分组成,如图 2-14 所示。

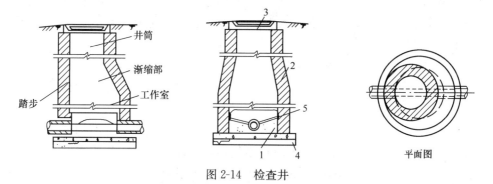

图 2-14 检查井
1—井底;2—井身;3—井盖与井座;4—井基;5—沟肩

井底一般采用低强度等级的混凝土，基础采用碎石、卵石、碎砖夯实或低强度等级混凝土。为使水流通过检查井时阻力较小，井底宜设半圆形或弧形流槽，流槽直壁向上伸展。污水管道的检查井流槽顶与上、下游管道的管顶相平，或与 0.85 倍大管管径处相平；雨水管渠和合流管渠的检查井流槽顶可与 0.5 倍大管管径处相平。流槽两侧至检查井井壁间的底板（称为沟肩）应有一定宽度，一般不小于 200mm，以便养护人员下井时立足，并应有 2‰～5‰ 的坡度坡向流槽，以防检查井积水时淤泥沉积。在管渠转弯或几条管渠交汇处，为使水流畅通，流槽中心线的弯曲半径应按转角大小和管径大小确定，但不得小于大管的管径。检查井井底各种流槽的平面形式如图 2-15 所示。

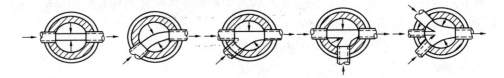

图 2-15 检查井井底流槽形式

井身用砖、石砌筑，也可用混凝土或钢筋混凝土现场浇筑，其构造与是否需要工人下井有密切关系。不需要工人下井的浅检查井，井身为直壁圆筒形；要工人下井的检查井，井身在构造上分为工作室、渐缩部和井筒三部分，如图 2-14 所示。工作室是养护人员下井进行临时操作的地方，不能过分狭小，其直径不能小于 1m，其高度在埋深允许时一般采用 1.8m。为降低检查井的造价，缩小井盖尺寸，井筒直径一般比工作室小，但为了工人检修时出入方便，其直径不应小于 0.7m。井筒与工作室之间用锥形渐缩部连接，渐缩部的高度一般为 0.6～0.8m，也可在工作室顶偏向出水管渠一侧加钢筋混凝土盖板梁，井筒则砌筑在盖板梁上。为便于养护人员上下，井身在偏向进水管渠的一边应保持一壁直立。井盖可采用铸铁、钢筋混凝土、新型复合材料或其他材料，为防止雨水流入，盖顶应略高出地面。盖座采用与井盖相同的材料。井盖和盖座均为厂家预制，施工前购买即可，其形式如图 2-16 所示。

检查井的构造和各部位的尺寸详见《市政工程设计施工系列图集》（给水排水工程图册）或其他相关资料。

2. 雨水口

雨水口是在雨水管渠或合流管渠上，设置的收集地表径流的构筑物。地表径流通过雨水口连接管进入雨水管渠或合流管渠，使道路上的积水不至漫过

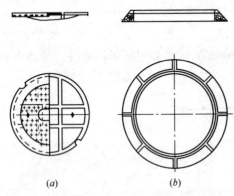

图 2-16 轻型铸铁井盖和盖座
(a) 井盖；(b) 盖座

路缘石，从而保证城市道路在雨天时正常使用，因此雨水口俗称收水井。雨水口一般设在道路交叉口、路侧边沟的一定距离处以及设有道路缘石的低洼地方，在直线道路上的间距一般为 25～50m，在低洼和易积水的地段，要适当缩小雨水口

的间距。当道路纵坡大于 0.02 时，雨水口的间距可大于 50m，其形式、数量和布置应根据具体情况和计算确定。雨水口的构造包括进水箅、井筒和连接管三部分，如图 2-17 所示。进水箅可用铸铁、钢筋混凝土或其他材料做成，其箅条应为纵横交错的形式，以便收集从路面上不同方向上流来的雨水，如图 2-18 所示。

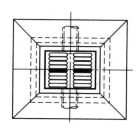 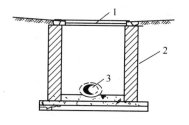 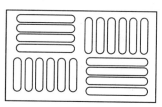

图 2-17　雨水口　　　　　　　　　图 2-18　进水箅
1—进水箅；2—井筒；3—连接管

井筒一般用砖砌，深度不大于 1m，在有冻胀影响的地区，可根据经验适当加大，雨水口的构造和各部位的尺寸详见《市政工程设计施工系列图集》（给水排水工程册）或其他相关资料。雨水口通过连接管与雨水管渠或合流管渠的检查井相连接。连接管的最小管径为 200mm，坡度一般为 0.01，长度不宜超过 25m。

根据需要在路面等级较低、积秽很多的街道或菜市场附近的雨水管道上，可将雨水口做成有沉泥槽的雨水口，以避免雨水中挟带的泥砂淤塞管渠，但需经常清掏，增加了养护工作量。

二、管道施工图识读

排水管道工程施工图的识读是保证工程施工质量的前提，一般排水管道施工图包括平面图、纵剖面图、大样图三种。

（一）平面图的识读

管道平面图主要体现的是管道在平面上的相对位置以及管道敷设地带一定范围内的地形、地物和地貌情况，如图 2-19 所示。识读时应主要搞清以下一些问题：

(1) 图纸比例、说明和图例；

(2) 管道施工地带道路的宽度、长度、中心线坐标、折点坐标及路面上的障碍物情况；

(3) 管道的管径、长度、坡度、桩号、转弯处坐标、管道中心线的方位角、管道与道路中心线或永久性地物间的相对距离以及管道穿越障碍物的坐标等；

(4) 与本管道相交、相近或平行的其他管道的位置及相互关系；

(5) 附属构筑物的平面位置；

(6) 主要材料明细表。

（二）纵剖面图的识读

纵剖面图主要体现管道的埋设情况。识读时应主要搞清以下一些内容：

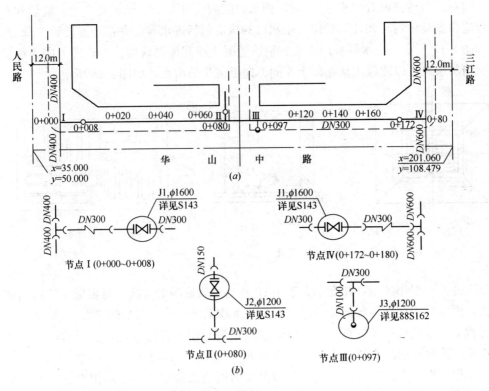

图 2-19 管道平面图

(1) 图纸横向比例、纵向比例、说明和图例;
(2) 管道沿线的原地面标高和设计地面标高;
(3) 管道的管内底标高和埋设深度;
(4) 管道的敷设坡度、水平距离和桩号;
(5) 管径、管材和基础;
(6) 附属构筑物的位置、其他管线的位置及交叉处的管内底标高;
(7) 施工地段名称。

(三) 大样图

大样图主要是指检查井、雨水口、倒虹管等的施工详图,一般由平面图和剖面图组成,如图 2-20 所示。识读时应主要搞清以下一些内容:

(1) 图纸比例、说明和图例;
(2) 井的平面尺寸、竖向尺寸、井壁厚度;
(3) 井的组砌材料、强度等级、基础做法、井盖材料及大小;
(4) 管道穿越井壁的位置及穿越处的构造;
(5) 流槽的形状、尺寸及组砌材料;
(6) 基础的尺寸和材料等。

(四) 图纸会审

图纸会审具体做法:

(1) 组织工程技术人员认真学习施工图纸,了解设计的指导思想与设计原则、

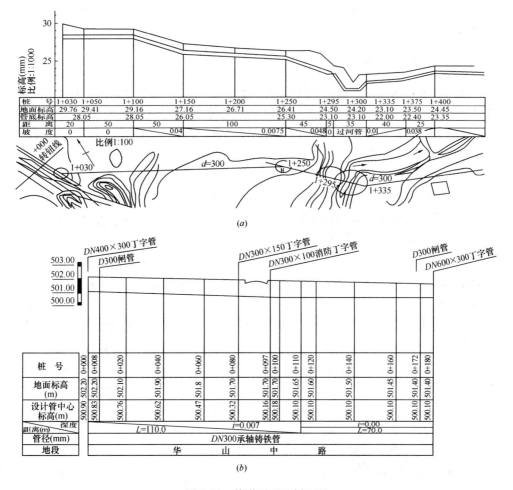

图 2-20 管道平面及剖面图

工程的建设目的、工程的建设内容及工程质量要求。同时对设计进行合理的必要的修改。

(2) 了解和掌握施工现场的水文、地质资料、气象资料。

(3) 了解原有地下管道、构筑物及建筑物的位置。

(4) 组织施工现场踏勘,校核已有数据。

任务2 施 工 排 水

一、施工排水目的

施工排水主要指地下水的排除,同时也包括地面水的排除。

坑(槽)开挖,使坑(槽)内的水位低于原地下水位,导致地下水易于流入坑(槽)内,地面水也易于流入坑(槽)内。由于坑(槽)内有水,使施工条件恶化,严重时,会使坑(槽)壁土体坍落,地基土承载力下降,影响土的强度和稳定性。会导致给水排水管道、新建的构筑物或附近的已建构筑物破坏。因此，在施工时必须做好施工排水。

二、施工排水方法

施工排水有明沟排水和人工降低地下水位排水方法。不论采用哪种方法，都应将地下水位降到槽底以下一定深度《给水排水管道工程施工及验收规范》GB 50268—2008规定不小于0.5m，以改善槽底的施工条件；稳定边坡；稳定槽底；防止地基土承载力下降。

（一）明沟排水

坑（槽）开挖时，为排除渗入坑（槽）的地下水和流入坑（槽）内的地面水，一般可采用明沟排水。明沟排水是将流入坑（槽）内的水，经排水沟将水汇集到集水井，然后用水泵抽走的排水方法，如图2-21所示。

明沟排水是一种常用的简易的降水方法，适用于少量地下水的排除，以及槽内的地表水和雨水的排除。对软土或土层中含有细砂、粉砂或淤泥层，不宜采用这种方法。

明沟法排水通常是当坑（槽）开挖到接近地下水位时，先在坑（槽）中央开挖排水沟，使地下水不断地流入排水沟，再开挖排水沟两侧土。如此一层层挖下去，直至挖到接近槽底设计高程时，将排水沟移至沟槽一侧或两侧。开挖过程，如图2-22所示。

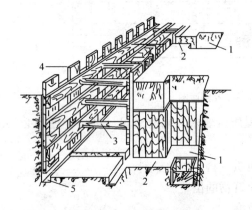

图2-21 明沟排水系统图
1—集水井；2—进水口；3—横撑；
4—竖撑；5—排水沟

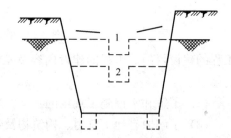

图2-22 排水沟开挖示意图

1. 排水沟尺寸的确定

排水沟的断面尺寸，应根据地下水量及沟槽的大小来决定，一般排水沟的底宽不小于0.3m，排水沟深应大于0.3m，排水沟的纵向坡度不应小于1‰～5‰，且坡向集水井，若在稳定性较差的土壤中，可在排水沟内埋设多孔排水管，并在周围铺卵石或碎石加固，也可在排水沟内设支撑。集水井一般设在管线一侧或设在低洼处，以减少集水井土方开挖量；为便于集水井集水，应设在地下水来水方向上游的坑（槽）一侧，同时在基础范围以外。通常集水井距坑（槽）底应有1～2m的距离。

2. 集水井

集水井直径或宽度，一般为0.7～0.8m，集水井底与排水沟底应有一定的高差，一般开挖过程中集水井底始终低于排水沟底0.7～1.0m，当坑（槽）挖至设计标高后，集水井底应低于排水沟底1～2m。

集水井间距应根据土质、地下水量及水泵的抽水能力确定，一般间隔50～150m设置一个集水井。一般都在开挖坑（槽）之前就已挖好。

目前主要是用人工开挖集水井，为防止开挖时或开挖后集水井井壁的塌方，须进行加固。当土质较好时，地下水量不大的情况下，通常采用木框法加固。当土质不稳定，地下水量较大的情况下，通常先沿井壁四周先打入至井底以下约0.5m的板桩进行加固，也可以采用混凝土管下沉法。

集水井井底还需铺垫约0.3m厚的卵石或碎石组成反滤层，以免从井底涌入大量泥砂造成集水井周围地面塌陷。

为保证集水井附近的槽底稳定，集水井与槽底有一定距离，在坑（槽）与集水井间设进水口，进水口的宽度一般为1～1.2m。为了保证进水口的坚固，应采用木板、竹板支撑。

排水沟、进水口需要经常疏通，集水井需要经常清除井底的积泥，保持必要的存水深度以保证水泵的正常工作。

3. 集水井排水设备

常用的水泵有离心泵、潜水泵和潜污泵。

（1）离心泵　离心泵的选择，主要根据流量和扬程。离心泵的安装，应注意吸水管接头不漏气及吸水头部至少沉入水面以下0.5m，以免吸入空气，影响水泵的正常使用。

（2）潜水泵　这种泵具有整体性好、体积小、重量轻、移动方便及开泵时不需灌水等优点，在施工排水中广泛应用。潜水泵使用时，应注意不得脱水空转，也不得抽升含泥砂量过大的泥浆水，以免烧坏电机。

（3）潜污泵　潜污泵是泵与电动机连成一体潜入水中工作，由水泵、三相异步电动机以及橡胶圈密封、电器保护装置四部分组成。该型泵的叶轮前部装一搅拌叶轮，它可将作业面下的泥沙等杂质搅起抽吸排送。

4. 涌水量计算

为了合理选择水泵型号，应计算总涌水量。

（1）干河床

$$Q = 1.36KH^2/(\lg(R+r_0) - \lg r_0)$$

式中　Q——基坑总涌水量（m^3/d）；

K——渗透系数（m/d）（见表2-6）；

H——稳定水位至坑底的深度（m）。当基底以下为深厚透水层时，H值可增加3～4m；

R——影响半径（m）（见表2-6）；

r_0——基坑半径（m），矩形基坑，$r_0 = uL + B/4$；不规则基坑，$r = F/\pi$。

其中 L 与 B 分别为基坑的长与宽，F 为基坑面积；u 值见表2-7。

各种岩层的渗透系数及影响半径　　　　表2-6

岩 层 成 分	渗透系数（m/d）	影响半径（m）
裂隙多的岩层	>60	>500
碎石、卵石类地层、纯净无细砂粒混杂均匀的粗砂和中砂	>60	200~600
稍有裂隙的岩层	20~60	150~250
碎石、卵石类地层、混合大量细砂粒物质	20~60	100~200
不均匀的粗粒、中粒和细粒砂	5~20	80~150

u 值　　　　表2-7

B/L	0.1	0.2	0.3	0.4	0.5	0.6
u	1.0	1.0	1.12	1.16	1.18	1.18

(2) 基坑近河沿

$$Q = 1.36KH^2/\lg(2D/r_0)$$

式中　D——基坑距河边的距离（m）；

其余同上述式。

选择水泵时，水泵总排水量一般采用基坑总涌水量的1.5~2.0倍。

(二) 轻型井点人工降低地下水位

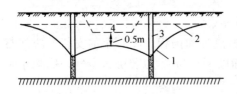

图2-23　人工降低地下水位示意图
1—抽水时水位；2—原地下水位；
3—井管；4—某坑（槽）

1. 人工降低地下水

人工降低地下水位排水就是在含水层中布设井点进行抽水，地下水位下降后形成降落漏斗。如果坑（槽）底位于降落漏斗以上，就基本消除了地下水对施工的影响。地下水位是在坑（槽）开挖前预先降落的，并维持到坑（槽）土方回填，如图2-23所示。

2. 人工降低地下水位的几种方法

人工降低地下水位一般有轻型井点、喷射井点、电渗井点、管井井点、深井井点等方法。本节主要阐述轻型井点降低地下水位。各类井点适用范围见表2-8。

各种井点的适用范围　　　　表2-8

井点类型	渗透系数（m/d）	降低水位深度（m）
单层轻型井点	0.1~50	3~6
多层轻型井点	0.1~50	6~12
喷射井点	0.1~20	8~20
电渗井点	<0.1	根据选用的井点确定
管井井点	20~200	根据选用的水泵确定
深井井点	10~250	>15

3. 轻型井点的种类与组成

（1）轻型井点的种类

轻型井点又分为单层轻型井点和多层轻型井点两种。

单层轻型井点适用于粉砂、细砂、中砂、粗砂等，渗透系数为 0.1～50m/d，降深小于 6m。

多层轻型井点适用渗透系数为 0.1～50m/d，降深为 6～12m。轻型井点降水效果显著，应用广泛，并有成套设备可选用。

（2）轻型井点的组成

轻型井点由滤水管、井管、弯联管、总管和抽水设备所组成，如图 2-24 所示。

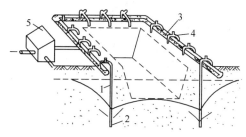

图 2-24 轻型井点的组成
1—井点管；2—滤水管；3—总管；
4—弯联管；5—抽水设备

1）滤水管

滤水管是轻型井点的重要组成部分，埋设在含水层中，一般采用直径 38～55mm，长 1～2m 的镀锌钢管制成，管壁上呈梅花状钻 5.0mm 的孔眼，间距为 30～40mm，滤水管的进水管面积按下式计算：

$$A = 2m\pi r_d L_L$$

式中 A——滤水管进水面积（m^2）；

m——孔隙率，一般取 20%～30%；

r_d——滤水管半径（m）；

L_L——滤水管长度（m）。

为了防止土颗粒进入滤水管，滤水管外壁应包滤水网。滤水网的材料和网眼规格应根据含水层中土颗粒粒径和地下水水质而定。一般可用黄铜丝网、钢丝网、尼龙丝网、玻璃丝等制成。滤网一般包两层，内层滤网网眼为 30～50 个/cm^2，外层滤网网眼为 3～10 个/cm^2。为避免滤孔淤塞，使水流通畅，在滤水管与滤网之间用 10 号钢丝绕成螺旋形将其隔开，滤网外面再围一层 6 号钢丝。也有用棕代替滤水网包裹滤水管，这样可以降低造价。

滤水管下端用管堵封闭，也可安装沉砂管，使地下水中夹带的砂粒沉积在沉砂管内。滤水管的构造，如图 2-25 所示。

为了提高滤水管的进水面积，防止土颗粒涌入井点内，提高土的竖向渗透性，可在滤水管周围建立厚度 40～50cm 的过滤层，如图 2-26 所示。

2）井管

井管一般采用镀锌钢管制成，管壁上不设孔眼，直径与滤水管相同，其长度视含水层埋设深度而定，井管与滤水管间用管箍连接。

3）弯联管

弯联管用于连接井管和总管，一般采用内径 38～55mm 的加固橡胶管，该种弯联管安装和拆卸都很方便，允许偏差较大。也可采用弯头管箍等管件组装而成，

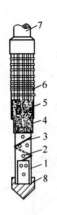

图 2-25 滤水管构造

1—钢管；2—管壁上的滤水孔；
3—钢丝；4—细滤网；5—粗滤
网；6—粗钢丝保护网；
7—井点管；8—铁头

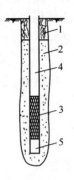

图 2-26 井点的过滤砂层

1—黏土；2—填料；3—滤水管；
4—井点管；5—沉砂管

该种弯联管气密性较好，但安装不方便。

4）总管

总管一般采用直径为 100~150mm 的钢管，每节长为 4~6m，在总管的管壁上开孔焊有直径与井管相同的短管，用于弯联管与井管的连接，短管的间距应与井点布置间距相同，但是由于不同的土质，不同降水要求，所计算的井点间距不同，因此在选购时，应根据实际情况而定。总管上短管间距通常按井点间距的模数而定，一般为 1.0~1.5m，总管间采用法兰连接。

5）抽水设备

轻型井点通常采用射流泵或真空泵抽水设备，也可采用自引式抽水设备。

射流式抽水设备是由水射器和水泵共同工作来实现的，其设备组成简单，工作可靠，减少泵组的压力损失，便于设备的保养和维修。射流式抽水设备工作过程如图 2-27 所示。离心水泵从水箱抽水，水经水泵加压后，高压水在射流器的喷口出流形成射流，产生一定的真空度，使地下水经井管、总管进入射流器，经过能量变换，将地下水提升到水箱内，一部分水经过水泵加压，使射流器工作，另一部分水经水管排除。射流式抽水设备技术性能参见表 2-9。

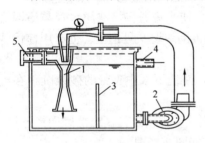

图 2-27 射流式抽水设备

1—射流器；2—加压泵；3—隔板；
4—排水口；5—接口

真空式抽水设备是真空泵和离心泵联合机组，真空式抽水设备的地下水位降落深度为 5.5~6.5m。此外，抽水设备组成复杂，连接较多，不容易保证降水的可靠性。

射流式抽水设备技术性能　　　　表 2-9

项　目	型　号			
	QJD-45	QJD-60	QJD-90	JS-45
抽水深度（m）	9.6	9.6	9.6	10.26
排水量（m³/h）	45	60	90	45
工作水压（MPa）	≥0.25	≥0.25	≥0.25	≥0.25
电机功率（kW）	7.5	7.5	7.5	7.5
外形尺形（mm）长×宽×高	1500×1010×850	2227×600×850	1900×1680×1030	1450×960×760

自引式抽水设备是用离心水泵直接自总管抽水，地下水位降落深度仅为 2~4m。

无论采用哪种抽水设备，为了提高水位降落深度，保证抽水设备的正常工作，除保证整个系统连接的严密性外，还要在地面以下 1.0m 深度的井管外填黏土密封，避免井点与大气相通，破坏系统的真空。

4. 轻型井点设计

轻型井点的设计包括：平面布置、高程布置、涌水量计算、井点管的数量、间距和抽水设备的确定等。井点计算由于受水文地质和井点设备等诸多因素的影响，所计算的结果只是近似数值，对重要工程，其计算结果必须经过现场试验进行修正。

(1) 轻型井点布置

总的布置原则是所有需降水的范围都包括在井点围圈内，若在主要构造物基坑附近有一些小面积的附属构筑物基坑，应将这些小面积的基坑包括在内。井点布置分为平面布置和高程布置。

1) 轻型井点平面布置

根据基坑平面形状与大小，土质和地下水的流向，降低地下水的深度等要求而定。当沟槽宽小于 2.5m，降水深小于 4.5m 时，可采用单排线状井点，如图 2-28 所示，布置在地下水流的上游一侧；当基坑或沟槽宽度较大，或土质不良，渗透系数较大时，可采用双排线状井点，如图 2-29 所示，当基坑面积较大时，应用环形井点，如图 2-30 所示，挖土运输设备出入道路处可不封闭。

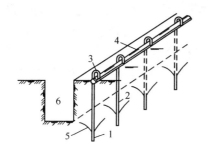

图 2-28　单排线状井点
1—滤水管；2—井管；3—弯联管；
4—总管；5—降水曲线；6—沟槽

图 2-29　双排线状井点
1—滤水管；2—井管；3—弯联管；
4—总管；5—降水曲线；6—沟槽

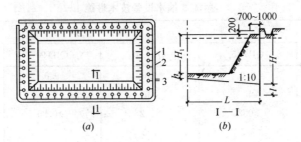

图 2-30　环形井点布置简图
(a) 平面布置；(b) 高程布置
1—总管；2—井点管；3—抽水设备

A. 井点的布置

井点应布置在坑（槽）上口边缘外 1.0～1.5m，布置过近，影响施工进行，而且可能使空气从坑（槽）壁进入井点系统，使抽水系统真空破坏，影响正常运行。井点的埋设深度应满足降水深度要求。

B. 总管布置

为提高井点系统的降水深度，总管的设置高程应尽可能接近地下水位，并应以 1‰～2‰ 的坡度坡向抽水设备，当环围井点采用多个抽水设备时，应在每个抽水设备所负担总管长度分界处设阀门将总管分段，以便分组工作。

C. 抽水设备的布置

抽水设备通常布置在总管的一端或中部，水泵进水管的轴线尽量与地下水位接近，常与总管在同一标高上，水泵轴线不低于原地下水位以上 0.5～0.8m。

D. 观察井的布置

为了了解降水范围内的水位降落情况，应在降水范围内设置一定数量的观察井，观察井的位置及数量视现场的实际情况而定，一般设在基坑中心、总管末端、局部挖深处等位置。

2) 高程布置

井点管的埋设深度应根据降水深度、储水层所在位置、集水总管的高程等决定，但必须将滤管埋入储水层内，并且比所挖基坑或沟槽底深 0.9～1.2m。集水总管标高应尽量接近地下水位线并沿抽水水流方向有 0.25‰～0.5‰ 的上仰坡度，水泵轴心与总管齐平。

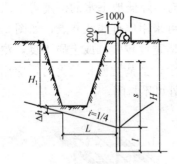

图 2-31　高程布置

井点管埋深可按下式计算，如图 2-31 所示。

$$H = H_1 + \Delta h + iL + l$$

式中　H——井点管埋置深度（m）；
　　　H_1——井点管埋设面至基坑底面的距离（m）；
　　　Δh——降水后地下水位至基坑底面的安全距离（m），一般为 0.5～1m；

i——水力坡度,与土层渗透系数、地下水流量等因素有关,根据扬水试验和工程实测确定。对环状或双排井点可取 1/10~1/15;对单排线状井点可取 1/4;环状井点外取 1/8~1/10;

L——井点管中心至最不利点(沟槽内底边缘或基坑中心)的水平距离(m);

l——滤管长度(m)。

井点露出地面高度,一般取 0.2~0.3m。

轻型井点的降水深度以不超过 6m 为宜。如求出的 H 值大于 6m,则应降低井点管和抽水设备的埋置面,如果仍达不到降水深度的要求,可采用二级井点或多级井点,如图 2-32 所示。根据施工经验,两级井点降水深度递减 0.5m 左右,布置平台宽度一般为 1.0~1.5m。

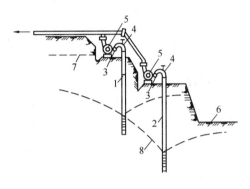

图 2-32 二级轻型井点降水示意
1—第一级井点;2—第二级井点;3—集水总管;
4—连接管;5—水泵;6—基坑;7—原有地下水位线;8—降水后地下水位线

3)涌水量计算

井点涌水量采用裘布依公式近似地按单井涌水量算出。工程实际中,井点系统是各单井之间相互干扰的井群,井点系统的涌水量显然较数量相等互不干扰的单井的各井涌水量总和小。工程上为应用方便,按单井涌水量作为整个井群的总涌水量,而"单井"的直径按井群各个井点所环围面积的直径计算。由于轻型井点的各井点间距较小,可以将多个井点所封闭的环围面积当作一口钻井,即以假想环围面积的半径代替单井井径计算涌水量。

无压完整井的涌水量,如图 2-33 所示。

$$Q = 1.366K(2H-S)S/(\lg R - \lg X_0)$$

式中 Q——井点系统总涌水量(m^3/d);

K——渗透系数(m);

S——水位降深(m);

H——含水层厚度(m);

R——影响半径(m);

X_0——井点系统的假想半径(m)。

无压非完整井的涌水量,如图 2-34 所示。

工程上遇到的大多为潜水非完整井,其涌水量可按下式计算:

$$Q' = BQ$$

式中 Q'——潜水非完整井涌水量;

B——校正系数;

$$B = (L_L/h)^{1/2}[(2h-L_L)/h]^{1/4}$$

式中 h——地下水位降落后井点中水深（m）；
L_L——滤水管长度（m）。

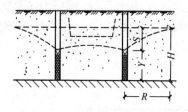

图 2-33 无压完整井

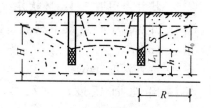

图 2-34 无压非完整井

也可以按无压非完整井涌水量计算：

$$Q = 1.366K(2H_0 - S)S/(\lg R - \lg X_0)$$

式中 H_0——含水层有效带的深度（m）参见表 2-10；

H_0 计算　　　　　　　　　　　表 2-10

$\dfrac{S}{S+L_L}$	0.2	0.3	0.5	0.8
H_0	$1.3(S+L_L)$	$1.5(S+L_L)$	$1.7(S+L_L)$	$1.85(S+L_L)$

注：L_L 为滤水管长度；S 为水位下降值。

(2) 涌水量计算中有关参数的确定

1) 渗透系数 K

以现场抽水试验取得较为可靠，若无资料时可参见表 2-11 数值选用。

土的渗透系数 K 值　　　　　　　　表 2-11

土的类别	K (m/d)	土的类别	K (m/d)
粉质黏土	<0.1	含黏土的粗砂及纯中砂	35~50
含黏土的粉砂	0.5~1.0	纯中砂	60~75
纯粉砂	1.5~5.0	粗砂夹砾石	50~100
含黏土的细砂	10~15	砾石	100~200
含黏土的中砂及细砂	20~25		

当含水层不是均一土层时，渗透系数可按各层不同渗透系数的土层厚度加权平均计算。

$$K_{cp} = (K_1 n_1 + K_2 n_2 + \cdots + K_n n_n)/(n_1 + n_2 + \cdots + n_n)$$

式中 $K_1, K_2, \cdots, K_n$——不同土层的渗透系数（m/d）；

$n_1, n_2, \cdots, n_n$——含水层不同土层的厚度（m）。

2) 影响半径 R

确定影响半径常用三种方法：①直接观察；②用经验公式计算；③经验数据。以上三种方法中，直接观察是精确的方法。通常单井的影响半径比井点系统的影响半径小。所以，根据单井抽水试验确定影响半径是偏于安全的。

用经验公式计算影响半径：

$$R = 1.95S(KH)^{1/2}$$

环围面积的半径 X_0 的确定：

井点所封闭的环围面积为非圆形时，用假想半径确定 X_0，假想半径 X_0 的圆称为假想圆。这样根据井点位置的实际尺寸就容易确定了。

当井点所环围的面积按近似正方形或不规则多边形时，假想半径为：

$$X_0 = (F/\pi)^{1/2}$$

式中　X_0——假想半径（m）；
　　　F——井点所环围的面积（m²）。

当井点所环围的面积为矩形时，假想半径 X_0 按下式计算：

$$X_0 = \alpha(L+B)/4$$

式中　L——井点系统的总长度（m）；
　　　B——环围井点总宽度（m）；
　　　α——系数，参见表 2-12。

α 值　　　　表 2-12

B/L	0	0.2	0.4	0.6	0.8	1.0
α	1.0	1.12	1.16	1.18	1.18	1.18

当 $L/B>5$ 时，不能用一个假想圆计算，而应划分为若干个假想圆。

狭长的坑（槽），一般 $B=0$，即：

$$X_0 = L/4$$

L 值愈大，即井点系统长度愈大；但当 $L>1.5R$ 时，宜取 $L=1.5R$ 为一段进行计算。

(3) 井点数量和井点间距的计算

1) 井点数量：

$$n = 1.1Q/q$$

式中　n——井点个数；
　　　Q——井点系统涌水量（m³/d）；
　　　q——单个井点的涌水量（m³/d）。

q 值按下式计算：

$$q = 20\pi d L_L (K)^{1/2}$$

式中　d——滤水管直径（m）；
　　　L_L——滤水管长度（m）；
　　　K——渗透系数（m/d）。

2) 井点管的间距：

$$D = L_1/(n-1)$$

式中　L_1——总管长度（m），对矩形基坑的环形井点，$L_1 = 2(L+B)$；双排井点，$L_1 = 2L$ 等；
　　　D——值求出后要取整数，并应符合总管接头的间距（m）。

井点数量与间距确定以后，可根据下式校核所采用的布置方式是否能将地下水位降低到规定的标高,即 h 值是否不小于规定的数值。

$$h = \{H^2 - Q/1.366K[\lg R - 1/n\lg(x_1, x_2 \cdots \cdots x_n)]\}$$

式中　h——滤管外壁处或坑底任意点的动水位高度(m),对完全井算至井底,对非完全井算至有效深度;

$x_1, \cdots, x_n$——所核算的滤管外壁或坑底任意点至各井点管的水平距离(m)。

(4) 确定抽水设备

常用抽水设备有真空泵(干式、湿式)、离心泵等,一般按涌水量、渗透系数、井点数量与间距来确定。水泵流量应按 1.1～1.2 倍涌水量计算。

5. 轻型井点施工、运行及拆除

轻型井点系统的安装顺序是:测量定位;敷设集水总管;冲孔;沉放井点管;填滤料;用弯联管将井点管与集水总管相连;安装抽水设备;试抽。

井点管埋设有射水法、套管法、冲孔或钻孔法。

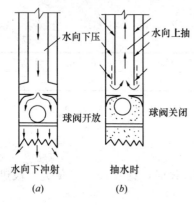

图 2-35　射水式井点管示意图
(a) 射水时阀门位置;(b) 抽水时阀门位置

(1) 射水法

图 2-35 所示为射水式井点管示意图。井点管下设射水球阀,上接可旋动节管与高压胶管、水泵等。冲射时,先在地面井点位置挖一小坑,将射水式井点管插入,利用高压水在井管下端冲刷土体,使井点管下沉。下沉时,随时转动管子以增加下沉速度并保持垂直。射水压力一般为 0.4～0.6MPa。当井点管下沉至设计深度后取下软管,与集水总管相连,抽水时,球阀自动关闭。冲孔直径不小于 300mm,冲孔深度应比滤管深 0.5～1m,以利沉泥。井点管与孔壁间应及时用洁净粗砂灌实,井点管要位于砂滤中间。灌砂时,管内水面应同时上升,否则可向管内注水,水如很快下降,则认为埋管合格。

(2) 套管法

套管法的设备由套管、翻浆管、喷射头和贮水室四部分组成,如图 2-36 所示。套管直径 150～200mm,(喷射井点为 300mm),一侧每 1.5～2.0m 设置 250mm×200mm 排泥窗口,套管下沉时,逐个开闭窗口,套管起导向、护壁作用。贮水室设在套管上下。用 4 根 ϕ38mm 钢管上下连接,其总截面积是喷嘴面积总和的三倍。为了加快翻浆速度及排除土块,在套管底部内安装两根 ϕ25mm 压缩空气管,喷射器是该设备的关键部件,由下层贮水室、喷嘴和冲头三部分组成。套管冲枪的工作压力随土质情况

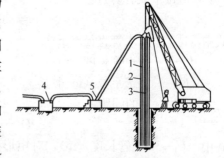

图 2-36　套管冲沉井点管
1—水枪;2—套管;3—井点管;
4—水槽;5—高压水泵

加以选择，一般取 0.8~0.9MPa。

当冲孔至设计深度，继续给水冲洗一段时间，使出水含泥量在 5%以下。此时于孔底填一层砂砾，将井点管居中插入，在套管与井点管之间分层填入粗砂并逐步拔出套管。

(3) 冲孔或钻孔法

采用直径为 50~70mm 的冲水管或套管式高压水冲枪冲孔，或用机械、人工钻孔后再沉放井点管。冲孔水压采用 0.6~1.2MPa。为加速冲孔速度，可在冲管两旁设置两根空气管，将压缩空气接入。所有井点管在地面以下 0.5~1.0m 的深度内，应用黏土填实以防漏气。井点管埋设完毕，应接通总管与抽水设备进行试抽，检查有无漏气、淤塞等异常现象。轻型井点使用时，应保证连续不断地抽水，并准备双电源或自备发电机。

井点系统使用过程中，应继续观察出水是否澄清，并应随时做好降水记录，一般按表 2-13 填写。

降 水 记 录　　　　　表 2-13

施工单位_____　　　工程名称_____
班　　组_____　　　气　候_____
降水泵房编号_____　机组类别及编号_____
实际使用机组数量_____　井点数量：开____根，停____根
观测日期：自____年____月____日____时至____年____月____日____时

观测时间		降水机组		地下水流量 (m^3/h)	观测孔水位读数 (m)			记事	记录者
时	分	真空值 (Pa)	压力值 (Pa)		1	2	……		

井点系统使用过程中，应经常观测系统的真空度，一般不应低于 55.3~66.7kPa，若出现管路漏气，水中含砂较多等现象时，应及早检查，排除故障，保证井点系统的正常运行。

坑（槽）内的施工过程全部完毕并在回填土后，方可拆除井点系统，拆除工作是在抽水设备停止工作后进行，井管常用起重机或吊链将井管拔出。当井管拔出困难时，可用高压水进行冲刷后再拔。拆除后的滤水管、井管等应及时进行保养检修，存放指定地点，以备下次使用。井孔应用砂或土填塞，应保证填土的最大干密度满足要求。

【轻型井点工程实例】

某地建造一座地下式水池，其平面尺寸为 10m×10m，基础底面标高为 12.00m，自然标高为 17.00m，根据地质勘探资料，地面以下 1.5m 以上为粉质黏土，以下为 8m 厚的细砂土，地下水静水位标高为 15.00m，土的渗透系数为 5m/d，试进行轻型井点系统的布置与计算。

解：根据本工程基坑的平面形状及降水深度不大，拟定采用环状单排布置，布置如图 2-37 所示。

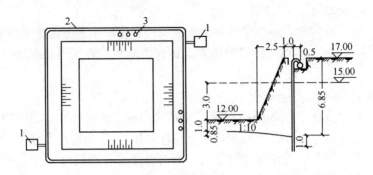

图 2-37 井点系统布置图
1—抽水设备；2—环路总管；3—井管

井管、滤水管选用直径为 50mm 的钢管，布设在距基坑上口边缘外 1.0m，总管布置在距基坑上口边缘外 1.5m，总管底埋设标高为 16.4m，选用直径 50mm 的弯联管。

井点埋设深度的确定：$H \geqslant H_1 + \Delta h + iL$

式中　H_1——基坑深度：17.00 − 12.00 = 5.00m；

　　　Δh——降落后水位距坑底的距离，取 1.0m；

　　　i——降水曲线坡度，环状井点取 1∶10；

　　　L——井点中心距基坑中心的距离，基坑侧壁边坡率 $n = 0.5$，边坡的水平投影为 $H \times n = 5 \times 0.5 = 2.5$m，则 $L = 5 + 2.5 + 1.0 = 8.5$m。

所以：　　　　　　　$H \geqslant 5.0 + 1.0 + 0.1 \times 8.5 = 6.85$m

则井管的长度为：6.85 − (17.0 − 16.4) + 0.4 = 6.65m

滤水管选用长度为 1.0m。

由于土层的渗透系数不大，初步选定井点间距为 0.8m，总管直径选用 150mm 的钢管，总长度为：

$$4 \times (2 \times 2.5 + 10 + 2 \times 1.5) = 4 \times 18 = 72\text{m}$$

抽水设备选用两套，其中一套备用，布置如图 2-37 所示，核算如下：

1) 涌水量计算按无压非完整井计算：

其中：$S = (15.00 − 12.00) + 1.0 + 0.85 = 4.85$m

滤水管 $L_L = 1.0$m，按 $S/(S + L_L) = 0.83$，查得 $H_0 = 1.85(S + L_L) = 1.85 \times (4.85 + 1.0) = 10.82$m

影响半径按公式 $R = 1.95S$ 计算，其中 $K = 5$m/d

假想半径计算：其中 $B/L = 1.0$，查表，$\alpha = 1.0$，则 $x_0 = 0.5$

因此，井的涌水量为：$Q = 624.9$m³/d。

2) 井点数量与间距的计算按单井出水量公式计算：

抽水设备选择：

抽水量 $Q = 624.9$m³/d $= 26.04$m³/h

井点系统真空值取 6.7kPa。

选用两套 QJD-45 射流式抽水设备。

(三) 喷射井点人工降低地下水位

工程上,当坑(槽)开挖较深,降水深度大于6.0m,单层轻型井点系统不能满足要求时,可采用多层轻型井点系统,但是多层轻型井点系统存在着设备多、施工复杂、工期长等缺点,此时,宜采用喷射井点降水。降水深度可达8~12m。在渗透系数为3~20m/d的砂土中应用本法最为有效。此外,渗透系数为0.1~3m/d的粉砂淤泥质土中效果也较显著。

根据工作介质不同,喷射井点分为喷气井点和喷水井点两种,目前多采用喷水井点。

1. 喷射井点设备

(1) 喷射井点系统组成

喷射井点设备由喷射井管、高压水泵及进水排水管路组成。喷射井管有内管和外管,在内管下端设有喷射器与滤管相连,如图2-38所示。高压水(0.7~0.8MPa)经外管与内管之间的环形空间,并经喷射器侧孔流向喷嘴,由于喷嘴处截面突然缩小,压力水经喷嘴以很高的流速喷入混合室,使该室压力下降,造成一定的真空度。此时,地下水被吸入混合室与高压水汇合,流经扩散管,由于截面扩大,水流速度相应减小,使水的压力逐渐升高,沿内管上升经排水总管排出。

高压水泵宜采用流量为 $50\sim80m^3/h$ 的多级高压水泵,每套约能带动 20~30 根井管。

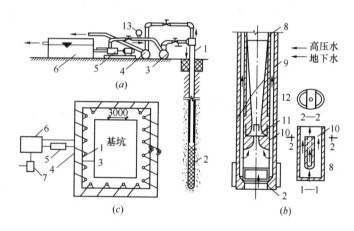

图 2-38 喷射井点设备及布置
1—喷射井管;2—滤管;3—进水总管;4—排水总管;5—高压水泵;
6—集水池;7—水泵;8—内管;9—外管;10—喷嘴;11—混合室;
12—扩散管;13—压力表

(2) 喷射井点布置

喷射井点的平面布置,当基坑宽小于10m时,井点可作单排布置;当大于10m时,可作双排布置;当基坑面积较大时,宜采用环形布置,如图2-39所示。井点距一般采用1.5~3m。喷射井点高程布置及管路布置方法和要求与轻型井点基本相同。

2. 喷射井点的施工与使用

喷射井点的施工顺序为：安装水泵及进水管路；敷设进水总管和回水总管；沉设井点管并灌填砂滤料，接通进水总管后及时进行单根井点试抽、检验；全部井点管沉设完毕后，接通回水总管，全面试抽，检查整个降水系统的运转状况及降水效果。然后让工作水循环进行正式工作。

喷射井点埋设时，宜用套管冲孔，加水及压缩空气排泥。当套管内含泥量小于5%时方可下井管及灌砂，然后再将套管拔起。下管时水泵应先开始运转，以便每下好一根井管，立即与总管接通（不接回水管），之后及时进行单根试抽排泥，并测定真空度，待井管出水变清后为止，地面测定真空度不宜小于93300Pa。全部井点管埋设完毕后，再接通回水总管，全面试抽，然后让工作水循环，进行正式工作。各套进水总管均应用阀门隔开，各套回水总管应分开。开泵时，压力要小于0.3MPa，以后再逐渐正常。抽水时如发现井管周围有泛砂冒水现象，应立即关闭井点管进行检修。工作水应保持清洁。试抽两天后应更换清水，以减轻工作水对喷嘴及水泵叶轮等的磨损。

3. 喷射井点的计算

喷射井点的涌水量计算及确定井点管数量与间距、抽水设备等均与轻型井点计算相同，水泵工作水需用压力按下式计算：

$$P = P_0/A$$

式中　P——水泵工作水压力（m）；

P_0——扬水高度（m），即水箱至井管底部的总高度；

A——水高度与喷嘴前面工作水头之比。

混合室直径一般为14mm，喷嘴直径为5～7mm。

喷射井点出水量见表2-14。

喷射井点出水量　　　　表2-14

型号	外管直径（mm）	喷射器		工作水压力（MPa）	工作水流量（m³/h）	单井出水量（m³/h）	适用含水层渗透系数（m/d）
		喷嘴直径（mm）	混合室直径（mm）				
1.5型并列式	38	7	14	0.60～0.80	4.10～6.80	4.22～5.76	0.10～5.00
2.5型圆心式	68	7	14	0.60～0.80	4.60～6.20	4.30～5.76	0.10～5.00
6.0型圆心式	162	19	40	0.60～0.80	30	25.00～30.00	10.00～20.00

【喷射井点工程施工方案编制案例】

1）工程及水文地质概况

某钢厂均热炉基坑，地处冲积平原，基础施工涉及各层土见表2-15，该基坑呈长方形，长330m，宽67m，基坑底深9.32m。地下水位-1.2m。

2）井点设计

根据降深要求、土质和设备情况，设计采用西部二级轻型井点，东部喷射井点构成封闭式联合降水。喷射井点平面布置图，如图2-39所示。

共计下沉井点82根，设3个水泵房，1号、2号、3号水泵各连接井点31根、25根、26根。井点间距2m，另设12个水位观侧井。

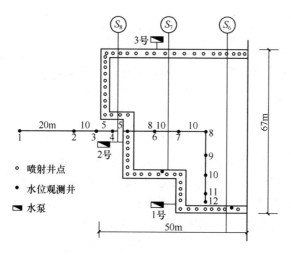

图 2-39 喷射井点平面布置图

井点埋深（不包括露出地面高和滤水管长度）：

$$H = H_1 + \Delta h + iL = 9.32 + 0.4 + 0.1 \times 34 = 13.1 \text{m}$$

土质、层厚与渗透系数 表 2-15

土层名称	厚度（m）	渗透系数（m/d）
粉质黏土	2～3	0.35～0.43
淤泥质粉质黏土	6～8	0.35～0.43
淤泥质黏土	10～12	
粉质黏土	30～40	

3）井管埋设

井管用套管水冲法施工。用此法由于过滤器外壁滤砂层的厚度为5～8cm以上，套管内填砂均匀充实，改善了垂直渗透性，同时滤砂层防止大量细颗粒土的流失，保证地基土不受破坏，提高水的清洁度，为喷射井点深层降水成功打下良好基础。

4）降水效果

抽水量统计列于表 2-16。抽水量与时间关系曲线，如图 2-40 所示，从曲线看有波动，这是受雨水、潮汐的影响，但总趋势是稳定的。

1号泵有10根井点为导杆式水冲法施工，不仅流量少，而且含泥量高，虽然多次更换清水，却发现粉细土被抽出，局部地基土陷落。

抽水量统计 表 2-16

泵房号	井点数量		累计流量（m²）	平均日流量（m²/d）	单井日流量（m²/d）	备注
	施工井点数量	出水井点数量				
1	31	31	489.5	13.93	0.45	其中10根为导杆水冲法施工
2	25	20	529.5	14.71	0.74	因道路关上5根
3	26	23	694.4	19.29	0.4	实验用3根

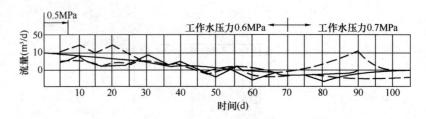

图 2-40 抽水量与时间关系曲线

运行 300 余天后，部分喷嘴已坏，但 3 号泵尚余 8 根井点，井点间距为 4～6m，实际出水量为 15.36m³/d，平均单井抽水量为 1.92m³/d，比开始时的 0.84m³/d（井点间距 2m）提高 1 倍。这一现象说明扩大井点间距是可行的。

水位降低：水位降低是降水效果的主要标志，从 12 个观测井收集资料，如图 2-41 所示。开挖深度－10.82m 时，地基土仍干燥。抽水 35d 后距基坑 40m 远处观测井水位降至－2.36m，影响半径约为 60m。

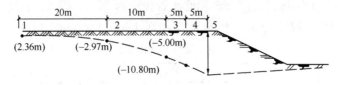

图 2-41 降水曲线

真空度：真空度衡量井点抽水正常与否。过分要求高真空度就须提高工作水压力，这对喷嘴有害，因此严格控制水压是非常重要的。实际中对三个泵房井点真空度变化作了测定和记录。

土工分析：在基坑内地面以下－3m、－6m、－9m 处取土作含水量变化分析。含水量降低至 7%～18%，达到了良好的降水效果。

（四）轻型井点降水技术交底

1. 工程概况

某清水池容积 8000m³，土方工程采用机械施工大开挖施工方案，开挖面积 40m×58m，开挖深度为 5m，地下水位为－1.5m。本场地地质构造复杂，由东向西发现有古道路、古河道及新近代冲洪积物为沉积软弱黏性土层，均横向穿越本场地，地质柱状表见表 2-17。由于开挖深度较大，地下水位高，在土方开挖前，设计要求进行人工降水，以保证施工质量和顺利进行施工，施工组织设计确定降水方案为轻型井点降水及井点布置。

2. 准备工作

（1）施工机具

1）滤管：φ50mm，壁厚 3.0mm 无缝钢管，长 2.8m，一端用厚为 4.0mm 钢板焊死，在此端 1.4m 长范围内，在管壁上钻 φ15mm 的小圆孔，孔距为 25mm，外包两层滤网，滤网采用编织布，外再包一层网眼较大的尼龙丝网，每隔 50～60mm 用 10 号镀锌钢丝绑扎一道，滤管另一端与井点管进行连接。

2）井点管：φ50mm，壁厚为 3.0mm 无缝钢管，长 6.2m。

3）连接管：胶皮管，与井点管和总管连接，采用 8 号镀锌钢丝绑扎，应扎紧以防漏气。

4）总管：$\phi 102$mm 钢管，壁厚为 4mm，每节长度为 4～5m，用法兰盘加橡胶垫圈连接，防止漏气、漏水。

5）抽水设备：3BA-35 单级单吸离心泵，共 5 台，其中两台备用，自制反射水箱。

6）移动机具：自制移动式井架、牵引能力为 6t 的绞车。

地质柱状表　　　　表 2-17

层次	年代及成因	地层描述	颜色	湿度	状态	柱状图比例尺 1：100	厚度 (m)	深度 (m)	层底标高 (m)	土样编号深度 (m)
1	Q_4^{ml}	杂填土：炉渣、砖瓦块杂土组成，松散					1.5	1.5	8.61	4-1 2.2～2.4
2	Q_4^{2l+Pl}	黏质粉土：1.5～3.7m 为黄色黏质粉土，稍湿硬～可塑，3.7～5.2m 为棕黄色黏质粉土，饱水软～流塑，振动时析水					3.7	5.2	5.92	4-2 4.0～4.2
3	Q_1^{al+Pl}	粉质黏土：黄色粉质黏土，可塑～硬塑，上部含姜石较多，7.5m 以下姜石减少呈可塑状态					3.8	9.0	1.11	
3-1		粗砂砾石层：黄色粗砂含黏土，9.5m 为粗砂，砾石含水层水量较大					1.0	10.0	0.11	

7）凿孔冲击管：$\phi 219 \times 8$mm 的钢管，由公司加工厂自制，其长度为 10m。

8）水枪：$\phi 50 \times 5$mm 无缝钢管，下端焊接一个 $\phi 16$mm 的枪头喷嘴，上端弯成大约直角，且伸出冲击管外，与高压胶管连接。

9）蛇形高压胶管：压力应达到 1.50MPa 以上，长 120m。

10）高压水泵：100TSW-7 高压离心泵，配备一个压力表，做下井管之用。

(2) 材料

粗砂与豆石，不得采用中砂，严禁使用细砂，以防堵塞滤管网眼。

(3) 技术准备

1）详细查阅设计提供的工程地质报告，了解工程地质情况，分析降水过程中可能出现的技术问题和采取的对策。

2) 凿孔设备与抽水设备检查。

(4) 平整场地

为了节省机械施工费用，不使用履带式吊车，采用碎石桩振冲设备的自制简易车架，因此场地平整度要高一些，设备进场前进行场地平整，以便于车架在场地内移动。

3. 井点安装

(1) 安装程序

井点放线定位→安装高位水泵→凿孔安装埋设井点管→布置安装总管→井点管与总管连接→安装抽水设备→试抽与检查→正式投入降水程序。

(2) 井点管埋设

1) 根据建设单位提供的测量控制点，测量放线确定井点位置，然后在井位先挖一个小土坑，深大约500mm，以便于冲击孔时集水，埋管时灌砂，并用水沟将小坑与集水坑连接，以便于排泄多余水。

2) 用绞车将简易井架移到井点位置，将套管水枪对准井点位置，启动高压水泵，水压控制在0.4～0.8MPa，在水枪高压水射流冲击下套管开始下沉，并不断地提升与降落套管与水枪。一般含砂的黏土，按过去经验，套管落距在1000mm之内，在射水与套管冲切作用下，大约在10～15min时间之内，井点管可下沉10m左右，若遇到较厚的纯黏土时，沉管时间要延长，此时可采取增加高压水泵的压力，以达到加速沉管的速度。冲击孔的成孔直径应达到300～350mm，保证管壁与井点管之间有一定间隙，以便于填充砂石，冲孔深度应比滤管设计安置深度低500mm以上，以防止冲击套管提升拔出时部分土塌落，并使滤管底部存有足够的砂石。

凿孔冲击管上下移动时应保持垂直，这样才能使井点降水井壁保持垂直，若在凿孔时遇到较大的石块和砖块，会出现倾斜现象，此时成孔的直径也应尽量保持上下一致。

井孔冲击成型后，应拔出冲击管，通过单滑轮，用绳索拉起井点管插入，井点管的上端应用木塞塞住，以防砂石或其他杂物进入，并在井点管与孔壁之间填灌砂石滤层，该砂石滤层的填充质量直接影响轻型井点降水的效果，应注意砂石必须采用粗砂，以防止堵塞滤管的网眼；滤管应放置在井孔的中间，砂石滤层的厚度应在60～100mm之间，以提高透水性，并防止土粒渗入滤管堵塞滤管的网眼。填砂厚度要均匀，速度要快，填砂中途不得中断，以防孔壁塌土；滤砂层的填充高度，至少要超过滤管顶以上1000～1800mm，一般应填至原地下水位线以上，以保证土层水流上下畅通；井点填砂完后，井口以下1.0～1.5m用黏土封口压实，防止漏气而降低降水效果。

(3) 冲洗井管

将φ15～30mm的胶管插入井点管底部进行注水清洗，直到流出清水为止。应逐根进行清洗，避免出现"死井"。

(4) 管路安装

首先沿井点管外侧，铺设集水干管，并用胶垫螺栓把干管连接起来，主干管连接水箱水泵，然后拔掉井点管上端的木塞，用胶管与主管连接好，再用10号镀锌钢丝绑好，防止管路不严漏气而降低整个管路的真空度。主管路的流水坡度按坡向泵房5‰的坡度并用砖将主干管垫好，并作好冬季降水防冻保温。

(5) 检查管路

检查集水干管与井点管连接的胶管的各个接头在试抽水时是否有响声漏气现象，发现这种情况应重新连接或用油腻子堵塞，重新拧紧法兰盘螺栓和胶管的镀锌钢丝，直至不漏气为止。在正式运转抽水之前必须进行试抽，以检查抽水设备运转是否正常，管路是否存在漏气现象。

在水泵进水管上安装一个真空表，在水泵的出水管上安装一个压力表。为了观测降水深度，是否达到施工组织设计所要求的降水深度，在基坑中心设置一个观测井点，以便于通过观测井点测量水位，并描绘出降水曲线。

在试抽时，应检查整个管网的真空度，达到550mmHg（73.33kPa）方可进行正式抽水。

4. 抽水

轻型井点管网全部安装完毕后进行试抽。当抽水设备运转一切正常后，整个抽水管路无漏气现象，即可以投入正常抽水作业。开机一个星期后将形成地下降水漏斗，并趋向稳定，土方工程可在降水10天后开工。

5. 注意事项

(1) 土方挖掘运输车道不设置井点，这并不影响整体降水效果。

(2) 在正式开工前，由电工及时办理用电手续，并做好备用电源，保证在抽水期间不停电。因为抽水应连续进行，特别是开始抽水阶段，时停时抽，井点管的滤网易于阻塞，出水混浊。同时由于中途长时间停止抽水，造成地下水位上升，会引起土方边坡塌方等事故。

(3) 轻型井点降水应经常进行检查，其出水规律应"先大后小，先混后清"。若出现异常情况，应及时进行检查。

(4) 在抽水过程中，应经常检查和调节离心泵的出水阀门以控制流水量，当地下水位降到所要求的水位后，减少出水阀门的出水量，尽量使抽吸与排水保持均匀，达到细水长流。

(5) 真空度是轻型井点降水能否顺利进行降水的主要技术指数，现场应设专人经常观测，若抽水过程中发现真空度不足，应立即检查整个抽水系统有无漏气环节，并应及时排除。

(6) 在抽水过程中，特别是开始抽水时，应检查有无井点管淤塞的死井，可通过管内水流声、管子表面是否潮湿等方法进行检查。如"死井"数量超过10%，则将严重影响降水效果，应及时采取措施，采用高压水反冲洗处理。

(7) 在打井点之前应踏勘现场，采用洛阳铲凿孔，若发现场内表层有旧基础、隐性墓地应及早处理。

(8) 本工程场地黏土层较厚，沉管速度会较慢，如超过常规沉管时间时，可增大水泵压力，大约在1.0~1.4MPa，但不要超过1.5MPa。

(9) 主干管应按本交底做好流水坡度，流向水泵方向。

(10) 本工程土方开挖后期已到冬季，应做好主干管保温，防止受冻。

(11) 基坑周围上部应挖好排水沟，防止雨水流入基坑。

(12) 井点位置应距坑边 2～2.5m，以防止井点设置影响边坑土坡的稳定性。水泵抽出的水应按施工方案设置的明沟排出，离基坑越远越好，以防止地表水渗下回流，影响降水效果。

(13) 由于本工程场地内的黏土层较厚，这将影响降水效果，因为黏土的透水性能差，上层水不易渗透下去，采取套管和水枪在井点轴线范围之外打孔，用埋设井点管相同的成孔作业方法，井内填满粗砂，形成二至三排砂桩，使地层中上下水贯通。在抽水过程中，由于下部抽水，上层水由于重力作用和抽水产生的负压，很容易漏下去，将水抽走。

由于地质情况比较复杂，工程地质报告与实际情况往往不符，应因地制宜采取相应措施，并向公司技术科通报。

任务3 管道基础施工

一、排水管道设置基础的目的

设置基础使管道不产生不均匀沉陷；不会造成管道漏水、淤积、错口、断裂等现象，导致对附近地下水的污染；不影响环境卫生等不良后果。

二、选择排水管道的基础形式

排水管道基础不同于其他构筑物基础。管体受到浮力、土压、自重等作用，在基础中保持平衡。因此选择管道基础的形式，应考虑外部荷载的情况、覆土的厚度、土的性质及管道本身的情况，经综合论证后确定。

三、材料要求

（一）砂料

选用中砂或粗砂，含泥量不大于2%。

（二）水泥

选用普通硅酸盐水泥或矿渣水泥，强度等级不低于32.5级。

（三）石料

选用碎石或卵石，粒径不大于20mm，含泥量不大于2%。

四、基础施工方案

（一）选择基础形式和种类

根据工程的实际地质资料，考虑外部荷载的情况、覆土的厚度、土的性质及管道本身的情况，采用条形混凝土基础，中心包角为90°。

（二）材料选择

选用中砂或粗砂,粒径 0.8～2.0mm,含泥量不大于 2%。水泥选用普通硅酸盐水泥或矿渣水泥,强度等级不低于 32.5 级。石料选用碎石,粒径不大于 20mm,含泥量不大于 2%。混凝土强度等级为 C15。

(三) 基础施工

施工顺序:验槽→支模→浇筑混凝土与振捣→养护

1. 沟槽验收

按照《给水排水工程施工及验收规范》GB 50268—2008 进行沟槽验收,合格后进入下道工序。

2. 支模

由测量员测放出底面的宽度及高程具体位置,放线支模,模板采用 5×10 方钢进行支撑。

3. 浇筑混凝土与振捣

浇筑 C15 底部混凝土。用插入式振动器进行振捣密实,保证基础平整、密实。在基础表面做拉毛处理,以加强混凝土间的连接。

4. 养护

覆盖草袋子,浇水养护,达到设计强度。

(四) 编制安全措施

任务 4　钢筋混凝土(混凝土)管道安装施工

排水管道常用的管材有混凝土管、钢筋混凝土管等。排水管道属重力流管道,施工中,对管道的中心与高程控制要求较高。

一、钢筋混凝土管道安装应满足的要求

(1) 钢筋混凝土管道外观质量及尺寸公差应符合现行的国家产品标准的规定。

(2) 刚性接口的材料应满足选用粒径 0.5～1.5mm,含泥量不大于 2% 的洁净砂;选用网格 10mm×10mm、丝径为 20 号的钢丝网;水泥砂浆配比满足设计要求。

(3) 管节安装前应进行外观检查,发现有裂缝、表层脱落缺陷的经修补鉴定合格后使用。

(4) 混凝土基础的强度大于 $5.0N/mm^2$,方可安装管道。管道安装前应将管内外清扫干净,安装时应使管道高程符合设计规定。

(5) 其他执行《给水排水管道工程施工及验收规范》GB 50268—2008 的规定。

二、下管与稳管

排水管道下管参见项目 1。

排水管道稳管常用坡度板法和边线法控制管道中心与高程。边线法控制管道中心和高程比坡度板法速度快,但准确度不如坡度板法。

（一）坡度板法

重力流排水管道施工，用坡度板法控制安管的中心与高程时，坡度板埋设必须牢固，而且要方便安管过程中的使用，因此对坡度板的设置有以下要求：

(1) 坡度板应选用有一定刚度且不易变形的材料制成，常用50mm厚木板，长度根据沟槽上口宽，一般跨槽每边不小于500mm，埋设必须牢固。

(2) 坡度板设置间距一般为10m，最大间距不宜超过15m，变坡点、管道转向及检查井处必须设置。

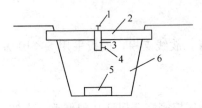

图 2-42 坡度板
1—中心钉；2—坡度板；3—高程板；
4—高程钉；5—管道基础；6—沟槽

(3) 单层槽坡度板设置在槽上口跨地面，坡度板距槽底不超过3m为宜，多层槽坡度板设在下层槽上口跨槽台，距槽底也不宜大于3m。

(4) 在坡度板上施测中心与高程时，中心钉应钉在坡度板顶面，高程板一侧紧贴中心钉（不能遮挡挂中线）钉在坡度板侧面，高程钉钉在靠中心钉一侧的高程板上，如图 2-42 所示。

(5) 坡度板上应标明井室号、桩号及高程钉至各有关部位的下反常数。变换常数处，应在坡度板两面分别书写清楚，并分别标明其所用高程钉。

管道安装前，准备好必要的工具（垂球、水平尺、钢尺等），按坡度板上的中心钉、高程板上的高程钉挂中心线和高程线（至少是3块坡度板），用眼"串"一下，看有无折线，是否正常；根据给定的高程下反数，在高程尺上量好尺寸，刻上标记，经核对无误后，再进行安管。

安管时，在管端吊中心垂球，当管径中心与垂线对正，不超过允许偏差时，安管的中心位置即正确。小管分中可用目测；大管可用水平尺标示出管中。

控制安管的管内底高程：将高程线绷紧，把高程尺杆下端放至管内底上，当尺杆上的标记与高程线距离不超过允许偏差时，安管的高程为正确。

（二）边线法

边线法施工过程，如图 2-43 所示。边线的设置要求如下：

(1) 在槽底给定的中线桩一侧钉边线铁钎，上挂边线，边线高度应与管中心高度一致，边线距管中心的距离等于管外径的1/2加上一常数（常数以小于50mm为宜）。

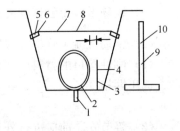

图 2-43 边线法安管示意图
1—给定中线桩；2—中线钉；3—边线铁钎；4—边线；5—高程桩；6—高程钉；7—高程辅助线；8—高程线；9—高程尺杆；10—标记

(2) 在槽帮两侧适当的位置打入高程桩，其间距10m左右（不宜大于15m）一对，并在高程桩上钉高程钉。连接槽两帮高程桩上的高程钉，在连线上挂纵向高程线，用眼"串"线看有无折点，是否正常（线必须拉紧查看）。

(3) 根据给定的高程下反数，在高程尺杆上量好尺寸，并写上标记，经核对无误，再进行安管。

管道安装时，如管子外径相同，则用尺量取管外皮距边线的距离，与自己选定的常数相比，不超过允许偏差时为正确；如安外径不同的管，则用水平尺找中，量取至边线的距离，与给定管外径的 1/2 加上常数相比，不超过允许偏差为正确。

安管中线位置控制的同时，应控制管内底高程。方法为：将高程线绷紧，把高程尺杆下端放至管内底上，并立直，当尺杆上标记与高程线距离不超过允许偏差时为正确。安管允许偏差见国家标准《给水排水管道工程施工及验收规范》GB 50268—2008 中的规定。

三、排水管道铺设

排水管道铺设的方法较多，常用的方法有平基法、垫块法、"四合一"施工法安装铺设。应根据管道种类、管径大小、管座形式、管道基础、接口方式等来选择排水管道铺设的方法。

（一）平基法

排水管道平基法施工，首先浇筑平基（通基）混凝土，待平基达到一定强度再下管、安管（稳管）、浇筑管座及抹带接口的施工方法。这种方法常用于雨水管道，尤其适合于地基不良或雨期施工的场合。

平基法施工程序为：支平基模板→浇筑平基混凝土→下管→安管（稳管）→支管座模板→浇筑管座混凝土→抹带接口→养护。

平基法施工操作要点：

(1) 浇筑混凝土平基顶面高程，不能高于设计高程，低于设计高程不超过 10mm。

(2) 平基混凝土强度达到 5MPa 以上时，方可直接下管。

(3) 下管前可直接在平基面上弹线，以控制安管中心线。

(4) 安管的对口间隙，管径不小于 700mm，按 10mm 控制，管径小于 700mm 可不留间隙，安较大的管子，宜进入管内检查对口，减少错口现象，稳管以达到管内底高程偏差在 ±10mm 之内，中心线偏差不超过 10mm，相邻管内底错口不大于 3mm 为合格。

(5) 管子安好后，应及时用干净石子或碎石卡牢，并立即浇筑混凝土管座。

管座浇筑要点：

(1) 浇筑管座前，平基应凿毛或刷毛，并冲洗干净。

(2) 对平基与管子接触的三角部分，要选用同强度等级混凝土中的软灰，先行捣密实。

(3) 浇筑混凝土时，应两侧同时进行，防止挤偏管子。

(4) 较大管子浇筑时宜同时进入管内配合勾捻内缝；直径小于 700mm 的管子，可用麻袋球或其他工具在管内来回拖动，将流入管内的灰浆拉平。

（二）垫块法

排水管道施工，把在预制混凝土垫块上安管（稳管），然后再浇筑混凝土基础和接口的施工方法，称为垫块法。采用这种方法可避免平基、管座分开浇筑，是污水管道常用的施工方法。垫块法施工程序为：预制垫块→安垫块→下管→在垫块上安管→支模→浇筑混凝土基础→接口→养护。

预制混凝土垫块强度等级同混凝土基础；垫块的几何尺寸：长为管径的0.7倍，高等于平基厚度，允许偏差±10mm，宽大于或等于高；每节管垫块一般为2个，一般放在管两端。

垫块法施工操作要点：

（1）垫块应放置平稳，高程符合设计要求。

（2）安管时，管子两侧应立保险杠，防止管子从垫块上滚下伤人。

（3）安管的对口间隙：管径700mm以上者按10mm左右控制；安较大的管子时，宜进入管内检查对口，减少错口现象。

（4）管子安好后一定要用干净石子或碎石将管卡牢，并及时灌筑混凝土管座。

（三）"四合一"施工法

排水管道施工，将混凝土平基、稳管、管座、抹带4道工序合在一起施工的做法，称为"四合一"施工法。这种方法速度快，质量好，是 $DN≤600mm$ 的管道普遍采用的方法。其施工顺序为：验槽→支模→下管→排管→四合一施工→养护。

图2-44 "四合一"支模排管示意图

1—铁钎；2—临时撑杠；3—方木；4—管道

（1）支模、排管施工：根据操作需要，第一次支模为略高于平基或90°基础高度。模板材料一般采用15cm×15cm的方木，方木高程不够时，可用木板补平，木板与方木用铁钉钉牢；模板内侧用支杆临时支撑，方木外侧钉铁钉，以免安管时模板滑动，如图2-44所示。

（2）管子下至沟内，利用模板作为导木，在槽内滚运至安管地点，然后将管子顺排在一侧方木模板上，使管子重心落在模板上，倚在槽壁上，要比较容易滚入模板内，并将管口洗刷干净。

（3）若为135°及180°管座基础，模板宜分两次支设，上部模板待管子铺设合格后再支设。

（4）"四合一"施工做法：

1）平基：灌筑平基混凝土时，一般应使平基面高出设计平基面20~40mm（视管径大小而定），并进行捣固，管径400mm以下者，可将管座混凝土与平基一次灌齐，并将平基面作成弧形以利稳管。

2）稳管：将管子从模板上滚至平基弧形内，前后揉动，将管子揉至设计高程（一般高于设计高程1~2mm，以备下一节时又稍有下沉），同时控制管子中心线位置的准确。

3）管座：完成稳管后，立即支设管座模板，浇筑两侧管座混凝土，捣固管座两侧三角区，补填对口砂浆，抹平管座两肩。如管道接口采用钢丝网水泥砂浆抹带接口时，混凝土的捣固应注意钢丝网位置的正确。为了配合管内缝勾捻，管径在600mm以下时，可用麻袋球或其他工具在管内来回拖动，将管口内溢出的砂浆抹平。

4）抹带：管座混凝土灌筑后，马上进行抹带，随后勾捻内缝，抹带与稳管至少相隔 2～3 节管，以免稳管时不小心碰撞管子，影响接口质量。

四、混凝土管和钢筋混凝土管施工

混凝土管的规格为 $DN100\sim600mm$，L 为 $1m$；钢筋混凝土管的规格为 $DN300\sim2400mm$，L 为 $2m$。管口形式有承插口、平口、圆弧口、企口几种，如图 2-45 所示。

混凝土管和钢筋混凝土管的接口形式有刚性和柔性两种。

（一）抹带接口

1. 水泥砂浆抹带接口

水泥砂浆抹带接口是一种常用的刚性接口，如图 2-46 所示。一般在地基较好、管径较小时采用。水泥砂浆抹带接口施工程序为：浇管座混凝土→勾捻管座部分管内缝→管带与管外皮及基础结合处凿毛清洗→管座上部内缝支垫托→抹带→勾捻管座以上内缝→接口养护。

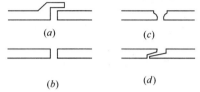

图 2-45 管口形式
（a）承插口；（b）平口；
（c）圆弧口；（d）企口

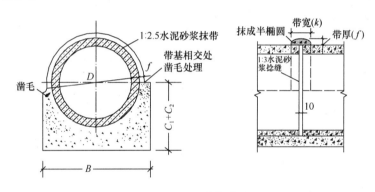

图 2-46 水泥砂浆抹带接口

（1）材料要求

水泥砂浆抹带材料及重量配合比：水泥采用 32.5 级水泥（普通硅酸盐水泥），砂子应过 2mm 孔径筛子，含泥量不得大于 2%。重量配合比为水泥：砂＝1：2.5，水一般不大于 0.5。勾捻内缝用水泥：砂＝1：3，水一般不大于 0.5。

（2）抹带接口操作

水泥砂浆抹带接口工具有浆桶、刷子、铁抹子、弧形抹子等。

1）抹带前将管口及管带覆盖到的管外皮刷干净，并刷水泥浆一遍；

2）抹第一层砂浆（卧底砂浆）时，应注意找正使管缝居中，厚度约为带厚的 1/3，并压实使之与管壁粘结牢固，在表面划成线槽，以利于与第二层结合（管径 400mm 以内者，抹带可一次完成）；

3）待第一层砂浆初凝后抹第二层，用弧形抹子捻压成形，待初凝后再用抹子赶光压实；

4）带、基相接处（如基础混凝土已硬化需凿毛洗净、刷素水泥浆）三角形灰要饱实，大管径可用砖模，防止砂浆变形。

（3）管勾捻内缝

1）DN≥700mm 管座部分的内缝应配合浇筑混凝土时勾捻；管座以上的内缝应在管带缝凝后勾捻，亦可在抹带之前勾捻，即抹带前将管缝支上内托，从外部用砂浆填实，然后拆去内托，将内缝勾捻整平，再进行抹带；

2）DN≥700mm 勾捻管内缝时，人在管内先用水泥砂浆将内缝填实抹平，然后反复捻压密实，灰浆不得高出管内壁；

3）DN＜700mm 管，应配合浇筑管座，用麻袋球或其他工具在管内来回拖动，将流入管内的灰浆拉平。

2. 钢丝网水泥砂浆抹带接口

钢丝网水泥砂浆抹带接口，如图 2-47 所示。

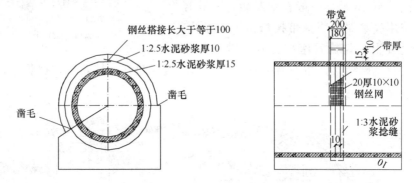

图 2-47 钢丝网水泥砂浆抹带接口

（1）材料要求

砂子应选择粒径为 0.5～1.5mm，含泥量不大于 2%的洁净砂；选用 20 号，10mm×10mm 方格的钢丝网。

（2）抹带接口操作

施工顺序：管口凿毛清洗（管径≤500mm 者刷去浆皮）→浇筑管座混凝土→将钢丝网片插入管座的对口砂浆中并以抹带砂浆补充肩角→勾捻管内下部管缝→为勾上部内缝支托架→抹带（素灰、打底、安钢丝网片、抹上层、赶压、拆模等）→勾捻管内上部管缝→内外管口养护。

1）抹带前将已凿毛的管口洗刷干净并刷水泥浆一道；在抹带的两侧安装好弧形边模；

2）抹第一层砂浆应压实，与管壁粘牢，厚 15mm 左右，待底层砂浆稍晾有浆皮儿后将两片钢丝网包拢使其挤入砂浆浆皮中，用 20 号或 22 号细钢丝（镀锌）扎牢，同时要把所有的钢丝网头塞入网内，使网面平整，以免产生小孔漏水；

3）第一层水泥砂浆初凝后，再抹第二层水泥砂浆使之与模板平齐，砂浆初凝后赶光压实；

4）抹带完成后立即养护，一般 4～6h 可以拆模，应轻敲轻卸，避免碰坏抹带的边角，然后继续养护；

5) 勾捻内缝及接口养护方法与水泥砂浆抹带接口相同。

钢丝网水泥砂浆接口的闭水性较好，常用于污水管道接口，管座采用135°或180°。

（二）套环接口

套环接口的刚度好，常用于污水管道的接口，分为现浇套环接口和预制套环接口两种。

现浇套环接口采用的混凝土的强度等级一般为C18；捻缝用1∶3水泥砂浆；配合比（重量比）为水泥∶砂∶水＝1∶3∶0.5；钢筋为HPB235级。

施工程序：浇筑管基→凿毛与管相接处的管基并清刷干净→支设马鞍形接口模板→浇筑混凝土→养护后拆模→养护。

捻缝与混凝土浇筑相配合进行。

任务5　钢筋混凝土（混凝土）管道安装质量检查

一、无压管道严密性试验

（1）污水管道、雨污合流管道、倒虹吸管及设计要求闭水的其他排水管道，回填前应采用闭水法进行严密性试验。

试验管段应按井距分隔，长度不大于1km，带井试验。雨水和与其性质相似的管道，除大孔性土壤及水源地区外，可不做渗水量试验。污水管道不允许渗漏。

（2）闭水试验管段应符合下列规定：管道及检查井外观质量已验收合格；管道未回填，且沟槽内无积水；全部预留孔（除预留进出水管外）应封堵坚固，不得渗水；管道两端堵板承载力经核算应大于水压力的合力。

（3）闭水试验应符合下列规定：试验段上游设计水头不超过管顶内壁时，试验水头应以试验段上游管顶内壁加2m计；当上游设计水头超过管顶内壁时，试验水头应以上游设计水头加2m计；当计算出的试验水头小于10m，但已超过上游检查井井口时，试验水头应以上游检查井井口高度为准。无压管道闭水试验装置图，如图2-48所示。

（4）试验管段灌满水后浸泡时间不小于24h。当试验水头达到规定水头时，

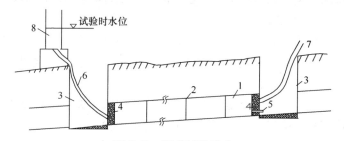

图2-48　闭水试验示意
1—试验管段；2—接口；3—检查井；4—堵头；5—闸门；6、7—胶管；8—水筒

开始计时，观测管道的渗水量，观测时间不少于 30min，期间应不断向试验管段补水，以保持试验水头恒定。实测渗水量应符合表 2-18 的规定。

无压管道严密性试验允许渗水量 $m^3/(24h·km)$ 表 2-18

管道内径（mm）	允许渗水量	管道内径（mm）	允许渗水量	管道内径（mm）	允许渗水量
200	17.60	900	37.50	1600	50.00
300	21.62	1000	39.52	1700	51.50
400	25.00	1100	41.45	1800	53.00
500	27.95	1200	43.30	1900	54.48
600	30.60	1300	45.00	2000	55.90
700	33.00	1400	46.70		
800	35.35	1500	48.40		

（5）管道内径大于 700mm 时，可按管道井段数量抽样选取 1/3 进行试验；试验不合格时，抽样井段数量应在原抽样基础上加倍进行试验。

二、排水管道工程施工质量检验与验收

工程验收制度是检验工程质量必不可少的一道程序，也是保证工程质量的一项重要措施。如质量不符合规定时，可在验收中发现和处理，并避免影响使用和增加维修费用，为此，必须严格执行工程验收制度。

排水管道工程验收分为中间验收和竣工验收。

中间验收主要是验收埋在地下的隐蔽工程，凡是在竣工验收前被隐蔽的工程项目，都必须进行中间验收，并对前一工序验收合格后，方可进行下一工序，当隐蔽工程全部验收合格后，方可回填沟槽。

竣工验收是全面检验给水排水管道工程是否符合工程质量标准，它不仅要查出工程的质量结果怎样，更重要的还应该找出产生质量问题的原因，对不符合质量标准的工程项目必须经过整修，甚至返工，经验收达到质量标准后，方可投入使用。

地下排水管道工程属隐蔽工程，应严格按国家颁发的《给水排水管道工程施工及验收现范》《工业管道工程施工及验收规范》进行施工及验收；排水管道按建设部《市政排水管渠工程质量检验评定标准》、国家标准《给水排水管道施工及验收规范》进行施工与验收。

排水管道工程竣工后，应分段进行工程质量检查。质量检查的内容包括：

（1）外观检查，对管道基础、管座、管子接口、节点、检查井、支墩及其他附属构筑物进行检查；

（2）断面检查，断面检查是对管子的高程、中线和坡度进行复测检查；

（3）接口严密性检查，排水管道一般作闭水试验。

给水排水管道工程竣工后，施工单位应提交下列文件：

（1）施工设计图并附设计变更图和施工洽商记录；

(2) 管道及构筑物的地基及基础工程记录；

(3) 材料、制品和设备的出厂合格证或试验记录；

(4) 管道支墩、支架、防腐等工程记录；

(5) 管道系统的标高和坡度测量的记录；

(6) 隐蔽工程验收记录及有关资料；

(7) 闭水试验记录；

(8) 竣工后管道平面图、纵断面图及管件结合图等。

任务6 沟槽土方回填

一、沟槽土方回填的目的

管道施工完毕并经检验合格后应及时进行土方回填，以保证管道的正常位置，避免沟槽（基坑）坍塌，而且尽可能早日恢复地面交通。

二、土方回填的要求

沟槽回填管道应符合以下规定：

(1) 沟槽内砖、石、木块等杂物清除干净；

(2) 沟槽内不得有积水；无压管道在闭水或闭气试验合格后应及时回填；

(3) 保持降排水系统正常运行，不得带水回填；

(4) 井室周围的回填，应与管道沟槽回填同时进行；不便同时进行时，应留台阶形接槎；

(5) 井室周围回填压实时应沿井室中心对称进行，不得漏夯；

(6) 回填材料压实后应与井壁紧贴；

(7) 路面范围内的井室周围，应采用石灰土、砂、砂砾等材料回填，其回填宽度不宜小于400mm；

(8) 严禁在槽壁取土回填；

(9) 每层回填土的虚铺厚度，应根据所采用的压实机具按表2-19的规定选取；

每层回填土的虚铺厚度　　表2-19

压实机具	虚铺厚度（mm）	压实机具	虚铺厚度（mm）
木夯、铁夯	≤200	压路机	200~300
轻型压实设备	200~250	振动压路机	≤400

(10) 根据每层虚铺厚度的用量将回填材料运至槽内，且不得在影响压实的范围内堆料；

(11) 管道两侧和管顶以上500mm范围内的回填材料，应由沟槽两侧对称运入槽内，不得直接回填在管道上；回填其他部位时，应均匀运入槽内，不得集中推入；

（12）需要拌合的回填材料，应在运入槽内前拌合均匀，不得在槽内拌合；

（13）回填作业每层土的压实遍数，按压实度要求、压实工具、虚铺厚度和含水量，应经现场试验确定；

（14）采用重型压实机械压实或较重车辆在回填土上行驶时，管道顶部以上应有一定厚度的压实回填土，其最小厚度应按压实机械的规格和管道的设计承载力，通过计算确定；

（15）软土、湿陷性黄土、膨胀土、冻土等地区的沟槽回填，应符合设计要求和当地工程标准规定；

（16）回填压实应逐层进行，且不得损伤管道；

（17）管道两侧和管顶以上500mm范围内胸腔夯实，应采用轻型压实机具，管道两侧压实面的高差不应超过300mm；

（18）管道基础为土弧基础时，应填实管道支撑角范围内的腋角部位；压实时，管道两侧应对称进行，且不得使管道位移或损伤；

（19）同一沟槽中有双排或多排管道的基础底面位于同一高程时，管道之间的回填压实应与管道与槽壁之间的回填压实对称进行；

（20）同一沟槽中有双排或多排管道但基础底面的高程不同时，应先回填基础较低的沟槽；回填至较高基础底面高程后，再按上一款规定回填；

（21）分段回填压实时，相邻段的接槎应呈台阶形，且不得漏夯；

（22）采用轻型压实设备时，应夯夯相连；采用压路机时，碾压的重叠宽度不得小于200mm；

（23）采用压路机、振动压路机等压实机械压实时，其行驶速度不得超过2km/h；

（24）接口工作坑回填时底部凹坑应先回填压实至管底，然后与沟槽同步回填。

三、施工方法

沟槽回填前，应进行完闭水试验工作。

沟槽回填前，应建立回填制度。根据不同的夯实机具、土质、密实度要求、夯击遍数、走夯形式等确定返土厚度和夯实后厚度。

沟槽回填前，管道基础混凝土强度和抹带水泥砂浆接口强度不应小于5MPa，现浇混凝土管渠的强度达到设计规定；砖沟或管渠顶板应装好盖板。

沟槽回填顺序，应按沟槽排水方向由高向低分层进行。

返土一般用沟槽原土，槽底到管顶以上50cm范围内，不得含有机物、冻土以及大于50mm的砖、石等硬块，冬期回填时在此范围以外可均匀掺入冻土，其数量不得超过填土总体积的15%，并且冻块尺寸不得超过100mm。

回填时，槽内不得有积水，不得回填淤泥、腐殖土及有机质。

沟槽两侧应同时回填夯实，以防管道位移。回填土时不得将土直接砸在抹带接口和防腐绝缘层上。

夯实时，胸腔和管顶上 50cm 内，夯击力过大，将会使管壁和接口或管沟壁开裂，因此，应根据管道及管沟强度确定夯实方法。管道两侧和管顶以上 50cm 范围内，应采用轻夯压实，两侧压实面的高度不应超过 30cm。

每层土夯实后，应检测密实度。测定的方法有环刀法和贯入法两种。采用环刀法时，应确定取样的数目和地点。由于表面土常易夯碎，每个土样应在每层夯实土的中间部分切取。土样切取后，根据自然密度、含水量、干密度等数值，即可算出密实度。

回填应使槽上土面略呈拱形，以免日久因土沉陷而造成地面下凹。拱高，一般为槽宽的 1/20，常取 15cm。

复习思考题

1. 排水系统有哪些组成部分？
2. 排水管网的布置有哪些要求？
3. 如何进行管道材料的选择？
4. 施工排水的目的是什么？
5. 什么是人工降低地下水方法？
6. 轻型井点降水的使用条件？
7. 喷射井点使用条件？
8. 轻型井点的组成及要求？
9. 轻型井点如何施工？
10. 设置基础的目的是什么？
11. 各种基础使用的条件？
12. 如何选择基础的形式？
13. 混凝土基础的施工顺序？
14. 中心线法如何施工？
15. 边线法如何施工？
16. 四合一法如何施工？
17. 水泥砂浆抹带的做法？
18. 钢丝网水泥砂浆抹带接口的材料要求和做法？
19. 闭水试验的做法？
20. 工程验收包括哪些内容？
21. 回填土的目的是什么？
22. 土方回填施工方法？
23. 说明沟槽回填土各部分的密实度的要求？

项目 3　PE（PVC）管道开槽施工

【学习目标】

了解市政 PE（PVC）管道的性质；了解 PE（PVC）管道工程施工内业的基本知识；了解管道工程文明施工、安全施工的基本知识。能正确选择 PE（PVC）管道材料；能按照施工图，合理地选择管道施工方法，理解施工工艺，会进行 PE（PVC）管道开槽施工方案编制。

任务 1　PE（PVC）管道管材

一、PE（PVC）管道特性

管道的材料属聚烯烃类高分子化合物，其分子结构由碳、氢元素组成，构成无有害元素，因而在加工、使用及废弃全过程中，不会对人体及环境造成不利影响，是目前国际上推崇的绿色建材。PE 管材不仅韧性好、焊接性能好、连接可靠、造价低，而且气密性、耐腐蚀性和抵抗裂纹加速扩展能力强。广泛用于市政、石油、化工、燃气等领域，是建设部 2004 年科技成果推广项目，应用前景广阔。

PVC 管质轻，搬运装卸便利；耐腐蚀性、耐药品性优良；流体阻力小；机械强度大；不影响水质；具有良好的水密性；施工简便、施工工程费用低廉等特性。

二、PVC 管材规格

PVC 管材规格，依据用途与检验特性的不同，可分为给水用管、排水用管等，其详细尺度如下列所述。

（一）给水管

常用给水管见表 3-1、表 3-2、表 3-3。

给水管（国家标准）（GB/T 0002.1—2006）（单位：mm）　　　　　表 3-1

公称外径	平均外径允许差	壁厚允许差	2.5MPa		2.0MPa		1.6MPa		1.25MPa		1.0MPa		0.8MPa		0.63MPa		长度(m)
			最小厚度	参考重量	最小厚度	参考重量	最小厚度	参考重量	最小厚度	参考重量	最小厚度	参考重量	最小厚度	参考重量	最小厚度	参考重量	
20	+0.3	+0.4	2.3	0.203	2.0	0.180											
25	+0.3	+0.4	2.8	0.304	2.3	0.259	2.0	0.230									
32	+0.3	+0.4	3.6	0.496	2.9	0.411	2.4	0.353	2.0	0.301							4
40	+0.3	+0.5	4.5	0.771	3.7	0.651	3.0	0.541	2.4	0.447	2.0	0.381					
50	+0.3	+0.5	5.6	1.193	4.6	1.007	3.7	0.831	3.0	0.688	2.4	0.568	2.0	0.476			
63	+0.3	+0.6	7.1	1.901	5.8	1.59	4.7	1.328	3.8	1.095	3.0	0.880	2.5	0.752	2.0	0.613	

续表

公称外径	平均外径允许差	壁厚允许差	2.5MPa		2.0MPa		1.6MPa		1.25MPa		1.0MPa		0.8MPa		0.63MPa		长度(m)
			最小厚度	参考重量	最小厚度	参考重量	最小厚度	参考重量	最小厚度	参考重量	最小厚度	参考重量	最小厚度	参考重量	最小厚度	参考重量	
75	+0.3	+0.7	8.4	2.667	6.9	2.243	5.6	1.868	4.5	1.543	3.6	1.257	2.9	1.026	2.3	0.837	4
90	+0.3	+0.8	10.1	3.843	8.2	3.206	6.7	2.672	5.4	2.214	4.3	1.799	3.5	1.484	2.8	1.202	
110	+0.4	+0.9	10.0	4.753	8.1	3.955	6.6	3.299	5.3	2.695	4.2	2.175	3.4	1.801	2.7	1.431	
140	+0.5	+0.9	12.7	7.678	10.3	6.374	8.3	5.235	6.7	4.298	5.4	3.511	4.3	2.848	3.5	2.342	
160	+0.5	+1.0	14.6	10.071	11.8	8.314	9.5	6.861	7.7	5.641	6.2	4.622	4.9	3.682	4.0	3.034	
200	+0.6	+1.2	18.2	15.69	14.7	12.933	11.9	10.700	9.6	8.773	7.7	7.127	6.2	5.827	4.9	4.633	
250	+0.8	+1.4			18.4	20.222	14.8	16.469	11.9	13.579	9.6	11.104	7.7	9.001	6.2	7.346	
315	+1.0	+1.7			23.2	32.069	18.7	26.296	15.0	21.560	12.1	17.655	9.7	14.270	7.7	11.439	6
355	+1.1	+1.9			26.1	40.681	21.1	33.736	16.9	27.364	13.6	22.300	10.9	17.886	8.7	14.421	
400	+1.2	+2.1			29.4	51.581	23.7	42.273	19.1	34.882	15.3	28.269	12.3	22.959	9.8	18.421	
500	+1.5	+2.9			36.8	80.691	29.7	66.150	23.9	53.95	19.1	44.137	15.3	35.339	12.3	28.939	
630	+1.9	+3.7					30.0	85.391	24.1	70.068	19.3	56.072	15.4	45.104			

平承口放口管（单放）（GB/T 0002.1—2006）（单位：mm）　　表 3-2

公称外径	d_1	$1/T$	L	D	全长（m）
20	20.55±0.20	1/34	20	$20^{+0.3}_{0}$	
25	25.60±0.20	1/34	25	$25^{+0.3}_{0}$	
32	32.70±0.25	1/34	30	$32^{+0.3}_{0}$	
40	40.75±0.25	1/34	35	$40^{+0.3}_{0}$	
50	50.85±0.30	1/37	40	$50^{+0.3}_{0}$	4
63	63.95±0.30	1/54	45	$63^{+0.3}_{0}$	
75	75.95±0.30	1/60	51	$75^{+0.3}_{0}$	
90	91.05±0.30	1/64	60	$90^{+0.3}_{0}$	
110	111.20±0.35	1/68	70	$110^{+0.4}_{0}$	
140	141.45±0.40	1/70	85	$140^{+0.5}_{0}$	
160	161.65±0.45	1/72	95	$160^{+0.5}_{0}$	
200	201.90±0.55	1/74	118	$200^{+0.6}_{0}$	
250	252.30±0.60	1/76	145	$250^{+0.8}_{0}$	
315	317.75±0.70	1/78	180	$315^{+1.0}_{0}$	6
355	358.05±0.80	1/80	200	$355^{+1.1}_{0}$	
400	403.50±0.90	1/82	230	$400^{+1.2}_{0}$	
500	504.30±1.20	1/86	450	$500^{+1.5}_{0}$	
630	635.00±3.50	1/88	500	$630^{+1.9}_{0}$	

弹性胶圈式连接给水管（GB/T 0002.1—2006）（单位：mm）　　表 3-3

公称外径	d_1（最小值）	L（最小值）	L_1（最小值）	m（最小值）	D 平均外径允许差	全长(m)
63	65±1.0	92	15±3.0	56	$63^{+0.3}_{0}$	
75	77±1.0	110	20±3.0	67	$75^{+0.3}_{0}$	
90	92±1.0	115	20±3.0	70	$90^{+0.3}_{0}$	
110	113±1.5	130	25±4.0	75	$110^{+0.4}_{0}$	
140	114±2.0	145	25±4.0	81	$140^{+0.5}_{0}$	
160	165±2.5	175	30±4.0	86	$160^{+0.5}_{0}$	
200	206±3.0	195	30±4.0	94	$200^{+0.6}_{0}$	
250	256±3.0	212	32±5.0	97	$250^{+0.8}_{0}$	
315	322±3.5	305	45±5.0	170	$315^{+1.0}_{0}$	6
355	363±4.0	285	35±5.0	109	$355^{+1.1}_{0}$	
400	408±4.0	330	35±5.0	130	$400^{+1.2}_{0}$	
500	508±4.0	410	40±10.0	145	$500^{+1.5}_{0}$	
630	640±5.0	500	40±10.0	165	$630^{+1.9}_{0}$	

（二）排水管

排水管常用管材见表 3-4、表 3-5。

双壁中空螺旋管（Q/HDS 006—2005）（单位：mm）　　表 3-4

公称外径	外径及允许差	壁厚 最小	壁厚 允许差	参考重量 (kg/m)	长度
75	+0.3	4.8	5.5	1.037	
110	+0.4	5.2	6.0	1.917	4
160	+0.4	5.5	6.3	3.327	

双壁波纹管（GB/T 18477.1—2007）（单位：mm）　　表 3-5

公称外径	最小平均外径	最大平均外径	最小壁厚	允许差	最小平均内径	参考重量	环刚度	长度
110	109.4	110.4	1.0	+0.3	97	1.471		
160	159.1	160.5	1.2	+0.4	135	2.496		
200	198.8	200.6	1.4	+0.4	172	3.685		
250	248.5	250.8	1.7	+0.4	216	5.609	$S_1=4kN/m^2$	6m
280	278.4	280.9	1.8	+0.4	243	6.671		
315	313.2	316	1.9	+0.4	270	7.859		
355	352.9	356.1	2.1	+0.5	310	9.906	$S_2=8kN/m^2$	
400	397.6	401.2	2.3	+0.5	340	12.017		
450	447.3	451.4	2.5	+0.5	383	14.707		
500	497.0	501.5	2.8	+0.5	432	18.477		

三、管件规格

常用管件规格符合 GB/T 0002.1—2006 与 Q/HDS 标准，给水管件见表 3-6、排水管件见表 3-7。

给 水 管 件　　　　　　表 3-6

管 件 形 式	规 格 范 围	种 类
45°弯头	20～250	13
90°弯头	20～200	12
法兰接头	63～315	9
90°三通	20×20～200×200	46
套管	20～250	13
管堵	20～315	14
分水鞍	110×90～160×140	3
长型异径管	25×20～315×250	38
承口粘结和外螺纹变接头（止阀接头）（同径）	20～63	6
承口粘结和外螺纹变接头（止阀接头）（异径）	20～63	6
承口粘结和内螺纹变接头（塑牙直接头）	20～63	6
活接接头	20～63	6
铜牙直接头	20～32	6
铜牙 90°弯头	20～32	6
铜牙 90°三通	20～32	6
活套承插接头	63～250	8
丝扣承插接头	20～63	6

排 水 管 件　　　　　　表 3-7

管 件 形 式	规 格 范 围	种 类
45°弯头	50～315	9
45°弯头带检查口	50～160	4
90°弯头	50～315	9
90°弯头带检查口	50～160	4
90°三通	50×50～250×250	17
90°三通带检查口	50～160	4
45°三通	70×50～250×250	15
正四通（平面四通）	50×50～200×200	10
斜四通	75×50～200×160	5
直角四通（立体四通）	100×75，110×110	2

续表

管件形式	规格范围	种类
管箍	75～315	7
P型存水弯头	50～110	4
异径管（长型）	75×50～200×250	11
异径管（短型）	110×50～110×75	3
清扫口	50～110	4
伸缩节	50～315	9
立管检查口	50～200	5
通气帽	50～160	3
防臭地漏	50，75	2
大便器连接件	110	1
雨水斗	110×75，160×90	2
管夹	50～200	6
瓶形三通	110×50，110×75	2
立管检查口	75	1
"S"型存水弯头	50	1
存水弯头	110	1
立管检查口（消音加伸缩节）	110，160	2
H管	110	1

任务2　PE管道热熔焊接施工

一、施工工艺流程

PE管道施工工艺流程如图3-1所示。

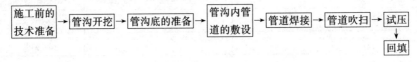

图3-1　PE管道施工工艺流程图

二、施工方法

（一）施工前的技术准备

（1）施工前应熟悉、掌握施工图纸；准备好相应的施工机具。

（2）对操作人员进行上岗培训，培训合格后才能进行施工作业。

（3）按照标准对管材、管件进行验收。管道、管件应根据施工要求选用配套的等径、异径和三通等管件。热熔焊接宜采用同种牌号、材质的管件,对性能相似的不同牌号、材质的管件之间的焊接应先做试验。

(二)管沟开挖

管沟开挖应严格按照设计图施工,PE 管的柔性好、重量轻,可以在地面上预制较长管线,当地形条件允许时,管线的地面焊接可使管沟的开挖宽度减小。PE 管埋设的最小管顶覆土厚度为:车行道下不小于 0.9m;人行道下不小于 0.75m;绿化带下或居住区不小于 0.6m;永久性冻土或季节性冻土层,管顶埋深应在冰冻线以下。在结实、稳固的沟底,管沟的宽度由施工所需的操作空间决定。表 3-8 为宽度的最小值。

当在地面连接时,沟宽为 $D+0.3$m;当在沟内安装或开沟回填有困难时开沟宽度为 $D+0.5$m,且总宽度不小于 0.7m。在砂土或淤泥的管沟中,可以采取放坡开挖。

管沟最小宽度 表 3-8

管道公称直径(mm)	最小管沟宽度(m)	管道公称直径(mm)	最小管沟宽度(m)
75~400	$D+0.3$	大于 400	$D+0.5$

(三)管沟底面的处理

如果管沟底部平直且土壤中基本没有大石块或底部土层没有扰动,就无需平整;如果底部土层被扰动,则采用直径 20~50mm 级配碎石块混合砂土和黏土等材料垫平,垫层厚度为 150mm,夯实的密实度应大于 90%。应尽可能避免管道表面划伤。

(四)管道的敷设

管道一般在地面预先焊接好(管径≤110mm 的管道应采用电熔焊焊接;管径>110mm 的管道可采用电熔焊或热熔焊焊接)。在管道放入管沟之前,应对管道进行全面检查,在没有发现任何缺陷的情况下,方可下管(采取吊入或滚入法)。

(五)管道焊接

1. 焊接准备

焊接准备主要是检查焊机状况是否满足工作要求,如检查机具各个部位的紧固件有无脱落或松动;检查机电线路连接是否正确、可靠;检查液压箱内液压油是否充足;确认电源与机具输入要求是否相匹配;加热板是否符合要求(涂层是否损伤);铣刀和油泵开关等的运行情况等。

2. 管道焊接控制

(1)用净布清除两对接管口的污物。将管材置于机架卡瓦内,控制两端管口向内伸出的长度应基本相等(在满足铣削和加热要求的前提下应尽可能缩短,通常为 25~30mm)。若伸出管材机架外的管道部分较长,应用支撑架托起外伸部位,使管材轴线与机架中心线处于同一高度,调整管道对接的同轴度,然后用卡瓦紧固好,如图 3-2 所示。

(2)置入铣刀,开启铣刀电源,然后缓慢合拢两管材对接端,并加以适当的压力,直到两端面均有连续的切屑出现,方可解除压力,稍后即可退出活动架,关掉铣刀电源。切削过程中应通过调节铣刀片的高度控制切屑厚度，切屑厚度一般应控制在 0.5～1.0mm 为宜，如图 3-3 所示。

图 3-2　机架　　　　　　　　　　图 3-3　铣刀

（3）取出铣刀，合拢两对接管口，检查管口对齐情况。其错位量控制应不超过管壁厚度的 10% 或 1mm 中的较大值，通过调整管材直线度和松紧卡瓦可在一定程度上改善管口的对位偏差；管口合拢后其接触面间应无明显缝隙，缝隙宽度不能超过 0.3mm（$D \leqslant 225$mm）、0.5mm（225mm$<D \leqslant 400$mm）或 1.0mm（$D>400$mm）。如不满足上述要求应重新铣削，直到满足要求为止。

3. 确定机架拖拉管道拉力的大小（移动夹具的摩擦阻力）。由于在管道对接过程中，所连接管道长短不一，因而机架带动管道移动所需克服的阻力不一致，在实际控制中，这个阻力应叠加到工艺参数压力上，得到实际使用压力（在焊接过程中不仅要确定压力，而且要检查加热板温度是否达到设定值）。

4. 在可控压力下焊接加热板温度达到设定值后，放入机架，施加规定的压力，直到两边最小卷边达到规定宽度时压力减小到规定值（使管口端面与加热板之间刚好保持接触），以便吸热，如图 3-4 所示。当满足焊接时间后，退开活动架，迅速取出加热板，然后合拢两管端，切换时间应尽可能短，不能超过规定值。冷却到规定的时间后，卸压，松开卡瓦，取出对接好的管材。图 3-5 为焊接完成后的效果图。该焊接工艺主要工艺技术参数见表 3-9。

图 3-4　吸热图　　　　　　　　图 3-5　效果图

（六）管道吹扫

管道吹扫与一般管道吹扫相同，主要采用爆破式吹扫，可以分段进行，介质为无油压缩空气，压力不应超过管道的工作压力。

焊接工艺主要工艺技术参数 表3-9

壁厚(mm)	加热时的卷边高度（mm）温度：210±10℃ 吸热压力：0.15MPa	吸热时间（s）温度：210±10℃ 吸热压力：0.02MPa	允许最大切换时间（s）	增压时间（s）	焊缝在保持压力状态下的冷却时间（min）0.15MPa
<4.5	0.5	45	5	5	6
4.5～7	1.0	45～70	5～6	5～6	6～10
7～12	1.5	70～120	6～8	6～8	10～16
12～19	2.0	120～190	8～10	8～11	16～24
19～26	2.5	190～260	10～12	11～14	24～32
26～37	3.0	260～370	12～16	14～19	32～45
37～50	3.5	370～500	16～20	19～25	45～60
50～70	4.0	500～700	20～25	25～35	60～80

（七）试压

PE管道系统在投入运行之前应进行压力试验。压力试验包括强度试验和气密性试验。测试时一般采用水作为试验介质。

1. 强度试验

在排除待测试管道内的空气后，以稳定的升压速度将压力提高到要求的压力值。压力表尽可能设置在该管道的最低处。试验初始，应将压力上升到工作压力并停留足够的时间保证管道充分膨胀，这一过程需2～3h，当压力稳定后，将压力升到工作压力的1.5倍，稳压1h，仔细观察压力表，并沿线检查，如果在测试过程中并无肉眼可见的泄漏或发生明显的压降，则管道通过压力试验（由于管道膨胀，有一定的压降属正常变化）。

2. 气密性试验

气密性试验的压力不应超过工作压力的1.15倍，当管道压力达到试验压力后，应保持一定的时间使管道内试验介质温度与管道环境温度达到一致，待温度、压力均稳定后，开始计时，一般情况下，气密性试验应稳压24h，如果没有明显的泄漏或压降则通过气密性试验。

（八）土方回填

通常情况下，初回填要求至少密实度达到90％以上，夯实层至少应达到距管顶150mm的地方。对于距管顶小于300mm的地方应避免直接捣实。最终回填可采用原开挖土壤或其他材料，但其中不得含有冻土、结块黏土及最大直径超过100mm的石块。

任务3　PVC管道安装

一、PVC管道安装使用的工具

PVC管道安装使用的工具见表3-10。

PVC 管道安装使用的工具　　　　　　　　　　表 3-10

作业项目	使用之工具名称
切断	手锯，砂轮电动锯，色笔，卷尺，裁管器，塑胶片（带）
一次插入法 二次紧密插入法	平面锉刀（12″粗目），半圆锉刀（8″），喷灯，毛刷（1″）；2PC，尖尾小刀，硬质胶合剂，黄油（牛油），色笔，卷尺，手套
TS 冷接法	平面锉刀（12″粗目），半圆锉刀（8″），毛刷（1″），尖尾小刀，卷尺，色笔，硬质胶合剂，铁棒，木槌
斜度环平口接法	喷灯，硬质胶粘剂，手套，毛刷（1″），斜度法兰（金属制）
法兰平口接法	平面锉刀（12″粗目），毛刷（1″），卷尺，色笔，硬质胶粘剂
活套管接合	拉紧器（1.5T），毛刷（4″），塑胶水瓢（容器），色笔，卷尺，手套，厚木板或木角材，木槌，平锉刀（12″），尖尾小刀，肥皂水（洗洁精）
接头接合	活动把手（12″），TS 冷接法工具一套，管用把手，密封圈
螺牙接合	活动把手，密封带（Tape Seal）TS 冷接法工具一套，管用把手
法兰接合	活动把手（12″），2PC，密封圈活套管接合工具一套（法兰连接头接合用）

二、PVC 管道安装

（一）放样

（1）将管线要经过的路线，在工地做实际的测量、定位、画线，以便于管沟的挖掘。

（2）管材置放时尽量靠近管沟，以避免做多余的搬运作业。

（3）如果管沟已开挖，要避免管材掉入沟中；如果管沟尚未开挖，则以后挖起的土要堆在管材的另一侧。

（4）安装管材要保护它不受车辆或重物的影响而破裂。

（二）管沟挖掘

（1）管沟通常一次不会开挖太长，以避免崩陷、淹水及妨碍交通等问题，一般在市区内不得超过 300m，在郊区不得超过 1000m。

（2）管线如要弯曲以转换方向时，最小允许可挠度以 $\pm 2°$ 以内为限。

（3）管沟挖掘断面如图 3-6 所示，如宽度、深度，可按表 3-11 尺寸挖掘。

管沟断面尺寸　　　　　　　　　　表 3-11

标准管径	H (cm)	B (cm)	W (cm)
5″(140mm) 以下	100	30	$B+0.2(D+H+10)$
6″(160mm)～12″(315mm)	120	$D+15$	$B+0.2(D+H+10)$
14″(355mm) 以上	150	$D+20$	$B+0.2(D+H+10)$

1）管沟深度在不考虑冰冻及表面载重时，最小深度为 46cm；考虑表面载重时，最小深度为 90cm。

2）若考虑冰冻因素时，管材要埋设在当地最大冰冻深度以下 15cm，如图 3-7 所示。

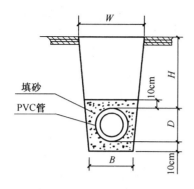 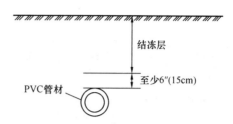

图 3-6　PVC 管道埋设沟槽断面图　　图 3-7　管道埋深

3) 自来水管线的埋设深度，其管顶至路面的距离，除道路管理单位另有规定埋设深度需依据其规定外，如在下列情形而未另有规定时需参照下列原则：

　A. 在人行道下时，不得少于 50cm。

　B. 在巷道（宽度小于 2.5m 者）下时，不得少于 70cm。

　C. 在慢车道或次要公路下时，不得少于 100cm。

　D. 在快车道及主要公路干线下时，不得少于 120cm。

　E. 地形情况特殊经加作 RC 保护管线减至 30cm。

（4）管线要以 PVC 管件改变流向时，管件位置处不要以机器挖掘，因为挖掘机通常会一次挖得太多，而易破坏管沟沟壁。

（5）管沟的底部不要有大石块、大土块或冰冻物等凸出物，管沟的底部要挖平并且填砂填平。

（三）地基处理

沟底须先予整理平坦，不得留有凸出的石头，应于填砂前排除，而沟底填砂厚度应在 10cm 以上，并酌予夯实。填砂前的沟底整理及沟底填砂的优劣实例比较，如图 3-8、3-9 所示。

（四）PVC 管道安装

1. 注意事项

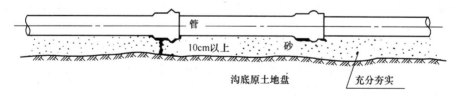

图 3-8　良好的沟底整理与填砂情况

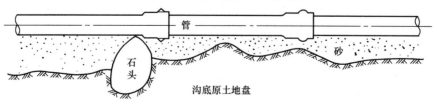

图 3-9　不良的沟底整理与填砂情况

（1）PVC管放置：PVC管下管之前，应将管沟清理完毕，如沟底有凹凸不平时，亦须先予修整，如沟底仍为砾石层、石层时，应先填砂10cm厚，才可下管。下管前应检视管件是否有损坏，无损坏即徐徐用绳索或其他起重设备，将管子放入管沟内。

（2）PVC管的装接施工，如需切管，则切口应与管轴垂直，不得歪斜，切断后之雄管端，应在工地削切外角，TS冷间接合为30°～45°活套施工，应沿20°角度削外角，以利插接。

（3）PVC管安装保护：在PVC管装接期间，须防止石块或其他坚硬物体嵌入管沟，以免PVC管受到损伤。

（4）工作暂停或休息时，一切管口均须用盖子遮牢，以防不洁之物，渗入管内。水管装接完妥尚未试压前，应将管身部分先行覆土，以求保护。

2. PVC管安装

（1）二次紧密插入法施工

1）将两管管端依30°角度削角，则雄管削外角，雌管削内角，方法与一次插入法相同，但亦可先以喷灯加热使之软化后，用小刀切削，再用锉刀略作修整，使施工速度加快。

2）雌管端加热（120～130℃）使软化。

3）雄管末端涂敷胶粘剂前，先在管端涂以牛油等润滑剂，插入已软化的雌管，矫正成直线后用湿布或冷水冷却使之定型。

4）在连接处与管轴平行作记号，并在两管端写上号码，以免配管时发生混乱，如图3-10所示。

5）把雄管拔出然后将两端的润滑剂擦拭干净，相接时雌雄两端皆涂上胶粘剂，顺直线记号，插入定位即成。

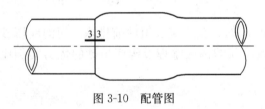

图3-10 配管图

（2）TS冷接法施工

本法系应用于工厂已事先放口成TS接头的管材或管件接合，施工简便迅速，尤其对于严禁烟火地区的配管施工更为适宜，并可在极短时间内通水使用（大、中、小口径均适用）。

1）雄管端削外角：以锉刀（粗目）削角为最常用的方法，但在大口径的情况，因锉削速度较慢，工作效率低，故大口径最理想的方法，可用电动砂轮磨、削或先以喷灯将管端作局部加热，使之呈半软化状态，再以小刀沿圆周逐次切削，至全圆周切削完妥为止，而斜面稍有不平之处，再以锉刀修整。另一方式系利用刀轮削角，但此方式为厂内专业性的作业，工地较少采用。切削的角度须沿30°～45°角，其预留尖端厚度为1/3。

2）承口内壁及管端外壁插入范围，先用酒精或干布擦拭干净，然后雌雄管插入范围各涂上适量的硬质胶粘剂，待部分溶剂挥发而胶着性增强时，则一口气用力插入，小管子可旋转90°，使胶粘剂的分布更为均匀。中、大口径管子插入后，管端可垫以厚木板或木角材，用木槌击入或以铁棒撬入，使插接更为密实，如图

3-11～3-13 所示。

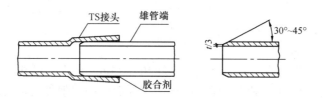

图 3-11 TS 接头插接

图 3-12 用木槌敲入插接

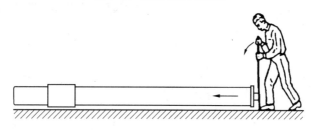

图 3-13 用铁棒撬入插接

3）插入后，应维持约 30s 方可移动。

4）管线安装完毕，需 48h 后方可通水试压，试压管线长度应在 400～500m 为最佳。

（3）斜度环平口接法

PVC 管需要使用平口时，可使用金属斜口法兰与斜度环做成平口，以密封圈及螺栓连接如图 3-14 所示。

1）将管端内壁及斜度环的斜面用酒精或干布擦拭清洁。

2）管端加热使之软化，一面在斜度环之斜面涂以胶粘剂。

3）先将斜口法兰套入后再将斜度环套入已软化的管端，此时应注意使斜度环

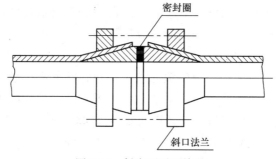

图 3-14 斜度环平口接法

略突出管口外,而斜度环的平面与管轴垂直,然后用水冷却定型。

4) PVC平口与PVC平口相接,或PVC平口与阀门相接,平口接合阀门均须垫以密封圈以螺栓连接即可。

(4) 法兰平口接法

1) PVC管管端沿30°～45°角削外角,110mm以下可用粗目锉刀锉削,140mm以上之规格可先用喷灯做局部加热半软后以小刀削外角,再以锉刀修整。

2) PVC管管端外壁插入部分及法兰接头承口内壁,擦拭干净后,分别涂布硬质胶合剂后,用力套入,140mm以上之规格套入后可垫以厚木板或木角材以木槌槌入,如图3-15所示,以便增强密著效果。

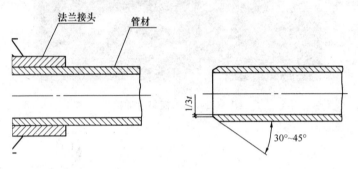

图3-15 法兰接头套接

3) 溢出的胶合剂,用破布擦拭干净。

4) 法兰接头与PVC管接合后,将其法兰再同阀门的法兰螺孔对准,中间垫以密封圈,用螺栓连接并锁紧,操作时应对角同时进行,以达到均匀密接的效果。

任务4 土方回填

PE或PVC管配管后,就可回填,如原管沟的挖方为砂或砂土,即以原挖出的砂或砂土回填,如原管沟的挖方为土石方,则管底一律填10cm厚的砂,另配管后,管顶亦要填砂10～30cm厚,然后上方再覆土。如以原挖出砂或砂土回填,管顶30cm内不得有石块杂物。如管沟有水时,回填前应先予排除。

管道回填至设计高程时,应在12～24h内测量并记录管道变形率,管道变形率应符合设计要求;设计无要求时,管道变形率应不超过3%;当超过时,应采取相应处理措施,如挖出回填材料至露出管径85%处,管道周围内应人工挖掘以避免损伤管壁;挖出管节局部有损伤时,应进行修复或更换,重新夯实管道底部的回填材料;管内径大于800mm的柔性管道,回填施工时应在管内设有竖向支撑;管基有效支承角范围应采用中粗砂填充密实,与管壁紧密接触,不得用土或其他材料填充;管道半径以下回填时应采取防止管道上浮、位移的措施;管道回填时间宜在一昼夜中气温最低时段,从管道两侧同时回填,同时夯实。

回填作业的现场试验段长度应为一个井段或不少于50m,因工程因素变化改变回填方式时,应重新进行现场试验。

沟底砂层之夯实,是防止管底形成空洞现象,则管子周围之夯实,须确实施行,但夯实中不得伤害到管体。

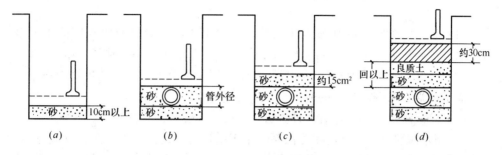

图 3-16 回填夯实作业顺序

为保证夯实效果,必要时要酌予洒水。图 3-16 为回填夯实作业顺序,图中点线为土、砂投入后的位置,实线为经夯实后的位置。

回填后管沟断面如图 3-17 所示,其现场土壤,良质土的回填高度,视埋设深度而定。所谓良质土系指不含 20mm 以上的石头或混凝土破片的泥土。

沟槽土方回填后,各部位密实度应符合表 3-12 的规定。

沟槽回填土密实度　　　　　　表 3-12

槽内部位		压实度(%)	回填材料	检查数量		检查方法
				范围	点数	
管道基础	管底基础	≥90	中、粗砂	—	每层每侧一组(每组3点)	用环刀法检查或采用现行国家标准《土工试验方法标准》GB/T 50123 中其他方法
	管道有效支撑角范围	≥95		每100m		
管顶以上 500mm	管道两侧	≥95	中、粗砂、碎石屑,最大粒径小于 40mm 的砂砾或符合要求的原土	两井之间或每 1000m²		
	管道两侧	≥90				
	管道上部	85±2				
管顶 500~1000mm		≥90	原土回填			

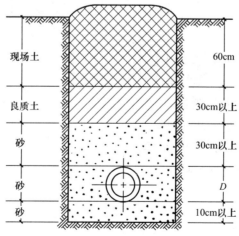

图 3-17 回填后管沟断面

任务5 试水试验

(1) 管道安装完成须作静水压试验,试验水压,一般为使用水压的1.5倍,自来水管试验压力为10kgf/cm,维持1h(管材在常温下许可操作压力范围之内)。

(2) 管线试水须予留意排气问题,在市区可利用消火栓、自动排气阀来排气,另外灌水前端、末端或管线的最高点亦应装置排气装置。

(3) 管线灌水,其作业有两种方法,可视实际配管的状况而定。

1) 制水阀灌水:本项灌水方法系适用于旧管线的延伸配管,在新管线与旧管线之临界位置,安装制水阀,其灌水系由此制水阀来控制。开动制水阀前须将所有的排气阀、消火栓打开,以利空气排出。开动制水阀时,首先要开启一小部分,不可全部打开(灌水量应视排气量而定)。否则将会产生水压而导致管件破损,待水由排气阀或消火栓涌出,再由最低处排气阀或消火栓逐次关闭。

2) 泵加压灌水:本项灌水适用于全为新管线的装配,与旧管线未有相连贯的管线,则利用泵打水灌入管内(泵须为往复式高压泵),灌水前亦应将气阀、消火栓全部打开,待涌出水后,再逐次由低处排气阀或消火栓先关闭。

(4) 试水压:试水压系由管线之一端,以往复式泵来加压,加压至 0.1~0.2MPa。低压时,须再行打开排气阀排除管内未完全排出的空气,其次试压至所需的水压过程中,仍应作多次的排气,当达到所需的静水压时,泵浦则予停止,并关闭泵浦与输水小水管间的阀门。一般试水水压为10MPa(或使用水压的1.5倍),并维持1h的时间。在维持的时间内,应观察管线是否有漏水的情况,并留意压力计指示针,是否有降压的情形发生。

(5) 试压中如管线有漏水或破裂的情形发生时,须在抢修后再进行试水,并试至要求之静水压标准。

(6) 管线应分段试水,如有漏水或破裂亦应分段抢修,一般分段试水的管线长约500m最为适合,如试水管线太长,则试水较费时,如有漏水时的查寻处理作业,将较为困难。

复习思考题

1. PE、PVC管材的特点是什么?
2. PE管道热熔焊接的施工要点?
3. PE管道强度、严密性试验的要点?
4. PVC管道二次插入法如何安装?
5. PVC管道土方回填的方法与要求?
6. PVC管道试水作业的过程?

项目 4　市政供热管道工程施工

【学习目标】

了解市政供热管道施工的基本原理；了解市政供热管道施工内业的基本知识；了解市政供热管道施工文明施工、安全施工的基本知识。能熟练识读供热工程施工图；能按照施工图，合理地选择管道施工方法，理解施工工艺，会进行市政供热管道施工方案编制。

任务 1　市政供热管道构造

一、市政供热管道工程方案的确定

市政供热系统是指一个或几个热源通过市政供热管道向一个区域（居住小区或厂区）或城市的各热用户进行供热，市政供热系统由热源、热网和热用户三部分组成。市政供热系统的热用户有采暖、通风、热水供应、空气调节、生产工艺等用热系统。市政供热管道工程方案确定的原则是：有效利用并节约能源，投资少，见效快，运行经济，符合环保要求等，应在这个原则的基础上，确定出技术先进、经济合理、适用可靠的最佳方案。确定市政供热系统的方案时，需要确定市政供热系统的热源形式，选择热媒的种类及参数。

（1）热源形式的确定：市政供热系统的热源形式主要有区域锅炉房供热系统、热电厂供热系统及利用其他能源（核能、地热、电能、工业余热等）的供热系统等。应根据城市的现实条件、发展规划及能源政策等因素经多方论证，进行比较后来选择确定热源形式。

（2）热媒种类及参数的确定：市政供热系统的热媒主要有热水和蒸汽，应根据建筑物的用途、供热情况和当地气候特点等因素，经过技术经济比较后选定。

二、市政供热系统的形式

（一）按热源形式的不同进行分类

（1）热电厂供热系统。图 4-1 为抽汽式热电厂供热系统，该系统以热电厂作为热源，可以进行热能和电能的联合生产。蒸汽锅炉产生的高温高压蒸汽进入汽轮机膨胀做功，带动发电机组发出电能。该汽轮机组带有中间可调节抽汽口，故称抽汽式，可以从绝对压力为 0.8～1.3MPa 的抽汽口抽出蒸汽，向工业用户直接供应蒸汽。也可以从绝对压力为 0.12～0.25MPa 的抽汽口抽出蒸汽用以加热热网循环水，通过主加热器可使水温达到 95～118℃，再通过高温加热器进一步加热后，水温可达到 130～150℃或更高温度以满足采暖、通风与热水供应等用户的需

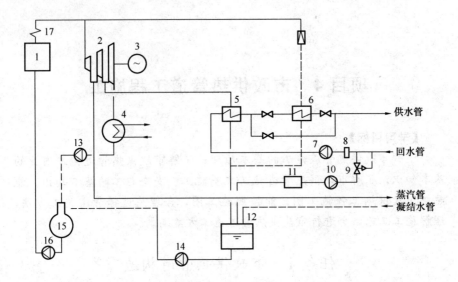

图 4-1 抽汽式热电厂供热系统

1—蒸汽锅炉；2—汽轮机；3—发电机；4—冷凝器；5—主加热器；6—高峰加热器；7—循环水泵；8—除污器；9—压力调节阀；10—补给水泵；11—补充水处理装置；12—凝结水箱；13、14—凝结水泵；15—除氧器；16—锅炉给水泵；17—过热器

要。在汽轮机最后一级做完功的乏汽排入冷凝器后变成凝结水，和水加热器内产生的凝结水以及工业用户返回的凝结水一起，经凝结水回收装置收集后，作为锅炉给水送回锅炉。

图 4-2 为背压式热电厂供热系统，因为该系统汽轮机最后一级排出的乏汽压力在 0.1MPa（绝对压力）以上，故称背压式。一般排汽压力为 0.3~0.6MPa 或

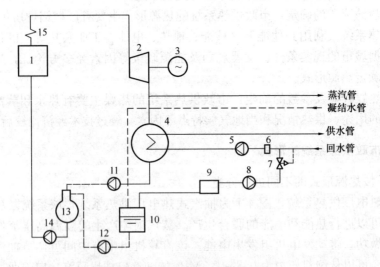

图 4-2 背压式热电厂供热系统

1—蒸汽锅炉；2—汽轮机；3—发电机；4—冷凝器；5—循环水泵；6—除污器；7—压力调节阀；8—补给水泵；9—水处理装置；10—凝结水箱；11、12—凝结水泵；13—除氧器；14—锅炉给水泵；15—过热器

0.8~1.3MPa，可将该压力下的蒸汽直接供给工业用户，同时还可以通过冷凝器加热热网循环水。

还有一种凝汽式低真空热电厂供热系统，当汽轮机组排出的乏汽压力低于0.1MPa（绝对压力）时，称为凝汽式低真空供热系统。纯凝汽式乏汽压力为6kPa，温度只有36℃，不能用于供热，若适当提高乏汽压力达到50kPa，温度80℃以上，就可以用来加热热网循环水，满足采暖用户的需要，其原理与背压式供热系统相同。

热电厂供热系统中，可以利用低位热能的热用户（如采暖、通风、热水供应等用户）宜采用热水做热媒，因为以水做热媒，可以对系统进行质调节，能利用供热汽轮机组的低压抽汽来加热网路循环水，对热电联合生产的经济效益有利。生产工艺的热用户，可以利用供热汽轮机的高压抽汽或背压排汽，以蒸汽作为热媒进行供热。热电厂热水供热系统的热媒温度，一般设计为供水温度110~150℃，回水温度70℃或更低一些。

热电厂供热系统，用户要求的最高使用压力给定后，可以采用较低的抽汽压力，这有利于电厂的经济运行，但蒸汽管网的管径会相应粗些，应经过技术经济比较后确定热电厂的最佳抽汽压力。

（2）区域锅炉房供热系统。以区域锅炉房（装置热水锅炉或蒸汽锅炉）为热源的供热系统称为区域锅炉房供热系统。图4-3为区域热水锅炉房供热系统。热源处主要设备有热水锅炉、循环水泵、补给水泵及水处理设备，室外管网由一条供水管和一条回水管组成，热用户包括采暖用户、生活热水供应用户等。系统中的水在锅炉中被加热到需要的温度，以循环水泵做动力使水沿供水管流入各用户，散热后回水沿回水管返回锅炉，水不断地在系统中循环流动。系统在运行过程中的漏水量或被用户消耗的水量，由补给水泵把经过处理后的水从回水管补充到系统内，补充水量的多少可通过压力调节阀控制。除污器设在循环水泵吸入口侧，用以清除水中的污物、杂质，避免进入水泵与锅炉内。

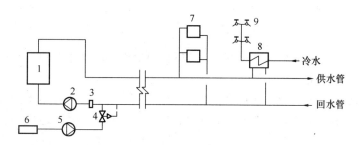

图4-3 区域热水锅炉房供热系统
1—热水锅炉；2—循环水泵；3—除污器；4—压力调节阀；5—补给水泵；
6—补充水处理装置；7—供暖散热器；8—生活热水加热器；9—水龙头

图4-4、图4-5为区域蒸汽锅炉房供热系统。蒸汽锅炉产生的蒸汽，通过蒸汽干管输送到各热用户，如采暖、通风、热水供应和生产工艺用户等。也可根据用热要求，在锅炉房内设水加热器，集中加热热网循环水向各热用户供热。各室内

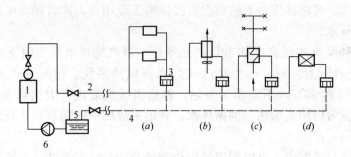

图 4-4　区域蒸汽锅炉房供热系统（Ⅰ）
(a) 供暖用热系统；(b) 通风用热系统；(c) 热水供应用热系统；
(d) 生产工艺用热系统
1—蒸汽锅炉；2—蒸汽干管；3—疏水器；4—凝水干管；
5—凝结水箱；6—锅炉给水泵

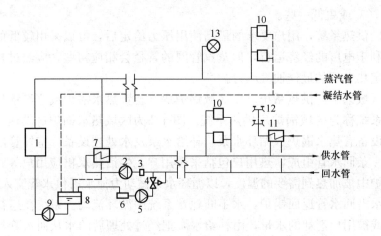

图 4-5　区域蒸汽锅炉房供热系统（Ⅱ）
1—蒸汽锅炉；2—循环水泵；3—除污器；4—压力调节器；5—补给水泵；
6—补充水处理装置；7—热网水加热器；8—凝结水箱；9—锅炉给水泵；
10—供暖散热器；11—生活热水加热器；12—水龙头；13—用汽设备

用热系统的凝结水经疏水器和凝结水干管返回锅炉房的凝结水箱，再由锅炉补给水泵将水送进锅炉重新被加热。

如果系统中只有采暖、通风和热水供应热负荷，可采用高温水做热媒。工业区内的市政供热系统，如果既有生产工艺热负荷，又有采暖、通风热负荷，则生产工艺用热可采用蒸汽做热媒，采暖、通风用热可根据具体情况，经过全面的技术经济比较确定热媒。如果以生产用热为主，采暖用热量不大，且采暖时间又不长时，宜全部采用蒸汽供热系统，对其室内采暖系统部分可考虑用蒸汽换热器加热室内热水的采暖系统或直接利用蒸汽采暖；如果采暖用热量较大，且采暖时间较长，宜采用单独的热水采暖系统向建筑物供热。

区域锅炉房热水供热系统可适当提高供水温度，加大供回水温差，这可以缩小热网管径，降低网路的电耗和用热设备的散热面积，应选择适当。

区域锅炉房蒸汽供热系统的蒸汽起始压力主要取决于用户要求的最高使用压力。

(二)按热媒种类的不同进行分类

(1)热水供热系统。热水供热系统的供热对象多为采暖、通风和热水供应热用户。按用户是否直接取用热网循环水,热水供热系统又分为闭式系统和开式系统。

闭式系统:热用户不从热网中取用热水,热网循环水仅作为热媒,起转移热能的作用,供给用户热量。闭式系统从理论上讲流量不变,但实际上热媒在系统中循环流动时,总会有少量循环水向外泄漏,使系统流量减少。在正常情况下,一般系统的泄漏水量不应超过系统总水量的1%,泄漏的水靠热源处的补水装置补充。闭式系统容易监测网路系统的严密程度,补水量大,就说明网路的漏水量大。

开式系统:热用户全部或部分地取用热网循环水,热网循环水直接消耗在生产和热水供应用户上,只有部分热媒返回热源。开式系统由于热用户直接耗用外网循环水,即使系统无泄漏,补给水量仍很大,系统补水量应为热水用户的消耗水量和系统泄漏水量之和。开式系统的补给水由热源处的补水装置补充,热水供应系统用水量波动较大,无法用热源补水量的变化情况判别热水网路的漏水情况。

双管闭式热水供热系统是应用最广泛的一种市政供热系统形式。

1)闭式热水供热系统。闭式热水供热系统热用户与热水网路的连接方式分为直接连接和间接连接两种。

直接连接:热用户直接连接在热水网路上,热用户与热水网路的水力工况直接发生联系,二者热媒温度相同。

间接连接:外网水进入表面式水—水换热器加热用户系统的水,热用户与外网各自是独立的系统,二者温度不同,水力工况互不影响。

闭式热水供热系统中,用户与热水网路的常见连接方式有:

不混合的直接连接,如图4-6(a)所示。当热用户与外网水力工况和温度工况一致时,热水经外网供水管直接进入采暖系统热用户,在散热设备散热后,回水直接返回外网回水管路。这种连接形式简单,造价低。

设水喷射器的直接连接,如图4-6(b)所示。外网高温水进入喷射器,由喷嘴高速喷出后,喷嘴出口处形成低于用户回水管的压力,回水管的低温水被抽入水喷射器,与外网高温水混合,使用户入口处的供水温度低于外网温度,符合用户系统的要求。

水喷射器(又叫混水器)无活动部件,构造简单、运行可靠,网路系统的水力稳定性好。但由于水喷射器抽引回水时需消耗能量,通常要求管网供、回水管在用户入口处留有0.08~0.12MPa的压差,才能保证水喷射器正常工作。

设混合水泵的直接连接,如图4-6(c)所示。当建筑物用户引入口处外网的供、回水压差较小,不能满足水喷射器正常工作所需压差,或设集中泵站将高温水转为低温水向建筑物供热时,可采用设混合水泵的直接连接方式。

混合水泵设在建筑物入口或专设的供热站处,外网高温水与水泵加压后的用户回水混合,降低温度后送入用户供热系统,混合水的温度和流量可通过调节混

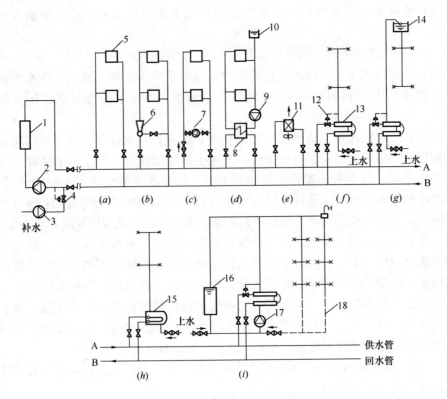

图 4-6 双管闭式热水供热系统

(a) 无混合装置的直接连接；(b) 设水喷射器的直接连接；(c) 设混合水泵的直接连接；(d) 供暖热用户与热网的间接连接；(e) 通风热用户与热网的连接；(f) 无储水箱的连接方式；(g) 装设上部储水箱的连接方式；(h) 装置容积式换热器的连接方式；(i) 设装下部储水箱的连接方式

1—热源的加热装置；2—网路循环水泵；3—补给水；4—补给水压力调节器；5—散热器；6—水喷射器；7—混合水泵；8—表面式水-水换热器；9—供暖热用户系统的循环水泵；10—膨胀水箱；11—空气加热器；12—温度调节器；13—水-水式换热器；14—储水箱；15—容积式换热器；16—下部储水箱；17—热水供应系统的循环水泵；18—热水供应系统的循环管路

合水泵的阀门或外网供回水管进出口处阀门的开启度进行调节。为防止混合水泵扬程高于外网供、回水管的压差，将外网回水抽入外网供水管，在外网供水管入口处应装设止回阀。设混合水泵的连接方式是目前高温水供热系统中应用较多的一种直接连接方式，但其造价较设水喷射器的方式高，运行中需要经常维护并消耗电能。

间接连接，如图4-6(d)所示。外网高温水通过设置在用户引入口或供热站的表面式水—水换热器，将热量传递给采暖用户的循环水，在换热器内冷却后的回水，返回外网回水管。用户循环水靠用户水泵驱动循环流动，用户循环系统内部设置膨胀水箱、集气罐及补给水装置，形成独立系统。

间接连接方式系统造价比直接连接高得多，而且运行管理费用也较高，适用于局部用户系统必须和外网水力工况隔绝的情况。例如外网水在用户入口处的压力超过了散热器的承压能力；或个别高层建筑采暖系统要求压力较高，又不能普遍提高整个热水网路的压力时采用；另外外网为高温水，而用户是低温水采暖用户时，也可以采用这种间接连接形式。

通风用户的直接连接，如图 4-6（e）所示。如果通风系统的散热设备承压能力较强，对热媒参数无严格限制，可采用最简单的直接连接形式与外网相连。

热水供应用户与外网间接连接时，必须设有水—水换热器。图 4-6（f）所示为无储水箱的连接方式，外网水通过水—水换热器将城市生活给水加热，冷却后的回水返回外网回水管。该系统用户供水管上应设温度调节器，控制系统供水温度不随用水量的改变而剧烈变化。这是一种最简单的连接方式，适用于一般住宅或公共建筑连续用热水且用水量较稳定的热水供应系统上。

图 4-6（g）所示为设上部储水箱的热水供应方式，城市生活给水被表面式水—水换热器加热后，先送入设在用户最高处的储水箱，再通过配水管输送到各配水点，上部储水箱起着储存热水和稳定水压的作用。适用于用户需要稳压供水且用水时间较集中，用水量较大的浴室、洗衣房或工矿企业处。

图 4-6（h）所示为设容积式换热器的热水供应方式，容积式加热器不仅可以加热水，还可以储存一定的水量，不需要设上部储水箱，但需要较大的换热面积。适用于工业企业和小型热水供应系统。

图 4-6（i）所示为设下部储水箱的热水供应方式，该系统设有下部储水箱、热水循环管和循环水泵。当用户用水量较小时，水—水换热器的部分热水直接流入用户，另外的部分热水流入储水箱储存；当用户用水量较大，水—水换热器供水量不足时，储水箱内的水被城市生活给水挤出供给用户系统。装设循环水泵和循环管的目的是使热水在系统中不断流动，保证用户打开水龙头就能流出热水。这种方式复杂、造价高，但工作稳定可靠，适用于对热水供应要求较高的宾馆或高级住宅。

2）开式热水供热系统。开式热水供热系统与热水网路的连接方式有：

无储水箱的连接方式，如图 4-7（a）所示。热网水直接经混合三通送入热水用户，混合水温由温度调节器控制。为防止外网供应的热水直接流入外网回水管，回水管上应设止回阀。这种方式网路最简单，适用于外网压力任何时候都大于用户压力的情况。

设上部储水箱的连接方式，如图 4-7（b）所示。网路供水和回水经混合三通送入热水用户的高位储水箱，热水再沿配水管路送到各配水点。这种方式常用于浴室、洗衣房或用水量较大的工业厂房内。

与城市生活给水混合的连接方式，如图 4-7（c）所示。当热水供应用户用水量很大并且需要的水温较低时，可采用这种连接方式。混合水温同样可用温度调节器控制。为了便于调节水温，外网供水管的压力应高于城市生活给水管的压力，在生活给水管上要安装止回阀，以防止外网水流入生活给水管。

（2）蒸汽供热系统。蒸汽供热系统能够向采暖、通风空调和热水供应用户提供热能，同时还能满足各类生产工艺用热的要求，它在工业企业中得到了广泛的应用。蒸汽供热系统的管网一般采用双管制，即一根蒸汽管，一根凝结水管。有时，根据需要还可以采用三管制，即一根管道供应生产工艺用汽和加热生活热水用汽，一根管道供给采暖、通风用汽，它们的回水共用一根凝结水管道返回热源。

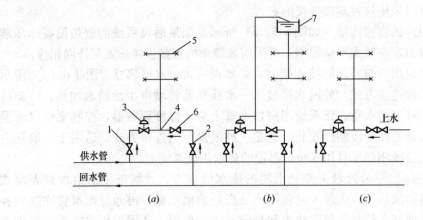

图 4-7 开式热水供热系统
1、2—进水阀门；3—温度调节器；4—混合三通；
5—取水栓；6—止回阀；7—上部储水箱

蒸汽供热系统管网与用户的连接方式取决于外网蒸汽的参数和用户的使用要求，也分为直接连接和间接连接两大类。图 4-8 为蒸汽供热系统管网与用户的连接方式，锅炉生产的高压蒸汽进入蒸汽管网，以直接或间接的方式向各用户提供热能，凝水经凝水管网返回热源凝水箱，经凝水泵加压后注入锅炉重新被加热成蒸汽。

图 4-8（a）为生产工艺热用户与蒸汽网路的直接连接。蒸汽经减压阀减压后送入用户系统，放热后生成凝结水，凝结水经疏水器后流入用户凝水箱，再由用户凝水泵加压后返回凝水管网。

图 4-8（b）为蒸汽采暖用户与蒸汽网路的直接连接，高压蒸汽经减压阀减压后向采暖用户供热。

图 4-8（c）为热水采暖用户与蒸汽网路的间接连接。高压蒸汽减压后，经蒸汽—水换热器将用户循环水加热，用户内部采用热水采暖形式。

图 4-8（d）是采用蒸汽喷射器的直接连接。蒸汽经喷射器喷嘴喷出后，产生低于热水采暖系统回水的压力，回水被抽进喷射器，混合加热后送入用户采暖系统，用户系统的多余凝水经水箱溢流管返回凝水管网。

图 4-8（e）是通风系统与蒸汽网路的直接连接，如果蒸汽压力过高，可用入口处减压阀调节。

图 4-8（f）是设上部储水箱的蒸汽直接加热热水的热水供热系统。

图 4-8（g）是采用容积式汽—水换热器的间接连接热水供热系统。

图 4-8（h）是无储水箱的间接连接热水供热系统。

三、市政供热系统管道的布置形式

市政供热系统中，供热管道把热源与用户连接起来，将热媒输送到各个用户。管道系统的布置形式取决于热媒（热水或蒸汽）、热源（热电厂或区域锅炉房等）与热用户的相互位置和热用户的种类、热负荷大小和性质等。选择管道的布置形

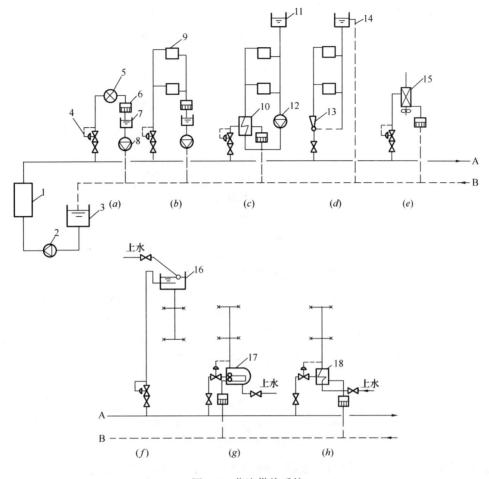

图 4-8 蒸汽供热系统

(a) 生产工艺热用户与蒸汽管网连接图；(b) 蒸汽供暖用户系统与蒸汽管网直接连接图；(c) 采用蒸汽-水换热器的连接图；(d) 采用蒸汽喷射器的连接图；(e) 通风系统与蒸汽网路的连接图；(f) 蒸汽直接加热的热水供应图示；(g) 采用容积式加热器的热水供应图式；(h) 无储水箱的热水供应图式

1—蒸汽锅炉；2—锅炉给水泵；3—凝结水箱；4—减压阀；5—生产工艺用热设备；6—疏水器；7—用户凝结水箱；8—用户凝结水泵；9—散热器；10—供暖系统用的蒸汽-水换热器；11—膨胀水箱；12—循环水泵；13—蒸汽喷射器；14—溢流管；15—空气加热装置；16—上部储水箱；17—容积式换热器；18—热水供应系统的蒸汽-水换热器

式应遵循安全和经济的原则。

市政供热系统管网分成环状管网和枝状管网，枝状管网如图 4-9 所示。供热系统管网的管道直径随着与热源距离的增加而减小，且建设投资小，运行管理比较简便。但枝状管网没有备用功能，供热的可靠性差，当管网某处发生故障时，在故障点以后的热用户都将停热。

环状管网如图 4-10 所示，供热系统管道主干线首尾相接构成环路，管道直径普遍较大，环状管网具有良好的备用功能，当管路局部发生故障时，可经其他连接管路继续向用户供热，甚至当系统中某个热源出现故障不能向热网供热时，其他热源也可向该热源的网区继续供热，管网的可靠性好，环状管网通常设两个或

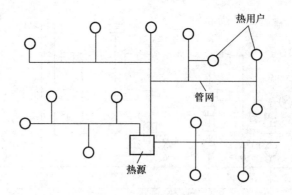

图 4-9　枝状管网

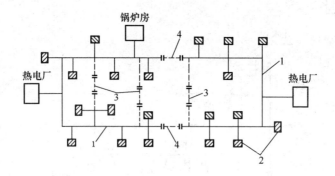

图 4-10　环状管网

1——级管网；2—热力站；3—使热网具有备用功能的跨接管；
4—使热源具有备用功能的跨接管

两个以上的热源。环状管网与枝状管网相比建设投资大，控制难度大，运行管理复杂。

由于市政供热系统管网的规模较大，故从结构层次上又将管网分为一级管网和二级管网。一级管网是连接热源与区域供热站的管网，又称其为输送管网；二级管网以供热站为起点，把热媒输配到各个热用户的供热引入口处，又称其为分配管网。一级管网的形式代表着供热系统管网的形式，如果一级管网为环状，就将供热系统管网称为环状管网；若一级管网为枝状，就将供热系统管网称为枝状管网。二级管网基本上都是枝状管网，它将热能由供热站分配到一个或几个街区的建筑物内。

还有一种环状管网分环运行的方案被广泛采用，在管网的供回水干管上装设具有通断作用的跨接管，如图 4-10 所示，跨接管 3 为热网提供备用功能，当某段管路、阀门或附件发生故障时，利用它来保证供热的可靠性。跨接管 4 为热源提供备用功能，当某个热源发生故障时，可通过跨接管 4 把这个热源区的热网与另一个热源区的热网连通，以保证供热不间断。跨接管 4 在正常工况下是关断不参与运行的，每个热源保证各自供热区的供热，任何用户都不得连接到跨接管上。

四、供热系统管网的平面布置

进行供热系统管网的平面布置就是要选定从热源到用户之间管道的走向和平面管线位置,又叫管网选线。供热系统管网的平面布置应根据城市或厂区的总平面图和地形图,用户热负荷的分布,热源的位置,以及地上、地下构筑物的情况,供热区域的水文地质条件等因素,按照下述原则确定:

(1) 技术上可靠。供热系统管道应尽量布置在地势平坦、土质好、地下水位低的地区,应考虑如果出现故障与事故能迅速排除。供热系统管道与建筑物、构筑物和其他管线的最小距离见表4-1。

供热系统管道与建筑物、构筑物和其他管线的最小距离(单位:m)　　表4-1

建筑物、构筑物或 管线名称	与供热管道最小 水平净距	与供热管道最小 垂直净距
地下敷设供热管道		
建筑物基础:对于管沟敷设供热管道 　　　　　对于直埋敷设供热管道	0.5 0.3	—
铁路钢轨	钢轨外侧3.0	轨底1.2
电车钢轨	钢轨外侧2.0	轨底1.0
铁路、公路路基边坡底脚或边沟的边缘	1.0	—
通讯、照明或10kV以下电力线路的电杆	1.0	—
桥墩边缘	2.0	—
架空管道支架基础边缘	1.5	—
高压输电线铁塔基础边缘35～60kV 　　　　　　　　　　　110～220kV	2.0 3.0	— —
通讯电缆管块、通讯电缆(直埋)	1.0	0.15
电力电缆和控制电缆35kV以下 　　　　　　　　　　110kV	2.0 2.0	0.5 1.0
燃气管道 压力<150kPa 压力150～300kPa ⎫对于管沟敷设供热管道 压力300～800kPa 压力>800kPa ⎭	1.0 1.5 2.0 4.0	0.15 0.15 0.15 0.15
燃气管道 压力<300kPa 压力<800kPa ⎫对于管沟敷设供热管道 压力>800kPa ⎭	1.0 1.5 2.0	0.15 0.15 0.15
给水管道、排水管道	1.5	0.15
地铁	5.0	0.8
电气铁路接触网电杆基础	3.0	—

续表

建筑物、构筑物或管线名称	与供热管道最小水平净距	与供热管道最小垂直净距
乔木、灌木（中心）	1.5	—
道路路面	—	0.7
地上敷设供热管道		
铁路钢轨	轨外侧 3.0	轨顶一般 5.5 电气铁路 6.55
电车钢轨	轨外侧 2.0	—
公路路面边缘或边沟边缘	0.5	距路面 4.5
架空输电线路 1kV 以下	导线最大偏风时 1.5	导线下最大垂度时 1.0
1～10kV	导线最大偏风时 2.0	导线下最大垂度时 2.0
35～110kV	导线最大偏风时 4.0	导线下最大垂度时 4.0

（2）经济上合理。供热系统管网主干线应尽量布置在热负荷集中的地区，应力求管线短而直，减少金属的耗量。要注意管道上阀门（分段阀、分支管阀、放水阀、放气阀等）和附件（补偿器和疏水器等）应合理布置。阀门和附件通常设在检查室内（地下敷设时）或检查平台上（地上敷设时），应尽可能减少检查室和检查平台的数量。管网应尽量避免穿过铁路、交通主干线和繁华街道，一般平行于道路中心线并尽量敷设在车行道以外的地方。

（3）注意对周围环境的影响。供热系统管道不应妨碍市政设施的功用及维护管理，不影响环境美观。

根据上述要求确定的供热系统管网应标注在地形平面图上。

任务 2　市政供热管道材料与附件

一、市政供热管道常用管材

（一）市政供热管道工程常用管材

市政供热管道常用管材为钢管，钢管分为无缝钢管和焊接钢管，焊接钢管又分为直缝卷焊和螺旋缝焊钢管。

直缝卷焊钢管参考规格及质量见表 4-2。

直缝卷焊钢管参考规格及质量　　表 4-2

公称直径 (mm)	外径 (mm)	壁厚（mm）							
		4.5	6	7	8	9	10	12	14
		理论质量（kg/m）							
150	159	17.15	22.64						
200	219		31.51		41.63				
225	245			41.09					
250	273		39.51		52.28				

续表

公称直径 (mm)	外径 (mm)	壁厚（mm）						
		4.5	6	7	8	9	10	12	14
		理论质量（kg/m）							
300	325		47.20		62.54				
350	377		54.89		72.80	81.6			
400	426		62.14		82.46	92.6			
450	478		69.84		92.72				
500	530		77.53				115.6		
600	630		92.33			137.8	152.9		
700	720		105.6		140.5	157.8	175.8		
800	820		120.4		160.2	180.0	199.8	239.1	
900	920		135.2		179.9	202.0	224.4	268.7	
1000	1020		150.0			224.4	249.1	298.3	
1100	1120				219.4		273.7		
1200	1220				239.1		298.4	357.5	
1300	1320				258.8			387.1	
1400	1420				278.6			416.7	
1500	1520				298.3			446.3	
1600							397.1		554.5
1800							446.4		632.5

螺旋缝自动埋弧焊接钢管规格见表 4-3。

螺旋缝自动埋弧焊接钢管规格   表 4-3

外径 (mm)	壁厚（mm）									
	6	7	8	9	10	11	12	13	14	15	16
	理论质量（kg/m）										
219	32.02	37.10	42.13	47.11							
245	35.86	41.59	47.26	52.88							
273	40.01	46.42	52.78	59.10							
325	47.70	55.40	63.04	70.64							
377	55.40	64.37	73.30	82.18	91.01						
426	62.65	72.83	82.97	93.05	103.09	113.08	123.02	132.91			
529	77.89	90.61	103.29	115.92	128.49	141.02	153.50	165.93			
630	92.83	108.05	123.22	138.33	153.40	168.42	183.39	198.31			
720	106.15	123.59	140.97	158.31	175.60	192.84	210.02	227.16	244.25		
820			160.70	180.50	200.26	219.96	239.62	259.22	278.78	298.29	317.75
920			180.43	202.70	224.92	247.09	269.21	291.28	313.31	335.28	357.20
1020			200.16	324.89	249.58	273.22	298.81	323.34	347.83	372.27	396.66
1220				298.90	328.47	357.99	387.46	416.88	446.26	475.58	
1420				348.23	382.73	417.18	451.58	485.94	520.24	554.50	

注：1. 钢管通常长度：8～12.5m；
  2. 粗黑线范围内为推荐使用规格。

给水工程常用的无缝钢管分为冷轧（冷拔）无缝钢管、热轧无缝钢管、锅炉用无缝钢管和不锈钢无缝钢管等。

低中压锅炉用无缝钢管规格见表4-4。

低中压锅炉用无缝钢管规格　　　　　　表4-4

外径(mm)	壁厚(mm)							
	1.5	2.0	2.5	3.0	3.5	4.0	4.5	5.0
10	+	+	+					
12	+	+	+					
14		+	+	+				
16		+	+	+				
17		+	+	+				
18		+	+	+				
19		+	+	+				
20		+	+	+				
22		+	+	+	+	+		
24		+	+	+	+	+		
25		+	+	+	+	+		
29		+	+	+	+	+	+	
30		+	+	+	+	+	+	
32		+	+	+	+	+	+	
35		+	+	+	+	+	+	
38		+	+	+	+	+		
40		+	+	+	+	+		
42			+	+	+	+	+	+
45			+	+	+	+	+	+
48			+	+	+	+	+	+
51			+	+	+	+	+	+
57				+	+	+	+	+
60				+	+	+	+	+
63.5				+	+	+	+	+

不锈钢无缝钢管分为热轧、热挤压无缝钢管和冷轧（拔）无缝钢管两种，其中不锈钢、热轧、热挤压无缝钢管规格见表4-5。

不锈钢、热轧、热挤压无缝钢管规格　　　　　　表4-5

外径(mm)	壁厚(mm)																					
	4.5	5	5.5	6	6.5	7	7.5	8	8.5	9	9.5	10	11	12	13	14	15	16	17	18	19	20
54	+	+	+	+	+	+	+	+	+	+	+	+										
56	+	+	+	+	+	+	+	+	+	+	+	+	+									
57	+	+	+	+	+	+	+	+	+	+	+	+	+	+	+	+	+	+	+			
60	+	+	+	+	+	+	+	+	+	+	+	+	+	+	+	+	+	+	+	+		
63	+	+	+	+	+	+	+	+	+	+	+	+	+	+	+	+	+	+	+	+		
65	+	+	+	+	+	+	+	+	+	+	+	+	+	+	+	+	+	+	+	+		
68		+	+	+	+	+	+	+	+	+	+	+	+	+	+	+	+	+	+	+		
70		+	+	+	+	+	+	+	+	+	+	+	+	+	+	+	+	+	+	+		

续表

外径(mm)	壁厚(mm)																	
	4.5	5	5.5	6	6.5	7	7.5	8	8.5	9	9.5	10	11	12	13	14	15	16	17	18	19	20
73	+	+	+	+	+	+	+	+	+	+	+	+	+	+	+	+	+	+	+
75	+	+	+	+	+	+	+	+	+	+	+	+	+	+	+	+	+	+	+
76	+	+	+	+	+	+	+	+	+	+	+	+	+	+	+	+	

(二)供热管道工程管材选择原则

管材选用时要满足流量和压力的要求。

(1)卷管直径大于600mm时,允许有两道纵向接缝,两接缝间距应大于300mm。

(2)卷管组对两纵缝间距应大于100mm。支管外壁距纵、环向焊缝不应小于50mm,卷焊缝用无损探伤检查时,不受此限。

(3)卷管对接纵缝的错边量不应超过壁厚的10%,且不大于1mm。如超过规定值,则应选相邻偏差值较小的管子对接。

(4)卷管的周长偏差及圆度应符合表4-6的规定。

卷管周长偏差及圆度规定(单位:mm) 表4-6

DN/(mm)	<800	800~1200	1300~1600	1700~2400	2600~3000	>3000
周长偏差	±5	±7	±9	±11	±13	±15
圆度	外径的1%且不大于4	4	6	8	9	10

(5)卷管校圆样板的弧长应为管子周长的1/6~1/4。样板与管内壁的不贴合间隙应符合下列规定:

1)对接纵缝处为壁厚的10%加2mm,且不大于3mm;

2)离管端200mm的对接纵缝处应为2mm;

3)其他部位为1mm。

(6)卷管端面与中心线的垂直度为管子外径的1%,且不大于3mm。平直度为1mm/m。

(7)公称直径大于或等于800mm的卷管对接时,外部环缝宜由两个焊工同时施焊。

(8)焊缝不能双面成型的卷管,公称直径大于或等于600mm时,一般应在管子内侧的焊缝根部进行封底焊。

(9)卷管在加工过程中,所用板材的表面应避免机械损伤。有严重伤痕的部位应修磨,并使其圆滑过渡。修磨处的深度不得超过板厚的10%。

(10)卷管的所有焊缝应经煤油渗透试验合格。焊缝外观检查应按照焊接检验的规定进行。

二、市政供热管道工程阀门的选用

市政供热管道工程常用阀门分为闸阀、蝶阀、止回阀、安全阀、自动排气阀,还有截止阀、疏水阀、减压阀等。

（一）截止阀

J41F-16、J41T-16、J41T-16K、J41H-25 直通式截止阀结构及规格见图 4-11、表 4-7，其他型号的截止阀查看有关资料。

截 止 阀 规 格　　　　表 4-7

型号	公称直径(mm)	外形尺寸 (mm)										质量(kg)	适用介质
		L	D	D_1	D_2	f	b	d	H	H_1	D_0	Z		
J41F-16	50	230	160	125	100	3	20	18	272	292	140	4	18	≤150℃水、氨水类
	65	290	180	145	120	3	20	18	333	363	160	4	28	
	80	310	195	160	135	3	22	18	349	385	200	8	36	
	100	350	215	180	155	3	24	18	392	440	240	8	51	
J41T-16	15	130	95	65	45	2	16	118	124	60	14	4	2	≤200℃水、蒸汽
	20	150	105	75	55	2	16	121	130	70	14	4	2.8	
	25	160	115	85	65	2	16	135	146	80	18	4	3.6	
	32	180	135	100	78	2	16	157	171	100	18	4	5.3	
	40	200	145	110	85	3	17	169	187	100	18	4	6.6	
	50	230	160	125	100	3	18	185	200	120	18	4	9.6	
	65	290	180	145	120	3	20	204	231	140	18	4	14	
	80	310	195	160	135	3	22	340	381	200	18	8	29.1	
	100	350	215	180	155	3	24	377	428	240	18	8	40.4	
	125	400	245	210	185	3	26	423	486	280	18	8	63	
	150	480	280	240	210	3	28	485	566	320	23	8	91	
	200	600	335	295	265	3	30	550	625	400	23	12	140	
J41T-16K	15	130	95	65	45	2	14	14	115	122	65	4	2.1	≤225℃水、蒸汽
	20	150	105	75	55	2	16	14	117	126	65	4	3	
	25	160	115	85	65	2	16	14	132	145	80	4	4.2	
	32	180	135	100	78	2	18	18	170	186	100	4	6	
	40	200	145	110	85	2	18	18	192	212	120	4	8	
J41H-25	32	180	135	100	78	2	18	18	290	322	160	4	17	≤425℃水、蒸汽、油类
	40	200	145	110	85	3	18	18	312	347	200	4	20	
	50	230	160	125	100	3	20	18	345	385	240	4	25	
	65	290	180	145	120	3	22	18	390	434	280	4	35	
	80	310	195	160	135	3	22	18	415	465	280	4	50	
	100	350	230	190	160	3	24	23	470	525	360	4	75	
	125	400	270	220	188	3	28	25	482	532	400	4	100	
	150	480	300	250	218	3	30	25	575	637	400	4	140	
	200	600	375	320	282	3	38	30					245	

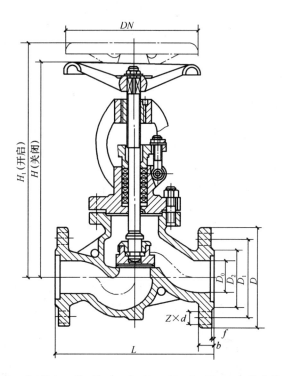

图 4-11　J41F-16、J41T-16、J41T-16K、J41H-25 直通式截止阀

(二) 疏水阀

疏水阀安装在蒸汽管道的末端或低处，能自动地排除蒸汽管道内的凝结水。常见的疏水阀有杠杆浮球疏水阀、脉冲式疏水阀、热动式疏水阀等。其中法兰接口的热动式疏水阀结构和规格见图 4-12、图 4-13 和表 4-8。

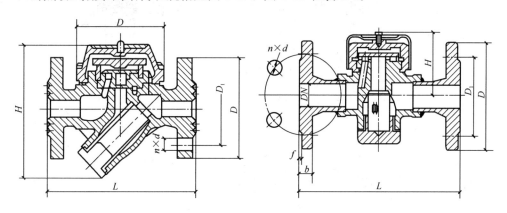

图 4-12　S49bH-16 热动力式疏水阀　　　图 4-13　S49H-16C 热动力式疏水阀

(三) 减压阀

减压阀是利用流体通过阀瓣产生阻力而降压，减压阀的类型有活塞式、波纹管式和膜片式等。

活塞式减压阀如图 4-14 所示，波纹管式减压阀如图 4-15 所示。

法兰接口热动力式疏水阀规格　　　　　表4-8

型号	公称直径(mm)	外形尺寸								质量(kg)	适用介质
		D	D_1	f	b	n	d	L	H		
S49bH-16	15	95	65			4	14	140		3	<200℃蒸汽、凝结水
	20	105	75			4	14	160		3.6	
	25	115	85			4	14	180		4.7	
	40	145	110			4	18	220		9.1	
	50	160	125			4	18	240		12	
S49H-16C	15	95	65	2	14	4	13.5	140	55	3.13	
	20	105	75	2	14	4	13.5	160	58	3.7	
	25	115	85	2	14	4	13.5	180	65.5	4.78	
	40	150	110	3	16	4	17.5	220	80.5	10.84	
	50	165	125	3	16	4	17.5	240	85.5	13.62	

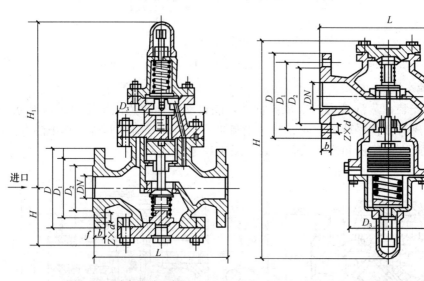

图4-14　活塞式减压阀　　　　　图4-15　波纹管式减压阀

Y43H-16型活塞式减压阀技术特性见表4-9。

Y44T-10型波纹管式减压阀技术特性见表4-10。

Y43H-16型活塞式减压阀技术特性　　　　　表4-9

公称压力 MPa	试验压力	压力调整范围（MPa）			阀前、阀后压力差（MPa）
		阀前（进口）	阀后（出口）		
		p_1	p_2	允许偏差	
1.6	2.4	0.2~1.6	0.1~0.3	≤0.05	≥0.15
			0.2~0.8	≤0.075	
			0.7~1	≤0.1	

续表

主要规格尺寸（mm）

公称直径 (mm)	阀孔面积 f (cm^2)	L	D	D_1	D_2	D_3	b	f	H	H_1	$Z\times d$ 孔数×孔径
25	2.5	180	105	78	60	115	16	2	95	290	4×13
32	4.5	200	115	88	68	115	16	2	95	290	4×16
40	7	220	125	98	78	145	16	2	115	315	4×16
50	11	250	135	108	88	145	16	2	115	315	4×16
65	19	260	160	130	110	160	18	2	125	325	8×18
80	30	300	180	143	125	195	20	2	150	355	8×18
100	40	350	205	172	150	195	22	2	150	355	8×18
125	60	400	225	192	168	245	22	3	180	415	8×18
150	85	450	250	218	195	245	24	3	180	415	12×18
200	145	500	330	280	260	335	28	3	225	475	12×22

Y44T-10型波纹管式减压阀技术特性　　　　　　　　　　表 4-10

公称压力 MPa	试验压力	压力调整范围（MPa）			阀前、阀后 压力差（MPa）
		阀前（进口） p_1	阀后（出口） p_2	不均匀度	
1	1.5	1～0.1	0.4～0.05	≤0.025	≤0.6 ≥0.05

主要规格尺寸（mm）

公称直径 DN(mm)	阀孔面积 f (cm^2)	L	D	D_1	D_2	D_3	b	f	H	H_1	$Z\times d$ 孔数×孔径	质量 (kg/个)
20	2.0	160	105	75	55	136	16	2	88	260	4×14	6.5
25	3.4	160	115	85	65	136	16	2	88	260	4×14	8.5
32	5.9	180	135	100	78	136	18	2	94	270	4×18	11
40	9.5	200	145	110	85	136	18	3	100	290	4×18	14
50	15.0	230	160	125	100	136	20	3	105	320	4×18	16.5

任务 3　市政供热管道工程施工

一、市政供热管道架空敷设施工

（一）供热管道架空敷设的特点

1. 优点

（1）省去大量土方工程量。

（2）降低工程造价。

（3）不受地下水及其他地下障碍物影响。

（4）较易解决管道交叉的问题。

2. 缺点

(1) 管道热损失较大。

(2) 管道绝热层易受侵蚀和破坏。

(3) 需起吊管道和空中作业。

(4) 影响美观。

供热管道架空敷设常用于地下水位高、土质差及过河等情况。

(二) 供热管道架空敷设安装

供热管道架空敷设安装常分为两步，第一步安装架空支架，第二步安装管道。

1. 架空支架的制作与安装

架空敷设的管道，可采用单柱式支架、带拉索支架，沿栈架或沿桥等结构敷设，也可沿建筑物的墙壁或屋顶敷设。单支柱式支架可以是钢结构、钢筋混凝土结构。

在安装架空管道之前先把支架安装好。支架的加工制作及吊装就位工作，常由土建完成。支架的加工及安装质量直接影响管道施工质量和进度，因此在安装管道之前必须先对支架的稳固性、中心线和标高进行严格的检查，应用经纬仪测定各支架的位置及标高，检查是否符合设计图样的要求，各支架的中心线应为一直线，不许出现"之"字形曲线。供热管道是有坡度的，故应检查各支架的标高，不允许由于支架标高的错误而造成管道的反向坡度。

2. 管道安装

在安装架空管道时，为了工作的方便和安全，必须在支架的两侧架设脚手架。脚手架的高度以操作时方便为准，一般脚手架平台的高度比管道中心标高低 1m 为宜，其宽度约 1m 左右，以便工人通行和堆放一定数量的绝热材料。根据管径及管数，设置单侧或双侧脚手架，如图 4-16 所示。

当钢管管径大时，为使管子运到支架上常采用吊装，常用的吊装机械有汽车起重机、履带式起重机，或用桅杆及卷扬机等。在吊装管道时，应严格遵守操作规程，以便保证施工安全。

吊装前，被敷设的供热钢管应尽量在地面上做好有利于在支架上施工的工作，如：在地面上进行管道校直，管口打坡口，除锈涂装，有的还可以在地面上对管道做好绝热，以便加快架空敷设工作，同时把安装在管道上的阀门、三通、弯头、补偿器等部件也尽量在地面上制作或安装好，如在法兰盘两侧先焊好短管，吊装架设时仅把短管与管子焊接即成。

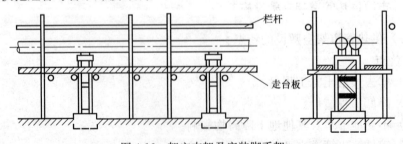

图 4-16 架空支架及安装脚手架

二、市政供热管道地沟敷设施工

（一）供热管道地沟敷设的特点

1. 优点

（1）不占地上空间。

（2）美观。

（3）减少热损失。

（4）便于维护管理。

2. 缺点

（1）土建费用较大。

（2）受地下水及地下障碍物的影响。

（二）供热管道地沟敷设安装

供热管道地沟敷设常分两步，第一步修筑地沟；第二步在地沟内安装管道。

1. 修筑地沟

在修筑地沟前，先确定沟槽的形式和尺寸，它是根据地沟处地形、土质、管数、管径及埋设深度设计的。沟槽可以用人工或挖土机械进行挖掘。在地下管线较多的地方，不宜用机械挖土，应采用人工挖土。

挖沟时应注意沟槽的中心线、标高及断面形状是否符合设计要求。沟槽开挖时或沟槽开挖完毕后，可以用砖砌筑地沟和检查井。在地沟内壁上，测出水平基准线，按照支架的间距在壁上定出支架位置，做上记号打眼或预留孔洞，用水浇湿已打好的洞，灌入1:2水泥砂浆，把预制好的型钢支架栽进洞内，用碎砖或石块塞紧，再用抹子压紧抹平。如果沟垫层有预埋铁件，打垫层时，应将预制好的铁件配合土建找准位置预埋。如果沟壁沟底要求防水，应按设计要求施工。

常见的半通行地沟、滑动支架和管道安装如图4-17、图4-18所示，支架材料

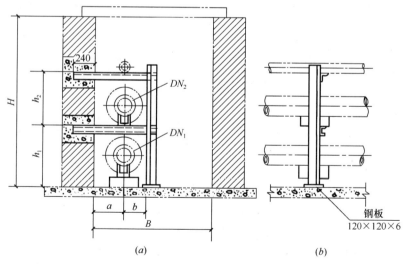

图4-17 半通行地沟、滑动支架和管道安装
（a）地沟剖面；（b）滑动支架

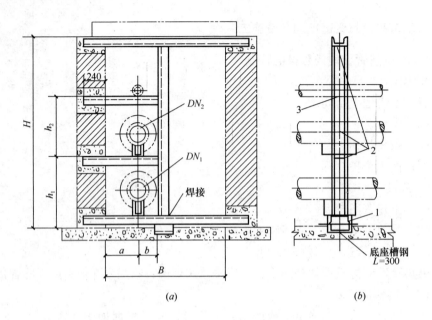

图 4-18 半通行地沟、固定支架和管道安装
(a) 地沟剖面；(b) 固定支架
1—基础；2—槽钢；3—角钢

见表 4-11。

半通行地沟内管道安装尺寸及支架材料规格（单位：mm）　　表 4-11

公称直径		地沟尺寸		管道安装尺寸				滑动支架材料			固定支架材料		
DN_1	DN_2	B	H	a	b	h_1	h_2	1	2	3	1	2	3
≤80	≤80	1000	1200	240	180	500	400	L56×4	L56×4	L56×4	[10	[8	L56×4
100	≤100	1100	1300	280	200	550	400	L63×5	L63×5	L56×4	[12.6	[10	L56×4
125	≤80	1100	1300	280	200	550	400	L56×4	L56×4	L56×4	[14a	[8	L56×4
125	100~125	110	1400	280	200	550	450	[6.3	[6.3	L56×4	[14a	[10	L56×4
150	≤80	1200	1400	320	250	600	400	L56×4	L56×4	L56×4	[16	[8	[8
150	100~150	1200	1400	320	250	600	500	[6.3	[6.3	L56×4	[16	[14a	[8
200	≤80	1200	1400	320	250	650	400	L56×4	L56×4	L56×4	[22	[8	[8
200	100~125	1200	1500	320	250	650	450	[6.3	[6.3	L56×4	[22	[10	[8
200	150~200	1200	1600	320	250	650	550	[10	[10	L56×4	[22	[16	[8

2. 管道安装

在地沟、支架修筑和安装完毕且合格后，就可进行下管安装。下管前，当管道运入现场后，就可在地沟边铺放，把管子架在预先找平的枕木上。如为不可通行的矩形地沟，则可直接把枕木横架在地沟槽上，把管子架在枕木上进行打坡口、除锈、对口和焊接。管道在对口时，要求两管的轴线同轴，两端接口齐整，间隙一致，两管的口径应相吻合。如果管道接口有不吻合的地方，其差值应小于3mm。对于有缝钢管的焊接，要求把其水平焊缝错开，并应使水平焊缝在同一面，

以便试水压时检查，如图 4-19 所示。

为便于焊接时转动管子，可以把管子放在带有两小滚轮的托架上，如图 4-20 所示。

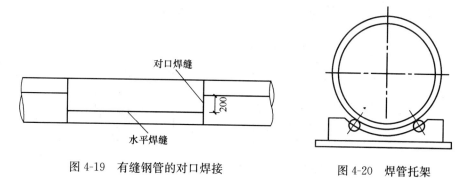

图 4-19　有缝钢管的对口焊接　　　　图 4-20　焊管托架

在沟顶焊接管子，其长度应根据施工条件而定，一般在 $DN<300mm$ 时，其管段长度为 60~100m；$DN=350~500mm$ 时，其长度为 40~60m，然后整体下管，把管段安装在地沟支架上，在沟里进行对口焊接。这时由于管段不能转动，管口下部须仰焊，因此在焊口周围应有足够空间，以便于焊工操作。

在管道安装过程中，应根据设计要求安装支座、补偿器及阀门等。

(1) 活动支座安装。活动支座有滑动支座、滚动支座和悬吊支座。

滑动支座焊在管道下面的基础上或固定支架上，使其能在基础上或固定支架上前后滑动，支座周围的管道不能保温。安装滚动支座时，要求管道支座架在底座的圆轴上，因其滚动可以减少承重底座的轴向推力。

(2) 固定支座的安装。固定支座的安装是为了分配补偿器之间的伸缩量，并保证补偿器的均匀工作，在补偿器的两端管道上安装有固定支座，把管道固定在地沟承重结构上。

在可通行地沟内，常用型钢支架把管道固定住，如图 4-21 所示。

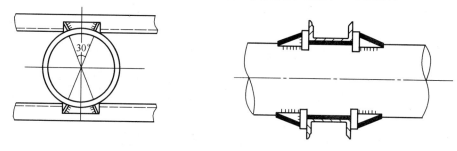

图 4-21　固定支座

不可通行地沟及无沟敷设管道常用混凝土结构或钢结构的固定支架，如图 4-22 所示。

固定支座承受着很大的轴向作用力、活动支座的摩擦反力、补偿器反力及管道内部压力的反力等，因此固定支座的结构应经设计计算确定并保证安装质量。

(3) 补偿器的安装。套管补偿器有铸铁制及钢制两种，铸铁补偿器一般用在工作压力不大的小口径管子上，钢制补偿器一般用在工作压力大的大口径管子上，

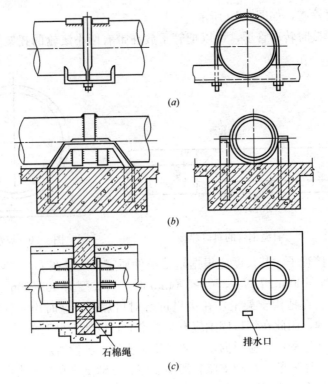

图 4-22 固定支座
(a) 钢结构固定；(b) 钢结构与混凝土结构固定；(c) 混凝土结构固定

钢制补偿器用无缝钢管或用钢板卷制而成，各部分零件尺寸要求精加工，误差不得大于±(0.5~1.0)mm，管芯是活动部分，套管则是焊在固定支座上的。为使套管与管芯严密不漏，在其间加塞有用石棉绳制的、浸泡过黑铅油的方形盘根，且有 30°斜角接合口，而不是整根绕成螺旋状，每层接合口应当错开。

安装盘根时把套管立起来，把管芯悬吊起，定好其插入深度，放进卡环，然后把一根一根的盘根拧紧，最后再用卡紧法兰打结实，用螺栓拧紧。管芯伸缩部分涂上黄油，以免生锈和增大摩擦力。安装套管补偿器时，为了防止安装后在低温时管子收缩而使管芯脱落或盘根损坏，应先把管芯插入套管一段长度。

套管补偿器必须安装在直线管段上，不得偏斜，以免补偿器工作时管芯被卡住而损坏，为使补偿器工作可靠，最好在靠近补偿器管芯处的活动支架上安装导向支座。

安装方形补偿器时，为了减少热应力和提高补偿器的补偿能力，在安装前应进行预拉伸，输送热介质的管道应进行冷拉，冷拉使得补偿器工作时减少了补偿器的变形量，也就减少了补偿器变形时所产生的应力。方形补偿器的冷拉伸量与供热管道设计温度有关，当设计工作温度 $t \leq 250℃$ 时，冷拉伸量为设计伸缩量的一半，即 $0.5\Delta L$；当设计工作温度 $250℃ < t \leq 400℃$ 时，冷拉伸量为 $0.7\Delta L$；当设计工作温度 $t > 400℃$ 时，冷拉伸量为 ΔL。

方形补偿器的冷拉方法有三种：

1) 千斤顶法。用千斤顶将方形补偿器拉伸，如图 4-23 所示。

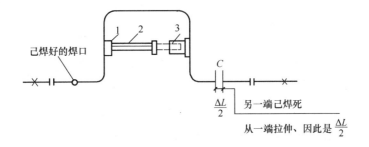

图 4-23 用千斤顶拉伸方形补偿器
1—木板；2—槽钢；3—千斤顶
C—预留出的拉伸间隙

2) 用拉管器拉伸法。拉管器如图 4-24 所示。采用带螺栓的拉管器进行冷拉，是将一块厚度等于预拉伸量的木块或木垫圈放在冷拉接口间隙中，再在接口两侧的管壁上分别焊上挡环，然后把冷拉器的拉爪卡在挡环上，在拉爪孔内穿入加长双头螺栓并用螺母锁紧，并将垫木块夹紧。待管道上其他部件安装好后，把冷拉口的木垫拿掉，匀称地拧紧螺母，使接口间隙达到焊接时的对口要求。

3) 撑拉器拉伸法。如图 4-25 所示，使用时只要旋动螺母，使其沿螺杆前进或后退就使补偿器受到拉紧或外伸。

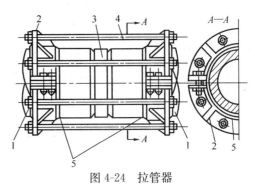

图 4-24 拉管器
1—管子；2—对开卡箍；3—焊接间隙垫板；
4—双头螺栓；5—挡环

方形补偿器两侧管道支架安装如图 4-26 所示。

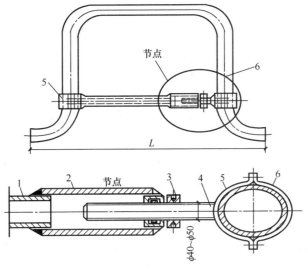

图 4-25 撑拉补偿器用的螺栓杆
1—撑杆；2—短管；3—螺母；4—螺杆；5—夹圈；6—补偿器的管段

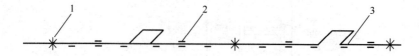

图 4-26 方形补偿器两侧管道支架安装
1—固定支架；2—导向支架；3—滑动支架

（4）阀门安装。供热管道上的阀门安装常采用法兰连接，即先在钢管上焊接法兰，该法兰再与阀门的法兰连接，中间加石棉垫，用螺栓、螺母及垫圈把法兰拧紧。

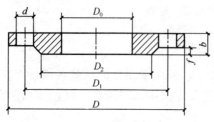

图 4-27 平焊钢法兰

法兰的各部尺寸应符合标准或设计要求，法兰表面应光滑，不得有砂眼、裂缝、斑点、毛刺等降低法兰强度和连接可靠性的缺陷。常用的平焊钢法兰见图 4-27，其不同耐压条件下的规格尺寸见表 4-12～表 4-15。

0.6MPa 平焊法兰（单位：mm） 表 4-12

公称直径	管子外径 d_w	法兰						螺栓	
		D	D_1	D_2	f	b	d	数量	直径×长度
15	18	80	55	40	2	12	12	4	M10×40
20	25	90	65	50	2	14	12	4	M10×50
25	32	100	75	60	2	14	12	4	M10×50
32	38	120	90	70	2	16	14	4	M12×50
40	45	130	100	80	3	16	14	4	M12×50
50	57	140	110	90	3	16	14	4	M12×50
70	76	160	130	110	3	16	14	4	M12×50
80	89	185	150	125	3	18	18	4	M16×60
100	108	205	170	145	3	18	18	4	M16×60
125	133	235	200	175	3	20	18	8	M16×60
150	159	260	225	200	3	20	18	8	M16×60
200	219	315	280	255	3	22	18	8	M16×70
250	273	370	335	310	3	24	18	12	M16×70
300	325	435	395	362	4	24	23	12	M20×80
350	377	485	445	412	4	26	23	12	M20×80
400	426	535	495	462	4	28	23	16	M20×80
450	480	590	550	518	4	28	23	16	M20×80
500	530	640	600	568	4	30	23	16	M20×90

1.0MPa 平焊法兰（单位：mm） 表 4-13

公称直径	管子外径 d_w	法兰						螺栓	
		D	D_1	D_2	f	b	d	数量	直径×长度
15	18	95	65	45	2	12	14	4	M12×40
20	25	105	75	55	2	14	14	4	M12×50
25	32	115	85	65	2	14	14	4	M12×50
32	38	135	100	78	2	16	18	4	M16×60

续表

公称直径	管子外径 d_w	法兰						螺栓	
		D	D_1	D_2	f	b	d	数量	直径×长度
40	45	145	110	85	3	18	18	4	M16×60
50	57	160	125	100	3	18	18	4	M16×60
70	76	180	145	120	3	20	18	4	M16×60
80	89	195	160	135	3	20	18	4	M16×60
100	108	215	180	155	3	22	18	8	M16×70
125	133	245	210	185	3	24	18	8	M16×70
150	159	280	240	210	3	24	23	8	M20×80
200	219	335	295	265	3	24	23	8	M20×80
250	273	390	350	320	3	26	23	12	M20×80
300	325	440	400	368	4	28	23	12	M20×80
350	377	500	460	428	4	28	23	16	M20×80
400	426	565	515	482	4	30	25	16	M22×90
450	480	615	565	532	4	30	25	20	M22×90
500	530	670	620	585	4	32	25	20	M22×90

1.6MPa 平焊法兰（单位：mm）　　　　　　　　　　　　　　　　　　表 4-14

公称直径	管子外径 d_w	法兰						螺栓	
		D	D_1	D_2	f	b	d	数量	直径×长度
15	18	95	65	45	2	14	14	4	M12×50
20	25	105	75	55	2	16	14	4	M12×50
25	32	115	85	65	2	18	14	4	M12×60
32	38	135	100	78	2	18	18	4	M16×60
40	45	145	110	85	3	20	18	4	M16×60
50	57	160	125	100	3	22	18	4	M16×70
70	76	180	145	120	3	24	18	4	M16×70
80	89	195	160	135	3	24	18	8	M16×70
100	108	215	180	155	3	26	18	8	M16×80
125	133	245	210	185	3	28	18	8	M16×80
150	159	280	240	210	3	28	23	8	M20×80
200	219	335	295	265	3	30	23	12	M20×90
250	273	405	355	320	3	32	25	12	M22×90
300	325	460	410	375	4	32	25	12	M22×90
350	377	520	470	435	4	34	25	16	M22×100
400	426	580	525	485	4	38	30	16	M27×110
450	480	640	585	545	4	42	30	20	M27×120
500	530	705	650	608	4	48	34	20	M30×130

2.5MPa 平焊法兰（单位：mm）　　　　　　　　　　　　　　　　　　表 4-15

公称直径	管子外径 d_w	法兰						螺栓	
		D	D_1	D_2	f	b	d	数量	直径×长度
15	18	95	65	45	2	16	16	4	M12×50
20	25	105	75	55	2	18	14	4	M12×60
25	32	115	85	65	2	18	14	4	M12×60
32	38	135	100	78	2	20	18	4	M16×60
40	45	145	110	85	3	20	18	4	M16×70
50	57	160	125	100	3	24	18	4	M16×70

续表

公称直径	管子外径 d_w	法兰						螺栓	
		D	D_1	D_2	f	b	d	数量	直径×长度
70	76	180	145	120	3	24	18	4	M16×70
80	89	195	160	135	3	26	18	8	M16×80
100	108	230	190	160	3	28	23	8	M20×80
125	133	270	220	188	3	30	25	8	M22×90
150	159	300	250	218	3	30	25	8	M22×90
200	219	360	310	278	3	32	25	12	M22×100
250	273	425	370	332	3	34	30	12	M27×100
300	325	485	430	390	4	36	30	16	M27×110
350	377	550	490	448	4	42	34	16	M30×120
400	426	610	550	505	4	44	34	16	M30×130
450	480	660	600	555	4	48	34	20	M30×130
500	530	730	660	610	4	52	41	20	M36×150

常用的凹凸面平焊法兰见图 4-28，其 1.6MPa、2.5MPa 规格尺寸见表 4-16、表 4-17。

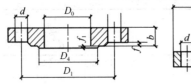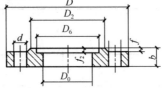

图 4-28　凹凸面平焊法兰

1.6MPa 凹凸面平焊法兰（单位：mm）　　　　　　　　表 4-16

公称直径	管子外径 d_w	法兰									螺栓	
		D	D_1	D_2	D_4	D_6	b	f	f_1	f_2	d	数量	直径×长度
15	18	95	65	45	39	40	14	2	4	4	14	4	M12×45
20	25	105	75	58	50	51	16	2	4	4	14	4	M12×50
25	32	115	85	68	57	58	18	2	4	4	14	4	M12×50
32	38	135	100	78	65	66	18	2	4	4	18	4	M16×55
40	45	145	110	88	75	76	20	3	4	4	18	4	M16×60
50	57	160	125	102	87	88	22	3	4	4	18	4	M16×65

2.5MPa 凹凸面平焊法兰（单位：mm）　　　　　　　　表 4-17

公称直径	管子外径 d_w	法兰									螺栓	
		D	D_1	D_2	D_4	D_6	b	f	f_1	f_2	d	数量	直径×长度
15	18	95	65	45	39	40	16	2	4	4	16	4	M12×50
20	25	105	75	58	50	51	18	2	4	4	16	4	M12×50
25	32	115	85	68	57	58	18	2	4	4	16	4	M12×50
32	38	135	100	78	65	66	20	2	4	4	18	4	M16×60
40	45	145	110	88	75	76	22	3	4	4	18	4	M16×65
50	57	160	125	102	87	88	24	3	4	4	18	4	M16×70

续表

公称直径	管子外径 d_w	法兰										螺栓	
		D	D_1	D_2	D_4	D_6	b	f	f_1	f_2	d	数量	直径×长度
70	76	180	145	122	109	110	24	3	4	4	18	8	M16×70
80	89	195	160	138	120	121	26	3	4	4	18	8	M16×70
100	108	230	190	162	149	150	28	3	4.5	4.5	23	8	M20×80
125	133	270	220	188	175	176	30	3	4.5	4.5	25	8	M22×85
150	159	300	250	218	203	204	30	3	4.5	4.5	25	8	M22×85
200	219	360	310	278	259	260	32	3	4.5	4.5	25	12	M22×90
250	273	425	370	335	312	313	34	3	4.5	4.5	30	12	M27×100
300	325	485	430	390	363	364	36	4	4.5	4.5	30	16	M27×105
400	426	610	550	505	473	474	44	4	5	5	33	16	M30×120

石棉垫片有成品垫片，也可现场制作。成品石棉垫见表4-18和表4-19。

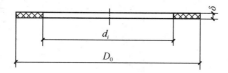

凹凸面型钢制管法兰用石棉橡胶垫片（单位：mm）　　表4-18

公称直径	垫片内径 d_i	公称压力 PN（MPa）							垫片厚度 δ
		0.25 (2.5)	0.6 (6)	1.0 (10)	1.6 (16)	2.0 (20)	2.5 (25)	4.0 (40)	5.0 (50)	
		垫片外径 D_0								
10	18			39				46	—	
15	22			44		46.5		51	52.5	
20	27			54		56.0		61	64.5	
25	34			64	按 PN 4.0	65.0		71	71.0	
32	43			76		75.0	按 PN 4.0	82	80.5	
40	49			86	按 PN 4.0	84.5		92	94.5	
50	61			96		102.5		107	109.0	
65	77			116		121.5		127	129.0	
80	89			132		134.5		142	148.5	
100	115			152	162	162	172.5	168	180.0	
125	141		按 PN 0.6	182	192	192	196.5	194	215.0	1.5～3
150	169			207	213	213	221.5	224	250.0	
200	220			262	273	273	278.5	284	290	306.5	
250	273			317	328	329	338.0	340	352	360.5	
300	324			373	378	384	408.0	400	417	421.0	
350	356			423	438	444	449.0	457	474	484.5	
400	407			473	489	495	513.0	514	546	538.5	
450	458			528	539	555	548.0	564	571	595.5	
500	508			578	594	617	605.0	624	628	653	
600	610			679	695	734	716.5	731	774	774.0	
700	712			784	810	804	—	833	—	—	
800	813			890	917	911	—	942	—	—	
900	915			990	1017	1011	—	1042	—	—	
1000	1016			1090	1124	1128	—	1154	—	—	

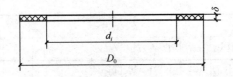

凹凸面型钢制管法兰用石棉橡胶垫片（单位：mm） 表 4-19

公称直径	垫片内径 d_i	公称压力 PN (MPa)				垫片厚度 δ
		1.6	2.5	4.0	5.0	
		垫片外径 D_0				
10	18			34	—	
15	22			39	35.0	
20	27			50	43.0	
25	34			57	51.0	
32	43			65	63.5	
40	49			75	73.0	
50	61			87	92.0	
65	77			109	105.0	
80	89			120	127.0	
100	115	按 $PN4.0$	按 $PN4.0$	149	157.0	0.8~3
125	141			175	186.0	
150	169			203	216.0	
200	220			259	270.0	
250	273			312	324.0	
300	324			363	381.0	
350	356			421	413.0	
450	458			523	533.0	
500	508			575	584.0	
600	610			675	690.0	
700	712					
800	813	按 $PN2.5$	777	—		1.5~3
			882			
			987			
900	915					
1000	1016		1091			

管道上的焊接法兰，其法兰平面应与管中心轴线垂直，其偏差不应大于法兰外径的 1.5%，且不大于 2mm。

安装阀门时手柄应朝上，在拧螺栓时应对称交叉进行，以保障垫片各处受力均匀，拧紧后的螺栓与螺母宜齐平。

地沟敷设管道在接口完成后，应进行水压试验、防腐绝热和盖地沟盖板，直至合格才算管道安装完成。

三、市政供热管道直埋敷设施工

市政供热管道直埋敷设的特点：市政供热管道直埋敷设方法同传统的地沟敷设方法相比具有占地少、施工周期短、维护量小、寿命长等诸多优点，很适合市政建设的要求。市政供热管道直埋敷设应遵循以下原则：

（1）直埋供热管道最小覆土深度应符合表 4-20 的规定，同时尚应进行稳定验算。

直埋供热管道最小覆土深度　　　　　　　　　表 4-20

管径（mm）	50～125	150～200	250～300	350～400	450～500
车行道下（m）	0.8	1.0	1.0	1.2	1.2
非车行道下（m）	0.6	0.6	0.7	0.8	0.9

（2）直埋供热管道的坡度不宜小于0.2%，高处宜设放气阀，低处宜设放水阀。

（3）管道应利用转角自然补偿，10°～60°的弯头不宜做自然补偿。

（4）管道平面折角小于表4-21的规定和坡度小于0.2%时，可视为直线段。

（5）从干管直线引出分支管时，在分支管上应设固定墩或轴向补偿器或弯管补偿器，并应符合下列规定：

可视为直线段的最大管道平面折角（°）　　　　表 4-21

管道公称直径 DN（mm）	循环工作温差 (t_1-t_2)（℃）					
	50	65	85	100	120	140
50～100	4.3	3.2	2.4	2.0	1.6	1.4
125～300	3.8	2.8	2.1	1.8	1.4	1.2
350～500	3.4	2.6	1.9	1.6	1.3	1.1

1) 分支点至支线上固定墩的间距不宜大于9m。

2) 分支点至轴向补偿器或弯管的距离不宜大于20m。

3) 分支点有干线轴向位移时，轴向位移量不宜大于50mm，分支点至轴向补偿器的距离不应小于12m。

（6）三通、弯头等应力比较集中的部位，应进行有关验算，验算不通过时可采用设固定墩或补偿器等保护措施。

（7）当需要减少管道轴向力时，可采取设置补偿器或对管道进行预处理等措施。

（8）当地基软硬不一致时，应对地基做过渡处理。

（9）埋地固定墩处应采取可靠的防腐措施，钢管、钢架不应裸露。

（10）轴向补偿器和管道轴线应一致，距补偿器12m范围内管段不应有变坡和转角。

（11）直埋供热管道上的阀门应能承受管道的轴向荷载，宜采用钢制阀门及焊接连接。

（12）直埋供热管道变径处（大小头）或壁厚变化处，应设补偿器或固定墩，固定墩应设在大管径或壁厚较大一侧。

（13）直埋供热管道的补偿器、变径管等管件应焊接连接。

四、直埋供热管道施工与安装

（一）直埋供热管道施工与安装顺序

1. 开挖沟槽

沟槽开挖按画线——开挖——清理进行，使之符合施工要求。

2. 修筑固定墩

固定墩采用钢制或混凝土制，其位置、尺寸和标高应符合设计要求。

3. 现场进行管道绝热

绝热常采用聚氨酯泡沫塑料对管道进行灌注或喷注，绝热层由绝热材料和保护壳组成，保护壳有玻璃丝布外包或薄金属板包装。

直埋供热管道绝热层除应有良好的保温性外，还应有耐热性和足够强度，见表4-22。

直埋供热管道绝热层耐热性及强度指标　　　　表 4-22

项　目	指　标
耐热性	不低于设计工作温度
抗压强度	≥200kPa
抗剪强度（含内管与外壳粘结）	≥120kPa

直埋供热管道采用硬质聚氨酯泡沫塑料进行绝热，应符合《高密度聚乙烯外护管聚氨酯泡沫塑料预制直埋保温管》（CJ/T 114—2000）中主要指标，见表4-23。

《高密度聚乙烯外护管聚氨酯泡沫塑料预制直埋保温管》主要指标　　表 4-23

项　目	内　容	指　标
高密度聚乙烯塑料外壳	密度	940～965kg/m³
	断裂伸长率	≥350%
	耐环境应力开裂 F50	≥200h
	纵向回缩率	≤3%
聚氨酯硬质泡沫塑料	密度	60～80kg/m³
	抗压强度	≥200kPa
	导热系数	≤0.027W/(m·℃)
	耐热性	120℃

在绝热时，应留出管端焊接口，以便于接口焊接。

4. 管道接口

常采用焊接接口，按坡口一对一焊接顺序进行，焊接时应按焊接操作规程进行，以保证焊接质量。在沟边争取将多根钢管焊接好，并补做好防锈绝热工作。

5. 下管稳管

下管时为保证工程质量和加快施工进度，采取吊装机具才能满足要求，尽量多预制组装，减少沟内施焊和减少工作坑的挖填处理。稳管前应做好地基处理和固定墩，使供热管道稳固在地基基础和固定墩上。

6. 进行水压试验和土方回填

直埋供热管道工程试压、清洗和试运行应符合国家现行规定《城镇供热管网工程施工及验收规范》（CJJ28—2004）。

（二）直埋地供热管道施工

1. 定线测量

（1）埋地管道施工时，首先要根据管道总平面图和纵断面图进行管沟的定线测量工作。埋地供热管道定线测量应符合下列规定：应按主干线、支干线、支线的次序进行；主干线起点、终点、中间各转角点及其他特征点应在地面上定位；支干线、支线可按主干线的方法定位；管线的固定支架、地上建筑、检查室、补偿器、阀门可在管线定位后，用钢尺丈量方法定位。

（2）管线定位应按设计给定的坐标数据测定点位。应先测定控制点、线的位置，经校验确认无误后，再按给定值测定管线点位。

（3）直线段上中线桩位的间距不宜大于 50m，根据地形和条件可适当加桩。

（4）管线中线量距可用全站仪、电磁波测距仪测距，或用检定过的钢尺丈量。当用钢尺在坡地上测量时，应进行倾斜修正。量距相对误差不应大于 1/1000。

（5）在不能直接丈量的地段，可使用全站仪、电磁波测距仪测距或布设简单图形丈量基线间接求距。

（6）管线定线完成后，点位应顺序编号，起点、终点、中间各转角点的中线桩应进行加固或埋设标石。

（7）管线转角点应在附近永久性建筑物或构筑物上标志点位，控制点坐标应做出记录。当附近没有永久性工程时，应埋设标石。当采用图解法确定管线转角点点位时，应绘制图解关系图。

（8）管线中线定位完成后，应按施工范围对地上障碍物进行检查。施工图中已标出的地下障碍物的近似位置应在地面上做出标志。

2. 沟槽开挖

（1）沟槽形式。管沟开挖的断面形式，应根据现场的土层、地下水位、管子规格、管道埋深及施工方法而定。管沟一般有直槽、梯形槽、混合槽和联合槽 4 种。管沟断面形状确定后，根据管径的大小即可确定合理的开槽宽度，依次在中心桩两侧各打入一根边桩，边桩离沟边约 700mm，地面以上留 200～300mm。将一块高 150mm、厚 25mm 或 30mm 的木板

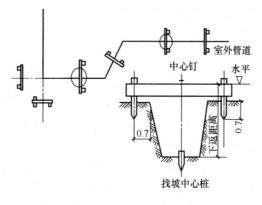

图 4-29　沟槽龙门版

钉在两边桩上，板顶应水平，该板称为龙门板，如图 4-29 所示。然后将中心桩的中心钉引到龙门板上，用水准仪测出每块龙门板上中心钉的绝对标高，并用红漆在板上标出表示标高的红三角，把测得的标高标在红三角旁边。根据中心钉标高和管底标高计算出该点距沟底的下返距离，并将其标在龙门板上，以便挖沟人员使用。

用钢卷尺量出沟槽需开挖的宽度，以中心钉为基准各分一半划在龙门板上，用线绳在两块龙门板之间拉直，浇上白灰水，经复查无误后即可开挖。

（2）沟槽尺寸。沟槽形式确定后，再根据管道的数量、管子规格、管子之间的净距计算出沟底宽 W，如图 4-30 所示，计算式为：

$$W = nD_w + (n-1)B + 2C$$

式中　W——沟底宽度（mm）；
　　　n——管道设置数量；
　　　D_w——管子外径（mm）；
　　　B——管子之间的净距，不得小于 200mm；
　　　C——管子与沟壁之间的净距，不得小于 150mm。

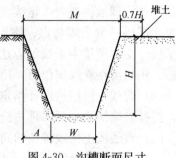

图 4-30　沟槽断面尺寸

由此可得出梯形槽顶面的开挖宽度为：

$$M = W + 2A$$
$$A = H/I$$
$$I = \tan a$$

式中　M——梯形槽槽顶尺寸（mm）；
　　　W——梯形槽槽底尺寸（mm）；
　　　H——梯形槽深度（mm）；
　　　I——梯形槽边坡。梯形槽边坡尺寸见表 4-24。

梯形槽边坡　　　　　　　　　　　　　　　表 4-24

土 质 类 别	边坡 I（H/A）	
	槽深 $H<3\text{m}$	槽深 $H=3\sim 5\text{m}$
砂土	1∶0.75	1∶1.00
粉质黏土	1∶0.50	1∶0.67
砂质粉土	1∶0.33	1∶0.50
黏土	1∶0.25	1∶0.33
干黄土	1∶0.20	1∶0.25

（3）沟槽开挖的要求。沟槽开挖时，应满足以下要求：采用机械挖土时，沟底应有 200mm 的预留量，再由人工挖掘，挖至沟底；土方开挖时，必须按有关规定设置沟槽护栏、夜间照明灯及指示红灯等设施，并按需要设置临时道路或桥梁；当沟槽遇有风化岩或岩石时，开挖应由有资质的专业施工单位进行施工。当采用爆破法施工时，必须制定安全措施，并经有关单位同意，由专人指挥进行施工；直埋管道的土方挖掘，宜以一个补偿段作为一个工作段，一次开挖至设计要求。在直埋保温管接头处应设工作坑，工作坑宜比正常断面加深、加宽 250~300mm。

（4）管基处理。在挖无地下水的沟槽时，不得一次挖到底，应留有 100~300mm 的土层作为沟底和找坡的操作余量，沟底要求是自然土层，如果是松土铺成的或沟底是砾石，要进行处理，防止管子不均匀下沉使管子受力不均匀。对于松土，要用夯夯实；对于砾石沟底，则应挖出 200mm 的砾石，用素土回填或用黄砂铺平，再用夯夯实，然后再敷设管道；如果是因为下雨或地下水位较高，使沟底的土层受到扰动和破坏时，应先进行排水，再铺以 150~200mm 的碎石（或卵石），最后再在垫层上铺 150~200mm 的黄砂。

（三）下管

下管的方法分机械下管和人工下管两种，主要是根据管材种类、单节质量及长度、现场情况而定。机械下管方法有汽车吊、履带吊、下管机等起重机械进行下管。下管时若采用起重机下管，起重机应沿沟槽方向行驶，起重机与沟边至少要有 1m 的距离，以保证槽壁不坍塌。管子一般是单节下管，但为了减少沟内接口工作量，在具有足够强度的管材和接口的条件下，可采用在地面上预制接长后再下到沟里。

人工下管方法很多，常用的有压绳法下管和塔架下管。如图 4-31 塔架下管，可利用装在塔架上的滑轮、捯链等设备下管。

为确保施工安全，下管时，沟内不准站人；在沟槽内，两边的管子连接时必须找正；固定口的焊接处要挖出一个工作坑。

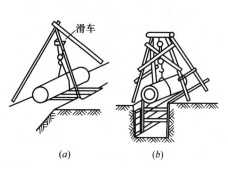

图 4-31 塔架下管
(a) 三角搭架；(b) 高凳

（四）回填土

沟槽、检查室的主体结构经隐蔽工程验收合格及竣工测量后，应及时进行回填。回填时应确保构筑物的安全，并应检查墙体结构强度、外墙防水抹面层强度、盖板或其他构件安装强度，当能承受施工操作动荷载时，方可进行回填。回填前，应先将槽底杂物清除干净，如有积水应先排除。回填土应分层夯实，回填土中不得含有碎砖、石块、大于 100mm 的冻土块及其他杂物。直埋保温管道沟槽回填时还应符合下列规定：

(1) 回填前，应修补保温管外护层破损处。
(2) 管道接头工作坑回填可采用水夯砂的方法分层夯实。
(3) 回填土中应按设计要求铺设警示带。
(4) 弯头、三通等变形较大区域处的回填，应按设计要求进行。
(5) 设计要求进行预热伸长的直埋管道，回填方法和时间应按设计要求进行。

回填土铺土厚度应根据夯实或压实机具的性能及压实度要求而定。

管顶或结构顶以上 500mm 范围内应采用轻夯夯实，严禁采用动力夯实机，也不得采用压路机压实，回填压实时，应确保管道或结构的安全。

回填的质量应符合下列规定：
(1) 回填料的种类、密实度应符合设计要求。
(2) 回填时，沟槽内应无积水，不得回填淤泥、腐殖土及有机物质。
(3) 不得回填碎砖、石块及大于 100mm 的冻土块及其他杂物。
(4) 回填土的密实度应逐层进行测定，设计无规定时应按回填部位划分，如图 4-32 所示，回填土的密实度应符合下列规定：
1) 胸腔部位（Ⅰ区）密实度大于或等于 95%。
2) 管顶或结构顶 500mm 范围内（Ⅱ区）大于或等于 85%。

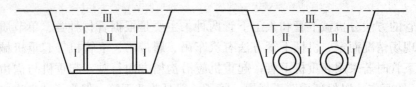

图 4-32　回填土不为划分示意图

3) 其他部位（Ⅲ区）按原状土回填。

（五）直埋保温管道的安装要求

(1) 直埋保温管道和管件应采用工厂预制。

(2) 直埋保温管道的施工分段宜按补偿段划分，当管道设计有预热伸长要求时，应以一个预热伸长段作为一个施工分段。

(3) 在雨、雪天进行接头焊接和保温施工时，应搭盖罩棚。

(4) 预制直埋保温管道在运输、现场存放、安装过程中，应采取必要措施封闭端口，不得拖拽保温管，不得损坏端口和外护层。

(5) 直埋保温管道在固定点没有达到设计要求之前，不得进行预热伸长或试运行。

(6) 保护套管不得妨碍管道伸缩，不得损坏保温层以及外保护层。

(7) 预制直埋保温管的现场切割应符合下列规定：

1) 管道的配管长度不宜小于 2m。

2) 在切割时，应采取相应的措施，防止外护管脆裂。

3) 易割后，工作管裸露长度应与原成品管的工作钢管裸露长度一致。

4) 切割后，裸露的工作钢管外表面应清洁，不得有泡沫残渣。

(8) 直埋保温管接头的保温和密封应符合下列规定：

1) 接头处的钢管表面应干净、干燥。

2) 接头施工采取的工艺，应有合格的形式检验报告。

3) 接头的保温盒密封应在焊口检验合格后进行。

4) 接头处外观不应出现溶胶溢出、过烧、鼓包、翘边、褶皱或层间脱离等现象。

5) 一级管网现场安装的接头密封应进行 100% 的气密性检验。二级管网现场安装的接头密封应进行不少于 20% 的气密性检验，气密性检验的压力为 0.02MPa，用肥皂水仔细检查密封处，无气泡为合格。

(9) 直埋管道预警系统应符合下列规定：

1) 管道安装前对单件产品预警进行短路、断路检测。

2) 在管道接头安装过程中，首先连接预警线，并在每个接头安装完毕后，进行预警进线短路、断路检测。

3) 在补偿器、阀门、固定支架等部件部位的现场保温，应在预警系统连接检验合格后进行。

4) 直埋保温管道安装质量的检验项目及检验方法应符合表 4-25 的要求，钢管的安装质量应符合表 4-26 的规定。

直埋保温管道安装质量的检验项目及检验方法 表 4-25

序号	项目	质量标准		检验频率	检验方法
1	连接预警系统	满足产品预警系统的技术要求		100%	用仪表检查整体线路
2	节点的保温和密封	外观检查	无缺陷	100%	目测
		气密性试验	一级管网 无气泡	100%	气密性试验
			二级管网 无气泡	20%	

钢管安装的允许偏差及检验方法 表 4-26

序号	项目	允许偏差及质量标准（mm）			检验频率		检验方法
					范围	点数	
1	高程	±10			50m	—	水准仪测量，不计点
2	中心线位移	每10m不超过5，全长不超过30			50m	—	挂边线用尺量，不计点
3	立管垂直度	每m不超过2，全高不超过10			每根	—	垂线检查，不计点
4	对口间隙	壁厚	间隙	偏差	每10个口	1	用焊口检测器，量取最大偏差值，计1点
		4~9	1.5~2.0	±1.0			
		≥10	2.0~3.0	+1.0 −2.0			

五、施工安全与防火技术

安全技术是研究生产技术中的安全作业问题，研究为安全而采用的技术措施、组织措施。在生产过程中，劳动者的生命、生产设施得到保障，免于损伤，这就是安全。

（一）管道安装安全技术

1. 建筑安装工程施工特点

建筑安装工程施工是一个复杂的过程，与其他行业相比，有其独特的自身特点，给安全生产增加了许多困难，其主要特点如下：

（1）作业面变化多。在施工安装中，作业面随时在变化，如果安全防护和人的安全意识不能及时跟上，就会发生伤亡事故。

（2）立体交叉作业多。建筑安装工程是多工种间的互相配合，如果管理不好，衔接不当，防护不严，就有可能造成互相伤害。

（3）高处作业多。高处作业四边临空，操作条件差，危险因素多。

（4）地下作业多。地下管道要进行大量的土石方工程，给施工增加了很多危险。

（5）室外作业受气候影响多。

（6）民工和临时工较多。这些工人安全意识和安全技术操作水平差，工地发生的伤亡事故中这些人占较大比例。

以上这些特点决定了建筑安装工程的施工过程，是危险性大、突发性强、容易发生伤亡事故的生产过程。施工中必须认真贯彻执行安全技术规定及要求，人人重视安全工作，安全第一，应以预防为主，防止发生安全事故。

2．施工前准备阶段的安全技术工作

（1）在施工组织设计或施工方案中应有针对性强而又具体的安全技术措施。

（2）应检查周围环境是否符合安全要求，例如安装范围内的洞口、管井、临边等，应有固定的盖板、防护栏杆等防护措施和明显标志，不安全的隐患必须排除，否则不能进行安装作业。

（3）施工方法的选用、施工进度安排、机具设备的选用，必须符合安全要求。若进行立体交叉作业，必须统一指挥，共同拟定确保安全施工的措施，必须设置安全网或其他隔离措施。

（4）认真搞好安全教育和安全技术交底工作。

3．管道安装工程安全技术交底

（1）进入现场必须戴好安全帽、扣好帽带，必须遵守安全生产的有关规定。

（2）施工现场应整齐清洁，各种设备、材料和废料应按指定地点堆放。在施工现场只准从固定进楼通道进出，人员行走或休息时，不准临近建筑物。

（3）各种电动机械设备，必须有可靠的安全接地和防雷装置方能使用。配电箱内电气设备应完整无缺，设有专用漏电保护开关，实行二级保护。

（4）所有移动电具，都应在漏电开关保护之中，电线无破损，插头插座应完整，严禁不用插头而将电线直接插入插座内。

（5）各类电动机械应勤加保养，及时清洗、注油，在使用时如遇中途停电或暂时离开，必须关闭电源或拔出插头。

（6）非电气操作人员均不准乱动电气设备。所有从事电气安装、维修的人员，均应经过培训，由供电局考核发证后，方准从事电工工作。

（7）非操作人员严禁进入吊装区域，不能在起吊物件下通过或停留，要注意与运转着的机械保持一定的安全距离。

（8）垂直搬运管子时，应注意不要与裸露的电线相碰，以免发生触电事故。在黑暗潮湿的场所工作时，照明用灯的电压应为12V；环境较干燥时，也不能超过25V。材料间、更衣室不得使用超过60W以上的灯泡，严禁使用碘钨灯和家用电热器。

（9）开挖沟槽后，要及时排除地下水，应随时注意沟槽壁是否存在不安全因素，如有应及时用撑板支撑，并挂警告牌。地沟或深坑须设明显标志。在电缆附近挖土时，须事先与有关部门联系，采取安全措施后才能施工。

（10）组对焊接管道时，应有必要的防护措施，以免弧光刺伤眼睛，应穿绝缘鞋。

（11）撼弯管时，首先要检查煤炭中有无爆炸物；砂子要烘干，以防爆炸；灌砂台要搭设牢固，以防倒塌伤人。

（12）在有毒性、刺激性或腐蚀性的气体、液体或粉尘的场所工作时，除应有良好的通风或除尘设施外，安装人员必须戴口罩、眼镜或防毒面具等防护用品。施工前要认真检查防护措施、劳保用品是否齐全。

（13）对地下管道进行检修时，应对输送有毒、有害、易燃介质的管道检查井内、管道内的气体进行分析，特别是死角处一定要抽样分析，如超过允许量，应采取排风措施，并经再次检查合格后，方可操作，操作人员必须戴好个人防护用品。

（14）设备、管道安装工程中，对零星的焊接、修理、检查等作业点的安全防护，更不能忽视，坚持不进行安全防护就不准工作的原则。

（15）吊装设备时，要有吊装方案，计算好设备的重量，以正确选择机具的起重量。有时设备没有铭牌，一定要在吊装前准确计算其重量，切勿盲目行动。要做好设备吊装过程中周围孔洞的防护，要满铺跳板或加固定盖板，边安装边拆除，切勿麻痹大意。

（16）在中、高支架上安装管道时，管道操作面必须有可靠的安全防护，能搭脚手架的一定要搭脚手架。操作面要保证铺满 600mm 宽的脚手板，设 1.2m 高的两道护身栏的脚手架。每隔 20m 应搭人行梯道。

（17）在高梯、脚手架上装接管道时，必须注意立足点的牢固性。用管钳子装接管时，要一手按住钳头，一手拿住钳柄，缓缓扳转，不可用双手拿住钳柄，大力扳转，防止钳口打滑失控坠落。

（18）在屋架下、顶棚内、墙洞边安装管道时，要有充足的照明；能搭设脚手架的，要搭设脚手架；不能搭设的，要在管道下面铺设双层水平安全网，安全网的宽度要大于最外面的管道1m以上，工人作业时一定要戴安全带。

（19）对某项安全技术规程不熟悉的人，不能独立作业。新工人、实习学生应进行脱产安全生产教育，时间不少于 7d。

（20）各工程操作时的安全防护，应严格执行建筑安装工人安全技术操作规程。

（二）工地防火与焊接安全技术

在建筑工地，火灾现象时有发生，发生火灾的原因是多方面的，其中以电、气焊引起的火灾为多，约占全部火灾的 40% 以上。多年来的教训，使人们在实践中不断总结经验，制定出相应的安全防火制度及措施，加强各方面的管理。事实证明，只要认真按规章制度办事，人为因素引起的火灾是可以避免的。

1. 防止火灾的基本技术措施

（1）消除火源是预防火灾的基本要求。

（2）对可燃物进行严格的管理和控制，是防火的重要措施。

（3）拆除火场临近的建筑物或搬走堆放的物品，将火源与可燃物隔离，阻止火灾的扩大。

（4）将灭火剂四氯化碳、二氧化碳泡沫等不燃气体或液体，喷洒覆盖在燃烧物表面，使之不与空气接触。

（5）用水和干冰将正在燃烧的物品的温度降至着火点以下，达到灭火的目的。

2. 防火的主要规定

（1）施工单位在承建工程项目签订的"工程合同"中，必须有消防安全的内容。施工单位的消防安全，由施工单位负责。建设单位应督促施工单位做好消防安全工作。

（2）在编制施工组织设计时，施工总平面图、施工方法和施工技术均要符合消防安全要求，并经消防监督机构审批备案。

（3）施工现场都要建立逐级防火责任制，确定相应的领导人员负责工地的消防安全工作。建立消防组织，健全防火检查制度，发现火险隐患，必须立即消除。

（4）施工现场应明确划分用火作业区、易燃可燃材料场、仓库区、易燃废品集中站和生活区等区域。上述区域之间以及与正在施工的永久性建筑物之间的防火间距见表4-27，防火间距中不应堆放易燃和可燃物质。

防火安全距离表（单位：m） 表 4-27

防火间距　　类别 类　别	正在施工中的永久性建筑物	办公室、福利建筑、工人宿舍	贮存非燃烧材料的仓库或露天堆栈	贮存易燃材料的仓库（乙炔、油料等）	锅炉房、厨房及其他固定生产用火	木料堆	废料堆及草帘、芦席等
正在施工中的永久性建筑物和构筑物		20	15	20	25	20	30
办公室、福利建筑、工人宿舍	20	5	6	20	5	15	30
贮存非燃烧材料的仓库和露天堆栈	15	6	6	15	15	10	20
贮存易燃材料的仓库（乙炔、油料等）	20	20	15	20	25	20	30
锅炉房、厨房及其他固定生产用火	25	15	15	25		25	30
木料堆（圆木、方木的成品及半成品）	20	15	10	20	25		30
废料堆及草帘、芦席等	30	30	20	30	30	30	

（5）工地出入口和危险区内，应设置必要数量的灭火器、消防水桶、砂箱、铁铲、火钩等灭火工具，并指定专人管理和维护。

（6）施工现场应设有车辆出入通行的道路，其宽度不小于3.5m。

（7）所有电气设备和线路、照明灯应经常检查，发现可能引起发热、火花、短路和绝缘层损坏等情况时，必须立即修理。冬期施工使用的电热器，须有安全使用技术资料，并经防火负责人同意。

（8）对易燃物品、化学危险品和可燃液体要严格管理。施工现场、加工作业场所和材料堆放场内的易燃可燃杂物，应及时进行清理或运走或堆放到指定地点。重要工程和高层建筑冬期施工用的绝热材料不得采用可燃材料。

（9）各种生产、生活用火装置的移动和增减，应经工地负责人或指定的消防人员审查批准。

(10) 现场暂设工程，必须符合以下要求：

1) 易燃品库房及其他暂设工程与建筑物的安全距离，应按表 4-27 的规定搭设；

2) 临时性建筑不要搭设在高压线下，距离高压架空电线的水平距离不少于 5m；

3) 临时宿舍应修建在距离施工工程 20m 以外；距离厨房、锅炉房、变电所和汽车库应在 15m 以外；距离铁路中心线以及易燃品仓库 30m 以外；

4) 临时宿舍高度，一般不低于 2.5m，每栋宿舍居住的人数，不超过 100 人，每 25 人要有一个可以直接出入的门，宽度不得小于 1.2m；

5) 临时宿舍和仓库，一般不能安装取暖用的炉子，如必须安装时，要经领导批准，并要按规定安装，经防火人员检查合格后才能使用。安装和修理照明等电气设备，必须由电工进行；

6) 暂设工程，必须建立严格的防火制度。

(11) 施工现场严禁吸烟。

违反上述规定或施工现场存在重大火险隐患，经消防监督机关指出没有按期整改的，消防监督机关有权责令其停止施工，立即改进。属违反治安管理条例的行为，由公安机关依照处罚条例处罚。对引起火灾，造成严重后果，构成犯罪的，要依法追究刑事责任。

(三) 冬、雨期施工安全技术

设备、管道工程在冬、雨期施工前，应编制冬、雨期施工安全技术措施，以确保安全生产。

1. 冬期施工

冬期施工，重点应做好防火、防冻和防滑等工作。

(1) 防火

1) 司炉工必须经过培训，经考核合格后方可持证上岗。

2) 加强用火管理。生火必须经审批，遵守消防规定，五级风应停火，防止火灾发生，配备防火用具和设备。

3) 用电热法施工时，需加强检查，防止触电和失火。

(2) 防冻

1) 系统水压试验时，应考虑防冻措施。试验应在一天中气温较高的时间进行，试验后把水彻底放净，以免冻坏阀门、散热器片及卫生器具等。

2) 挖土时防止槽底土壤冻结，每日收工前将土挖松一层或用草帘覆盖。由于挖土所暴露出来的通水管道，应采取防冻措施。

(3) 防滑

1) 冬季露天操作时，如遇雪天，要先把雪打扫干净，防止滑倒。

2) 防止冬季早晨因结霜而使人滑倒，对斜道、爬梯等作业面上的霜冻，要及时清扫，防滑条损坏要及时修补。

(4) 其他

1) 凡参加冬期施工的人员，均应进行安全教育并经安全技术交底。

2) 现场脚手架、安全网、暂设的电气工程及土方工程等的安全防护，必须按有关规定执行。

3) 六级以上大风或大雪，应停止高处作业和吊装作业。

4) 机械设备按冬期施工有关规定进行维护、保养和使用。

2. 雨期施工

在雨期施工中，主要应做好防触电、防雷击、防坍塌和防止室外管道发生漂管事故等工作。

(1) 防触电

1) 电源线不准使用裸线和塑料线，不得沿地铺设。

2) 配电箱要防雨，电器元件不应破损，严禁带电裸露；机电设备做接地或接零保护并安装漏电保护器。

3) 潮湿场所、金属管道和容器内的照明灯，电压不应超过12V。电气操作人员应戴绝缘手套和穿绝缘鞋。

(2) 防雷击

高出建筑物的露天金属设备及塔吊、龙门架、脚手架等应安装避雷装置。

(3) 防坍塌

1) 基坑、槽、沟两边应按规定进行放坡，危险部位要加支撑进行临时加固。

2) 工作前应先检查沟槽、支撑、脚手架等的安全情况再进行工作。土方一经发现危险情况应马上让坑内作业人员撤离现场，待险情消除后再进行施工作业。

3) 准备好水泵、供热胶管等供热用具，做好施工现场的供热工作。

4) 室外管道的安装应加快施工速度，管道安装、试压及保温完毕，应马上进行封盖及回填，严防雨水泡槽，发生塌方和漂管事故。

(四) 机具操作安全与自我安全防护

各种机械和工具在使用前应按规定项目和要求进行检查，如发现有故障、破损等情况，应修复或更换后才能使用。电动工具和电动机械设备，应有可靠的接地装置，使用前应检查是否有漏电现象，并应在空载情况下启动。操作人员应戴上绝缘手套，如在金属平台上工作，应穿上绝缘胶鞋或在工作平台上铺设绝缘垫板。电动机具发生故障时，应及时修理。

操作电动弯管器时，应注意手和衣服不要接近转动的弯管胎模。在机械停止转动前，不能从事调整停机挡块的工作。

使用手锤和大锤时不准戴手套，锤柄、锤头上不得有油污。甩大锤时，甩转方向不得有人。各种凿子头部被锤击碎成蘑菇状时不能继续使用，顶部有油应及时清洗除掉。锉刀必须装好木柄方可使用，锉削时不可用力过猛，不能将锉刀当撬棒使用。

使用钢锯锯割时，用力要均匀，被锯的管子或工件要夹紧，即将把管子锯断时要用手或支架托住，以免管子或工件坠落伤人。

使用扳手时，扳口尺寸应与螺母尺寸相符，防止扳口尺寸过大，用力打滑，扳手柄上不应加套管。不同规格螺栓所用套扳子的扳口尺寸及活扳子的规格见表

4-28、表 4-29。

套扳子规格 表 4-28

螺栓规格	普通套扳子					高压套扳子				
	M10	M12	M16	M18	M22	M25	M28	M32	M35	M38
扳口尺寸（mm）	18	23	25	28	30	32	37	43	46	52	57	63

活扳子规格 表 4-29

规格（全长）	L（mm）	100	150	200	250	300	375	450	600
	L（in）	4	6	8	10	12	15	18	24
最大开口宽度	L（mm）	14	19	24	30	36	46	55	65

使用管钳子时，一手应放在钳头上，一手对钳柄均匀用力。在高空作业，安装公称直径 50mm 以上的管子时，应用链条钳，不得使用管钳子。使用台虎钳，钳把不得用套管加力或用手锤敲打，所夹工件不得超过钳口最大行程的 2/3。

1. 砂轮切割机的安全使用

（1）砂轮片必须用有增强纤维的砂轮片，砂轮片上必须有能遮盖轮缘 180°以上的保护罩。

（2）所要切割的管子或其他材料一定要用夹具夹紧。

（3）砂轮片一定要正转，切勿反转，以防砂轮片破碎后飞出伤人。

（4）操作时应使砂轮片慢慢吃力，切勿使其突然吃力和受冲击力。

（5）操作人员的身体不应对着砂轮片，防止火花飞溅伤人。

（6）切割过程中应按紧按钮开关，不得在切割过程中松开按钮，以防损坏砂轮片和发生其他事故。

（7）切割完毕后，管口内外的切割屑皮一定要清理掉，以保证管子内径和连接的质量。

2. 射钉枪的安全使用

（1）使用前应仔细检查枪体各部位是否符合射击使用要求。

（2）装钉弹时，严禁用手握住枪的扳机，以免发生意外事故。

（3）严禁将枪口对着自己和其他人。

（4）装好钉弹的射钉枪，应立即使用，不应放置或带着装有钉弹的枪任意走动。

（5）制作得不规整且已变形的构件，不得作为直接射击的目标使用，以免发生危险。

（6）操作时必须把牢枪身、摆正枪身，使枪口紧贴基体表面，不能倾斜，以免飞溅碎物伤人。

（7）如连续两次击发不响，须在一分钟以后打开枪体，检查击针或击针坐垫是否正常。

（8）在薄墙和轻质墙上射钉时，对面房间内不得有人停留和经过，要设专人监护，防止钉弹射穿基体伤人。

（9）操作时必须站在操作方便、稳当的位置。高空作业时，必须将脚手架或梯子等放稳、固定再进行操作，以防反冲作用发生事故，且高空作业时，射钉枪应有牢靠的皮带和皮带环，用弹簧钩挂在肩上，以便于操作。

（10）不经有关部门批准，不得在有爆炸危险和有火灾危险的车间或场地内使用射钉枪。

3. 电钻、冲击钻安全使用

（1）操作时，钻头要夹紧防止松脱。应先启动后接触工件，不得在钻孔中晃动，钻薄工件要垫平垫实，钻斜孔要防止钻头滑动。

（2）钻孔时要避开钢筋混凝土的钢筋。

（3）操作时应用杆加压，不准用身体直接压在上面。

（4）使用直径 25mm 以上的冲击电钻时，作业场地周围应设护栏，在离地面 4m 以上操作时，应有固定平台。

4. 捯链安全使用

（1）捯链使用前应仔细检查吊钩、链条及轮轴是否有损伤，传动部分是否灵活。

（2）挂上重物后，慢慢拉动链条，等起重链条受力后再检查一次，看齿轮啮合是否妥当，链条自锁装置是否起作用，确认各部分情况良好后，方可继续工作。

（3）捯链在起重时，不得超过其额定的起重量。起重量不明或构件重量不详时，只要一个人可以拉动，就可继续工作。用手链拉不动时，应查明原因，不能增加人数猛拉，以免发生事故。不同捯链的拉链人数见表 4-30。

根据起重量确定拉链人数　　　　　　　　　表 4-30

捯链起重量（t）	0.5~2.0	3.0~5.0	5.0~8.0	10.0~15.0
拉链人数（人）	1	1~2	2	2

（4）用手拉动链条时，用力要均匀，不得猛拉，不得在与链轮不同的平面内进行拉链，以免造成拉链脱槽及卡链现象。

（5）用捯链吊起阀门或组装件时，升降要平稳；如需在起吊物下作业时，应将链条打结保险，并须用枕木或支架等将部件垫稳。

5. 自我防护

自我防护能力，就是职工在生产中出现不安全因素时的敏感、预见、控制和排除的能力。职工的自我防护能力提高了，施工时就会增加一条无形的防线，安全生产就有了重要保证。职工自我防护能力的大小，取决于以下几个因素：

（1）安全意识的强弱。安全意识包含对安全生产的重要性、生产中危险性的认识。职工具有较高的安全意识，就会主动地学习安全技术知识，自觉地遵守安全规章制度，主观能动地控制不安全的因素，达到自我保护的目的。

（2）心理因素的影响。心理因素，就是心理状态和思想情绪。安全生产的心理状态很多，如追求产值、进度、多拿奖金，忽视安全防护，麻痹、侥幸心理，思想情绪烦躁、忧愁、心情不安等，造成动作不协调和失误，容易导致安全事故的发生。

(3) 身体疲劳的程度。工作时间过长，任务过重，使人感到精神和身体上的疲劳。疲劳感所呈现的心理和生理的反应都会使人处于不稳定状态，容易出现不安全行为，将会增加发生事故的可能性。因此，合理安排劳动强度，坚持适当的工作时间，会防止和减少事故的发生。

(4) 周围环境状况。每个工人都希望工作地点安静、清洁、宽敞、整齐和安全，这样的要求，施工现场是很难达到的。施工现场的噪声、混乱和立体交叉作业等，都会使工人精力分散，可能会带来不良后果。因此，施工现场要做到科学组织、严格管理、合理布置，这也是一个防止事故发生的重要措施。

(5) 操作的熟练程度和实践经验的多少。一般讲，操作熟练、经验丰富的老工人对生产中的不安全因素的控制、排除能力较强。

任务4　市政供热管道防腐与绝热施工

一、市政供热管道防腐施工

市政供热管道常用钢管，为了保证钢管不被腐蚀，应进行防腐施工。施工方法参见项目5中的任务5。

二、管道绝热施工

(一) 绝热结构的组成

管道绝热结构由绝热层、防潮层、保护层三部分组成。

绝热层是绝热结构的主体部分，可根据介质的温度、材料供应、施工条件来选择绝热材料。

防潮层的作用主要是使绝热层不受潮，包扎在绝热层外，地沟、直埋供热管道均需做防潮层。常用的防潮层材料有：沥青胶或防水冷胶料玻璃布防潮层、沥青玛琋脂玻璃布防潮层、聚氯乙烯膜防潮层、石油沥青油毡防潮层等。

保护层具有保护绝缘层和防水的性能，且要求其重量轻、耐压强度高、化学稳定性好、不易燃烧、外形美观等。常用的保护层有金属保护层（如镀锌钢板、铝合金板、不锈钢板等）、包扎式复合保护层（如玻璃布、改性沥青油毡、玻璃布铝箔等）、涂抹式保护层（如石棉水泥、沥青胶泥等）。

(二) 绝热结构施工

管道绝热结构的施工方法有涂抹法、绑扎法、预制块法、缠绕法、充填法、粘贴法、浇灌法、喷涂法等。

(1) 涂抹法。采用如膨胀珍珠岩、石棉纤维等不定形的绝热材料，加入胶粘剂如水泥、水玻璃等，按一定的配料比例加水拌合成塑性泥团，用手或工具涂抹到管道表面上即可，每层涂料厚度为10～20mm，直至达到设计要求的厚度为止，但必须在前一层完全干燥后再涂抹下一层，如图4-33所示。

当管道内介质温度超过100℃时，可采用草绳胶泥结构，先在管道上缠一层草绳，再在草绳上涂抹胶泥，接着再缠一层草绳，再涂抹胶泥，直至达到设计要求的厚度为止。

涂抹结构在干燥后即变成整体硬结材料，因此每隔一定距离应留有热胀补偿缝，当管内介质温度不超过100℃时，补偿缝间距为7m左右，缝隙为5mm；当管内介质温度超过300℃时，补偿缝间距为5m，缝隙为20mm，缝隙内应填石棉绳。

（2）绑扎法。将成型布状或毡状的管壳、管筒或弧形毡直接包覆在管道上，再用镀锌钢丝网或包扎带，把绝热材料包扎在管道上。这种绝热材料有岩棉、玻璃棉、矿渣棉、石棉等制品。绑扎法需按管径大小，分别用1.2～2mm的镀锌钢丝绑扎固定，如图4-34所示。对于软质半硬质材料厚度要求在80mm以上时，应采用分层绝热结构。分层施工时，第1层和第2层的纵缝和横缝均应错开，且其水平管道的绝热层纵缝应布置在管道轴线的左右侧，而不应布置在上下侧，如图4-35所示。

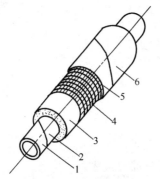

图4-33 涂抹法绝热

1—管道；2—防锈漆；3—绝热层；
4—钢丝网；5—保护层；6—防腐漆

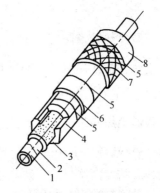

图4-34 绑扎法绝热

1—管道；2—防锈漆；3—胶泥；4—绝热层；
5—镀锌钢丝；6—沥青油毡；
7—玻璃丝布；8—防腐漆

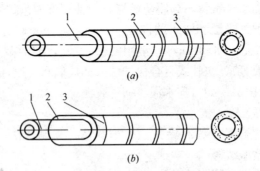

图4-35 水平管道绝热管壳（半圆瓦）敷设位置

(a) 正确；(b) 不正确

1—管道；2—膨胀珍珠岩管壳；3—镀锌钢丝（ϕ1.4mm）

（3）预制块法。预制块法是将绝热材料由专门的工厂或在施工现场预制成梯形、弧形或半圆形瓦块，如图4-36所示。预制长度一般在300～600mm，根据所用材料不同和管径大小，每一圈为2块、3块、4块或更多块数，安装时用镀锌钢丝将其绑扎在管子外面。绑扎时应使预制块的纵横接缝错开，并以石棉胶泥或同质绝热材料胶泥粘合，使纵、横接缝无空隙，其结构形式如图4-37所示。当管径$DN \leqslant 80mm$时，采用半圆形管壳（图4-36a）；管径$DN \geqslant 100mm$时，宜采用弧形瓦或梯形瓦（图4-36b、c）；当绝热层外径大于200mm时，应在绝热层外面用网孔为30mm×30mm～50mm×50mm的镀锌钢丝网捆扎。

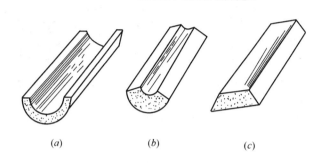

图4-36 绝热预制品
(a) 半圆形管壳；(b) 弧形瓦；(c) 梯形瓦

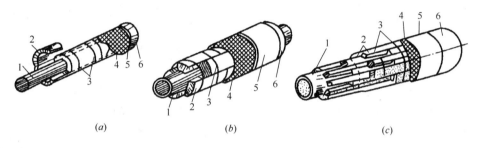

图4-37 预制品绝热结构
(a) 半圆形管壳；(b) 弧形瓦；(c) 梯形瓦
1—管道；2—绝热层；3—镀锌钢丝；4—镀锌钢丝网；5—保护层；6—油漆

（4）缠绕法。如图4-38所示，缠绕法用于小直径管道，采用的绝热材料如石棉绳、石棉布、高硅氧绳和铝箔进行缠绕。缠绕时每圈要彼此靠紧，以防松动。缠绕的起止端要用镀锌钢丝扎牢，外层一般以玻璃丝布包缠后涂漆。

（5）填充法。填充式绝热结构如图4-39所示。它是用钢筋或扁钢作一个支撑环套在管道上，在支撑环外面包扎镀锌钢丝网，中间填充散状绝热材料。施工时，根据管径的大小及绝热层厚度，预先做好支撑环套在管子上，其间距一般为300～500mm，然后再包钢丝网，在上面留有开口，以便填充绝热材料，最后用镀锌钢丝网缝合，在外面再做保护层。

（6）粘贴法。将胶粘剂涂刷在管壁上，将绝热材料粘贴上去，再用胶粘剂代替对缝灰浆勾缝粘结，然后再加设保护层，保护层可采用金属保护壳或缠玻璃丝布。粘贴绝热结构如图4-40所示。

（7）套筒法。套筒法绝热是将矿纤材料加工成型的保温筒直接套在管子上，施工时，只要将保温筒上轴向切口扒开，借助矿纤材料的弹性便可将保温筒紧紧套在管子上。套筒式绝热结构如图4-41所示。

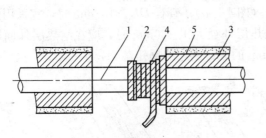

图4-38 缠绕式绝热结构
1—管道；2—法兰；3—管道绝热层；
4—石棉绳；5—石棉水泥保护壳

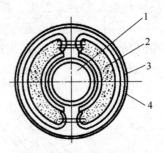

图4-39 填充绝热结构
1—管子；2—绝热材料；
3—支撑环；4—保护壳

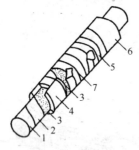

图4-40 粘贴绝热结构
1—管道；2—防锈漆；3—胶粘剂；4—绝热材料；5—玻璃丝布；6—防腐漆；7—氯乙烯薄膜

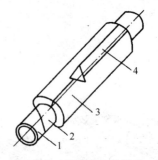

图4-41 套筒式绝热结构
1—管道；2—防锈漆；3—绝热瓦；
4—带胶铝箔带

（8）浇灌法。浇灌法绝热结构分有模浇灌和无模浇灌两种，浇灌用的绝热材料大多用泡沫混凝土，浇灌时多采用分层浇灌的方式，根据设计绝热层厚度分2～3次浇灌，浇灌前应将管子的防锈漆面上涂一层机油，以保证管子的自由伸缩。

（9）喷涂法。喷涂法适用于现场发泡的聚氨酯泡沫塑料。喷涂时可先在管外做一个绝热层外壳，然后喷涂成型。管道直埋敷设常采用这种方法。

（三）防潮层施工

（1）石油沥青油毡防潮层的施工，先在绝热层上涂沥青玛琋脂，厚度为3mm，再将石油沥青油毡贴在沥青玛琋脂上，油毡搭接宽度50mm，然后用镀锌钢丝或铁箍捆扎油毡，每300mm捆扎一道，在油毡上涂厚度为3mm的沥青玛琋脂，并将油毡封闭。

（2）沥青胶或防水冷胶料玻璃布防潮层及沥青玛琋脂玻璃布防潮层施工，先在绝热层上涂抹沥青或防水冷胶料或沥青玛琋脂，厚度均为3mm，再将厚度为0.1～0.2mm的中碱粗格平纹玻璃布贴在沥青层上，其纵向、环向缝搭接不应小于50mm，搭接处必须粘贴密实，粘贴方式可采用螺旋形缠绕或平铺，然后用镀锌钢丝捆扎玻璃丝布，每300mm捆扎一道。待干燥后，在玻璃布表面上再涂抹厚度为3mm的沥青胶或防水冷胶料，最后将玻璃布密封。

（四）保护层施工

（1）金属保护层常用镀锌薄钢板或铝合金板，安装前金属板边先压出两道半圆凸缘。

（2）对于岩棉、矿渣棉制品的金属保护层，纵向接缝采用咬接或插接，环向接缝采用插接或搭接。

（3）水平管道的绝热保护层，可直接将金属板卷合在绝热层外，按管道坡向自下而上施工，两板环向半圆凸缘重叠，纵向搭口向下，环向搭接尺寸不得小于50mm，纵向接缝宜布置在水平中心线下方约15°～45°处，缝口朝下。

（4）立管绝热保护层施工时，相邻两张金属板的半圆凸缘应重叠，自下而上安装，上层板压下层板，搭接长度50mm。当采用销钉固定时，用手锤对准销钉将薄板打穿，套上3mm厚胶垫，用自锁紧板套入压紧；当采用支撑圈、板固定时，板面重叠（或搭接）处应尽可能对准支撑圈、板，先用3.6mm钻头钻孔，再用M4×15的自攻螺钉紧固。

（5）搭接处先用4mm（或3.6mm）钻头钻孔，再用抽芯铆钉或自攻螺钉固定，铆钉或螺钉间距为150～200mm，每道缝不得少于4个螺钉。用自攻螺钉紧固时严禁损坏防潮层。

包扎式复合保护层施工方法如下：

（1）油毡玻璃布保护层施工

1）包油毡。将350号石油沥青油毡（当管径不大于50mm时，可采用玻璃布油毡）卷在绝热层外，操作时，应视管道坡度由低向高卷，油毡纵、横接缝搭接宽度为50mm，横向接缝用稀沥青封闭或用环氧树脂胶粘合，纵向搭接应向下。

2）捆扎。当管径$DN \leqslant 100$mm时，用镀锌钢丝捆扎，两道钢丝间的间距为250～300mm；当管径$DN=450\sim1000$mm时，用宽度为15mm，厚为0.4mm的钢带扎紧，钢带间距缝处用钢丝网边头相互扎紧。

3）缠玻璃布。将中碱玻璃布以螺旋状紧绕在油毡层外，根据管道坡度由低向高绕卷，前后搭接40mm，立管应自下而上缠绕，布带两端每隔3～5m处，用镀锌钢丝或宽度为15mm，厚度为0.4mm的钢带捆扎。

4）涂漆。油毡玻璃布保护层外面，应刷涂料或沥青冷底子油。室外架空管道油毡玻璃布保护层外面，应涂刷油性调合漆两遍。

（2）玻璃布保护层施工

1）在绝热层外贴一层石油沥青油毡，然后包一层六角镀锌钢丝网，钢丝网接头处搭接宽度不应大于75mm，并用镀锌钢丝将钢丝网捆扎平整。

2）涂抹湿沥青橡胶粉玛琋脂2～3mm（沥青橡胶粉玛琋脂配比为：

10号石油沥青：30号石油沥青：橡胶粉＝67.5%：22.5%：10%）。

3）用厚度为0.11mm的玻璃布贴在玛琋脂上，玻璃布纵向及横向搭接宽度应不小于50mm。用玻璃布缠绕时，其重叠部分应为带宽的1/2。玻璃布外面涂调合漆两遍。

任务5　市政供热管道质量检查

一、供热管道的试压

供热管道安装完毕后，必须进行其强度与严密性试验。强度试验用试验压力试验管道，严密性试验用工作压力试验管道。供热管道一般采用水压试验。严寒地区冬季试压也可以用气压进行试验。

（1）供热管道强度试验。由于供热管道的直径较大，距离较长，一般试验都是分阶段进行的。强度试验的试验压力为工作压力的 1.5 倍，但不得小于 0.6MPa。

试验前，应将管道中的阀门全部打开，试验段与非试验段管道应隔断，管道敞口处要用盲板封堵严密；与室外管道连接处，应在从干线接出的支线上的第一个法兰中插入盲板。经充水排气后关闭排气阀，如各接口无漏水现象就可缓慢加压。先升压至 1/4 试验压力，全面检查管道，无渗漏时继续升压。当压力升至试验压力时，停止加压并观测 10min，若压力降不大于 0.05MPa，可认为系统强度试验合格。另外，管网上用的预制三通、弯头等零件，在加工厂用 2 倍的工作压力试验，闸阀在安装前用 1.5 倍工作压力试验。

（2）供热管道的严密性试验。严密性试验一般伴随强度试验进行，强度试验合格后，将水压降至工作压力，用质量不大于 1.5kg 的圆头铁锤，在距焊缝 15~20mm 处沿焊缝方向轻轻敲击，各接口若无渗漏则管道系统严密性试验合格。

当室外温度在 −10~0℃ 间仍采用水压试验时，水的温度应为 50℃ 左右的热水。试验完毕后应立即将管内存水排放干净，有条件时最好用压缩空气冲净。还应指出的是，架空敷设的供热管道试压时，若手压泵及压力表设置在地面上，其试验压力应加上管道标高至压力表的水静压力。

二、供热管道清洗

供热管道的清洗应在试压合格后，用水或蒸汽进行。

（一）清洗前的准备

（1）将减压器、疏水器、流量计和流量孔板、滤网、调节阀芯、止回阀芯及温度计的插入管等拆下。

（2）把不应与管道同时清洗的设备、容器及仪表管等与需清洗的管道隔开。

（3）支架的牢固程度应能承受清洗时的冲击力，必要时应予以加固。

（4）供热管道应在水流末端的低点处接管引至供热量可满足需要的供热井或其他允许排放的地点。供热管的截面积应按设计要求确定或根据水力计算确定，应能将脏物排出。

（5）蒸汽吹洗用的排汽管管径应按设计要求确定或根据计算确定，应能将脏物排出。管口的朝向、高度、倾角等应认真计算，排汽管应简短，端部应有牢固的支撑。

(6) 设备和容器应有单独的供热口,在清洗过程中管道中的脏物不得进入设备,设备中的脏物应单独排放。

(二) 供热管道的水力清洗

(1) 清洗应按主干线、支干线的次序分别进行,清洗前应充水浸泡管道。

(2) 小口径管道中的脏物,在一般情况下不宜进入大口径管道中。

(3) 在清洗用水量可以满足需要时,尽量扩大直接供热清洗的范围。

(4) 水力冲洗应连续进行并尽量加大管道内的流量,一般情况下管内的平均流速不应低于 1.0m/s。

(5) 大口径管道,当冲洗水量不能满足要求时,宜采用密闭循环的水力清洗方式,管内流速应达到或接近管道正常运行时的流速。循环清洗的水质较脏时,应更换循环水继续进行清洗。循环清洗的装置应在清洗方案中考虑和确定。

(6) 管网清洗的合格标准:清洗供热中全固形物的含量接近或等于清洗用水中全固形物的含量为合格;当设计无明确规定时入口水与供热的透明度相同即为合格。

(三) 供热管道蒸汽吹洗

输送蒸汽的管道宜用蒸汽吹洗。蒸汽吹洗按下列要求进行:

(1) 吹洗前,应缓慢升温管道,恒温 1h 后进行吹洗。

(2) 吹洗用蒸汽的压力和流量应按计算确定。一般情况下,吹洗压力应不大于管道工作压力的 75%。

(3) 吹洗次数一般为 2~3 次,每次的间隔时间为 2~4h。

(4) 蒸汽吹洗的检查方法:将刨光的洁净木板置于排汽口前方,板上无铁锈、脏物即为合格。

清洗合格的管网应按技术要求恢复拆下来的设施及部件,并应填写供热管网清洗记录。

任务 6 工程验收

在一个或多个单位工程验收和试运行合格后,进行供热管网工程的竣工验收。工程验收应在施工单位自检合格的基础上进行。工程验收应复检以下主要项目:

(1) 承重和受力结构;

(2) 结构防水效果;

(3) 补偿器;

(4) 焊接;

(5) 防腐和保温;

(6) 泵、电气、监控仪表、换热器和计量仪表安装;

(7) 其他标准设备安装和非标准设备的制造安装。

供热管网工程竣工验收应由建设单位组织,监理单位、设计单位、施工单位、管理单位等有关单位参加,验收合格后签署验收文件,移交工程,并填写竣工交接书,内容应符合表 4-31 的规定。

供热管网工程竣工交接书　　　　　　　　　表 4-31

项目：	装置：	工号：
单位工程名称		交接日期：　年　月　日

工程内容：

交接事项说明：

工程质量鉴定意见：

参加单位及人员签字	建设单位	设计单位	施工单位	监理单位

一、竣工验收

（一）施工单位应提供的资料

（1）施工技术资料：施工组织设计（或施工技术措施）、竣工测量资料、竣工图等；

（2）施工管理资料：

1）材料的产品合格证、材质单、分析检验报告和设备的产品合格证、安装说明书、技术性能说明书、专用工具和备件的移交证明。

2）本规范中规定施工单位应进行的各种检查、检验和记录等资料。

3）工程竣工报告。

4）其他需要提供的资料。

（二）竣工验收时，检查项目的要求

（1）供热管网输热能力及供热站各类设备应达到设计参数，输热损耗不得高于国家规定标准，管网末端的水力工况、供热工况应满足末端用户的需求；

（2）管网及站内系统、设备在工作状态下应严密，管道支架和热补偿装置及供热站热机、电气等设备应正常、可靠；

（3）计量应准确，安全装置应灵敏、可靠；

（4）各种设备的性能及工作状况应正常，运转设备产生的噪声值应符合国家规定标准；

（5）供热管网及供热站防腐工程施工质量应合格；

（6）工程档案资料应符合要求；

（7）保温工程在第一个采暖季结束后，应由建设单位组织，监理单位、施工单位和设计单位参加，对保温效果进行鉴定，并应按现行国家标准《设备及管道绝热效果的测试与评价》GB 8174—2008 进行测定与评价及提出报告。

（三）工程质量验收方法

工程质量验收分为"合格"和"不合格"。工程质量验收项目划分为：

1. 分项工程内容

(1) 沟槽、模板、钢筋、混凝土（垫层、基础、构筑物）、砌体结构、防水、止水带、预制构件安装、回填土等土建分项工程。

(2) 管道安装、支架安装、设备及管路附件安装、焊接、管道防腐及保温等热机分项工程。

(3) 供热站、中继泵站的建筑和结构部分等按现行国家有关标准执行。

(4) 分部工程宜按长度、专业或部位划分为若干个分部工程。如工程规模小，可不划分分部工程。

(5) 单位工程宜为一个合同项目。

2. 工程质量的验收与评定

按照三级或二级进行，即分项、分部、单位工程；或分项、单位工程。工程质量合格率按下式计算：

$$\psi = \frac{n}{N} \times 100\%$$

式中 ψ——质量合格率；

n——同一检查项目中的合格点（组）数；

N——同一检查项目中的应检点（组）数。

计算合格率后，按照下列方法对工程质量进行评定。

(1) 分项工程符合下列两项要求者，为"合格"：

1) 主控项目（在项目栏列有△者）的合格率应达到100%。

2) 一般项目的合格率不应低于80%，且不符合本规范要求的点，其最大偏差应在允许偏差的1.5倍之内。凡达不到合格标准的分项工程，必须返修或返工，直到合格。

(2) 分部工程的所有分项工程合格，则该分部工程为"合格"。

(3) 单位工程的所有分部工程均为合格，则该单位工程为"合格"。

3. 工程质量验收报告

(1) 分项工程交接检验应在施工班组自检、互检的基础上由检验人员进行，并填写表4-32；

(2) 分部工程检验应由检验人员在分项工程交接检验的基础上进行，验收合格后，填写表4-33；

(3) 单位工程检验应由检验人员在分部工程检验或分项工程交接检验的基础上进行，并填写表4-34。

4. 填写检验报告及相关记录

(1) 材料牌号、化学成分和机械性能复验报告内容应按表4-35填写。

(2) 焊缝表面检测报告内容应按表4-36填写。

(3) 无损检验报告内容应按下列各表填写：

1) 磁粉探伤、着色探伤检测报告内容应按表4-37填写。

2) 射线探伤检测报告内容应按表4-38、表4-39填写。

3) 超声波探伤检测报告内容应按表4-40填写。

分项工程质量验收报告 表 4-32

工程名称		分部工程名称														分项工程名称	
施工单位		桩号														主要工程数量	

序号	外观检查项目	质量情况														验收意见	
1																	
2																	
3																	
4																	
5																	

序号	量测项目	允许偏差（规定值±偏差值）(mm)	实测点偏差值或实测值														应量测点数	合格点数	合格率（%）
			1	2	3	4	5	6	7	8	9	10	11	12	13	14	15			

交方班组		接方班组		平均合格率（%）	
				测定结果	
施工负责人		质检员		测定日期	年 月 日

分部工程质量验收报告

表 4-33

分部工程质量验收报告		编号	
单位工程名称		分部工程名称	
施工单位			

序号	外观检查	质量情况		
1				
2				
3				
4				

序号	分项工程名称	合格率（%）	验收结果	备 注
1				
2				
3				
4				
5				
6				
7				
8				
9				
10				

验收意见		验收结果	
技术负责人	施工员		质检员
日 期			年 月 日

单位工程质量验收报告   表 4-34

单位工程质量验收报告		编号	
单位工程名称			
施工单位			

序号	外观检查	质量情况
1		
2		
3		
4		
5		

序号	部位（分部）工程名称	合格率（%）	验收结果	备注
1				
2				
3				
4				
5				
6				
7				
8				
9				
10				
平均合格率（%）				

验收意见		验收结果	
施工单位	项目经理		技术负责人
建设单位	监理单位		设计单位
日 期			年 月 日

材料牌号、化学成分和机械性能复验报告

表 4-35

产品编号：_____

材料品种名称	钢厂名称及钢材炉批号	材料牌号	钢材规格(mm)	数据来源	化学成分（%）					机械性能（不小于）					备注
					碳	硅	锰	磷	硫	屈服点(MPa)	抗拉强度(MPa)	伸长率(%)	冲击试验		
													温度(℃)	冲击值(kgf·m/cm²)	
				供应值											
				复验值											
				供应值											
				复验值											
				供应值											
				复验值											
标准值															

检验员_____ 检验单位_____ 日期_____

焊缝表面检测报告　　　　　　　　　　　　　　　　　　　　　　　表 4-36

报告编号：　　　　　　　　　　　　　　　　　　　　　　　　　　　　共　　页

工件	工程名称		委托单位	
	表面状态	检测区域		材料牌号	
	板厚规格	焊接方法		坡口形式	
器材及参数	仪器型号	探头型号		检测方法	
	扫描调节	试块型号		扫描方式	
	评定灵敏度	表面补偿		检测面	
技术要求	检测标准		检测比例		
	合格级别		检测工艺编号		
检测结果	最终结果		焊缝每部位长度		
	扩检长度		最终检测长度		
检测位置示意图					

缺陷及返修情况说明	检测结果
1. 本台产品返修部位共计　　处，最高返修次数　　次； 2. 超标缺陷部位返修后复验合格； 3. 返修部位原缺陷见焊缝超声波探伤报告	1. 本台产品焊缝质量符合标准级的要求，结果合格 2. 检测部位详见超声波检测位置示意图，各检测部位情况详见焊缝超声波探伤报告

结论统计	实际焊缝	一次合格	返修	共检焊缝	一次合格率	最终合格率

报告人：	审核人：	质检专用章：	
年　月　日	年　月　日	年　月　日	备注

磁粉探伤、着色探伤检测报告

表 4-37

检验部位					
检验比例	%		检验结论		
磁粉探伤	磁化方法_____ 试 片_____ 磁化电源_____ 磁粉种类_____ 磁化时间_____ 仪 器_____ 评定标准_____				
着色探伤	渗 透 仪_____ 试验温度_____ 乳 化 仪_____ 表面状况_____ 显 像 剂_____ 评定标准_____				
检验部位		检验结果		缺陷处理	备注
焊缝编号	名称	缺陷位置	缺陷长度(mm)	允许缺陷	打磨后缺陷状况	修补	

报告人　　　　　　审核人　　　　　　检测专用章

年 月 日

射线探伤检测报告

表 4-38

报告编号：　　　　　　　　　　　　　　　　　　　　　共 页 第 页

委托单位			工程名称			
规格			材质		焊接方法	
评定标准			合格级别	像质指数	黑度	
透照条件	射线源		设备型号	胶片型号	增感方式	
	管电压（kV）		管电流 Ma（居里）	L1（mm）	曝光时间（min）	
	照相质量等级		透照方式	一次透照长度（mm）	控伤比例（%）	
代号	GL	GS	HS	LN	ST	WT	GH	R1、R2
	过路	供水	回水	冷凝	三通	弯头	过河	返修次数
评定结果	Ⅰ级片	Ⅱ级片	Ⅲ级片	Ⅳ级片	总张数		返修片数	
检测结论								
报告人		级别	RT—	日期	年 月 日	备注：		
复审人		级别	RT—	日期	年 月 日			

射线探伤底片记录

表 4-39

报告编号：　　　　　　　　　　　　　　　　　　　　　共 页 第 页

序号	焊缝代号	底片编号	缺陷性质						质量等级				备注
			圆缺	夹渣	内凹	未透	未熔	裂纹	Ⅰ	Ⅱ	Ⅲ	Ⅳ	
1													
2													
3													
4													
5													
6													
7													
8													
9													
10													
11													
12													
13													
14													
15													

注：圆形缺陷按点数计，条状缺陷按 mm 计。

超声波探伤检测报告 表 4-40

单位		工程名称				
材料名称		材料厚度（mm）			焊接方法	
坡口形式		控测面光洁度			仪器型号	
频率		试块			灵敏度	
探伤比例	%	探头角度			晶片尺寸	
评定标准		评定级别				

编号	缺陷类别	缺陷位置		反射回波高度（dB）	缺陷长度（mm）	确定方法	结论
		水平	垂直				

报告人		审核人		检测专用章 年 月 日

（4）固定支架检查记录内容应按表 4-41 填写。

固定支架检查记录 表 4-41

工程名称		设计图号	
施工单位		监理单位	

固定支架位置

固定支架结构检查情况（钢材型号、焊接质量等）

固定支架浇筑检查情况（钢材、钢筋型号、焊接质量等）

固定支架卡板、卡环检查情况（卡板、卡环尺寸、焊接质量等）

参加单位及 人员签字：	建设单位	监理单位	设计单位	施工单位

（5）阀门试验报告内容应按表 4-42 填写。

阀门试验报告　　　　　　　　　　　表 4-42

项目：					装置：			工号：	
型号规格	数量	压力试验			密封试验			结果	日期
		介质	压力(MPa)	时间(min)	介质	压力(MPa)	时间(min)		

备注：

检验员：	试验人：

(6) 管道补偿器预变形记录内容应按表 4-43 填写。

管道补偿器预变形记录　　　　　　　　　表 4-43

工程名称		施工单位	
单项工程名称			
补偿器编号		补偿器所在图号	
管段长度（m）		直径（mm）	
补偿量（mm）		预变形量（mm）	
预变形时间		预变形时气温（℃）	

预变形示意图：

备注：				
参加单位及人员签字	建设单位	设计单位	施工单位	监理单位

注：本表由施工单位填写，参试单位各保存一份。

(7) 补偿器安装记录内容应按表 4-44 填写。

补偿器安装记录 表 4-44

工程名称			施工单位	
单项工程名称				
波纹管补偿器编号			补偿器所在图号	
管段长度（m）			直径（mm）	
安装位置				
安装时间			安装时气温（℃）	

安装示意图：

备注：				
参加单位及人员签字	建设单位	设计单位	施工单位	监理单位

注：本表由施工单位填写，参试单位各保存一份。

(8) 管道冷紧记录内容应按表 4-45 填写。

管道冷紧记录 表 4-45

工程名称			施工单位	
单项工程名称				
节点编号			节点所在图号	
管段长度（m）			直径（mm）	
设计冷紧值（mm）			实际冷紧值（mm）	
冷紧时间			冷紧时气温（℃）	

冷紧示意图：

备注：				
参加单位及人员签字	建设单位	设计单位	施工单位	监理单位

注：本表由施工单位填写，参试单位各保存一份。

(9) 安全阀调试记录内容应按表 4-46 填写。

安全阀调试记录　　　　　　　　　　　　　　表 4-46

安全阀规格型号			
安全阀安装地点			
设计用介质		设计开启压力（MPa）	
试验用介质		试验启跳压力（MPa）	
试验启跳次数		试验回座压力（MPa）	
调试中情况			
质量检查员		调试人员	

注：本表由施工单位填写，参试单位各保存一份。

（10）供热管网工程强度、严密性试验记录内容应按表 4-47 填写。

供热管网工程强度、严密性试验记录　　　　　　表 4-47

工程名称		试验日期	年　月　日
建设单位		施工单位	
试验范围		试验压力（MPa）	

试验要求：

试验情况记录：

试验结论：

参加单位及人员签字	建设单位	设计单位	施工单位	监理单位

注：本表由施工单位填写，参试单位各保存一份。

（11）供热管网工程清洗检验记录内容应按表 4-48 填写。

供热管网工程清洗检验记录　　　　　　　　表 4-48

工程名称		试验日期	年　月　日
建设单位		施工单位	
清洗范围		清洗方法	

清洗要求：

检验情况记录：

检验结论：

参加单位及人员签字	建设单位	设计单位	施工单位	监理单位

注：本表由施工单位填写，参试单位各保存一份。

(12) 补偿器热伸长记录内容应按表 4-49 填写。

补偿器热伸长记录　　　　　表 4-49

工程名称：　　　　　　　　　　　　　　　　　　　　　　　　　　日期

		设计图号		小室号	

小室简图

	1号（mm）	2号（mm）	3号（mm）	4号（mm）	记录时间	记录人
原始状态						
参加单位及人员签字	建设单位	监理单位	设计单位	施工单位		

(13) 供热管网工程试运行记录内容应按表 4-50 填写。

供热管网工程试运行记录　　　　　表 4-50

工程名称		试运行日期	年　月　日
建设单位		施工单位	
试运行范围			
试运行温度（℃）		试运行压力（MPa）	
试运行时间		从　月　日　时　分到　月　日　时　分	
试运行累计时间			

试运行内容：

试运行情况记录：

试运行结论：

参加单位及人员签字	建设单位	监理单位	设计单位	施工单位

注：本表由施工单位填写，参试单位各保存一份。

(14) 供热管网工程竣工交接书内容应按表 4-51 填写。

供热管网工程竣工交接书　　　　　　　表 4-51

项目：		装置：		工号：	
单位工程名称				交接日期：	年　月　日

工程内容：

交接事项说明：

工程质量鉴定意见：

参加单位及 人员签字	建设单位	设计单位	施工单位	监理单位

复习思考题

1. 供热管网定线的原则是什么？
2. 供热管网的布置形式有几种，其特点是什么？
3. 说明闭式系统、开式系统有哪些特点？
4. 选择钢管的原则是什么？
5. 供热管道阀门有几种，其特点是什么？
6. 市政供热管道敷设的特点是什么？
7. 市政供热管道直埋敷设的特点是什么？
8. 市政供热管道直埋敷设的原则是什么？
9. 市政供热管道绝热结构的组成是什么？
10. 市政供热管道绝热结构的特点是什么？
11. 市政供热管道绝热层如何施工？
12. 市政供热管道压力试验的过程是什么？
14. 市政供热管道水力清洗的过程是什么？
15. 市政供热管道蒸汽吹洗的过程是什么？
16. 施工单位应提供哪些资料？
17. 竣工验收时，检查项目有哪些要求？
18. 工程质量验收方法有哪些？
19. 工程质量如何验收与评定？

项目5　市政燃气管道开槽施工

【学习目标】

了解市政燃气管道工程的基本构造；了解市政燃气管道工程施工内业的基本知识；了解市政燃气管道工程文明施工、安全施工的基本知识。能熟练识读燃气管道工程施工图；能按照施工图，合理地选择管道施工方法，理解施工工艺，会进行燃气钢管管道开槽施工方案编制。

任务1　燃气管道施工准备

一、城市燃气管道系统

（一）城市燃气的种类

城市燃气按照其来源及生产方法，大致可分为三大类：

1. 天然气

天然气包括：由气田开采出来的纯天然气；开采石油时的副产品石油伴生气和含有石油轻质馏分的凝析气田气等。天然气热值高、清洁卫生。

2. 人工燃气

人工燃气包括焦炉煤气、发生炉煤气、油制气等。一般将以煤为原料加工制成的燃气称为煤制气；用石油及其副产品（如重油）制取的燃气称为油制气。

3. 液化石油气

液化石油气是石油开采、加工过程中的副产品，通常来自炼油厂。

各种燃气的成分及特性参数参见表5-1和表5-2。燃气均为易燃、易爆物，且对人体有害。

燃气组分　　　　　　　　表5-1

燃气类别	燃气组分［体积分数（%）］								
	CH_4	C_3H_8	C_4H_{10}	C_mH_n	CO	H_2	CO_2	O_2	N_2
天然气									
纯天然气	98	0.3	0.3	0.4					1.0
石油伴生气	81.7	6.2	4.9	4.9			0.3	0.2	1.8
凝析气田气	74.3	6.8	1.9	14.9			1.5		0.6
人工燃气									
焦炉气	27			2	6	56	3	1	5
油制气	16.5			5	17.3	46.5	7	1	6.7
液化石油气		50	50						

特性参数　　　　　　　　　　　　　　　　　　表 5-2

燃气类别	相对密度	低热值 (MJ/m³)	理论烟气量 (m³/m³)		理论空气需要量 (m³/m³)	爆炸极限 [空气中的体积分数（%）]		理论燃烧温度（℃）
			湿燃气	干燃气		上限	下限	
天然气								
纯天然气	0.58	36.4	10.6	8.7	9.7	15	5	1970
石油伴生气	0.75	43.6	12.5	10.3	11.4	14.2	4.4	1973

（二）城市燃气供应分配系统

1. 城市燃气供应分配系统的构成

城市燃气供应分配系统是复杂的综合设施，主要由低压、中压和高压燃气管网、燃气分配站和调压室等组成，如图 5-1 所示。

2. 燃气管道输送压力

按照输气压力不同，燃气管道常分为高压燃气管道、中压燃气管道和低压燃气管道，见表 5-3。

居民和小型公共建筑用户一般使用低压燃气；工业企业、大型公共建筑用户及采暖锅炉房多使用高、中压燃气。一般城市燃气供应系统由高、中压燃气管道构成主要的输

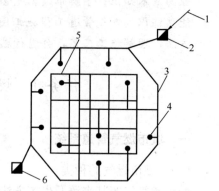

图 5-1　燃气供应系统组成
1—长输管线；2—燃气门站；3—中压管网；
4—中低压调压站；5—低压管网；
6—低压储气罐站

气管网，通过专用调压室向中压用户供气；由区域调压室或调压箱通过低压燃气管道向居民和小型公共建筑用户供气。

城市燃气输气压力分级表（表压）　　　　　表 5-3

名　　　称		压力（MPa）
高压燃气管道	A	$0.8 < p \leqslant 1.6$
	B	$0.4 < p \leqslant 0.8$
中压燃气管道	A	$0.2 < p \leqslant 0.4$
	B	$0.005 < p \leqslant 0.2$
低压燃气管道		$p \leqslant 0.005$

根据燃气管网中采用的压力级制，燃气供应系统可分为：

（1）单级管网系统

该系统仅以一种压力等级（通常为低压管网）分配和供应燃气，一般只用于小城镇或独立居民小区供气系统。

（2）两级管网系统

该系统由低压和中压或低压和高压两级管网组成。如某城市气源为天然气，采用低压一次高压两级管网系统，如图 5-2 所示。又如某城市气源为人工燃气，

采用低压—中压两级管网系统，如图 5-3 所示。

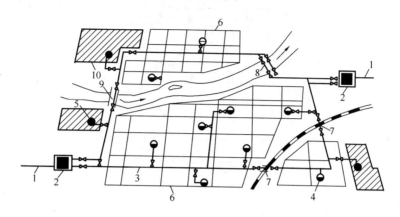

图 5-2 低压-次高压两级管网系统

1—长输管线；2—城市燃气分配站；3—次高压管网；4—区域调压室；5—工业企业专用调压室；
6—低压管网；7—穿越铁路套管；8—过河管；9—沿桥过河管；10—工业企业用户

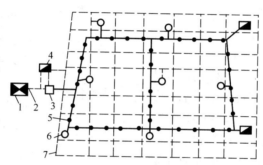

图 5-3 低压-中压两级管网系统

1—气源厂；2—低压管道；3—压送机站；4—低压储气罐站；
5—中压管网；6—区域调压室；7—低压管网

（3）三级管网系统

该系统一般由低压、中压、高压三级管网组成。这种系统适用于大型城市。某城市气源为天然气，采用三级管网供气，如图 5-4 所示。

（4）多级管网系统

该系统由低压、中压和高压，甚至更高压力的管网组成。大型城市或多种气源时多采用这种系统。某城市多级管网系统如图 5-5 所示。

（三）城市燃气管道的布置

在管道布置时，要决定燃气管道沿城市街道的平面位置与纵断面位置。

1. 管线的平面布置

管线的平面布置要求如下：

（1）要使主要燃气管道工作可靠，应使燃气从管道的两个方向得到供应，因此，管道应逐步连成环状。

（2）高、中压管道最好不要沿车辆来往频繁的城市主要交通干线敷设，否则对管道施工和检修造成影响，来往车辆也将使管道承受较大的动载荷。对于低压

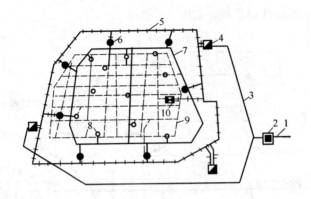

图 5-4 三级管网系统

1—长输管线；2—燃气分配站；3—次高压管网；4—区域调压室；
5—公企专用调压室；6—低压管网；7—穿铁路套管；8—河底过
河管；9—沿桥敷设的过河管；10—气源厂

管道，有时在不可避免的情况下，应征得有关方面同意后，方可沿交通干线敷设。

（3）燃气管道不得在堆积易燃、易爆材料和具有腐蚀性液体的场地下面通过。燃气管道不宜与给水管、供热管、雨水管、污水管、电力电缆、电信电缆等同沟敷设。在特殊情况下，当地沟内通风良好，且电缆系置于套管内时，可允许同沟敷设。

（4）燃气管道可以沿街道的一侧敷设，也可以双侧敷设。在有轨电车通行的街道上，当街道宽度大于 20m 或管道单位长度内所连接的用户分支

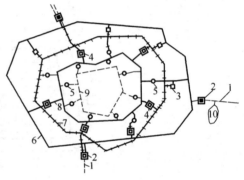

图 5-5 多级管网系统

1—长输管线；2—燃气分配站；3—调压计量站；
4—储气罐站；5—调压室；6—超高压管网；
7—高压管网；8—次高压管网；
9—中高压管网；10—地下储站

管较多等情况下，经过技术经济比较，可以采用双侧敷设。

（5）燃气管道布线时，应与街道轴线或建筑物的前沿相平行，管道宜敷设在人行道或绿化地带内，并尽可能避免在高级路面的街道下敷设。

（6）在空旷地带敷设燃气管道时，应考虑到城市发展规划和未来的建筑物布置的情况。

（7）为了保证在施工和检修时互不影响，也为了避免由于漏出的燃气影响相邻管道的正常运行，甚至逸入建筑物内，地下燃气管道与建筑物、构筑物基础以及其他各种管道之间应保持必要的水平净距，见表 5-4。

2. 管线的纵断面布置

在确定管线纵断面布置时，应考虑以下因素：

（1）地下燃气管道埋设深度，宜在土壤冰冻线以下，管顶覆土厚度还应满足

下列要求：

1) 埋设在车行道下时，不得小于 0.8m。

地下燃气管道与建筑物、构筑物或相邻
管道之间的最小水平净距（单位：m）　　　　表 5-4

序号	项目		地下燃气管道			
			低压	中压	次高压	高压
1	建筑物的基础		2.0	3.0	4.0	6.0
2	热力管的管沟外壁、给水管或排水管		1.0	1.0	1.5	2.0
3	电力电缆		1.0	1.0	1.0	1.0
4	通信电缆	直埋	1.0	1.0	1.0	1.0
		在导管内	1.0	1.0	1.0	2.0
5	其他燃气管道	$d \leqslant 300mm$	0.4	0.4	0.4	0.4
		$d > 300mm$	0.5	0.5	0.5	0.5
6	铁路钢轨		5.0	5.0	5.0	5.0
7	有轨电车道的钢轨		2.0	2.0	2.0	2.0
8	电杆（塔）的基础	≤35kV	1.0	1.0	1.0	1.0
		>35kV	5.0	5.0	5.0	5.0
9	通信、照明电杆（至电杆中心）		1.0	1.0	1.0	1.0
10	街树（至树中心）		1.2	1.2	1.2	1.2

2) 埋设在非车行道下时，不得小于 0.6m。

(2) 输送湿燃气的管道，不论是干管还是支管，其坡度一般不小于 0.0030。布线时，最好能使管道的坡度和地形相适应。在管道的最低点应设泄水器。

(3) 燃气管道不得在地下穿过房屋或其他建筑物，不得平行敷设在有轨电车轨道之下，也不得与其他地下设施上下并置。

(4) 在一般情况下，燃气管道不得穿过其他管道本身，如因特殊情况需要穿过其他大断面管道（如污水干管、雨水干管、供热管沟等）时需征得有关方面的同意，同时燃气管道必须安装在钢套管内。

(5) 燃气管道与其他各种构筑物以及管道相交时，应保持的最小垂直距离见表 5-5。在距相交构筑物或管道外壁 2m 以内的燃气管道上不应有接头、管件和附件。

燃气管道与其他各种构筑物以及管道的
最小垂直距离（单位：m）　　　　表 5-5

序号	项目		地下燃气管道（当有套管时，以套管计）
1	给水管、排水管或其他燃气管道		0.15
2	热力管的管沟底（或顶）		0.15
3	电缆	直埋	0.50
		在导管内	0.15
4	铁路轨底		1.20
5	有轨电车轨底		1.00

如受地形限制燃气管道按表 5-4、表 5-5 以及埋设深度的规定布线有困难，而又无法解决时，要与有关部门协商，采取行之有效的防护措施，保证输送的湿燃气中的冷凝物不致冻结，管道也不致遭受机械损伤，则上述规定可适当降低。

通常采用的防护措施是将管道敷设在套管内。套管是比燃气管道稍大的钢管，直径一般大于 100mm，其伸出长度，从套管端至与之相交叉的构筑物或管道的外壁不小于 1.0m，也可采用非金属管道作套管。套管两端有密封填料，在重要套管的端部可装设检漏管。检漏管上端伸入防护罩内，由管口取气样检查套管中的燃气含量，以判明有无漏气及漏气的程度。敷设在套管内的燃气管道做法如图 5-6 所示。

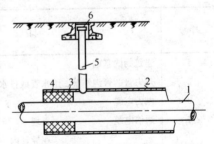

图 5-6　敷设在套管内的燃气管道
1—燃气管道；2—套管；3—油麻填料；
4—沥青密封层；5—检漏管；6—防护罩

（四）市政燃气管道常用管材及管件

市政燃气管道常用管材是铸铁管和钢管，较少用的有自应力钢筋混凝土管和塑料管。

1. 管材

（1）铸铁管

与钢管比，铸铁管有极好的抗腐蚀性能，在低压燃气管网中应用相当普遍。但铸铁管材质较脆，不能承受较大的应力，所以在动载荷较大的地区与重要地段，仍需局部采用钢管。

铸铁管主要采用承插口连接，分刚性和柔性两种接口。刚性接口，在低压燃气管道中用浸油麻和水泥作填料，在中压燃气管道中以耐油橡胶圈和水泥作填料（有时也加一道浸油线麻），在特殊地段采用铅接口，刚性接口如图 5-7 所示。

铸铁管承插柔性接口采用耐油橡胶圈密封接口，如图 5-8 所示。铸铁管接口的发展，如图 5-9、图 5-10 所示。

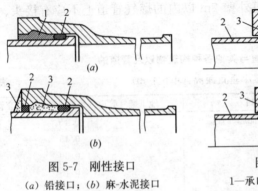

图 5-7　刚性接口
(a) 铅接口；(b) 麻-水泥接口
1—铅；2—油麻；3—水泥

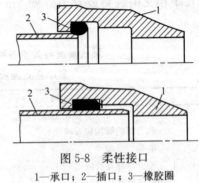

图 5-8　柔性接口
1—承口；2—插口；3—橡胶圈

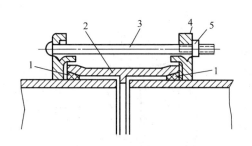
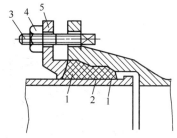

图 5-9　铸铁管的防漏夹机械接口
1—橡胶圈；2—夹板；3—螺栓；
4—卡箍；5—螺母

图 5-10　全胶圈铸铁管机械接口
1—角型橡胶圈；2—圆橡胶圈；3—螺栓；
4—螺母；5—挡圈

（2）钢管

钢管能承受较大的应力，有良好的塑性，便于焊接，但耐腐蚀性差。在选用钢管时，当管径 $DN \leqslant 150mm$ 时，一般采用水、煤气输送钢管；当管径 $DN > 150mm$ 时，多采用螺旋卷焊钢管。钢管壁厚应视埋设地点、土壤和交通荷载而加以选择，要求不小于 3.5mm，如在街道红线内则不小于 4.5mm。当管道穿越重要障碍物以及土壤腐蚀性甚强的地段，壁厚应不小于 8mm，市政燃气管道钢管连接以焊接为主。常用的焊接方法有气焊和电弧焊。当管壁厚度不大于 4mm，可采用气焊；当管壁厚度大于 4mm 必须使用电弧焊。为保证焊接质量，在管端要根据管壁的厚度做成适当的坡口形式，如图 5-11 所示。

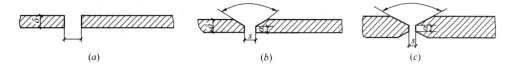

图 5-11　坡口形式

（a）"I" 形坡口，多用于壁厚 $\delta < 4.0mm$，$S \geqslant 0.5 \sim 1.5mm$；

（b）"V" 形坡口，多用于 $\delta \geqslant 4.0 \sim 20.0mm$，$S \geqslant 2.5 \sim 4.5mm$　$\alpha \geqslant 60° \sim 70°$　$\alpha \geqslant 0.5 \sim 2.0mm$；

（c）"X" 形坡口，多用于 $\delta > 14mm$，其中 S、α 及 a 值与 "V" 形坡口相同

2. 管件

铸铁管承插连接用管件有弯头、三通、四通、套管、插堵、承堵等。

（1）铸铁管承插 90°双承弯管结构如图 5-12 所示，其规格尺寸见表 5-6。

90°双承弯管尺寸　　　　　　　　表 5-6

公称直径	内径	外径	管厚	各部尺寸		质量
mm						
DN	D_1	D_2	T	R	U	kg
75	73	93	10	137	193.7	19.26
100	98	118	10	155	219.2	24.97

（2）铸铁管承插 45°双承弯管结构如图 5-13 所示，其规格尺寸见表 5-7。

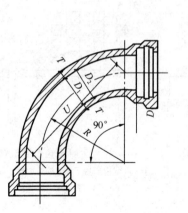 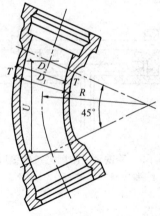

图 5-12 90°双承弯管　　图 5-13 45°双承弯管结构

45°双承弯管结构尺寸　　表 5-7

公称直径	内径	外径	管厚	各部尺寸		质量
			mm			
DN	D_1	D_2	T	R	U	kg
75	73	93	10	280	214.3	19.35
100	98	118	10	300	229.6	24.97
(125)	122	143	10.5	325	248.8	30.35
150	147	169	11	350	267.9	37.47
200	196	220	12	400	306.2	54.42
(250)	245.6	271.6	13	450	344.4	78.08
300	294.8	322.8	14	500	382.7	101.94
(350)	344	374	15	550	421	133.42
400	393.6	425.6	16	600	459.2	167.12
(450)	442.8	476.8	17	650	497.5	207.22
500	492	528	18	700	535.8	253.14
600	590.8	630.8	20	800	612.3	363.80
700	689	733	22	900	688.9	501.48
800	788	836	24	1000	765.4	670.87
900	887	939	26	1100	841.9	872.68
1000	985	1041	28	1200	918.5	1116.87
1200	1182	1246	32	1400	1071.6	1716.40
1500	1478	1554	38	1700	1301.2	2961.62

(3) 铸铁管承插 22.5°双承弯管结构如图 5-14 所示,其规格尺寸见表 5-8。

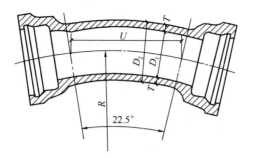

图 5-14　22.5°双承弯管

22.5°双承弯管尺寸　　　　　　　　　　　　　　表 5-8

公称直径	内径	外径	管厚	各部尺寸		质量
			mm			
DN	D_1	D_2	T	R	U	kg
75	73	93	10	280	109.2	17.28
100	98	118	10	300	117	21.90
(125)	122	143	10.5	325	126.8	26.34
150	147	169	11	350	136.6	32.06
200	196	220	12	400	156.1	45.55
250	245.6	271.6	13	450	175.6	64.64
300	294.8	322.8	14	500	195.1	82.74
(350)	344	374	15	550	214.6	107.11
400	393.6	425.6	16	600	234.1	132.19
(450)	442.8	476.8	17	650	253.6	162.09
500	492	528	18	700	273.1	196.06

(4) 铸铁管承插 11.25°双承弯管结构如图 5-15 所示,其规格尺寸见表 5-9。

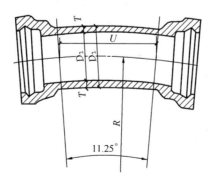

图 5-15　11.25°双承弯管

11.25°双承弯管尺寸 表5-9

公称直径	内径	外径	管厚	各部尺寸		质量
		mm				
DN	D_1	D_2	T	R	U	kg
75	73	93	10	280	54.9	16.25
100	98	118	10	300	58.8	20.46
(125)	122	143	10.5	325	63.7	24.33
150	147	169	11	350	68.6	29.36
200	196	220	12	400	78.4	41.11
250	245.6	271.6	13	450	88.2	57.92
300	294.8	322.8	14	500	98	73.14
(350)	344	374	15	550	107.8	93.95
400	393.6	425.6	16	600	117.6	112.02
(450)	442.8	476.8	17	650	127.4	139.53
500	492	528	18	700	137.2	167.52
600	590.8	630.8	20	800	156.8	233.58
700	689	733	22	900	176.4	313.90
800	788	836	24	1000	196.1	411.21
900	887	939	26	1100	215.7	524.77
1000	985	1041	28	1200	235.3	663.37
1200	1182	1246	32	1400	274.5	991.75
1500	1478	1554	38	1700	333.3	1656.75

（5）铸铁管全承丁字管（三通）结构如图5-16所示，其规格尺寸见表5-10。

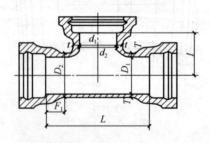

图5-16 铸铁管全承丁字管（三通）

铸铁管全承丁字管（三通）尺寸   表 5-10

公称直径		管径		外径		内径		管长		质量
				mm						
DN	d_n	T	t	D_2	d_2	D_1	d_1	L	I	kg
75	75	10	10	93	93	73	73	212	106	25.47
100	75	10	10	118	93	98	73	240	116	30.58
	100		10		118		73		120	32.60
(125)	75	10.5	10	143	93	122	98	275	128.5	36.05
	100		10		118		98		132.5	38.01
	(125)		10.5		143		122		137.5	39.90
150	75	11	10	169	93	147	73	310	141	43.24
	100		10		118		98		145	45.16
	(125)		10.5		143		122		150	46.97
	150		11		169		147		155	49.46
200	75	12	10	220	93	196	73	380	166	60.84
	100		10		118		98		170	62.72
	(125)		10.5		143		122		175	64.45
	150		11		169		147		180	66.80
	200		12		220		196		190	72.17
250	75	13	10	271.6	93	245.6	73	450	191	85.71
	100		10		118		98		195	87.54
	(125)		10.5		143		122		200	89.21
	150		11		169		147		205	91.43
	200		12		220		196		215	96.80
	250		13		271.6		245.6		225	104.86
300	75	14	10	322.8	93	294.8	73	520	216	112.22
	100		10		118		98		220	114.00
	(125)		10.5		143		122		225	115.63
	150		11		169		147		230	117.75
	200		12		220		196		240	122.91
	250		13		271.6		245.6		250	130.59
	300		14		322.8		294.8		260	138.04
(350)	200	15	12	374	220	344	196	590	265	157.89
	250		13		271.6		245.6		275	165.33

（6）铸铁管全承十字管（四通）结构如图 5-17 所示，其规格尺寸见表 5-11。

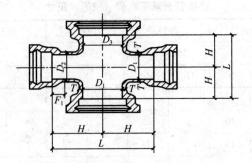

图 5-17 铸铁管全承十字管（四通）

铸铁管全承十字管（四通）尺寸 表 5-11

公称直径	管厚	外径	内径	管长		质量
		mm				
DN	T	D_2	D_1	L	H	kg
200	12	220	196	380	190	91.68
250	13	271.6	245.6	450	225	131.54
300	14	322.8	294.8	520	260	171.35
(350)	15	374	344	590	295	224.83
400	16	425.6	393.6	660	330	281.73
(450)	17	476.8	442.8	730	365	350.32
500	18	528	492	800	400	426.93
600	20	630.8	590.8	940	470	616.09
700	22	733	689	1080	540	852.85
800	24	836	788	1220	610	1145.1
900	26	939	887	1360	680	1692.09
1000	28	1041	985	1500	750	1916.01
1200	32	1246	1182	1780	890	2960.46

（7）铸铁管插堵结构如图 5-18 所示，其规格尺寸见表 5-12。

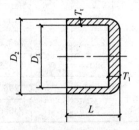

图 5-18 铸铁管插堵

铸铁管插堵尺寸 表 5-12

公称直径	各 部 尺 寸					质量
	mm					
DN	D_2	D_1	L	T_t	T_1	kg
75	93	73	130	10	21	3.07
100	118	98	135	10	22	4.49
(125)	143	122	140	10.5	22.5	6.30
150	169	147	145	11	23	8.51
200	220	196	150	12	24.5	14.36
250	271.6	245.6	155	13	26	21.42
300	322.8	294.8	160	14	27.5	29.16

（8）铸铁管承堵结构如图 5-19 所示，其规格尺寸见表 5-13。

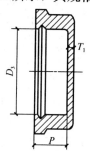

图 5-19 铸铁管承堵

铸铁管承堵尺寸 表 5-13

公称直径	各 部 尺 寸			质量
	mm			
DN	D_3	T_1	P	kg
75	113	21	90	7.86
100	138	22	95	10.67
(125)	163	22.5	95	12.45
150	189	23	100	15.41

（9）铸铁管双承套管结构如图 5-20 所示，其规格尺寸见表 5-14。

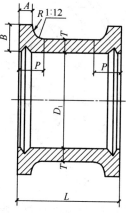

图 5-20 铸铁管双承套管

铸铁管双承套管尺寸   表5-14

公称直径	套管口径	管厚	各部尺寸 mm					质量
DN	D_3	T	A	B	R	P	L	kg
100	138	14	36	28	14	95	300	18.97
(125)	163	14	36	28	14	95	300	22.00
150	189	14	36	28	14	100	300	25.38
200	240	15	38	30	15	100	300	34.19
250	294	16.5	38	32	16.5	105	300	45.27
380	345	17.5	38	33	17.5	105	350	62.43
(350)	396	19	40	34	19	110	350	76.89
400	448	20	40	36	20	110	350	91.26
(450)	499	21	40	37	21	115	350	106.15
500	552	22.5	40	38	22.5	115	350	122.71
600	655	25	42	41	25	120	400	178.33
700	757	27.5	42	44.5	27.5	125	400	228.55
800	860	30	45	48	30	130	400	284.05
900	963	32.5	45	51.5	32.5	135	400	344.62
1000	1067	35	50	55	35	140	450	454.80
1200	1272	40	52	62	40	150	450	622.18
1500	1580	47.5	57	72.5	47.5	165	500	1018.02

（10）铸铁管90°双盘弯管结构如图5-21所示，其规格尺寸见表5-15。

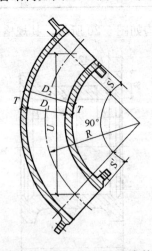

图5-21 铸铁管90°双盘弯管

铸铁管 90°双盘弯管尺寸　　　　　　　　　　　表 5-15

公称直径	内径	外径	管厚	各部尺寸			质量
			mm				
DN	D_1	D_2	T	R	S'	U	kg
75	73	93	10	137	48	193.7	13.22
100	98	118	10	155	48.5	219.2	16.59
(125)	122	143	10.5	177.5	48.5	251	21.91
150	147	169	11	200	49.5	282.8	29.43
200	196	220	12	245	50.5	346.5	44.97
250	245.6	271.6	13	290	51.5	410.1	65.08
300	294.8	322.8	14	335	57.5	473.8	89.95
(350)	344	374	15	380	59	537.4	122.27
400	393.6	425.6	16	425	60	601	160.26
(450)	442.8	476.8	17	470	61	664.7	201.39
500	492	528	18	515	62	728.3	251.22
600	590.8	630.8	20	605	63	855.6	370.42
700	689	733	22	695	64	982.9	526.56
800	788	836	24	785	71	1110.1	733.33
900	887	939	26	875	73	1237.4	963.30
1000	985	1041	28	965	75	1364.7	1249.24

（11）铸铁管 45°双盘弯管结构如图 5-22 所示，其规格尺寸见表 5-16。

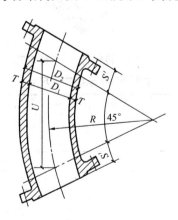

图 5-22　铸铁管 45°双盘弯管

铸铁管45°双盘弯管尺寸　　表5-16

公称直径	内径	外径	管厚	各部尺寸			质量
			mm				
DN	D_1	D_2	T	R	S'	U	kg
75	73	93	10	331	48	253.3	14.06
100	98	118	10	374	48.5	286.3	17.82
(125)	122	143	10.5	429	48.5	328.4	23.74
150	147	169	11	483	49.5	369.7	31.99
200	196	220	12	591	50.5	452.4	49.63
250	245.6	271.6	13	700	51.5	535.8	72.25
300	294.8	322.8	14	809	57.5	619.2	100.63
(350)	344	374	15	550	59	386.5	102.18
400	393.6	425.6	16	600	60	459.2	131.16
450	442.8	476.8	17	650	61	497.5	161.12
500	492	528	18	700	62	535.8	197.40
600	590.8	630.8	20	800	63	612.3	281.44
700	689	733	22	900	64	688.9	390.4
800	788	836	24	1000	71	765.4	535.99
900	887	939	26	1100	73	841.9	689.18
1000	985	1041	28	1200	75	918.5	881.39

（12）铸铁管90°承插弯管结构如图5-23所示，其规格尺寸见表5-17。

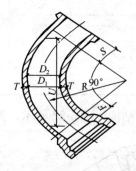

图5-23　铸铁管90°承插弯管

铸铁管90°承插弯管尺寸　　表5-17

公称直径	内径	外径	管厚	各部尺寸			质量
			mm				
DN	D_1	D_2	T	R	S	U	kg
75	73	93	10	250	150	353.5	17.97
100	98	118	10	250	150	353.5	22.97
(125)	122	143	10.5	300	200	424.2	32.54
150	147	169	11	300	200	424.2	40.00
200	196	220	12	400	200	565.6	65.47
250	245.6	271.6	13	400	250	565.6	93.01

(13) 铸铁管 45°承插弯管结构如图 5-24 所示，其规格尺寸见表 5-18。

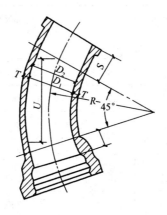

图 5-24　铸铁管 45°承插弯管

铸铁管 45°承插弯管尺寸　　　　　　表 5-18

公称直径	内径	外径	管厚	各部尺寸				质量
				mm				
DN	D_1	D_2	T	R	S	U		kg
75	73	93	10	400	200	306.1		17.44
100	98	118	10	400	200	306.1		22.27
(125)	122	143	10.5	500	200	382.6		30.07
150	147	169	11	500	200	382.6		36.91
200	196	220	12	600	200	459.2		55.66
250	245.6	271.6	13	600	200	459.2		77.26
300	294.8	322.8	14	700	200	535.8		105.21

(14) 铸铁管承插乙字管结构如图 5-25 所示，其规格尺寸见表 5-19。

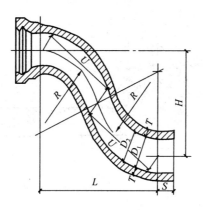

图 5-25　铸铁管承插乙字管

铸铁管承插乙字管尺寸 表5-19

公称直径	内径	外径	管厚	各部尺寸					质量
				mm					
DN	D_1	D_2	T	R	S	U	H	L	kg
75	73	93	10	200	150	200	200	346.4	18.46
100	98	118	10	200	150	200	200	346.4	24.06
(125)	122	143	10.5	225	150	225	225	389.7	30.97
150	147	169	11	250	200	250	250	433	42.05
200	196	220	12	300	250	300	300	519.6	68.29
250	245.6	271.6	13	300	250	300	300	519.6	93.01
300	294.8	322.8	14	300	250	300	300	519.6	118.38
(350)	344	374	15	350	250	350	350	606.2	160.98
400	393.6	425.6	16	400	250	400	400	692.8	211.33
(450)	442.8	476.8	17	450	250	450	450	779.4	270.94
500	492	528	18	500	250	500	500	866	340.63

（15）铸铁管件承插口断面如图5-26所示，其规格尺寸见表5-20。

（单位：mm）

公称直径	各部尺寸			
DN	a	b	c	e
75～450	15	10	20	6
500～900	18	12	25	7
1000～1500	20	14	30	8

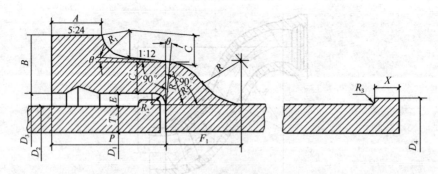

图5-26 铸铁管件承插口断面

铸铁管件承插口断面尺寸

表 5-20

公称直径	管厚	内径	外径			承 口 尺 寸 (mm)									插 口 尺 寸				质 量 (kg)	
DN	T	D_1	D_2	D_3	A	B	C	P	E	F_1	R	D_4	R_3	X	r	R_1	R_2	承口突部	插口突部
75	10	73	93	113	36	28	14	90	10	41.6	24	103	5	15	4	14	10	6.83	0.17
100	10	98	118	138	36	28	14	95	10	41.6	24	128	5	15	4	14	10	8.49	0.21
(125)	10.5	122	143	163	36	28	14	95	10	41.6	24	153	5	15	4	14	10	9.85	0.25
150	11	147	169	189	36	28	14	100	10	41.6	24	179	5	15	4	14	10	11.70	0.30
200	12	196	220	240	38	30	15	100	10	43.3	25	230	5	15	4	15	10	15.90	0.38
250	13	245.6	271.6	293.6	38	32	16.5	105	11	47.6	27.5	281.6	5	20	4	16.5	11	21.98	0.63
300	14	294.8	322.8	344.8	38	33	17.5	105	11	49.4	28.5	322.8	5	20	4	17.5	11	26.94	0.74
(350)	15	344	374	396	40	34	19	110	11	52	30	384	5	20	4	19	11	34.07	0.86
400	16	393.6	425.6	447.6	40	36	20	110	11	53.7	31	435.6	5	25	5	20	11	40.67	1.46
(450)	17	442.8	476.8	498.8	40	37	21	115	11	55.4	32	436.8	6	25	5	21	11	48.69	1.64
500	18	492	528	552	40	38	22.5	115	12	59.8	34.5	540	6	25	5	22.5	12	57.08	1.81
600	20	590.8	630.8	654.8	42	41	25	120	12	64.1	37	642.8	6	25	5	25	12	77.39	2.16
700	22	689	733	757	42	44.5	27.5	125	12	68.4	39.5	745	6	25	5	27.5	12	101.50	2.51
800	24	788	836	860	45	48	30	130	12	72.7	42	848	6	25	5	30	12	130.30	2.86
900	26	887	939	963	45	51.5	32.5	135	12	77.1	44.5	951	6	25	5	32.5	12	163.00	3.21
1000	28	985	1041	1067	50	55	35	140	13	83.1	48	1053	6	25	5	35	13	202.80	3.55
1200	32	1182	1246	1272	52	62	40	150	13	91.8	53	1258	6	25	6	40	13	294.50	4.25
1500	38	1478	1554	1580	57	72.5	47.5	165	13	104.8	60.5	1566	6	25	6	17.5	13	474.40	4.29

(16) 铸铁管件法兰盘断面如图 5-27 所示，其规格尺寸见表 5-21。

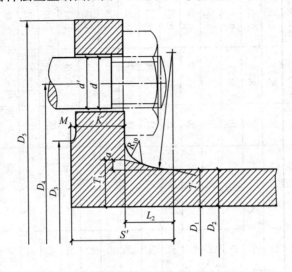

图 5-27 铸铁管件法兰盘断面

铸铁管件法兰盘断面尺寸　　　　　　　表 5-21

公称直径	管厚	内径	外径	法兰盘尺寸						螺栓			质量
										中心圆	直径	孔径	数量	
mm												个	kg
DN	T	D_1	D_2	D_5	D_3	K	M	a	L_2	D_4	d	d'	N	法兰突部
75	10	73	93	200	133	19	4	4	25	160	16	18	8	3.69
100	10	98	118	220	158	19	4.5	4	25	180	16	18	8	4.14
(125)	10.5	122	143	250	184	19	4.5	4	25	210	16	18	8	5.04
150	11	147	169	285	212	20	4.5	4	25	240	20	22	8	6.60
200	12	196	220	340	268	21	4.5	4	25	295	20	22	8	8.86
250	13	245.6	271.6	395	320	22	4.5	4	25	350	20	22	12	11.31
300	14	294.8	322.8	445	370	23	4.5	5	30	400	20	22	12	13.63
(350)	15	344	374	505	430	24	5	5	30	460	20	22	16	17.60
400	16	393.6	425.6	565	482	25	5	5	30	515	24	26	16	21.76
(450)	17	442.8	476.8	615	532	26	5	5	30	565	24	26	20	24.65
500	18	492	528	670	585	27	5	5	30	620	24	26	20	28.75
600	20	590.8	630.8	780	685	28	5	5	30	725	27	30	20	36.51
700	22	689	733	895	800	29	5	5	30	840	27	30	24	47.52
800	24	788	836	1015	905	31	5	6	35	950	30	33	24	63.61
900	26	887	939	115	1005	33	5	6	35	1050	30	33	28	73.47
1000	28	985	1041	1230	1110	34	6	6	35	1160	33	36	28	90.26
1200	32	1182	1246	1455	1330	38	6	6	35	1380	36	39	32	131.88
1500	38	1478	1554	1785	1640	42	6	7	40	1700	39	42	36	197.80

（五）市政燃气管道常用阀门和补偿器

1. 阀门

市政燃气管道上常用的阀门有闸阀、旋塞、截止阀和球阀等。

（1）闸阀。燃气用闸阀有明杆平行式双闸板闸阀和暗杆单闸板楔形闸阀，如图 5-28 和图 5-29 所示。

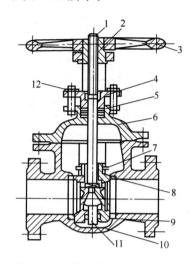

图 5-28　明杆平行式双闸板闸阀

1—阀杆；2—轴套；3—手轮；4—填料压盖；
5—填料；6—上盖；7—卡环；8—密封圈；
9—闸板；10—阀体；11—顶楔；12—螺栓螺母

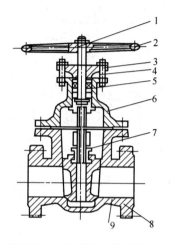

图 5-29　暗杆单闸板楔形闸阀

1—阀杆；2—手轮；3—填料压盖；
4—螺栓螺母；5—填料；6—上盖；
7—轴套；8—阀体；9—闸板

（2）旋塞。常用的旋塞有无填料旋塞和填料旋塞。无填料旋塞是利用阀芯尾部螺母的作用，使阀芯与阀体紧密接触而不致漏气，它只允许安装在低压管道上。填料旋塞利用填料以填塞旋塞阀体与阀芯之间的间隙而避免漏气，它体积较大，但较安全可靠，允许安装在中压管道上，直径不大于 50mm。两种旋塞如图 5-30 和图 5-31 所示。

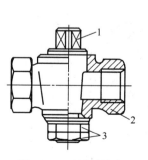

图 5-30　无填料旋塞

1—阀芯；2—阀体；
3—拉紧螺母

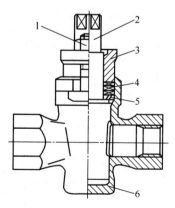

图 5-31　填料旋塞

1—螺栓螺母；2—阀芯；3—填料压盖；
4—填料；5—垫圈；6—阀体

(3) 截止阀。截止阀依靠阀瓣的升降以达到开闭和节流的目的。这类阀门使用方便、安全可靠,但阻力较大。截止阀如图 5-32 所示。

(4) 球阀。球阀体积小,流通断面与管径相等,它动作灵活、阻力损失小,特别是能满足通过清管球的需要。球阀如图 5-33 所示。

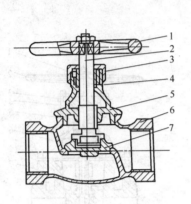 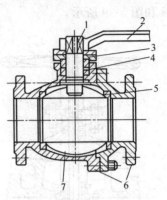

图 5-32 截止阀
1—手轮;2—阀杆;3—填料压盖;
4—填料;5—上盖;6—阀体;7—阀瓣

图 5-33 球阀
1—阀杆;2—手柄;3—填料压盖;
4—填料;5—密封圈;6—阀体;7—球

截止阀与球阀主要用于液化石油气及天然气管道。

由于构造上的原因,闸阀只允许安装在水平管道上,而其他几类阀门则不受此限制,如果是有驱动装置的截止阀或球阀,则也必须安装在水平管道上。

2. 补偿器

补偿器用于管道的热胀冷缩,常用于需进行蒸汽吹扫的管道上,此外,补偿器通常安装在阀门的下侧(按气流方向),利用其伸缩性能,方便阀门的拆卸和检修。在埋地管道上,多采用钢制波形补偿器,如图 5-34 所示,其补偿量约为 10mm。为防止其中存水锈蚀,由套管的注入孔灌入石油沥青,安装时注入孔应在下方。补偿器的安装长度应是螺杆不受力时的补偿器的实际长度,否则不但不能发挥其补偿作用,反而使管道或管件受到不应有的应力。

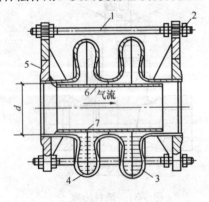 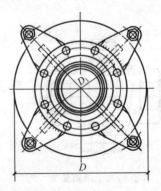

图 5-34 波形补偿器
1—螺杆;2—螺母;3—波节;4—石油沥青;5—法兰盘;6—套管;7—注入孔

还有一种橡胶—卡普隆补偿器，它是带法兰的螺旋波纹软管，如图5-35所示，软管是用卡普隆布作夹层的胶管，外层则用粗卡普隆绳加固。它的补偿能力在拉伸时为150mm，压缩时为100mm，其优点是纵横方向均可变形，可用于坑道和许多地区的中、低压燃气管道上。

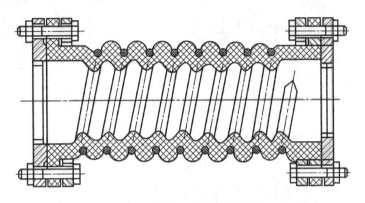

图5-35　橡胶—卡普隆补偿器

（六）附属设备

市政燃气管道上常见的附属设备有闸井、放散管、排水器等。

1. 闸井

为保证管网的安全与操作方便，地下燃气管道上的阀门一般都设置在闸井中。闸井应坚固耐久，有良好的防水性能，并保证检修时有必要的空间，井筒不宜过深。闸井的构造如图5-36所示。

2. 放散管

放散管是用来排放管道中的空气或燃气的装置，在管道投入运行时利用放散管排空管内的空气，防止在管道内形成爆炸性的混合气体。在管道或设备检修时，可利用放散管排空管道内的燃气。放散管一般设在闸井中，如图5-36所示，在管网中安装在阀门的前后，在单向供气的管道上则安装在阀门之前。

3. 排水器

为排除燃气管道内的冷凝水和天然气管道中的轻质油，管道敷设时应有一定坡度，以便在低处设排水器，将汇集的水或油排走。排水器的间距，视水量和油量多少而定，通常为500m左右。

由于管道内燃气的压力不同，排水器有不能自喷和能自喷的两种，如管道内压力较低，水或油就要依靠手动抽水设备排出，低压排水器如图5-37所示。安装在高、中压管道上的排水器，由于管道内压力较高，积水（油）在排水管打开以后就能自行喷出，为防止剩余在排水管内的水在冬季冻结，另设有循环管，利用燃气的压力将排水管中的水压回到下部的集水器中，为避免燃气中焦油及萘等杂质堵塞，排水管与循环管的直径应适当加大。在管道上布置的排水器还可对其运行状况进行观测，并可作为消除管道堵塞的手段，排水器也可自动排水。高、中压排水器如图5-38所示。

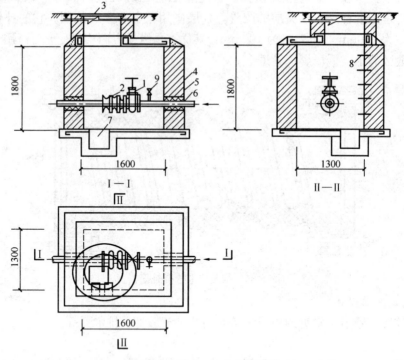

图 5-36 DN100mm 单管闸井
1—阀门；2—补偿器；3—井盖；4—防水层；5—浸沥青麻；
6—沥青砂浆；7—集水坑；8—爬梯；9—放散管

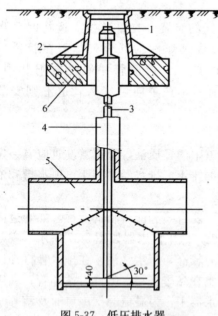

图 5-37 低压排水器
1—丝堵；2—防护罩；3—油水管；
4—套管；5—集水器；6—底座

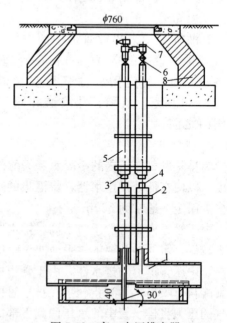

图 5-38 高、中压排水器
1—集水器；2—管卡；3—排水管；4—循环管；
5—套管；6—旋塞；7—丝堵；8—井圈

二、识读市政燃气管道工程施工图

市政燃气管道工程施工图包括以下内容:

(一)图样目录

先列出新绘制图样,后列出选用的标准图样或重复使用图样,编号列之。

(二)首页(即设计和施工说明)

(1)设计依据:包括工程批准文号、设计原始资料(如气象、地质、气源种类、燃气压力和燃气质量等);建设单位和本工程其他专业提供的设计资料。

(2)设计范围及原则。

(3)燃气用户、燃气用量及压力。

(4)管材种类、规格及质量说明。

(5)补偿器、排水器、阀门的规格和种类。

(6)管道接口方式。

(7)施工质量检查和竣工验收要求。

(三)管道平面图

在城市平面图上绘制燃气管道、补偿器、闸井、排水器等,详细标明它们与建(构)筑物、道路和其他管道的平面距离尺寸。

(四)管道纵断面图

纵向比例 1:15~1:100,横向比例为 1:100,标明地面标高、管中心标高、管径、坡度坡向,标明排水器的中心标高等。

(五)管道横断面图

标明各管道的相对位置及安装尺寸等。

(六)节点大样图

表明管道连接管件、阀门、补偿器、阀井、排水器等的安装尺寸及有关规格等。填写施工图会审记录(表5-22)。

三、安全技术交底

安全知识:

(1)在沿车行道、人行道施工时,应在管沟沿线设置安全护栏,并应设置明显的警示标志。

(2)在市公路线上设置夜间指示灯。

(3)在繁华路段和城市主要道路施工时,宜采用封闭式施工方式。

(4)在交通不可中断的道路上施工,应采取保证车辆、行人安全通行的措施,同时应设有专职安全员。

(5)承担燃气钢管道焊接的人员,必须具备压力容器、压力管道特种设备人员资格证、焊工操作证书,且在证书的有效期及合格范围内从事焊接工作。间断焊接时间超过6个月,再次上岗前应重新考试;从事其他材质燃气管道安装人员,必须经过专门培训,并经考试合格,间断焊接时间超过6个月,再次上岗前应重新考试和技术评定。当使用的安装设备发生变化时,应针对该设备操作要求进行专门培训。

施工图会审记录 表 5-22

施管表：

工程名称			
图纸会审部位		日　期	

会审中发现的问题：

处理情况记录：

参加会审单位及人员			

（6）工程所用设备、管道组件等应符合现行国家标准的规定，且必须有生产厂质量检验部门的产品合格文件。

（7）施工过程中应遵守国家和地方有关安全、防火、防爆等规定。

任务 2　沟槽土方开挖

一、沟槽开挖的一般规定

沟槽开挖时应满足的要求：

（1）采用机械挖土时，沟底应有 200mm 的预留量，再由人工挖掘，挖至沟底。

（2）土方开挖时，必须按有关规定设置沟槽护栏、夜间照明灯及指示红灯等设施，并按需要设置临时道路或桥梁。

（3）当沟槽遇有风化岩或岩石时，开挖应由有资质的专业施工单位进行施工。当采用爆破法施工时，必须制定安全措施，并经有关单位同意，由专人指挥进行施工。

（4）直埋管道的土方挖掘，宜以一个补偿段作为一个工作段，一次开挖至设计要求。在直埋保温管接头处应设工作坑，工作坑宜比正常断面加深、加宽250～300mm。

二、管沟沟底宽度的计算

（1）单管沟底组装按表5-23确定。

沟底宽度尺寸　　　　　　　　　　　　　表5-23

公称直径（mm）	50～80	100～200	250～350	400～450	500～600	700～800	900～1000	1100～1200	1300～1400
沟底宽度（m）	0.6	0.7	0.8	1.0	1.3	1.6	1.8	2.0	2.2

（2）单管沟边组装和双管同沟敷设按下式计算：

$$a = D_1 + D_2 + S + C$$

式中　a——沟槽底宽度（m）；

　　　D_1——第一条管道外径（m）；

　　　D_2——第二条管道外径（m）；

　　　S——两条管道之间的设计净距（m）；

　　　C——工作宽度，在沟底组装：$C=0.6$m；在沟边组装：$C=0.3$m。

三、开挖沟槽时，不设边坡沟槽深度见表5-24。

不设边坡沟槽深度　　　　　　　　　　　　表5-24

土壤名称	沟槽深度（m）	土壤名称	沟槽深度（m）
填实的砂土或砾石土	≤1.00	黏土	≤1.50
砂质粉土或粉质黏土	≤1.25	坚土	≤2.00

四、水文地质条件好，且挖深小于5m，不加支撑时，最大边坡率见表5-25。

最大边坡率　　　　　　　　　　　　表5-25

土壤名称	边坡率		
	人工开挖并将土抛于沟边	机械开挖	
		在沟底挖土	在沟边挖土
砂土	1：1.00	1：0.75	1：1.00
砂质粉土	1：0.67	1：0.50	1：0.75
粉质黏土	1：0.50	1：0.33	1：0.75
黏土	1：0.33	1：0.25	1：0.67
含砾土卵石土	1：0.67	1：0.50	1：0.75
泥炭岩白垩土	1：0.33	1：0.25	1：0.67
干黄土	1：0.25	1：0.10	1：0.33

五、沟槽开挖的质量与施工安全措施满足哪些要求才能保证施工的顺利进行

（一）开挖的质量要求

(1) 不扰动天然地基或基础处理符合设计要求；

(2) 槽壁平整，边坡坡度符合施工设计的规定；

(3) 沟槽中心线每侧的净宽不应小于管道沟槽底部开挖宽度的一半；

(4) 槽底高程的允许偏差：开挖土方时应为±20mm；开挖石方时应为+20mm、−200mm。

（二）沟槽开挖安全措施

(1) 雨天不易开挖，做好防滑措施；

(2) 设立安全警示标志；

(3) 人工开挖大于3m深的沟槽应分层开挖，每层深度不宜超过2m；

(4) 人工挖槽时，堆土高度不宜超过1.5m，距槽口边缘不宜小于0.8m；

(5) 采用机械开挖时，机械走行应保证沟槽槽壁稳定。

任务3　沟槽支撑施工

一、支撑的目的及要求

支撑的目的就是防止施工过程中土壁坍塌，创造安全的施工条件。

支撑是一种由木材做成的临时性挡土结构，一般情况下，当土质较差、地下水位较高、沟槽和基坑较深而又必须挖成直槽时均应支设支撑。支设支撑既可减少挖方量、施工占地面积小，又可保证施工的安全，但增加了材料消耗，有时还会影响后续工序操作。

支撑结构应满足下列要求：

(1) 牢固可靠，支撑材料的质地和尺寸合格。

(2) 在保证安全可靠的前提下，尽可能节约材料，采用工具式钢支撑。

(3) 方便支设和拆除，不影响后续工序的操作。

二、支撑的种类及其适用的条件

是否支设支撑应根据土质、地下水情况、沟槽式基坑深度、开挖方法、地面荷载等因素综合论证后确定。

支撑的形式分为横撑、竖撑和板桩支撑，开挖较大基坑时还采用锚碇式支撑等几种。

横撑、竖撑由撑板、横梁或纵梁、横撑组成。

横撑的撑板水平设置，根据撑板之间有无间距又分为疏、密横撑或井字横撑三种。

竖撑的撑板垂直设置，各撑板间密接铺设，可在开槽过程中边开槽边支撑。在回填时可边回填边拔出撑板。

（一）横撑

1. 疏横撑

疏横撑的组成，如图 5-39 所示。适用于土质较好的、地下含水量较小的黏性土及挖土深度小于 3.0m 的沟槽或枯坑。

2. 密横撑

密横撑的组成，如图 5-40 所示。适用于土质较差及挖土深度在 3～5m 的沟槽或基坑。

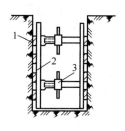

图 5-39 疏横撑

1—撑板；2—纵梁；3—横撑（工具式）

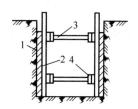

图 5-40 密横撑

1—撑板；2—纵梁；3—横撑；4—木楔

3. 井字支撑

井字支撑的组成，如图 5-41 所示。它是疏横撑的特例。一般适用于沟槽的局部加固，如地面上建筑或有其他管线距沟槽较近。

（二）竖撑

竖撑的组成，如图 5-42 所示。它适用于土质较差、有地下水并且挖土深度较大时采用。这种方法支撑和拆撑，操作时较为安全。

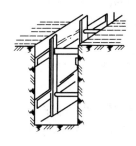

图 5-41 井字支撑

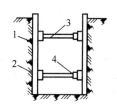

图 5-42 竖撑

1—撑板；2—横梁；3—横撑；4—木楔

（三）板桩撑

板桩撑分为钢板撑、木板撑和钢筋混凝土桩等几种。

板桩撑是在沟槽土方开挖前就将板桩打入槽底以下一定深度。其优点是：土方开挖及后续工序不受影响，施工条件良好。

板桩撑用于沟槽挖深较大，地下水丰富、有流砂现象或砂性饱和土层及采用一般支撑法不能解决时。

1. 钢板桩

钢板桩基本分为平板桩与波浪形板桩两类，每类中又有多种形式。目前常用的钢板桩由槽钢或工字钢组成，其断面形式如图 5-43 所示。

支撑法适用于宽度较窄、深度较浅的沟槽。锚碇法适用于面积大、深度大的基坑。钢板桩的轴线位移不得大于 50mm，垂直度不得大于 1.5%。

2. 木板桩

木板桩所用木板厚度应按设计要求制作，其允许偏差为 ±10mm，同时要校核其强度。为了保证板桩的整体性和水密性，木板桩应做成凹凸榫，凹凸榫应相互吻合，平整光滑。

木板桩虽然打入土中一定深度，尚需要辅以横梁和横撑，如图 5-44 所示。

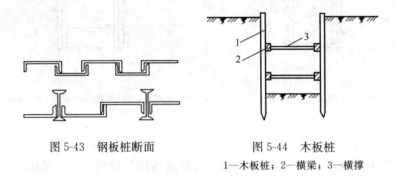

图 5-43 钢板桩断面

图 5-44 木板桩
1—木板桩；2—横梁；3—横撑

三、支撑的材料要求

支撑材料的尺寸应满足设计的要求，一般取决于现场已有材料的规格，施工时常根据经验确定。

(1) 木撑板：一般木撑板长 2～4m，宽度为 20～30cm，厚 5cm。

(2) 横梁：截面尺寸为 10cm×15cm～20cm×20cm。

(3) 纵梁：截面尺寸为 10cm×15cm～20cm×20cm。

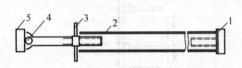

图 5-45 工具式撑杠
1—撑头板；2—圆套管；3—带柄螺母；
4—球铰；5—撑头板

(4) 横撑：采用 10cm×10cm～15cm×15cm 的方木或采用直径大于 10cm 的圆木。为支撑方便尽可能采用工具式撑杠，如图 5-45 所示。横撑水平间距宜为 1.5～3.0m，垂直间距不宜大于 1.5m。

撑板也可采用金属撑板，如图 5-46 所示。金属撑板每块长度分 2m、4m、6m 几种类型。

横梁和纵梁通常采用槽钢。

四、支撑的支设和拆除

（一）横撑和竖撑的支设

沟槽挖到一定深度时，开始支设支撑，先校核一下沟槽开挖断面是否符合要

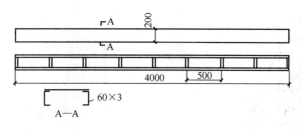

图 5-46 金属撑板（单位：mm）

求宽度，然后用铁锹将槽壁找平，按要求将撑板紧贴于槽壁上，再将纵梁或横梁紧贴撑板，继而将横撑支设在纵梁或横梁上，若采用木撑板时，使用木楔、扒钉将撑板固定于纵梁或横梁上，下边钉一木托防止横撑下滑。支设施工中一定要保证横平竖直，支设牢固可靠。

施工中，如原支撑妨碍下一工序进行时，原支撑不稳定时，一次拆撑有危险时或因其他原因必须重新安设支撑时，这时需要更换纵梁和横撑位置，这一过程称为倒撑，倒撑操作应特别注意安全，必须先制定好安全措施。

（二）板桩撑的支设

本节主要介绍钢板桩的施工过程，板桩施工要正确选择打桩方式、打桩机械和流水段划分，保证打入后的板桩有足够的刚度，且板桩墙面平直，对封闭式板桩墙要封闭合拢。

打桩方式，通常采用单独打入法、双层围图插桩法和分段复打法三种。

打桩机具设备，主要包括桩锤、桩架及动力装置三部分。

桩锤——作用是对桩施加冲击力，将桩打入土中。

桩架——作用是支持桩身和将桩锤吊到打桩位置，引导桩的方向，保证桩锤按要求方向冲击。

动力装置——包括启动桩锤用的动力设施。

1. 桩锤选择

桩锤的类型应根据工程性质、桩的种类、密集程度、动力及机械供应和现场情况等条件来选择。

桩锤有落锤、单动汽锤、双动汽锤、柴油打桩锤、振动桩锤等。

根据施工经验，双动汽锤、柴油打桩锤更适用于打设钢板桩。

2. 桩架的选择

桩架的选择应考虑桩锤的类型、桩的长度和施工条件等因素。桩架的形式很多，常用的有下列几种：

（1）滚筒式桩架

行走靠两根钢滚筒在垫木上滚动，优点是结构比较简单，制作容易，如图 5-47 所示。

（2）多功能桩架

多功能桩架的机动性和适应性很大，适用于各种预制桩及灌注施工，如图 5-48 所示。

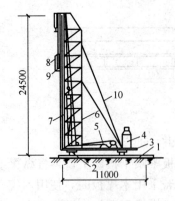

图 5-47 滚筒式桩架

1—枕木；2—滚筒；3—底座；4—锅炉；
5—卷扬机；6—桩架；7—龙门；8—蒸汽锤；
9—桩帽；10—缆绳

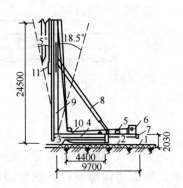

图 5-48 多功能桩架

1—枕木；2—钢轨；3—底盘；4—回转平台；
5—卷扬机；6—司机室；7—平衡重；8—撑杆；
9—挺杆；10—水平调整装置；11—桩锤与桩帽

(3) 履带式桩架

移动方便，比多功能桩架灵活，适用于各种预制桩和灌注桩施工，如图 5-49 所示。

钢板桩打设的工艺过程为：钢板桩矫正→安装围图支架→钢板桩打设→轴线修正和封闭合拢。

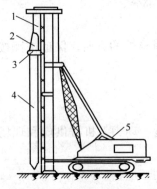

图 5-49 履带式桩架

1—导桩；2—桩锤；3—桩帽；
4—桩；5—吊车

3. 钢板桩的矫正

对所有要打设的钢板桩进行修整矫正，保证钢板桩的外形平直。

4. 安装围图支架

围图支架的作用是保证钢板桩垂直打入和打入后的钢板桩墙面平直。

围图支架是由围图组成的，其形式平面上有单面围图和双面围图之分，高度上有单层、双层和多层之分，如图 5-50、图 5-51 所示。围图支架多为钢制，必须牢固，尺寸要准确。围图支架每次安装的长度视具体情况而定，最好能周转使用，以节约钢材。

(三) 钢板桩打设

先用吊车将钢板桩吊至插桩点处进行插桩，插桩时锁口要对准，每插入一块即套上桩帽轻轻加以锤击。在打桩过程中，为保证钢板桩的垂直度，用两台经纬仪在两个方向加以控制，为防止锁口中心线平面位移，可在打桩进行方向的钢板桩锁口处设卡板，阻止板桩位移。同时在围图上预先标出每块板桩的位置，以便随时检查校正。

钢板桩分几次打入，打桩时，开始打设的第一、二块钢板桩的打入位置和方向要确保精度，它可以起样板导向作用，一般每打入 1m 测量一次。

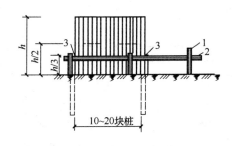

图 5-50 单层围圈

1—围圈桩；2—围圈；3—两端先打入的定位桩

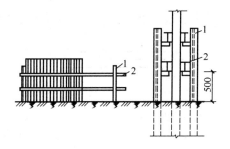

图 5-51 双层围圈

1—围圈桩；2—围圈

（四）轴线修正和封闭合拢

沿长边方向打至离转角约尚有 8 块钢板桩停止，量出到转角的长度和增加长度，在短边方向也照上述方法进行。

根据长、短两边水平方向增加的长度和转角的尺寸，将短边方向的围圈桩分开，用千斤顶向外顶出，进行轴线外移，经核对无误后再将围圈和围圈桩重新焊接固定。

在长边方向的围圈内插桩，继续打设，插打到转角桩后，再转过来接着沿短边方向插打两块钢板桩。

根据修正后的轴线沿短边方向继续向前插打，最后一块封闭合拢的钢板桩，设在短边方向从端部算起的第三块板桩的位置处。

当钢板桩内的土方开挖后，应在基坑或沟槽内设横撑，若基坑特别大或不允许设横撑时，则可设置锚杆来代替横撑。

（五）支撑的拆除

沟槽或基坑内的施工过程全部完成后，应将支撑拆除，拆除时必须边回填土边拆除，拆除时必须注意安全，继续排除地下水，避免材料的损耗。

横撑拆除时，先松动最下一层的横撑，抽出最下一层撑板，然后回填土，回填完毕后再拆除上一层撑板，依次将撑板全部拆除，最后将纵梁拔出。

竖撑拆除时，先松动最下一层的横撑，拆除最下一层的横梁，然后回填土。回填完毕后，再拆除上一层横梁，依次将横梁拆除。最后拔出撑板或板桩，垂直撑板或板桩一般采用捯链或吊车拔出。

（六）支撑的施工质量和安全应符合的要求

按照《给水排水管道工程施工及验收规范》GB 50268—2008 中的相关规定执行。

任务 4　燃气管道安装施工

一、地下燃气铸铁管及设备安装

（一）地下燃气铸铁管道的安装

1. 排管

沿管道沟槽排管时，要将管子的有效长度计算出来，即在每根管子上画一个承口的长度，将承口朝着施工方向，如图 5-52 所示。

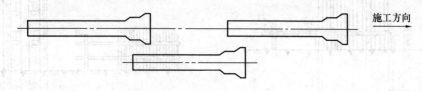

图 5-52　排管示意图

对接口处进行烧口，亦即把承口内侧、插口外侧约 150mm 长度上的沥青涂层烧掉，并将毛刺、铸瘤等打磨干净，清除泥土以利于接口填料和管壁更好地接合。

2. 下管和稳管

下管和稳管方法同给水铸铁管安装一样，沟槽底放置承口的部位应挖工作坑，具体尺寸见有关规定，以便放下承口，使整根管子平稳地放在沟底地基上。

3. 接口

接口形状及接口操作要求如前有关铸铁管接口所述要求。

4. 管道敷设的一般要求

（1）管道坡度必须符合设计要求和规范规定。如遇特殊情况，需变更设计坡度时，最小坡度不得低于 0.3％，在管道上下坡度折转处或穿越其他管道之间时，个别地点允许连续 3 根管子坡度小于 0.3％，管道安装在同一坡段内，不得有局部存水现象。管道安装不得大管坡向小管。

（2）沿直线铺设铸铁管时，其承口内壁与插口外壁的环形间隙，应保持均匀。沿曲线铺设时，其最大允许偏转角度见表 5-26。

铸铁管曲线铺设时最大允许偏转角度　　　　　　　表 5-26

铸铁管公称直径 DN (mm)	最大允许偏转角	铸铁管公称直径 DN (mm)	最大允许偏转角
75～100	3°	250～300	2°
150～200	2.5°	>300	1.5°

（3）两个方向相反的承口在连接时，需装一段直管，其长度不得小于 0.5m。

（4）不同管径的管道相互连接时，应使用合适的管件，不得将小管径管道插口直接接在大管径管道承口内。

（5）铸铁渐缩管不宜直接接在管件上，其间必须先装一段短管，短管长度不得少于 1.0m。

（6）地下燃气铸铁管线穿越快车道时，以接头少者为佳，非不得已不应采用短管。

（7）两个承插口接头之间必须保持 0.4m 的净距。

（8）敷设在严寒地区的地下燃气铸铁管道，埋设深度必须在当地的冰冻线以下，当管道位于非冰冻地区时，一般埋设深度不少于 0.8m。

（9）管道分叉后需改小口径时，应采用异径丁字管，如有困难，可采用渐缩管。

(10) 在铸铁管上钻孔时,孔径应小于该管内径的 1/3,如孔径等于或大于 1/3 时,应加装马鞍法兰或双承丁字管等配件,不得利用小孔径延接较大口径的支管。钻孔的允许最大孔径见表 5-27。

钻孔的允许最大孔径　　表 5-27

连接最大孔径（mm）＼公称直径 DN（mm）＼连接方法	100	150	200	250	300	350	400	450	500
直接连接	25	32	40	50	63	75	75	75	75
管卡连接	32～40	50	—	—	—	—	—	—	—

注:管卡即马鞍法兰,用此件连接可以按新设的管径规格只钻孔不套螺纹。

(11) 铸铁管上钻孔后,如需堵塞,应采用铸铁实心管堵,不得用马铁或白铁管堵。

(12) 铸铁管上的钻孔数超过 1 个时,孔与孔之间的距离规定见表 5-28。

铸铁管上孔与孔间距（单位:m）　　表 5-28

钻孔数	孔径小于或等于铸铁管本身口径的管堵	孔径大于铸铁管本身口径的管堵
连续 2 孔者	0.20	0.50
连续 3 孔者	0.30	0.80

(13) 铸铁管穿过铁路、公路、城市道路,与电缆交叉处应加设套管。置于套管内的燃气铸铁管应采用青铅接口,以增强其抗震能力。

(14) 铸铁管道每 10 个水泥接口中应有一个青铅接口。

(15) 铸铁管铺设后,管道中心线允许偏差不大于 20mm,但管顶高程偏差不大于 ±10mm。

(二) 燃气铸铁管道上的附属设备安装

燃气铸铁管道的附属设备主要有闸井,闸井内装有闸门,但无调长器,其他各项要求同钢制燃气管道相同。

铸铁排水器两端为承口,与铸铁插口相接。排水器各部位安装要求与钢制燃气管道的排水器相同。

二、地下燃气钢管及设备安装

(一) 地下燃气钢管道的安装

1. 排管

在下沟前把管子焊成管段,试压防腐后再下入沟槽,称为排管。它适用于公称直径 DN>200mm 的焊接钢管,公称直径 DN<150mm 的无缝钢管在一般情况下不需排管。

沟槽上对钢管进行排管的主要目的是检查焊接钢管原有焊缝是否漏气,另外还可进行转动焊接,易保证质量,施工进度快。排管长度根据地下障碍物的多少,是否能用吊车下管及管径大小来确定,在一般情况下,一个管段以 30～40m 长为宜。

排管应在开槽前,将除锈防腐合格的管子沿管线位置的一侧排开。排管的方法,是把管子两端放在断面150mm×150mm,长1.0～1.5m的方木或钢制枕上。排管的方法,如图5-53所示。

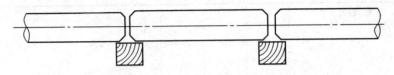

图5-53 排管

对于壁厚$\delta \geqslant 5mm$的钢管应按规定铲坡口再组对。排管的主要工作是对口、找中、点焊、焊接;有关技术要求及操作见前述内容。

另外,应注意焊接钢管的纵向焊缝应互相错开200mm或45°点焊及焊接时不准敲击管子。分层施焊,焊接到一定程度转动管子,施焊要保证最佳位置。第一遍施焊完毕,再焊第二遍,禁止将焊口的一半全部施焊完毕,再转动管子焊另一半焊口。

沟槽上排管的所有转动口焊接完毕后,管段两端的管口焊接堵板,堵板的厚度一般不小于钢管的壁厚。堵板焊完后,按规定进行气压试验,合格后才可下管。

2. 下管

把管子下放到沟槽内称下管,可根据管径、排管长度、沟槽情况和施工机具装备情况来决定下管方法,通常下管有机械法(汽车式起重机、履带式起重机等起吊下管)及人工法(如压绳下管法、搭架下管法、滚管下管法等)。

3. 稳管

稳管是将管子按设计的高程与平面位置稳定在地基或基础上。为使管道在一条直线上,可采用中心线对中法或边线对中法;为对管道进行高程控制,可在管道高程控制前,在坡度板上标出高程钉,横跨沟槽的坡度板的间距为10～15m。相邻两坡度板的高程钉分别到管底标高的垂直距离应相等,两高程钉之间的连线即为管底坡度,该连线称坡度线,坡度线上任何一点到管底的垂直距离是一个常数,称为反数,高程控制时,使用丁字形高程尺,尺上刻有管底和坡度线之间距离的标记,即为反数的读数,将高程尺垂直放在管底,当标记和坡度线重合时,表明高程正确。控制中心线与高程必须同时进行,使二者同时符合设计规定。

4. 管道敷设要求

(1) 燃气管道的坡度应保证与设计坡度一致,最小坡度不小于0.003,高程偏差±10mm,中心线偏差每100延长米为±50mm。

(2) 具有单面纵向焊缝的管子组对时,管子纵向焊缝应相互错开10mm,管道安装时,纵向焊缝应放在管道受弯矩最小且易检修的位置,一般放在管道上半圆中心垂直线向左或向右45°处。

(3) 相邻环焊缝的间距不小于管径的1.5倍,且有环焊缝的地方不准开口焊接支管。

(4) 地下燃气管道穿过其他构筑物时,在基础外1m的范围内不准有焊接接头。

（5）夏季下管与焊接均应选在一天内气温较低的时间进行，冬季则应选在气温较高的时间进行。固定口焊缝应连续施焊完毕，不得将未施焊完毕的焊缝留至次日继续操作。

（6）管道下入沟槽后，管道下面悬空长度不应大于 0.5m，全线累计悬空长度不应超过全线总长的 15%，如发现悬空，要在未回填前及时垫土并夯实。

（7）地下燃气管道折点处，可以使用冲压弯头，冲压弯头的弯曲半径 R 为管径的 3.5~4.0 倍。

（8）地下燃气管道不准穿越地下人防工事。

（9）地下燃气管道与其他管道及构筑物应保持规定的安全距离。

（二）燃气钢管道上的附属设备安装

1. 阀门安装

（1）高压、次高压、中压燃气干管上，应设置分段阀门，各分支管的起点附近也应安装阀门；

（2）管网连通管上应设阀门 1 个；

（3）穿越重要河流、铁路及公路干线的两侧应安装阀门；

（4）低压燃气管道上一般不设置阀门、重要用户入户的阀门一般设在墙外 2m 处；

（5）阀门安装应垂直且置于阀井内。阀门连接法兰、法兰垫、螺栓螺母应符合阀门安装的有关规定和要求。

2. 补偿器安装

在阀门的下侧（按气流方向），其金属部位应防腐处理，且安装在井内。

3. 排水器的安装

排水器安装应能收集和排除管道内的凝水，故管道应具有不小于 0.003 的坡度坡向排水器，且螺纹连接排水器各管道。

（三）燃气管道穿越铁路、河流等障碍物

穿越铁路、电车轨道、公路以及河流的燃气管道，应采用钢管。可以采用架空敷设，也可采用地下敷设，需视当地条件及经济合理性而定。在城市，只有在得到有关部门同意的情况下，才能采用架空敷设。而在矿区和工厂区，一般应采用地上架空敷设。

燃气管道在铁路、电车轨道及城市主要交通干线下穿过时，应敷设在套管或地沟内。穿过铁路干线时，应敷在钢套管内，如图 5-54 所示。

套管两端应超出路基底边，至最外边轨道的距离应不小于 3m，置于套管内的燃气管段焊口应为最少，并经物理方法检查，还应采用特殊加强绝缘层防腐。对埋深也有要求，从轨底到燃气管道保护套管顶应不小于 1.2m，在穿越工厂企业的铁路支线时，燃气管道的埋深可略小些。

燃气管道在穿越电车轨道和城市主要交通干线时，允许敷设在钢制的、铸铁的、钢筋混凝土的或石棉水泥的套管内。对于穿过城市非主要干道，并位于地下水位以上的燃气管道，可敷设在过街沟内，如图 5-55 所示。

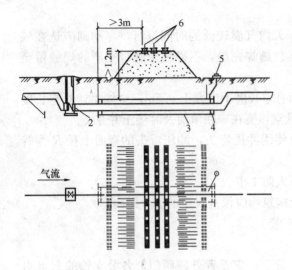
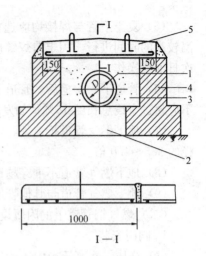

图 5-54 燃气管道穿越铁路
1—燃气管道；2—阀门；3—套管；
4—密封层；5—检漏管；6—铁道

图 5-55 燃气管道的单管过街沟
1—燃气管道；2—原土夯实；
3—填砂；4—砖墙沟壁；5—盖板

燃气管道采用穿越河底的敷设方式时，应尽可能从直线河段穿越，并与水流轴向垂直，从河床两岸有缓坡而又未受冲刷，河滩宽度最小的地方经过。燃气管道从水下穿越时，一般宜用双管敷设，如图 5-56 所示。每条管道的通过能力是设计流量的 75%，但在环形管网中可由另侧管道保证供气，或枝状管道供气的工业用户。

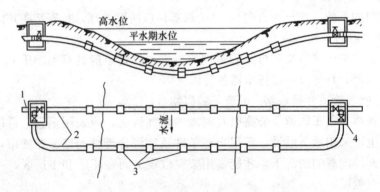

图 5-56 燃气管道穿越河流
1—燃气管道；2—过河管；3—稳管重块；4—闸井

在过河管检修期间，可用其他燃料代替的情况下，允许采用单管敷设。在不通航河流和不冲刷的河流下，双管允许敷设在同一沟槽内，两管的水平净距不应小于 0.5m。当双管分别敷设时，平行管道的间距，应根据水文地质条件和水下沟槽施工的条件确定，按规定不得小于 30~40m。燃气管道在河床下的埋设深度，应根据水流冲刷的情况确定，一般不小于 0.5m，对通航河流还应考虑疏浚和投锚的深度。在穿越不通航或无浮运的水域，当有关管理机关允许时，可以减少管道的埋深，甚至直接敷设在河床上。水下燃气管道的稳管重块，应根据计算决定。一般采用钢筋混凝土重块，或中间浇灌混凝土的套管，也允许用铸铁重块。水下燃气管道的每个焊缝均应进行物理方法检查，按规定采用特殊加强绝缘层。在加上稳管重块之前，应在管道周围绑扎 20mm×60mm 的木头，以保护绝缘层不受损坏。

通过水流速度大于 2m/s，而河床和河岸又不稳定的水域，以及通过较深的峡谷和洼地、铁路车站等障碍物时，建议采用水上（或地上）跨越。跨越可采用桁架式、拱式、悬索式以及栈桥式，最好采用单跨结构。在得到有关部门同意时，也可利用已建的道路桥梁。架空敷设时，管支架应采用难燃或不燃材料制成，并在任何可能的载荷情况下，能保证管道的稳定与不受破坏，燃气管道悬索式跨越铁道，如图 5-57 所示。

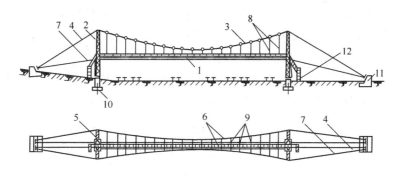

图 5-57　燃气管道悬索式跨越铁道
1—燃气管道；2—桥柱；3—钢索；4—牵索；5—平面桁架；6—抗风索；
7—抗风牵索；8—吊杆；9—抗风连杆；10—桥支座；11—地锚基础；12—工作梯

任务 5　燃气管道防腐施工

一、燃气管道的防腐要求

（1）防腐涂料应有制造厂家的质量合格文件。

（2）涂料的种类、涂敷次序、层数、各层的表干要求及施工的环境温度应按设计和所选涂料的产品规格进行选择。

（3）涂敷施工时，应有相应的防火、防雨及防尘措施。

（4）涂层质量应符合下列要求：

1）涂层应均匀，颜色应一致。

2）涂膜应附着牢固，不得有剥落、皱纹、针孔等缺陷。

3）涂层应完整，不得有损坏、流淌。

二、燃气管道防腐施工

（一）燃气钢管除锈

为了使防腐绝缘层牢固地粘附在钢管表面，必须仔细地清除钢管表面的氧化皮、铁锈、油渍和土壤等污物。

除锈的方法有人工除锈法、化学除锈法、机械除锈法三种，依据除锈质量要求和除锈机具备的条件、除锈现场等情况确定。

(二) 燃气钢管防腐

燃气钢管防腐有绝缘层防腐法和电保护法两种。

1. 绝缘层防腐法

(1) 什么是绝缘层防腐法，绝缘层的种类及特点有哪些？

绝缘层防腐法即在钢管表面涂刷或包扎绝缘层材料。

防腐绝缘层种类有很多，有沥青绝缘层、聚氯乙烯包扎带、塑料薄膜涂层、酚醛泡沫树脂等塑料绝缘层以及搪瓷涂层和水泥砂浆涂层等。

沥青是埋地管道中应用最多和效果较好的防腐材料。煤焦油沥青具有抗腐蚀的特点，但有毒性。塑料绝缘层在强度、弹性、受撞击粘结力、化学稳定性、防水性和电绝缘性等方面，均优于沥青绝缘层。

沥青绝缘层由沥青、玻璃布、塑料布或牛皮纸所组成，采用沥青玻璃布薄涂多层结构，外包扎塑料布或玻璃布，其结构按绝缘等级而定，见表5-29。

埋地钢管绝热层的结构 表 5-29

土壤腐蚀等级	绝缘等级	包 扎 层 次									总厚度(mm)
		1	2	3	4	5	6	7	8	9	
低级 中级	普通级	底漆一层	沥青层~2mm	玻璃布一层	沥青层~2mm	玻璃布一层	沥青层~2mm	塑料布一层			~6.0
较高级 高级	加强级	底漆一层	沥青层~2mm	玻璃布一层	沥青层~2mm	玻璃布一层	沥青层~2mm	玻璃布一层	沥青层~2mm	塑料布一层	~8.0

沥青常用牌号有建筑石油沥青30号甲、30号乙、10号等。

玻璃布，厚度0.1mm，经纬度密度为8根×8根/cm^2，含碱量10%，是一种中间加强包扎材料，起骨架作用。聚乙烯塑料布（防腐专用）耐寒应在-40℃时不脆裂，耐热为70℃，厚度为0.15~0.2mm，是外包扎层，既可防腐又可保护沥青层，在运输和下沟回填时免遭损坏。

牛皮纸（可代替聚乙烯塑料布）质量为60~180g/cm^2；湿度不超过8%；厚度为135~240mm，相对密度0.74；5mm×150mm标准纸条，纵向拉力不小于50N；5mm×180mm标准纸条，横向拉力不小于40N。

橡胶粉可提高绝缘层的粘结力和延伸度，在沥青中可加入3%~5%。

夏季防腐施工为增加沥青防腐层的韧性减少沥青的流动性，可在沥青中添加3%~5%的滑石粉。

冬季防腐施工若气温低于5℃时应在沥青中加3%~5%的机油，以增加沥青的流动性。

(2) 沥青防腐层的配方

1) 冷底子油的配方。冷底子油必须用建筑石油沥青和无铅汽油并按表5-30要求配制。调制好的冷底子油若不能立即使用，应储存于密闭容器内。

冷底子油的配方 表 5-30

使用条件（℃）	沥青：汽油（重量比）	沥青：汽油（体积比）	冷底子油相对密度
+5℃以上	1：2.25～2.5	1：3	0.8～0.82
+5℃以下	1：2	1：2.5	0.8～0.82

制备冷底子油时，应将必要数量的沥青在锅内加热熔化至160～180℃进行脱水，然后冷却到70～80℃，再将此沥青慢慢地倒入按上述配合比备好的汽油容器中，并不停搅拌，严禁把汽油倒入熔化的沥青中。

涂刷冷底子油前应检查管子的除锈除污是否干净，不准在雨雾、雪和大风中进行涂敷作业。冷底子油的涂敷应均匀、无空白、凝块、流痕等弊病。如所涂的冷底子油用手压捏后，手上不留有痕迹时即认为已干。

2）沥青防腐层的配方。夏季作沥青防腐层时应用10号和30号甲建筑石油沥青各50%，冬季作沥青防腐层时应采用30号甲或30号乙建筑石油沥青，另外根据当地施工气温情况、操作方法，需要适当的加入添加物，如橡胶粉、滑石粉、机油。

（3）沥青熬制方法

沥青熬制时，先把大块沥青分成小于200mm的碎块后投入干净的沥青锅内，逐渐升温到180～220℃（沥青进行脱水熔化，直至无气泡为止）。为避免沥青着火焦化变质和软化点降低，熬制最高温度不得超过220℃，并边熬边用铲铲动锅底，同时捞去杂质，在锅内滞留时间不宜过长。

在沥青中需要加入添加粉（如橡胶粉）时，应在沥青温度下降到160℃以下，可加入3%～5%的橡胶粉，加入前应对橡胶粉进行筛选处理，使其粒度不大于1mm，含水量不大于1.5%，金属含量（磁选后）不大于0.1%，纤维含量不大于5%。如加滑石粉时，应在沥青出锅前，加入3%～5%的滑石粉，并要搅拌均匀，用铲铲动锅底，防止沉淀结焦，并要及时用完。如要加入机油时，应在沥青出锅后，在盛有沥青的容器内加入3%～5%的机油，并边加边搅动。

使用多种牌号沥青混合配制的沥青涂料时，应先按配比熬制，经化验达到技术指标时，方能全面熬制。

熬制的沥青涂料，如遇当时不能用完，次日再继续使用时，必须重新化验，合格后方能使用。

沥青的涂敷温度：常温时为160～180℃，冬季为180～200℃。施工时气温高于30℃时，沥青温度允许降低至150℃。沥青防腐涂料技术指标见表5-31。

沥青防腐涂料技术指标 表 5-31

施工气温 t（℃）	输送介质温度 t（℃）	软化点（环球法）	延伸长（25℃，cm）	针入度（25℃、100g/100mm）
−25～+5	+25	80～90	2～3	23～35
+5～+30	+25	80～90	2～3	10～20
>+30	+25	80～90	≥1	10～20

注：为使沥青防腐涂料达到上述要求，一般采用不同牌号沥青进行配制。

(4) 沥青绝缘层防腐做法

沥青绝缘层防腐方法有人工操作防腐、半机械法防腐、机械化防腐，视当地具体条件选定。

1) 人工操作防腐法

A. 螺旋操作法。

涂刷第一层沥青，一人提沥青壶，往管子上由一端徐徐浇上热沥青，管子两侧各站一个人，手持木把胶皮刷子，把管子两侧的空白及流坠刮抹干净，挤压密实。

第二层沥青层与缠绕玻璃布（第三层）一起进行，一人站在管端旋转管子，一头用热沥青将玻璃丝布和管子端部粘合好，并由一个人拿着玻璃丝布卷，握紧均匀用力。这时由一人提热沥青壶往玻璃丝布与管端的接合处浇热沥青，一人旋转管子朝玻璃丝布方向旋转，两侧刷沥青的人用刷子用力挤压玻璃丝布，把空鼓、折皱、搭接挤压平，玻璃丝布搭接处压边宽度为 10～15mm，第 4、5 层，最后两层沥青同第一层沥青操作要求相同。如再缠绕玻璃丝布应与上述缠绕玻璃丝布方法相同，并与第 4 层沥青结合进行。

这种方法适用于 150mm 以下口径的钢管。

B. 粘贴法。

它是将管子两端固定并垫好，浇第一层热沥青，根据管径大小不同，翻转次数也不相同，保证均匀一致。浇第 2 层热沥青时，浇一段，贴一段玻璃丝布，同时，两侧及时挤压，保证压边宽度 10～15mm。根据管径大小不同及玻璃丝布的宽度，翻转次数也不相同，最后浇第 4～5 层热沥青，质量要求同螺旋作业法，禁止将一面做完再翻转管子做另一面。

粘贴法可适用口径 200mm 以上的管子。

C. 沟槽内的固定口防腐。

应将固定口两侧原防腐层 100mm 以内的管段上的泥土、水等擦掉，晾干，先刷冷底子油，干燥后，再做沥青防腐层。应先在固定口下侧涂刷沥青，用玻璃丝布兜住左右两侧反复兜抹，待沥青有一定强度后再涂一次，然后再从下面往上贴玻璃丝布，与此同时往上面浇沥青，贴上第一遍玻璃丝布后，再兜抹沥青二次。

2) 半机械化管子防腐

半机械化防腐即在现场附近，挖一个低台地，深 1.3m，铺上两根导轨，作为沥青浇注车运动的轨道。离台地 0.7m 处，挖一条小沟槽，铺上两条小轨道，作为运载管子用，此外，在平地上铺起四根槽钢，略带坡度，作为管子防腐前后存放和滚动之用，如图 5-58 所示。

沥青锅内的热沥青通过沥青流槽流入沥青浇注车的沥青箱内，靠近沥青箱的外面安装沥青油泵，油泵抽吸箱内沥青且通过管道流入浇注车上的漏斗。待防腐的金属管放置于特制的支承架上，支承架上安装有涡轮减速器，电机通过皮带带动涡轮减速器旋转，涡轮减速器带动管子旋转，沥青浇注车上盛有沥青的漏斗开启，使沥青向管子浇注。在防腐管的两端安装带有捯链的支架，待管子浇注完毕后，可由捯链吊起放置于槽钢上，然后滚到已完成防腐的位置上，如图 5-58

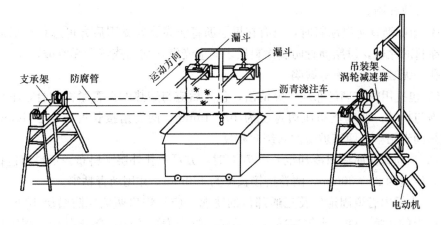

图 5-58 沥青浇注车防腐示意图

所示。

具体操作如下：

在防腐管一端内壁预先焊上一根钢棒，把它滚到小推车上，顺小轨道推至左侧，然后顺槽钢滚至沥青浇注车附近，用捯链吊升，恰当地滑入支承架滚轮上。

把减速器上拨杆与防腐管内壁钢棒卡在一起。

把沥青锅内已配制熬好的热沥青由一根槽钢引流入沥青浇注锅内，同时在锅底点火加热，使沥青温度保持在 180～220℃。

打开油泵电机开关及管路阀门，使沥青流进漏斗连续地浇注管子且可使沥青在漏斗和锅之间循环。

启动 7.5kW 电机，使防腐管转动。这时，人工拉出漏斗至防腐管中线处，沥青就源源不断地浇注整个管壁，从一管端开始，用人工徐徐拉动沥青浇注车至另一管端，沥青就比较均匀地被浇注在整根管子的外壁。

在浇注沥青于管壁同时，操作人员紧随包裹玻璃丝布，成 30°螺旋线缠上，从管的一端到另一端，完成了第一层防腐工序。紧接着反向浇注和缠布，即完成了第二层防腐工序。如此循环直至最后一层塑料布。必须注意，沥青防腐涂料应冷却至 60～70℃，2h 后方可包扎外层塑料布。

3) 机械化管子防腐

专门用于管子防腐的机械由传动设备、除锈设备、涂冷底子油设备和刷涂沥青防腐层设备组成。

在传动设备上既可使管子平移，又可使管子转动，管子的传送可以连续进行，相邻两管子用特制的联轴器连在一起，在完成全部防腐工序后从管子里取出。

这种机械设备可单独完成全部防腐作业，还可以和管道的装配、焊接工序联合在一起，组成一个工序齐全的管道制备作业自动线，用于完成全部管道制备工作。

在进行沥青绝缘层防腐操作中应特别注意以下事项：

A. 管子表面冷底子油干燥后，方可涂刷沥青防腐材料，夏季防腐应保持管子表面干燥，冬季防腐应清除管子表面的水、雪、冰。发现运输过程中冷底子油层损坏，必须补刷。

B. 涂刷沥青防腐涂料时，只有在里层沥青防腐涂料凝固后方可进行外层沥青防腐涂料的涂刷，每层沥青防腐涂料层表面应光滑，均匀连续、无空鼓、无气泡、无针孔、无皱纹和流痕等缺陷。

C. 包扎用的玻璃丝布应干燥清洁，包扎后应与熔热的沥青紧密粘合，不得形成鼓泡与折皱；玻璃丝布压边宽度为10~15mm，两卷搭接长度不小于100mm，并用热沥青粘牢，两道玻璃丝布绕向相反。

D. 当沥青防腐涂料冷却至60~70℃时，方可包扎外层塑料布。塑料布包扎要平整，压边为20~30mm，两卷搭接长度为100mm，并用沥青粘牢。

E. 沟槽内管道固定口及三通部位的防腐，应将焊口两侧原防腐层100mm以内管段上的污垢、锈、水等擦净，并要保持管子表面干燥，防止漏做。固定口沥青防腐应做成阶梯接槎，接槎长度不小于150mm，并与原沥青防腐层搭接牢固。

F. 严禁在雨、雾、雪和大风中进行露天防腐施工作业。

以上所述为钢管外壁防腐。对于钢管内壁可先进行除锈，然后在管道内壁面上用合成树脂或环氧树脂等作内涂层，既可防止管道内壁的腐蚀，又降低管壁的粗糙度数值，相应地提高了管道的输气能力。

2. 电保护防腐法

电保护法有外加电源阴极保护法和牺牲阳极保护法。电保护法一般与绝缘层防腐法相结合，以减小电流的损耗。

（1）阴极保护法

根据微电池原理，管道受到腐蚀的部位是电流流入土层的部位，也就是阳极部位。电极部位决定于流入或流出的直流电。电流流入时向负极方向变化，电流流出时向正极方向变化。如果把一直流电源的负极与管道相连，直流电源的正极与一辅助阳极相连，其接线如图5-59所示，通电后，电源给管道以阴极电流，管道的电位向负值方向变化。当电位降至阴极起始电位时，金属管道的阳极腐蚀电流等于零，管道就不再受腐蚀。如果把金属管道的一个很小部分看作只有一个阳极和阴极的腐蚀电池，则接线图的等效电路如图5-60所示。阴极保护要确定每个阴极保护站管辖的长度、保护站的数目和设置地点、每个阴极保护站的装置等。

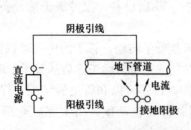

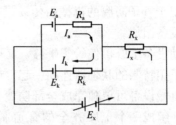

图5-59 阴极保护原理接线图　　图5-60 阴极保护的等效电路

阴极保护站中的阳极所用材料有石墨、高硅铁、普通钢铁，经常采用的是碳钢钢管。阳极分垂直式和水平式两种。

垂直阳极的间距一般为 20m，施工时应按设计要求进行作业，接线牢靠，不易损坏。

(2) 牺牲阳极保护法

采用比保护金属电极电位较负的金属材料和被保护金属相连，以防止被保护金属遭受腐蚀，这种方法称为牺牲阳极保护法。电极电位较负的金属与电极电位较正的被保护金属，在电解质溶液（土壤）中形成原电池，作为保护电源。电位较负的金属成为阳极，在输出电流过程中遭受破坏，故称为牺牲阳极。比铁电位更负的金属如镁、铝、锌及其合金作为阳极。

被保护的燃气钢管应有良好的绝缘层。每种牺牲阳极都相应地有一种或几种最适宜的填包料，例如锌合金阳极，用硫酸钠、石膏粉和膨润土作填包料。填包料的电阻率很小，使保护器（牺牲阳极）流出的电流较大，填包料使保护器受均匀的腐蚀。

施工安装时，阳极应埋在土壤冰冻线以下。在土壤不致冻结的情况下，阳极和管道的距离在 0.3~0.7m 范围内，对保护电位影响不大。同样在安装时，应注意接线牢靠，按设计要求安装保护器。

任务 6　燃气管道试验与验收

一、燃气管道试验与验收内容

燃气管道试验与验收必须对管道、接口、阀门、配件、伸缩器及其他附属构筑物仔细进行外观检查；复测管道的纵断面；并按设计要求检查管道的放气和排水条件。管道验收还应对管道的强度和严密性进行试验，还必须进行水质检查。

二、燃气管道试验与验收应满足的相关规定

(1) 管道安装完毕后依次进行管道吹扫、强度试验和严密性试验。

(2) 燃气管道穿越大中河流、铁路、二级以上公路、高路时，应单独进行试压。

(3) 管道吹扫、强度试验及中高压管道严密性试验前应编制施工方案，制定安全措施，确保人员与设施的安全。

(4) 试验应设巡视员，无关人员不得进入。试压连续升压过程和强度试验的稳压结束前，任何人不得靠近试验区。安全距离按照表 5-32 执行。

安全距离　　表 5-32

设计压力（MPa）	安全距离（m）
>0.4	6
0.4~1.6	10
2.5~4.0	20

(5) 管道上的所有堵头必须加固牢靠，端部严禁人员靠近。

(6) 吹扫与待试验管道应与无关系统隔离，与运行的系统间必须加设盲板且

有明显标识。

三、管道吹扫的相关要求

（一）选择用气体吹扫还是清管球吹扫

（1）铸铁管道、聚乙烯管道和公称直径小于 100mm 或长度小于 100m 的钢制管道，可采用气体吹扫。

（2）公称直径大于或等于 100mm 的钢制管道，宜采用清管球清扫。

（二）管道吹扫应符合的要求

（1）吹扫范围内的管道安装工程除补口、涂漆外，已按设计全部完成。

（2）管道安装检验合格后，应由施工单位组织，并编制吹扫方案。

（3）按照主管、支管、庭院管的顺序进行吹扫，吹扫出的脏物不得进入已合格的管道。

（4）管道内的附件不参与吹扫，待吹扫合格后再安装复位。

（5）吹扫口应设在开阔地段并加固，吹扫时应设安全区域，出口前严禁站人。

（6）吹扫压力不得大于管道的设计压力，且不大于 0.3MPa。

（7）吹扫介质宜采用压缩空气，严禁采用氧气和可燃气体。

（三）气体吹扫应满足的要求

（1）吹扫气体流速不宜小于 20m/s。

（2）吹扫口与地面的夹角应在 30°～45°之间，管段间采取过度对焊，吹扫口直径按照表 5-33 执行。

吹扫口直径（mm） 表 5-33

末端管道公称直径 DN	DN<150	150≤DN≤300	DN≥350
吹扫口公称直径	与管道同径	150	250

（3）吹扫管段长度不宜超过 500m；否则分段进行。

（4）管段长度不足 200m，可采用管段自身储气放散的方式吹扫，打压点与放散点应分别设在管道两端。

（四）清管球清扫应满足的要求

（1）不同直径管道应断开分别进行清扫。

（2）清管前对影响清管球通过的管件、设施采取措施。

（3）在目测排气无烟尘时，应在排气口设置白布或涂白漆木靶板检验。5min 内靶上没有铁锈、尘土等杂物。

四、强度试验

1. 强度试验前应具备的条件：

（1）试验用的压力计及温度记录仪应在校验有效期内。

（2）试验方案已经批准，有可靠的通信系统和安全保障措施，已进行了技术交底。

（3）管道焊接检验、清扫合格。

(4) 埋地管道回填土宜回填至管上方 0.5m 以上,并留出焊接口。

2. 管道应分段进行压力试验,试验管道分段最大长度宜按表 5-34 执行。

管道试压分段最大长度　　　　　　　　　表 5-34

设计压力 PN（MPa）	试验管段最大长度（m）	设计压力 PN（MPa）	试验管段最大长度（m）
$PN \leqslant 0.4$	1000	$1.6 < PN \leqslant 4.0$	10000
$0.4 < PN \leqslant 1.6$	5000		

3. 管道试验用压力计及温度记录仪表均不应少于两块,并应分别安装在试验管道的两端。试验用压力计的量程应为试验压力的 1.5~2.0 倍,其精度不得低于 1.5 级。强度试验压力和介质应符合表 5-35 的规定。

强度试验压力和介质　　　　　　　　　表 5-35

管道类型	设计压力 PN（MPa）	试验介质	试验压力（MPa）
钢管	$PN > 0.8$	清洁水	$1.5PN$
	$PN \leqslant 0.8$	压缩空气	$1.5PN$ 且 $\geqslant 0.4$
球墨铸铁管	PN		$1.5PN$ 且 $\geqslant 0.4$
钢骨架聚乙烯复合管	PN		$1.5PN$ 且 $\geqslant 0.4$
聚乙烯管	PN（SDR11）		$1.5PN$ 且 $\geqslant 0.4$
	PN（SDR17.6）		$1.5PN$ 且 $\geqslant 0.2$

4. 水压试验

(1) 试验管段任何位置的管道环向应力不得大于管材标准屈服强度的 90%。架空管道采用水压试验前,应核算管道及其支撑结构的强度,必要时应临时加固。试压宜在环境温度 5℃ 以上进行,否则应采取防冻措施。

(2) 水压试验应符合现行国家标准《液体石油管道压力试验》GB/T 16805—2009 的有关规定。

(3) 进行强度试验时,压力应逐步缓升,首先升至试验压力的 50%,应进行初检,如无泄漏、异常,继续升压至试验压力,然后宜稳压 1h 后,观察压力计不应少于 30min,无压力降为合格。

(4) 水压试验合格后,应及时将管道中的水放(抽)净,进行吹扫。

(5) 经分段试压合格的管段相互连接的焊缝,经射线照相检验合格后,可不再进行强度试验。

5. 气压试验

燃气管道的强度试验均用压缩空气,试验压力一般为工作压力的 1.5 倍,但不小于 0.3MPa,见表 5-36。

燃气管道强度试验压力　　　　　　　　　表 5-36

管道类别	钢管			铸铁管	
	次高压	中压	低压	中压	低压
试验压力 p（MPa）	0.45	0.3	0.3	0.2	0.1

(1) 试压的准备工作

DN<200mm 的钢管在当地施工条件允许的条件下，一般首先在沟槽上一侧进行排管焊接，用钢板把管道两端焊死，在一端的堵板上留一个孔，焊出 DN20mm 带螺纹的短管 100～200mm 左右，并安装压力表。操作时应仔细，接头处不得漏气。如若已下到管沟内，压力表管可以安装在排水器头部的 DN20 管接头上或旋塞上，同样要把管段的两端用钢板焊死。然后对管线上的管件、排水器头部、闸阀的盘根、法兰盘的螺栓等进行仔细检查，看是否有漏气的可能性。最后将试压用的小毛刷准备好，把肥皂切成薄片，用水将肥皂溶化好。

(2) 充气试压

把空压机输气胶管接在充气压力表上，即可进行充气。气压达到要求的压力为止，一般气压都比要求的压力稍高一些，如要求为 0.3MPa 压力，充气时压力最好充到 0.31～0.32MPa，待停止充气后压力会降到 0.3MPa 左右。

当管道内气压达到要求的压力以后，用小毛刷沾肥皂水刷每个接口部位。刷时要认真仔细，最好每一个接口反复刷 2～3 次，有漏气点时就会把肥皂水吹起气泡来，但要注意肥皂水的浓度要适当。太浓时刷口有微小的漏洞就吹不起气泡；太稀时有大的或小的漏洞同样吹不起气泡。当发现有漏气地点，要及时用石笔或粉笔划出漏洞的准确位置，待全部焊口（接口）检查完毕后，将管内的压缩空气放掉，方可进行漏洞的补修。补修完后用同样的方法再进行试验，直至无漏气为止，但有时可能遗漏漏洞，以防万一，要注意弹簧压力表的指针是否有明显变动，如看不出压力变化，就可进行下一步的严密性试验。

强度试验的压力降允许值：燃气管道的强度试验，事实上不是检查管道的强度，因为试验用的压力无法使管材和接头的内应力略为接近管道和接头的许用应力。在这种情况下，强度试验实质上为一种预试，把管道明显漏气点检查出来，所以有些地区对强度不规定。

试验时间和允许压力降，满足检查缺陷的目的即可。但也有地区对强度试验时间和允许压力降率作了规定，见表 5-37。

强度试验允许压力降率 表 5-37

公称直径 DN (mm)	稳压时间 t (h)	压力降率 (%)	公称直径 DN (mm)	稳压时间 t (h)	压力降率 (%)
DN≥150	6	≤2	DN<80	2	≤2
80≤DN<150	4	≤2	调压计量站	2	≤2

其允许压力降公式如下：

$$\Delta p = 100\left(1 - \frac{T_k \cdot p_z}{T_z \cdot p_k}\right)\%$$

式中　Δp——压力降百分数；

T_k——试压开始时介质的热力学温度（℃）；

T_z——试压终了时介质的热力学温度（℃）；

p_k——试压开始时介质的绝对压力（MPa）；

p_z——试压终了时介质的绝对压力（MPa）。

实际压力降 ΔP 等于或小于允许压力降,则认为此段燃气管道强度试压合格。无论强度试压合格标准有无允许压力降,在强度试验过程中,只要气压达到规定值时,均要用肥皂水在管道焊口和接头及管件处涂刷的方法进行检查。如有漏洞,刷上肥皂水之后就会吹起气泡,用石笔或粉笔把漏气点记下,待全部接口、焊口管件刷一遍后,把管道内的空气放掉,进行补修,然后再做同样的强度试验,查无漏点为止。在强度试验时管道内的压力不应出现太大的降落,这种降落说明管道系统中存在着明显的缺陷,这时应仔细查找,否则管道系统内就不可能维持一定的压力,也就无法通过严密性试验。

五、严密性试验

(一)一般要求

(1)严密性试验应在强度试验合格、管线全线回填后进行。

(2)试验用的压力计应在校验有效期内,其量程应为试验压力的 1.5~2.0 倍,其精度等级、最小分格值及表盘直径应满足表 5-38 的要求。

试验用压力表选择要求　　　　　　　　　　　表 5-38

量程(MPa)	精度等级	最小表盘直径(mm)	最小分格值(MPa)
0~0.1	0.4	150	0.0005
0~1.0	0.4	150	0.005
0~1.6	0.4	150	0.01
0~2.5	0.25	200	0.01
0~4.0	0.25	200	0.01
0~6.0	0.16	250	0.01
0~10	0.16	250	0.02

(二)燃气管道的严密性试验

燃气管道的严密性试验必须在全部回填后进行,向管道内充入压缩空气后,为了使管道内的空气温度与土壤温度平衡,在达到试验压力后,必须根据管径大小进行一段时间的稳压,见表 5-39。试验管道长度一般不超过 1km,长度小于 25m 的燃气管道可不作严密性试验,但必须作强度试验。

严密性试验稳压时间　　　　　　　　　　　表 5-39

管径 DN(mm)	≤200	>200~400	≥400
稳压时间 t(h)	12	18	24

严密性试验压力值标准见表 5-40,经稳压达到要求时间后,将 U 型汞压力计装在压力表管燃气嘴上,缓缓开启燃气嘴的旋塞。当汞柱停住不动,2~3min 后全开燃气嘴旋塞,汞柱稳定后就可以开始记录 U 型汞压力计高位、低位的读数,与此同时记录开始时间、地温、气温和大气压力。这时汞柱高低位读数之和便是管内的燃气表压力。观测记录时间为 24h,每小时记录一次汞柱的高低位读数。

24h 汞柱的高度变化如果小于允许压力降即为合格，可以验收；如果大于允许压力降就要重新检查，直至合格为止。严密性试验充气接口如图 5-61 所示。

严密性试验压力值　　　　　　　　　　　　　　　　表 5-40

管道类别	钢　管			铸铁管	
	次高压	中　压	低　压	中　压	低　压
试验压力 P（MPa）	0.3	0.15	0.1	0.15	0.02

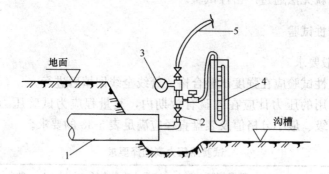

图 5-61　严密性试验充气接口
1—燃气管道；2—压力表管；3—弹簧压力表；4—U 型汞压力计；5—空压机充气胶管

燃气钢管、铸铁管的压力降允许值：沟槽内的燃气管道在强度试验合格后，把管道内的空气放掉一部分直至达到严密性试验压力为止，然后稳定一定时间。严密性试验时间一般为 24h，每小时要记录 1 次压力变化情况。同一管径燃气钢管允许压力降见表 5-41。

同一管径燃气允许压力降　　　　　　　　　　　　　表 5-41

公称直径 DN（mm）	允许压力降（Pa/24h）		公称直径 DN（mm）	允许压力降（Pa/24h）	
	钢　管	铸铁管		钢　管	铸铁管
75	12480	2112	400	2340	396
100	9360	1584	450	2080	352
150	6240	1056	500	1872	316.8
200	4680	792	600	1560	264
250	3744	633.6	700	1339	226.3
300	3120	528	800	1170	198
350	2678	452.6			

任务 7　燃气管道沟槽土方回填

一、沟槽土方回填的目的

管道施工完毕并经检验合格应及时进行土方回填，以保证管道的正常位置，避免沟槽（基坑）坍塌，而且尽可能早日恢复地面交通。

二、土方回填的要求

由现场监理人员对下沟的质量进行检查和复测，确认合格并在下沟记录上签字后，进行管沟回填。一般地段管线下沟检查合格后，要按业主要求设置稳管墩，除工艺预留段外均要及时进行回填。易冲刷地段、高水位地段、人口稠密居住区及交通、生产等需要及时平整区段均要立即回填。

(1) 管沟回填前，向管沟回填单位下达管沟回填通知单，并进行现场交底。

(2) 管道回填前将阴极保护测试线焊好并引出，待管沟回填时配合安装测试桩。或回填时留出操作坑，待阴极保护测试线焊好再回填。

(3) 管道穿越地下电缆、管道、构筑物处的管沟回填采用人工配合机械完成。一般地段采用推土机进行管沟回填，特殊地段配合单斗、人工完成。

(4) 管底垫层回填土粒径应不大于 15mm，且 10~15mm 粒径所占重量不得超过总重量的 10%，管道涂层为熔结环氧粉末的，其细土粒径应不大于 5mm。细土应回填至管顶以上 0.3m 处。后即可回填原状土。原状土的粒径不大于 250mm。原状土回填应高出相邻自然地面 0.3m，并在横向天然冲沟位置留设排水口。

(5) 耕作区管沟先回填生土，后回填熟土，并按要求预留沉降余量。

(6) 连头处每侧至少要留出 2m 管线不回填。

任务 8　燃气管道安全、文明施工

一、文明施工内容

(1) 建设单位应会同设计、施工单位和有关部门对可能造成周围建筑物、构筑物、防汛设施、道路、地下管线损坏或堵塞的施工现场进行检查，并制定相应的技术措施，纳入施工组织设计，保证施工安全、文明进行。

(2) 工地周围必须设置不低于 2.5m 的遮挡围墙。围墙应用彩钢板或砖砌筑，封闭严密，并粉刷涂白，保持整洁完整。

(3) 工地的主要出入口处应设置醒目的施工标牌，标明下列内容：

1) 工程项目名称、工地范围和面积、工程结构、开工竣工日期和监督电话；

2) 建设单位、设计单位、施工单位、监理单位的名称及工程项目负责人、技术和安全负责人的姓名；

3) 建设规划许可证、建设用地许可证、施工许可证批准文号；

4) 工地总平面布置图。

(4) 工地应按安全、文明施工的要求设置各项临时设施，并达到下列要求：

1) 设置连续、通畅的排水设施和沉淀设施，防止泥浆、污水、废水外流或堵塞下水道和河道；

2) 施工区域与非施工区域严格分隔；

3) 施工区域内的沟、井、坎、穴等危险地形旁，应有醒目的警示标志，并采取安全防护措施；

4) 材料、机具设备按工地总平面图的布置在固定场地整齐堆放，不得侵占场内道路及安全防护等设施；

5) 施工现场道路通畅，场地平整，无大面积积水。

(5) 未经批准不得在工地围护设施外随意堆放材料、残土。在经批准临时占用的区域，应严格按批准的占地范围和使用性质存放、堆卸材料和机具设备，并设置高于1m的围护设施。

(6) 在施工中应遵守下列规定：

1) 完善技术和操作管理规程，确保防汛设施和地下管线通畅、安全；

2) 采取各种措施，降低施工过程中产生的噪声；

3) 控制夜间施工作业，确需夜间作业的，必须事先向环保部门申办《夜间作业许可证》；

4) 设置各种防护设施，防止施工中产生的尘土飞扬及废弃物、杂物飘散；

5) 随时清理垃圾，控制建筑污染；

6) 除设有符合要求的防护装置外，不得在工地内熔融沥青，禁止在工地内焚烧油毡、油漆以及其他产生有害、有毒气体和烟尘的物品；

7) 运用其他有效方式，减少施工对市容、绿化和环境的不良影响；

8) 不得使用人力车、三轮车向场外运输垃圾、废土、材料。

(7) 施工人员应文明作业，并严格遵守下列规定：

1) 施工中产生的泥浆未经沉淀池沉淀不得排放；

2) 施工中产生的各类垃圾应及时清运到市容环境卫生管理部门指定的地点，严禁随意倾倒在城市道路、河道、绿化带和居民生活垃圾容器内；

3) 施工中不得随意抛掷材料、废土、旧料和其他杂物；

4) 施工中应注意清理施工场地，做到随做随清。

(8) 工地运输车辆的车厢应确保牢固、严密，严禁在装运过程中沿途抛、洒、滴、漏。并设置车辆冲洗设施，运输车辆必须冲洗后出场。

(9) 工地应设置醒目的环境卫生宣传标牌。

(10) 应当严格依照《中华人民共和国消防条例》规定，在施工现场建立和执行防火管理制度，设置符合消防要求的消防设施，并保持完好的备用状态。在容易发生火灾的地区施工或者储存、使用易燃易爆器材时，应当采取必要的消防安全措施。

(11) 因工程施工造成沿线单位、居民的出入口障碍和道路交通堵塞，应采取有效措施，确保出入口和道路的畅通、安全。

(12) 在施工中造成下水道和其他地下管线堵塞或损坏的，应立即疏浚或修复；对工地周围的单位和居民财产造成损失的，应承担经济赔偿责任。

(13) 因设置工地围护、安全防护设施和其他因文明施工设置临时设施所发生的费用，按有关规定列入工程预算。

(14) 对违反本规定的单位和个人,由建筑业管理部门给予警告、通报批评、责令限期改正,并处以罚款。

二、编制实例

(一) 文明施工目标

文明施工是本工程施工管理的重点,由项目经理全权负责,在安全员、文明施工员、交通协管员的配合下组织工作。

根据公司的施工保障能力,本工程的文明施工目标是:达到"哈尔滨市市级安全文明工地"标准。

(二) 文明施工保证体系

考虑到本工程的特殊性、重要性,其地理位置、环境条件等因素,经理部将把文明施工与工程施工放在同等重要的位置。

(1) 成立以项目经理为中心的文明施工领导小组,全权负责本项目文明施工工作,保证各项措施落到实处。

(2) 实行责任制,项目经理及项目部管理人员、施工队伍层层签订"文明责任状"。

(3) 文明施工标准:一是封闭施工。特别是中心城区内施工区域要全封闭隔离施工,不得把马路、交通和社会运行的区域与施工区域混在一起。二是要满足交通组织的需要。要有一套科学、合理的交通组织方案,使施工对交通影响最小。三是"清洁运输"。在中心城区主要干道的渣土、材料、土方运输逐步实行封闭式运输管理,车辆驶出工地前要冲洗,防止泥土污染环境。四是环境影响要最小化。把施工对周围环境的影响降低到最低限度。五是减少对市民生活和出行的影响。

(三) 文明施工措施

1. 施工围蔽措施

(1) 工地内设置的临时设施如现场办公室、职工、民工宿舍等房屋,整齐放置,统一规划,保证明亮整洁。

(2) 在施工期间,生活办公区及与既有道路相交处的施工范围边线设置围蔽。施工围蔽栏夜间挂红灯,并保证施工沿线在夜间有足够的照明设施;施工期间,根据监理工程师、业主或当地政府要求,在要求的时间和地点,提供和维持所有的照明灯光、护板、围墙、栅栏、警示信号标志并安排专门的值班人员 24 小时值班,对工程保护和为工程提供安全和方便。

(3) 沟槽施工均采用合格的安全防护施工。

(4) 施工区以外是已征用的待开发地,目前均覆盖着杂草植被,为了减少扬尘,需对其进行妥善保护,经理部除了要尽量减少占用土地之外,将采取措施以杜绝破坏天然植被的行为,除施工用地以外,将不得随意占用其余土地。

2. 机具、材料管理

(1) 在施工过程中,始终保持现场整齐干净,清理掉所有多余的材料、设备和垃圾,拆除不再需要的临时设施,做好文明施工。

(2) 材料仓库用砖砌结构，材料进场后进行分类堆放，并按照 ISO 9001 文件有关要求进行标识。工地一切材料和设施不得堆放在围栏外，在场内离开围栏分类堆放整齐，保证施工现场畅通，场地文明整洁。

(3) 施工机具统一在确定场所内摆放，并用标识牌标明每一类施工机具的摆放地点。

(4) 所有施工机具保持整洁机容，每天进行例行保养。

(5) 在运输和储存施工材料时，采取可靠措施防止漏失。

3. 文明施工的宣传和监督

(1) 学习文明施工管理规定，在每周安全学习例会中穿插文明施工管理规定的学习内容，务使每个职工明白文明施工的重要性。

(2) 做好施工现场的宣传工作。在作业班组积极开展文明施工劳动竞赛。

(3) 注意搞好与兄弟单位的关系，以使工程顺利开展。

(4) 施工现场大门右侧悬挂施工标牌，标明工程名称、工程负责人、工地文明施工负责人。

任务9 某燃气管道工程施工案例

一、概述

（一）编制依据

(1)《某市天然气城市管网改建工程招标文件及设计图纸（第一标段）》。
(2)《城镇燃气输配工程施工及验收规范》CJJ 33—2005。
(3)《工业金属管道工程施工及验收规范》GB 50235—1997。
(4)《现场设备、工业管道焊接工程施工及验收规范》GB 50236—1998。
(5)《金属熔化焊焊接接头射线照相》GB 3323—2005。
(6)《埋地钢制管道石油沥青防腐层技术标准》SY/T 0420—1997。
(7)《管道干线标记设置技术规定》SY/T 6064—1994。
(8)《城镇燃气设计规范》GB 50028—2006。

（二）工程概况

1. 概述

某市天然气城市管网改建工程第一标段属于次高压管道，次高压管道采用螺旋缝焊接钢管 $\phi 529 \times 8$，总里程 3759m。

2. 本标段工程特点及开竣工时间

(1) 工程特点

本标段过桥梁，穿铁路，途经烂泥沟，且因资料有限，道路地下管网及建构筑物不详，给施工造成了极大的难度。

(2) 开竣工时间

开工时间：2007 年 5 月 20 日，竣工时间：2007 年 9 月 30 日。

二、施工准备

（一）施工准备工作计划

某市天然气城市管网改建工程第一标段属于次高压管道，次高压管道采用螺旋缝焊接钢管 $\phi 529 \times 8$，总里程 3759m。

（二）施工机具、设备维修计划

（1）施工中保证机具、设备时刻保持完好状态，建立专门的修理保养人员，负责工地上所有施工机具、设备的维修任务。维修人员必须认真执行公司设备巡回检查制度、设备维修保养制度及油水管理制度，并准备充足的备件，保证现场设备完好。

（2）施工暂设准备：根据城市管网的施工特点，结合当地实际条件以及准备投入的施工人员、设备情况，为方便与业主及监理联系，项目部设在中山路附近，安装直拨电话、传真机和联网计算机。设有办公室、宿舍、食堂、库房，主要租用当地招待所。

（三）技术准备

（1）熟悉设计图纸、文件、施工验收标准、规范，核对图纸、工程招标文件，并进行分类登记。

（2）组织技术人员学习掌握本工程施工设计图纸、技术要求、施工验收标准及有关文件，做好图纸会审工作。

（3）组织技术及测量人员对现场进行详细勘测交桩，了解掌握线路走向、地形地貌、水文、地质等自然条件，特别是对河流、公路、地下管线、电缆光缆穿越处以及文物保护区要重点勘查。在扫线和管沟开挖时碰到文物则立即停工，保护好，并报文物主管部门处理。

（4）参加业主及设计组织的技术交底及图纸会审工作，组织有关技术人员，编写详细的《施工组织设计》，并在开工前报业主及监理批复。

（四）现场准备

（1）申办当地施工许可证，办理施工和临时用水、电、路、讯的许可证。

（2）在开工前半个月组织一个先遣队伍，负责临时设施搭建工作，并在施工机具、设备、物资到达前，根据当地条件做好三通一平的准备工作。在施工设备、机具和临时生活设施到达后，负责拉运并按施工临时设施平面布置搭设，在施工人员到达前，满足开工条件。

（3）物资采购准备：结合工程总体施工进度计划，针对业主供料和自购料，编制出详细的供料计划，根据计划落实供料地点、规格、数量，并做出用车计划，保证材料及时拉运到施工现场。保证工程施工按计划进行。

（五）施工人员培训

我公司针对本输气管道工程的施工特点，曾派人多次深入现场踏勘、了解地形地貌。为确保中标后能够优质高效干好该输气管道工程，已举办技术人员、电焊工、管工、防腐工等培训，培训情况见表 5-42。

施工人员培训情况表　　　　　　　表 5-42

序号	工 种	培训内容	培训日期
1	电焊工	X52 材质手工半自动下向焊	2006.9.1～2006.9.15
2	管工	管道组对、对口器操作知识	2006.9.1～2006.9.15
3	起重工	起重知识	2006.9.1～2006.9.15
4	防腐工	三层 PE、熔结环氧粉末热收缩带补口、补伤知识	2006.9.1～2006.9.15
5	钳工	掌握机泵和卷扬机等机械知识	2006.9.1～2006.9.15
6	修理工	掌握公司所有设备修理	2006.9.1～2006.9.15
7	操作手	掌握设备操作要领	2006.9.1～2006.9.15
8	汽车司机	熟练驾驶技术	2006.9.1～2006.9.15
9	测量工	掌握测量技术	2006.9.1～2006.9.15

（六）设备准备（表 5-43）

设备一览表　　　　　　　表 5-43

序号	名 称	型 号	单位	数量	进厂时间	备注
一、焊接设备						
1	履带式自行电站	DFH1002-64	台	12	2001.9.15	
2	逆变焊机	DC-400	台	20	2001.9.15	
3	逆变焊机	V-300-1	台	10	2001.9.15	
二、工程机械						
1	吊管机	PG40B	台	10	2001.9.15	
2	推土机	D80	台	5	2001.9.15	
3	单斗挖掘机	PC200-6	台	5	2001.9.15	
4	装载机	75B	台	5	2001.9.15	
5	横空钻机		台	1	2001.9.15	
6	内对口器	NC2022	台	5	2001.9.15	
7	外对口器	φ508	台	5	2001.9.15	
三、工程车辆						
1	打压车	CT513DJCG30	辆	1	2001.10.15	
2	平板拖车	LAK2624 40t	辆	3	2001.9.15	
3	汽车吊车	16t	辆	2	2001.9.15	
4	汽车吊车	25t	辆	2	2001.9.15	
5	管拖车	T815	辆	10	2001.9.15	
6	水罐车	5t	辆	2	2001.9.15	
7	油罐车	4t	辆	2	2001.9.15	
8	切诺基	213	辆	5	2001.9.15	

续表

序号	名称	型号	单位	数量	进厂时间	备注
三、工程车辆						
9	中巴车		辆	5	2001.9.15	
10	五十铃客货车		辆	5	2001.9.15	
11	指挥车	日本丰田	辆	1	2001.9.15	
12	卡车	CA141	辆	6	2001.9.15	
四、辅助设备						
1	发电机	50kW	台	5	2001.9.15	
2	发电机	100kW	台	3	2001.9.15	
3	焊条烘干箱	YZHZ-150	台	6	2001.9.15	
4	角向磨光机	□100、□150	台	30	2001.9.15	
5	电火花检漏仪	SLD	台	2	2001.9.15	
6	水准仪	DSZ2	台	3	2001.9.15	
7	全站仪	DTMC-100	台	1	2001.9.15	
8	压风机	20m³/min	台	2	2001.9.15	
9	压风机	9m³/min	台	6	2001.9.15	
10	潜水泵	2″、4″	台	8	2001.9.15	
11	柴油动力泵	2″	台	2	2001.9.15	
12	高压离心式鼓风机	D30-12	台	1	2001.9.15	
13	卷扬机	5t、10t	台	6	2001.9.15	
14	捯链	5t	台	10	2001.9.15	
15	井点降水设备	自制	套	2	2001.9.15	
16	混凝土搅拌机	JZ350	台	2	2001.9.15	
17	砂浆搅拌机	VJW200	台	2	2001.9.15	
18	翻斗车	FC10A	台	5	2001.9.15	
19	双轮手推车		台	10	2001.9.15	
20	插入式振动器	2X-50	套	2	2001.9.15	
21	平板式振动器		套	2	2001.9.15	
22	打夯机		台	2	2001.9.15	
23	混凝土切割机		台	2	2001.9.15	
24	半自动切割机		台	2	2001.9.15	

注：□为各生产厂家型号。

（七）暂设

1. 选址

针对第一标段任务划分及沿线社会依托情况，我们拟在中山路附近设置项目部。距施工现场近，交通方便。

2. 住房形式

就近租用当地招待所或民房。

3. 通信保障

由于此段管线沿线地势平坦，自然条件、社会依托好，但是管线多次穿越河流沟渠、多次穿越地下已建管线、电缆光缆,并且施工工期较短,为保证高质高速地完成此工程,必须加强通信保障工作,保证项目部与业主、监理及地方部门的通信畅通,以便各种情况能及时上报或各种指令能迅速下达。通信保障有如下方式:

安装两部直拨电话、一台传真机、两台联网计算机。

三、施工部署

（一）施工总体方案

根据本工程的实际状况,我公司拟成立以×××为项目经理的"×××安装工程公司某市天然气城市管网改建工程项目经理部",负责该工程的指挥及全面管理,并抽调有施工经验的班组承担此项工程的施工任务。

施工中进行各专业分工,提高工序质量。实行预制与现场组对相结合、交叉和流水相结合的施工方法,加快施工进度,每道工序设专人负责,抓住影响质量的关键工序,层层把关,干出让业主满意的工程。

对现场进行详细的踏勘,配备适应性强的施工机具,优化施工程序,提高现场预制化程度,合理利用人力和物力,力争缩短工期。

（二）施工部署

1. 项目组织机构（图 5-62）

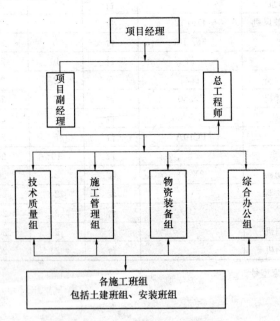

图 5-62 项目组织机构图

2. 主要岗位及部室职责

（1）项目经理

1）全面负责组织工程的实施,对工程的质量、进度和安全负领导责任。

2）组织编制项目施工实施计划,确保按期完工。

3）组织全体施工人员进行质量培训。

4）组织制定项目经济责任制及其他制度，并确保其实施。

5）组织调动各施工单位的人员、设备，解决施工中的重大问题。

6）组织协调和业主、监理、地方及其他施工单位的关系。

(2) 项目副经理

1）协助项目经理搞好项目管理。

2）负责项目施工组织与现场管理。

3）参与项目重大问题的讨论与决策。

4）组织各项施工准备工作。

5）按项目实施计划组织现场施工，组织解决现场施工问题。

6）组织协调项目各部门工作，合理调配施工力量，组织平衡、调整施工计划。

7）组织竣工检查、验收，组织编制保投产计划，并组织实施。

(3) 总工程师

1）对技术质量部门进行专业管理。

2）参与项目重大问题的讨论与决策。

3）组织对施工人员进行质量教育。

4）组织编制施工组织设计、质量计划及审定技术措施。

5）组织处理解决现场技术、质量问题。

6）组织项目技术、质量检查。

7）组织编制各项竣工资料，组织竣工验收。

(4) 技术质量组

1）参与组织有关施工准备工作。

2）组织内部图纸会审和技术交底，编制施工组织设计、项目质量计划和施工技术措施。

3）检查和监督技术规范、标准执行情况。

4）按公司制度进行技术管理，并检查所属施工单位的执行情况。

5）办理设计变更，处理现场技术问题。

6）检查、监督所属施工单位的原始技术资料填写及现场签证情况。

7）组织建立项目质量管理体系管理网络。

8）按公司的方针和目标进行质量管理。

9）参与组织对施工人员进行质量培训和教育，定期组织各机组召开质量会议，解决施工中出现的有关质量方面的问题。

10）检查、监督所属施工单位质量保证措施执行情况。

11）参与组织质量检查，组织对有关事故的分析并及时提出处理意见。

12）处理解决现场质量方面的问题。

13）制定质量管理奖惩政策，并负责实施。

14）收集整理有关资料，定期上报，并负责对项目工地质量进行全面管理。

15）组织单位工程质量评定及竣工资料的整理、汇编。

16）参与竣工验收。

(5) 施工管理组

1) 组织工程施工及安全、HSE 全面管理活动。
2) 组织施工人员和设备的调迁及现场调动。
3) 协调各单位的关系，处理解决现场施工组织问题。
4) 协调与地方及其他施工单位的关系，解决有关问题。
5) 组织防腐管的运输与分配。
6) 参与组织设备维修、人员培训，组织营地建设和人员设备调迁。
7) 组织办理各种施工许可证。
8) 参与组织工程检查、验交，参与组织保投产工作。
9) 制定安全和 HSE 管理奖惩政策，并负责实施。
10) 收集整理施工进度，定期上报。

(6) 物资装备组

1) 编制项目物资管理计划，并负责具体实施。
2) 严格按公司物资管理办法的规定进行物资的采购、验收、保管与发放。
3) 监督检查所属各班组材料的保管及使用情况。
4) 组织物资的统计与核销，并及时上报。
5) 执行公司机动资产管理制度，制定项目设备管理制度。
6) 参与组织设备的调迁及调配。
7) 编制设备维修保养计划并负责实施。
8) 制定设备管理奖惩办法，并按期组织设备检查。
9) 组织设备事故的调查分析与鉴定，并提出处理意见。
10) 收集汇总有关报表，按时上报。

(7) 综合办公组

1) 协助项目经理处理好与业主、监理及地方的关系。
2) 按公司档案管理规定进行各种文件的收发管理工作。
3) 负责项目各种办公用品的发放及办公设备的维护保养。
4) 安排项目部组织召开的各类会议。
5) 负责项目部日常招待工作。
6) 负责项目部日常生活后勤保障工作。

3. 施工任务划分

具体分工见表 5-44。

施工任务分配表　　　　　　　　　　　表 5-44

序号	单位名称	主要施工任务	备 注
1	项目部	总体协调，管理施工，对工程质量、安全、进度、环保等负全面责任，负责对业主、监理、各区政府等部门的联系工作	
2	第一土建队	负责从中山路到经纬街段的土建专业施工	
3	第一安装队	负责从中山路到公滨路段的安装专业施工	

续表

序号	单位名称	主要施工任务	备注
4	第二土建队	负责中山路段的土建专业施工	
5	第二安装队	负责中山路段的安装专业施工	
6	第三土建队	负责从中山路到奋斗路段的土建专业施工	
7	第三安装队	负责从中山路到奋斗路段的安装专业施工	

4. 劳动组织

（1）项目部组织机构（表5-45）

项目部组织机构表　　表5-45

序号	职能部门	人数	备注
1	项目经理	1	
2	项目副经理	1	
3	总工程师	1	
4	技术质量组	4	土建技术员1人、安装技术员1人，资料员1人，HSE 1人
5	施工管理组	5	调度1人、安全1人、质量员1人、土建施工员1人、安装施工员1人
6	物资装备组	3	采办1人、设备1人、保管员1人
7	综合办公组	4	后勤2人，业务员2人
8	合计	19	

（2）施工班组劳动力计划（表5-46）

劳动力计划表　　表5-46

序号	工种	数量	备注
1	管工	9	
2	电焊工	15	
3	起重	3	
4	电工	3	
5	铆工	3	
6	钳工	3	
7	防腐工	6	
8	测量工	3	
9	操作工	3	
10	模板工	3	
11	钢筋工	3	
12	混凝土工	3	
13	普工	24	
14	修理工	1	
	合计	82	

5. 主要设备、机具配备（表 5-47）

主要设备机具表　　　　表 5-47

序号	名称	型号	单位	数量	备注
一、焊接设备					
1	履带式自行电站	DFH1002-64	台	3	
2	逆变弧焊机	DC-400	台	20	
3	逆变弧焊机	V-300-1	台	10	
二、工程机械					
1	吊管机	PG40B	台	10	
2	推土机	D80	台	10	
3	弯管机	PC12-30	台	1	
4	单斗挖掘机	PC200-6	台	5	
5	装载机	75B	台	5	
6	内对口器	NC2022	台	5	
7	外对口器	φ508	台	5	
8	高效喷砂机	SPBSR-4720E	台	3	
9	剪板机		台	1	
10	滚板机		台	1	
三、工程车辆					
1	打压车	CT513DJCG30	辆	1	
2	平板拖车	LAK2624 40t	辆	3	
3	汽车吊车	8t	辆	3	
4	汽车吊车	16t	辆	1	
5	管拖车	T815	辆	3	
6	水罐车	5t	辆	1	
7	油罐车	4t	辆	1	
8	五十铃客货车		辆	1	
9	卡车	CA141	辆	1	
10	自卸卡车	5t	辆	3	
四、辅助设备					
1	发电机	50kW	台	3	
2	发电机	100kW	台	1	
3	焊条烘干箱	YZHZ-150	台	3	
4	角向磨光机	□100、□150	台	12	
5	电火花检漏仪	DLD	台	1	

续表

序号	名称	型号	单位	数量	备注
四、辅助设备					
6	水准仪	DSZ2	台	3	
7	全站仪	DTMC-100	台	1	
8	压风机	20m³/min	台	1	
9	压风机	9m³/min	台	1	
10	上水泵	100m³/h	台	1	
11	潜水泵	2″、4″	台	3	
12	柴油动力泵	2″	台	1	
13	卷扬机	5t、10t	台	3	
14	捯链	5t	台	10	
15	混凝土搅拌机	JZ350	台	1	
16	砂浆搅拌机	VJW200	台	1	
17	双轮手推车		台	3	
18	翻斗车	FC1A	台	5	
19	打夯机		台	3	
20	混凝土切割机		台	2	

注：□为各生产厂家型号。

四、施工方案

（一）燃气管道施工程序

燃气管道施工程序，如图5-63所示。

（二）燃气管道主要工种工程施工技术措施

1. 测量放线

（1）根据施工图、设计控制桩、水准标桩进行测量放线。对于丢失的控制桩、水准标桩，根据交接桩记录、测量成果表等资料进行补桩。

（2）测量放线要放出线路轴线和施工作业带边界线，并在其上设置百米桩；对已开挖的管沟要进行复测，确定线路轴线。在线路轴线上根据设计图纸要求设置纵向变坡桩、曲线加密桩、标志桩。控制桩上注明里程、地面高程、管底高程和挖深。

（3）当纵向转角大于2°时，设置纵向变坡桩，并注明变坡点位置、角度、曲率半径、切线长度、外矢矩。

（4）当采用弹性敷设和冷弯管处理水平或竖向转角时，在曲线的始点、中点及终点上设桩，并在曲线段上设置加密桩，间距不大于10m。曲线的始、中、终点桩上注明曲线半径、角度、切线长度和外矢矩。

（5）在河流、沟渠、公路穿跨越段的两端，地下管道、电缆、光缆穿越段的两端，线路阀室的两端及管线直径、壁厚、材质、防腐层变化分界处设置标志桩。

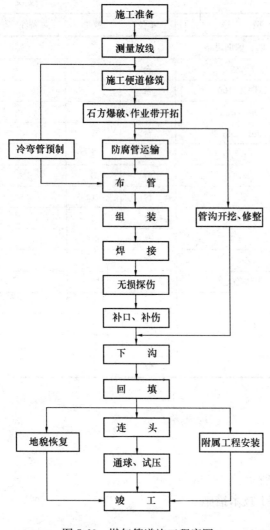

图 5-63 燃气管道施工程序图

地下障碍物标志桩上注明穿越名称、埋深和尺寸；管径、壁厚、材质、防腐层变化分界处标志桩上注明变化参数，起止里程。

（6）测量放线过程中做好各项记录，包括控制桩测量（复测）记录、转角处理方式记录、放线加桩记录。

（7）线路轴线和施工作业带边界线定桩后，用白石灰沿桩放出边界线。施工作业带边界线在作业带清理前放出，线路轴线在布管前或管沟开挖前放出。

（8）施工作业带宽度一般为15m，在果园、耕地及地面有障碍地段，施工作业带应尽量减少，特殊地段可扩大到20m，但需征得监理及业主同意。

（9）如发现线路走向与图纸不符或设计不合理时，及时向监理、设计、业主反映，求得妥善解决。

（10）为利于施工检查、核对，在管道轴线画线后，管沟开挖前，将管道轴线上的所有桩平移至作业带组装焊接一侧边界线外，距边界线 1m 的位置。

（11）管沟开挖后复测转角和纵断面曲线等主要点的标高，为预制弯头和弯管提供可靠的依据。

2. 施工便道的修筑

（1）施工便道原则上利用原有的乡村小道，对其拓宽、垫平、碾压，以减少修筑工作量。新建施工便道选择植被稀少地带，尽量少占耕地。

（2）施工便道要平坦，并具有足够的承载能力，能保证施工车辆和设备的行驶安全。施工便道宽度 4m，每 2km 设置一个会车处，弯道和会车处的路面宽度大于 7m，弯道的转弯半径大于 18m。

（3）根据施工带地质情况、距离公路或伴行路远近、修筑难易程度综合考虑，编制修筑施工方案。当作业带距伴行路较近时，修筑作业带到伴行路的便道；否则沿作业带修筑便道。

（4）便道修筑纵向坡度横向水平。

（5）在河床、河谷等地段施工时，作业带开拓和便道修筑要与后续工序紧密相接，且不在洪水期施工。

（6）施工便道经过埋设较浅的地下管道、线缆等地下构筑物或设施时，要与使用管理单位及时联系，商定保护措施。

（7）一般地段拟采取用铲土清理平整后，用机械压实。采用机械配合人工就地挖填方的方式修建便道。地质较软的河滩地，采取用块石、苇笆或草袋装土铺垫，上铺黏土修筑便道。

（8）对施工沿线不能断流的沟渠、水渠，采用埋设水涵管方式修建便道。便道和干线公路接坡处，采取用土铺垫的方式，不损坏公路和路肩；路边有排水沟的要埋设过水涵管。

在施工完成后及时拆除各类便道，恢复地貌。

3. 开拓施工作业带

（1）施工作业带宽度以测量放线的边线标志为准，原则上不得超出，特殊地段需增宽要与业主商定后处理。

（2）清理和平整施工作业带时，要先将原线路桩平移至管线作业带边界外，施工时注意保护线路桩，如果损坏立即补桩恢复，以便施工过程中能及时对管线进行检测。

（3）施工作业带清理时，将尽量减少农田、果园、林木地段的占地。

（4）采用推土机将作业带内的所有障碍物（树木、石头、杂草、作物等）清除，并将作业带扫平、压实。对于作业带内的电力、水利设施和古迹要多加以保护。

（5）遇有不允许阻断的冲沟、河渠，采用埋设涵管或管桥的方式修通施工作业带。

（6）遇到较大的冲沟时，根据当地实际情况采用绕道或搭便桥等方式修通施工作业带。

4. 卸管及验收

（1）管子装卸应使用专用吊具，装卸时轻吊轻放，严禁摔、撞、磕、碰。吊钩要有足够的强度且防滑，确保使用安全。装卸过程中要注意保护管口，不得使管口产生任何豁口与伤痕。

（2）装卸管过程中，要注意四周。吊车要避开电力线、通信线和其他地面及地下设施，确保施工安全。所有施工机具和设备的任何部位与架空电力线路的安全距离要符合有关规定。

（3）运至施工现场的防腐管在卸管时，须按规范要求逐根检查，填写检查记录。缺陷超过标准规定的，不得使用；未超标的，按监理批准的方案修复。所有记录要有双方代表签字，并经监理签字确认。

（4）验收合格的防腐管在堆管场存放时，按规格、材质、防腐等级分垛堆放。底层防腐管两端垫枕木或砂袋，垫起高度为200mm以上。

（5）防腐管存放场地要平整，无石块，地面不得积水。存放场地保持1%～2%坡度，并设有排水沟。

（6）作业带卸管时，一车一堆或两车一堆，管堆间距和相应管堆钢管长度一致。底层防腐管两端垫土堆或砂袋。

(7) 为保证管垛稳定，最下层防腐管要用三角木或砂袋挤紧。

5. 布管

(1) 布管时使用专用吊具，钢丝绳吊钩或尼龙吊带的强度要满足所吊重物的安全要求，尾钩与管子接触面与管子曲率相同，起吊后钢丝绳与管子的夹角不小于30°。

(2) 布管前，使用推土机或单斗沿布管中心线修筑条形管墩，管墩间距为单管长度。地势平坦地区管墩高度为0.5~0.6m，地势起伏较大地区应根据地形变化设置。管墩可用土筑，并压实。取土不便时，用麻袋装填软体物质作为管墩。各管墩与管道接触位置用编织袋作衬垫。

(3) 布管前，由专人测量管口周长、椭圆度，周长偏差超标的不得使用，管口局部有压痕或椭圆度不超标的采用涨管器、千斤顶等专用工具校正。

(4) 布管在施工作业带管道组装一侧进行。依据设计要求、测量放线记录、现场控制桩、标志桩，将管子布放在设置好的管墩上，管与管应首尾相接，相邻两管错开一个管口，成锯齿形布置。碎石地段在下部管口下设麻袋软垫。

(5) 采用吊管机布管，吊管时单根吊运。地势平坦处进行两根管吊运时，采取加软垫或分位吊运等措施，以防损伤防腐层。在吊管和放置过程中，要轻起轻落。吊管机吊管行走时，由专人牵引管子，防止碰撞管子。

(6) 遇有水渠、道路、堤坝等构筑物时，应将管子布设在位置宽广的一侧，而不应直接摆放其上，但应预留出恰当的长度。

(7) 遇有冲沟时应使布管与组装保持尽可能短的时间，否则不提前布管。

6. 管沟开挖

(1) 在一般土地段，当管沟挖深小于3m时，考虑光缆的敷设，管沟边坡比为1:0.25，当挖深大于3m时管沟边坡比可增大到1:0.4或采用复式断面。

(2) 土质管沟底宽为1.1m，在弹性敷设的水平曲线段，沟底应加宽0.3m。

(3) 凡局部沟下组装弯头、弯管及碰死口地段，可取底宽为1.6m（未涉及操作坑宽度）。

(4) 开挖管沟时必须将弃土堆置在施工作业带的另一侧，弃土不得堆放在施工作业带上。施工作业带应设置在靠公路侧，弃土应在远离公路侧。

(5) 直线段管沟应保证顺直畅通，曲线段管沟应保证圆滑过渡，无凹凸和折线。沟壁和沟底应平整，沟内无塌方、无杂物。管沟开挖标准还应符合表5-48规定。

管沟开挖标准表　　　　　表5-48

内　容	允许误差（mm）	内　容	允许误差（mm）
管沟中心偏移	≤100	管沟底宽	+100，-50
管沟标高	+0，-100		

(6) 遇到与管道交叉的沟渠和地下构筑物时，应与地方有关部门协商议定开挖方案。

（7）管道与电力、通信电缆交叉时，其垂直净距不得小于0.5m；管道与其他管道交叉时，管道除保证设计埋深外，应保证两管道间垂直净距不得小于0.3m。

（8）耕作区管沟的开挖：在耕作区开挖管沟时，应将表层耕土与下层土分别堆放，表层土靠近边界线，下层土靠近管沟侧。

7. 组装

（1）组装前使用专用清管工具清除管内的所有杂物。

（2）组装前用棉布和钢丝刷等工具将管口两端25mm范围内的油污、铁锈等清理干净，并检查管口是否存在压痕、裂纹等缺陷，如发现要及时通知监理并按要求修复，不符合要求的管子不得组装。

（3）对管口表面深度小于3mm的点状缺陷或划痕，可采取焊接的方法加以修补，焊前要对补焊部位进行预热，预热温度为100～120℃；若管口表面有深度大于3mm的点状缺陷或划痕，则管口必须切除。

（4）检查管口的椭圆度，若管端轻度变形在3.5%以内，可以使用机械方法加以矫正；若变形大于3.5%，应予以切除。

（5）对修理或检查合格的管子应按布管顺序进行现场编号，编号用油漆标在前后管口的顶部。

（6）逐根测量管子长度，并标出管长平分线。按顺序对管子进行编号，记录有关技术数据。

（7）一般平坦地段管道组对采用内对口器对口，吊管机配合；特殊地段、弯管连接和碰死口时，采用外对口器。对口时不得强行组装。

（8）使用内对口器时，在根焊完成后拆离对口器，移动对口器时，管子应保持平衡。

（9）使用外对口器时，在根焊完成50%后拆卸，所完成的根焊要按圆周分为多段，均匀分布。

（10）组对时，管道的坡口、钝边、对口间隙、错边量等尺寸必须符合施工规范和焊接规程的有关规定。两管口的直焊缝或螺旋缝在圆周上必须错开100mm以上。

（11）对于个别周长不一致但仍在规范规定范围内的管道组对时，错边要沿圆周均匀分布，个别处需要锤击时，使用铜锤和紫铜垫板。

（12）组对完成后，由组对人员依据标准规定进行对口质量自检，并由焊接人员进行互检，检查合格后进行焊接。

（13）所有已焊好的管段两端，每天下班前在管口安装具有防水功能的临时管帽。

（14）为方便连头施工，在安装分段时，连头点选择在交通方便、地势较高且平坦及操作条件好的地方。下沟前，连头口用盲板封焊。

8. 焊接

（1）从事本工程焊接的焊工100%持证上岗。

（2）焊条、焊丝必须有质量证明书，并符合相应的标准规定。

（3）设专人管理焊接材料。严格按生产厂家要求和标准规定验收、运输、保管及使用焊条、焊丝。

（4）纤维素焊条在包装良好时不需要烘干。若受潮或当天未用完必须烘干，烘烤温度为80～100℃，烘烤时间1h，烘烤后的焊条应放在恒温箱中。

（5）现场焊条要放置在焊工随身携带的保温筒内，随用随取。时间不得超过4h，超过4h应交回焊材库重新烘烤，但重新烘烤次数不宜超过2次。

（6）严格按焊接工艺规程要求进行焊接。层间应进行认真的清理，相邻两层接头应错开20mm以上。

（7）严格按规范和焊接工艺规程要求进行焊前预热及焊后缓冷，层间温度不低于规程规定。焊口预热采用环形火焰加热器。

（8）不良天气时采用全封闭、可移动式防风棚，以保证焊接质量。

（9）焊道完成后将焊缝表面及焊缝两侧的熔渣及飞溅清理干净。

（10）严格按规范要求进行焊道外观检查，外观检查合格后进行无损探伤。

（11）对无损探伤不合格的焊缝，按返修工艺进行返修。同一部位返修次数不得超过两次。

9. 补口、补伤

（1）施工前对操作人员进行培训，考试合格后持证上岗。

（2）按设计和规范要求对补口、补伤材料进行检验、验收及保管。

（3）严格按设计要求和产品使用说明进行补口、补伤施工。

（4）采用喷砂除锈方法对管口露铁表面进行除锈，并达到规范要求的除锈等级。按要求将管口两侧防腐涂层200mm范围内的油污、泥土及铁锈清理干净。

（5）喷砂除锈时，喷枪应与管道轴线基本垂直，喷枪匀速沿管道轴线往复移动。

（6）收缩带加热采用专用液化气烤把，使用前调好火焰长度和温度，以火焰不冒黑烟为宜。

（7）按生产厂家使用说明对管子表面温度进行检测，用远红外测温仪测量管顶、管侧、管底四点温度，若达不到要求的温度，进行再次加热。加热时由两人同时对称进行，加热要均匀，温度达到要求后进行热收缩套的安装。

（8）安装收缩套时，先将套内外防晒、防砂保护层拽掉，调整收缩套两端搭接长度，使其均匀搭接，然后安装固定片。

（9）加热时，先进行轴向接缝及固定片加热，火焰轴向摆动，并挤出空气。然后由两人对称从中间沿环向快速摆动火焰，逐渐向端部移动。加热收缩过程中，不断排挤干净套内空气，以免产生气泡，加热至所有接缝处都有粘胶均匀溢出。

（10）加热火焰不能对准一点长时间喷烤，以免烧坏烤焦聚乙烯基层，发生碳化现象。

（11）热收缩套补口施工结束后，按设计和规范要求进行外观、厚度、粘结力、针孔漏点检查，不合格的口，按修补工艺进行修补。

（12）不良天气时采用防风棚，以保证补口质量。

（13）对于直径小于等于30mm的损伤，三层PE外防腐层现场补伤采用热收缩补伤片补伤，熔结环氧粉末外防腐层现场补伤采用双组分无溶剂液态环氧涂料。

补伤时，先将补伤处的泥土、污物、铁锈等清理干净，用火焰喷枪加热表面，并将伤口周围切成斜楔，然后涂上热熔胶加盖补伤片，贴补时应边加热边用辊子滚压或戴耐热手套用手挤压排出空气。直至补伤片四周均有粘胶溢出。补伤片与防腐层搭接宽度不小于 100mm。对于直径大于 30mm 的损伤，除按上述方法补伤外，还要包覆一条热收缩套，其宽度应大于补伤片宽度。

（14）补伤处外观检查合格后，用电火花检漏仪进行针孔检漏。如发现漏点，按修补工艺进行修补。

10. 下管、回填

（1）下管前，对已验收合格的管沟再次进行检查，清除沟中的塌方及杂物。

（2）下管前，由安全员对管沟进行安全检查，确认沟内无清沟作业人员、设备及机具，管道内侧无人站立，无施工物品、用具存放。

（3）下管由专人统一指挥作业，在人员集中的通行路口设置醒目标志，并安排专人巡防，无关人员不得进入现场。

（4）使用吊管机和高强尼龙吊带等专用吊具下沟，吊管机数量为 3 台。起吊点距管道环焊缝距离不小于 2m，起吊高度和最大起吊点间距满足规范要求。

（5）下管前，使用电火花检漏仪按设计要求的检漏电压检查防腐层，重点检查管线底部和管子与支墩接触部位的防腐层，如有破损或针孔及时修补。

（6）下管时，要注意避免管壁与沟壁挂碰，石方段管沟必要时在沟壁突出位置垫上草袋，以防擦伤防腐层。

（7）下管后，管道应贴切地放到管沟中心位置，管道轴心距沟中心线的偏差小于 250mm。

（8）下管后对管顶标高、曲线的始点、中点和终点标高进行测量。管道标高应符合设计要求。

（9）下管过程中，如有防腐层损伤，应及时修补。

（10）下管后，由现场监理人员对下沟的质量进行检查和复测，确认合格并在下沟记录上签字后，进行管沟回填。

（11）一般地段管线下沟检漏合格后，要按业主要求设置稳管墩，除工艺预留段外均要及时进行回填。易冲刷地段、高水位地段、人口稠密居住区及交通、生产等需要及时平整区段均要立即回填。

（12）管沟回填前，向管沟回填单位下达管沟回填通知单，并进行现场交底。

（13）管道回填前将阴极保护测试线焊好并引出，待管沟回填时配合安装测试桩。或回填时留出操作坑，待阴极保护测试线焊好再回填。

（14）管道穿越地下电缆、管道、构筑物处的管沟回填采用人工配合机械完成。

（15）一般地段采用推土机进行管沟回填，特殊地段配合单斗、人工完成。

（16）管底垫层回填土粒径应不大于 15mm，且 10～15mm 粒径所占重量不得超过总重量的 10%，管道涂层为熔结环氧粉末的，其细土粒径应不大于 5mm。细土应回填至管顶以上 0.3m 处。后即可回填原状土。原状土的粒径不大于 250mm。原状土回填应高出相邻自然地面 0.3m，并在横向天然冲沟位置留设排水口。

（17）耕作区管沟先回填生土，后回填熟土，并按要求预留沉降余量。

（18）连头处每侧至少要留出 20m 管线不回填。

11. 连头碰死口

（1）连头由技术熟练、经验丰富的专业人员来完成。

（2）连头所用钢管、弯头、弯管等材料的材质、壁厚、防腐层要符合设计要求。

（3）连头口的组装、焊接严格执行设计、施工规范及焊接规程的有关规定。

（4）连头处作业面要平整、清洁、无积水，管沟深度要符合设计要求；沟壁应坚实，地质不良时加设防护木桩、板桩等支撑装置。

（5）连头采用沟上预制，沟下组装的方法施工。吊装预制件时，吊具必须固定牢靠，设专人指挥、监护，以确保安全施工。

（6）管道转角连头时，根据管沟开挖测量成果表中该处的实际转角角度，计算出切线长和弧长，并进行实地复测，以确保下料的准确性。死口要留在直管段。

（7）下料时要考虑热胀冷缩量，连头组装时要尽快完成，以免因环境温度变化造成对口间隙的改变。

（8）连头时不允许使用吊车、单斗挖掘机强行组对焊接。

（9）采用外对口器对口，在根焊完成 50％后拆卸对口器。

（10）两环焊缝之间的直管段长度要大于 1m。

（11）连头口组对焊接完毕，由现场监理对其质量进行确认，无损检测合格后按要求进行防腐补口、回填。

（三）管线通球测径、试压干燥方案

1. 通球扫线及试压介质选择

（1）管线通球扫线采用压缩空气进行。

（2）管线试压按招标文件要求，进行水压试验。该标段管线沿华北平原敷设，地形平坦，高差小，但管线分布于不同地区，地区级别不同，试验压力不同，故该标段试压分两段：A0001-A2020 段（23.6386km），试验压力取高类地区（四级地区）6.0MPa；A2020～A4000 段（17.1024km），试验压力取高类地区（二级地区）5.0MPa。

（3）水源：水压试验水源就近取水。

2. 通球、试压技术方案

（1）通球、试压工艺流程

其工艺流程，如图 5-64 所示。

（2）准备工作

1）成立通球试压队，编制通球试压方案。

2）落实水源、电源、机泵、压风机、人员、交通及生活设施。

3）对试压用的管件、阀门及仪表等进行检查和校验。

（3）管线通球扫线

1）通球扫线装置安装：安装发球筒、注气管道、阀门、压力表及焊接封头，管道另一端安装收球筒。

2）通球扫线使用清管器，清管器应比管内径大 4%～6%。清管器要有跟踪装置，在清管器装入发球筒前，试验接收、发射机是否正常工作。正常工作后，将机械清管器装入发球筒内，此时，再测试接收、发射机工作情况，并确定清管器位置。发球时，在发球筒的位置放置一个接收机，监视清管器是否发出，在收球筒前 1000m 放置一个接收机，监视清管器的到达。

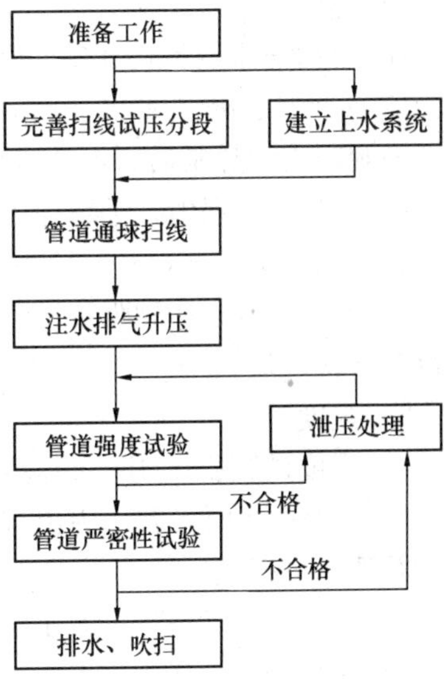

3）将清管器放入发球筒内，缓慢注入空气，注意发球筒上的压力表和接收机信号，记录下清管器的启动时间和压力。

4）清管时，清管器的速度应控制在 1.2m/s 左右，要求对排量严加控制，使清管器速度稳定。

图 5-64 通球、试压工艺流程图

5）当清管器距收球筒约 1000m 时，发球端应降低排量，使清管器慢慢进入收球筒内，以防因撞击而损坏清管器和收球筒。

（4）管道水压试验

其水压试验，如图 5-65 所示。

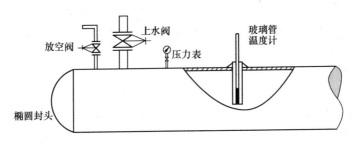

图 5-65 管道水压试验示意图

1）一般技术要求

A. 水压试验在管沟回填后进行。

B. 根据水源、排水条件、地形等因素，管道分段作耐压试验。应根据该段的纵断面图，计算管道低点的静水压力，核算管道低点试压时所承受的环向应力，其值不得大于管材最低屈服强度的 0.9 倍。强度试验压力，只在管段起点和终点设置压力表。

C. 管线试压用的封头短节在预制完成后进行预试压，以检查阀门是否有渗漏。

2）试压装置安装

在试压段的始终点应安装不少于 2 块的压力表和管式温度计，试验压力不应超过压力表量程的 2/3，且精度等级应达到 1 级，温度计的最小刻度为 1℃。

3）注水、排气

开启阀门向主管道内充水。开启排气阀门排出该段管内空气。

4）升压

A. 启动增压设备，开始向管内注水升压，升压应均匀平稳。当压力达到强度试验值的 30%、60%和 90%时，分别停止升压 15min，对试压设备及管线进行检查，外观观察无异常后，继续升压，控制压力增量，使其压力平缓地上升。

B. 在升压过程中，不得撞击和敲打管道，稳压期间安排专人负责巡逻，发现管道破裂和异常情况，及时联系汇报。

C. 当试验压力达到强度试验压力值时，要及时停泵，并再次检查阀门和管线是否有异常现象。

5）强度试验

A. 强度试验稳压 4h，每间隔 30min 记录一次。

B. 强度试压时，若压力出现急剧下降，要在管线查找泄漏点，泄压后组织抢修，并重新进行试压。

C. 强度试验以压降不大于 1‰试验压力值及不大于 0.1MPa 为合格。

6）管线严密性压力试验

A. 缓慢打开放水阀，根据压力表的安装位置使管线压力降至该点严密性试验压力值。关闭放水阀，观察 15min，压力无波动即开始严密性试验。

B. 严密性试验稳压 24h 压降小于 1‰时为合格。严密性试验时，每隔 1h 人工记录一次压力值和温度。

7）泄压

经监理认定试压结果合格后，缓慢开启排水阀，进行泄压，排水过程中压力不得急剧变化，泄至 1MPa 左右时关闭阀门。待全部管线试压完毕后，才可将试验管段的水排尽。

8）试压后连头

试压清扫完毕后，对管线进行连头，所有连头用的短管必须事先经水压试验并合格。对未经试压的所有焊口，全部进行 X 射线探伤，其合格标准与线路施工一致。

3. 管道干燥

（1）干燥前，应多次用清管器清扫管内残余水，注入吸湿剂后，再次清管。然后用干燥的空气将吸湿剂的挥发物吹扫干净，直至管内空气温度比输送条件下最低环境温度低 5℃。

（2）管道干燥用甲醇干燥。将甲醇按需量泵入管道内，为防止甲醇与氧类助燃物的混合，需采用氮气来隔离。氮气段在前，甲醇段在后。为使甲醇与管壁充分接触，可将甲醇分为两个液段进入管道内，形成氮气—甲醇—氮气—甲醇—天然气组列，使用四皮碗型清管器隔离，天然气推动。

（3）干燥标准：管道干燥合格的判定标准是：测定最后部分的甲醇与水混合液中的甲醇含量，当甲醇含量达到 80%以上时为合格。

4. 安全管理

（1）试压过程中，安全小组的人员应坚持巡回检查制，对试压段所经过的路口要有专人进行监护，进入居民区要加派人员进行防护，防止有人、畜及车进入安全禁区。

(2) 在稳压过程中，参加试压人员应分段进行检查，发现漏点严禁带压补漏，必须待泄压后方能进行修补。

(3) 管线试压时，严禁用硬性的物品撞击管道，试压人员也要坚守试压现场，不许移动试压设备。

(4) 每次放压，都要注意人要站在放压孔背面，而且要慢慢地开启阀门。超过4.0MPa时，阀门只能开启行程的1/3，禁止一次性全部开启排放阀。

五、健康、安全与环境措施

(一) 公司的承诺

依法建立健康、安全与环境管理体系，并提供必要的资源支持，为公司健康、安全与环境工作提供强有力的领导，保证体系的有效运行。

树立"以人为本，预防为主"的主导思想，强化员工健康、安全与环境意识，最大限度地保障员工健康和安全。

合理开发利用资源，保护自然生态环境。

创造良好的健康、安全与环境文化，不断强化管理体系运行，不断提高公司的健康、安全与环境表现水平。

把关心职工健康、保障员工安全、创造一流环境作为自己的责任，强化职工健康、安全与环境意识，最大限度地提供优良的劳动保护，最大限度地创建一流的作业环境，保障职工的身体健康和安全、保障国有资产的安全。

指定管理者代表，督促其严格履行职责，监督各级管理者创造良好的健康、安全与环境企业文化，保证管理体系的有效运行，预防和控制施工生产场所的危险和有害因素，运用风险管理技术，减少和避免事故发生，减少和避免人员伤害和对环境的破坏，谋求更大的经济效益和社会效益。

(二) 健康、安全与环境方针

以人为本，健康至上，安全第一，预防为主，科学管理，环保创优，全面提高经济效益、社会效益、环境效益，走良性循环和可持续发展的道路。

(三) 健康、安全与环境目标

向无事故、无伤害、无污染，树立一流企业良好形象的目标迈进，努力使企业的健康、安全与环境表现达到国内同行业先进水平。

杜绝死亡事故，减少一般事故，重伤频率低于0.35‰。

在实践中不断地完善、提高、发展、创新HSE管理，力争达到公司HSE管理先进水平。

(四) 项目部健康、安全与环境组织和管理网

1. 项目部健康、安全与环境措施

领导小组；

组长；

副组长；

组员；

2. 项目经理为健康、安全与环境措施管理体系负责人；各机组营地主管领导

为机组营地健康、安全与环境措施责任人。各机组设健康、安全与环境措施专职管理员负责机组 HSE 的工作管理和监督。

3. 项目部健康、安全与环境措施管理网络图（图 5-66）

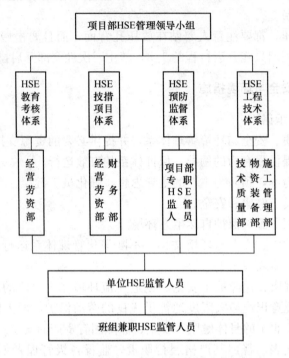

图 5-66　项目部健康、安全与环境措施管理网络图

4. HSE 教育

凡参加施工生产作业的人员由项目部负责进行 HSE 教育，掌握生产作业概况和 HSE 注意事项。

根据现场施工作业情况对施工生产作业人员进行 HSE 教育，及时掌握施工生产作业中的新技术、新方法、新设备、新材料对 HSE 的要求。

特种作业人员（电焊工、气焊工、起重工、电工、操作手）必须经过 HSE 技术培训，经考试合格，持证上岗。

凡参加项目部的所有人员，必须进行员工 HSE 能力评价，不合格者不得进入项目部，更不能进入施工机组。

5. HSE 会议

项目部每月召开一次 HSE 会议，研究解决施工生产作业中存在的 HSE 问题。必要时，可随时组织召开。

6. HSE 内部审核检查

项目部每月组织一次 HSE 内部审核检查，根据季节环境和施工生产作业情况随时组织有针对性的内部审核检查。

日常巡回 HSE 检查由机组 HSE 监管人进行，项目部 HSE 监管人配合。

查出的不合格项及时落实整改。对危及人身安全的重大不符合项，在未整改之前不准进行施工生产作业。

(五)健康保证措施

(1) 项目部 HSE 领导小组在开工之前针对当地自然环境、地方病及作业情况对施工人员进行健康知识培训,使每位职工学会自我健康保护。

(2) 项目部设立专职医疗保健人员,除对项目施工人员进行日常医疗保健服务外,针对当地施工易发病症(如蚊虫叮咬、蛇咬等)进行预防,在各机组设兼职医疗监护人员,对出现的轻度外伤等情况进行简单处理。项目部设立兼职医疗救援小队,并配备医疗保健流动专用车,保证在出现意外事故时的紧急救援,并能安全、快速运送医院救治。应急反应计划管理程序,如图 5-67 所示。

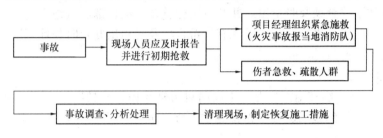

图 5-67 应急反应计划管理程序图

(3) 营地保证措施:

1) 在施工地点附近租住招待所或民房。营地内用当地电源或发电机发电,保证生活用电。

2) 由于现场施工不可预料因素多,因此营地医护室要做好紧急救治措施。为避免蚊虫叮咬,每位施工人员都要随身携带必备的药品。在气温降低时,每位施工人员都要穿好防寒劳动保护用品。

(4) 饮食保证措施:

1) 采购食物、烹饪(厨师具有有关部门颁发的等级证书)等由专人负责,各司其职,保证职工的饮食供给符合 HSE 要求。

2) 生活区用水可用当地自来饮用水或到就近有生活水源的村镇用水罐拉水,须通过有关部门检验,保证营地职工饮用水质纯净、卫生,符合饮用水质标准。

3) 食用的蔬菜、鱼肉类等食品可用冷藏车从附近集市购买,食堂备有食物保鲜设施,保证食物干净、卫生,达到 HSE 规定的要求。

4) 配餐营养科学均衡,以达到人体所需的热卡路,使参加施工作业人员的身体机能处于正常或最佳状态。

(5) 卫生保证措施:

1) 在施工作业前由专职医疗保健人员对职工进行山区生活基本卫生知识教育,使职工认识到保证个人卫生、生活区卫生、施工现场卫生对人类健康的重要性。

2) 生活区内设置职工清洁洗漱设施。

3) 生活区的垃圾,如废机油、方便袋等进行挖坑掩埋或送废品回收站,保证生活区环境卫生符合 HSE 规定,预防疾病的发生;生活区的污水排放,尽可能利用当地已有的下水道或排放沟、渠,若施工现场无以上设施,则采取挖坑,撒漂白粉等措施达到《农田灌溉水质标准》后排放，以免污染周围的环境，危害他人健康。

(6) 施工现场健康保证措施：

1) 参加施工作业人员要穿戴好各种劳动防护用品，避免施工作业中意外情况引起的危及作业人员健康的事件发生。

2) 对于电、气焊等特种作业人员每月体检一次，其他工种人员每两月检查一次，确保职工身体健康，尤其是女职工的身体健康。

(7) 项目部 HSE 领导小组每月对生活区及施工现场检查 2~3 次，对有危及职工健康的不符合项及时指出，并及时进行整改。项目部、机组 HSE 监督人员对员工健康保护工作进行监督，发现有不符合项及时提出并及时督促解决。

(六) 安全保证措施

1. 运输安全措施

HSE 领导小组在施工作业、上岗前对司机及相关人员进行安全教育，使司机及相关人员认识到施工过程中保证运输、保证安全的重要性，提高责任心和安全意识。

司机要对自己所驾驶的车辆进行定期检查、定期维护，保证车辆安全附件运行完好。

运输管子时，要用捯链、钢丝绳将管子进行牢固捆绑，避免在转弯或急刹车时将管子甩出，同时在管与管之间、管与车接触处用橡胶板铺垫，以增大摩擦防止碰损防腐层；对于路面较窄或坡度较大时，要对路面进行修整，保证行车的安全。

对于达不到承载要求的地段，应进行片石或换土等方法以提高路面承载力；同时还要了解洪水季节和天气预报情况，避免洪水季节运输管线或冲破路基不能通过而造成车毁人亡事故。

管垛堆放时应根据不同的壁厚分类堆垛，垛与垛之间留必要的通道，主通道宽度不小于 5m。管垛高度按不同直径的规定不超高。

管车行驶不得放单车，至少 2 台以上同时放行，并保持一定的距离，发生意外时，方便联络。

2. 施工安全措施

(1) 焊接

1) 焊接作业要严格遵守电焊安全技术规程，焊接前先检查焊机和工具是否安全可靠，焊机外壳接地、焊机各接线点接触是否良好，焊接电缆的绝缘有无破损等。

2) 施焊前应佩戴齐全劳动防护用品，面罩应严密不漏光。

3) 在潮湿地操作时要采取绝缘措施；电焊操作不得使人身、机器设备或其他金属构件等成为焊接回路，以防焊接电流造成人身伤害或设备事故。

4) 焊接地点周围 5m 内，清除一切可燃易爆物品；移动焊机、更换保险、改装二次回路等，必须切断电源后方可进行。

5) 火焊和气割作业时，氧气瓶和乙炔瓶的间距不小于 5m，且距明火地点

10m 以上。

6) 输、储氧气和乙炔的工具和设备须严密，氧气瓶和乙炔瓶分类摆放，严禁乙炔瓶水平放置。禁止用紫铜材质的连接管连接乙炔管；输、储乙炔的工具设备冻结时，不准用明火烘烤。

(2) 起重作业（吊装作业）

1) 严禁超负荷使用起重设备、工具和绳索。

2) 必须有专人指挥，熟悉指挥信号。

3) 起重范围内，不许有人通过或停留。

4) 六级以上大风、大雷雨时，禁止起重作业。

(3) 水压试验

1) 水压试验时要有安全管理人员在场，负责试验过程的安全检查、监督和安全保护措施。

2) 试压工作要严格按试压方案和操作规程实施。

(七) 环境保护措施

1. 项目部 HSE 领导小组每月对职工进行 1~2 次的环保知识教育，提高施工作业人员的环保意识。

2. 施工中的环境保护措施

项目部 HSE 领导小组对施工现场的环保情况要经常进行抽查，提出改进意见并采取有效措施，保证施工中的环境得到有效的保护。

严格遵守政府有关鱼类和野生动物、珍稀植物、森林火灾、森林旅行、吸烟和乱丢杂物的所有规章制度，不得在现场打猎或射击。对重要水源，具有科学文化价值的地质构造，以及文人遗迹，古树名木，在施工中尽量保护，杜绝人为损坏和破坏。

对国家设置的水准点，坐标点进行保护。同时对地方政府有要求的动、植物，水系等均实施保护。

施工时，破坏的沟堤、坎渠等地貌，施工结束后，立即恢复到施工前地貌，防止水土流失和土壤污染，并符合业主的要求。

施工中注意保护已有植物和绿化带，尽可能地少损坏和不损坏已有的植物和绿化带。

设备废旧机油、柴油、汽油、黄油等，进行挖坑掩埋或集中交废品公司处理。

施工中的废水，经集中回收过滤、沉淀达到排放标准后排放。

对噪声超标的设备和工序，进行适当维修处理，并选择适当的时候进行施工作业，保证施工区域附近的居民不受影响。

施工中，对原有路面、鱼池、水渠、河流加强保护。围堰和打基础时对河流有影响的土方，施工结束时，清除干净，疏通河流，达到施工前标准，或比施工前更好。

施工中大田农作物等尽量不破坏，挖沟回填时土进行分层堆放，分层回填。

材料堆放遵循"分类摆放"原则，管堆顺管沟方向堆放，摆放应整齐平稳，便于取管。

工器具在工具房内摆放整齐，取用方便，符合防火有关规定。

保持作业现场的清洁卫生，按机组配备挂废物筐。

对管道焊接剩下的焊条头及时回收，集中送废品回收站或按环保部门的要求进行处理。

施工结束后，对现场多余土、石等其他杂物进行妥善处理，做到"工完料净场地清"。

3. 营地环境保护措施

对生活区的生活垃圾按环保要求经常进行分类集中处理，保证生活区环境清洁，空气清新。

生活污水排放，尽可能利用当地已有的下水道或排放沟、渠，若施工现场无以上设施，采取挖坑、撒漂白粉等措施。

在搭建临时建筑时，避免对周围环境（如树木、农田、野生动物）的破坏，并在有条件的地方植树、种草、种花等，进行环境保护，恢复地貌的同时，在环保方面力争恢复原状或更完善。

复习思考题

1. 城市燃气的种类及特点是什么？
2. 说明燃气系统的几个组成部分的作用？
3. 说明燃气系统附属设备的种类及作用？
4. 城市燃气管道布置的要求是什么？
5. 补偿器的作用是什么？
6. 燃气管道沟槽开挖的要求有哪些？
7. 开挖的质量要求？
8. 沟槽开挖的安全措施？
9. 沟槽支撑的目的是什么？
10. 沟槽支撑的种类和使用条件？
11. 沟槽支撑的质量要求有哪些？
12. 沟槽支撑的支设和拆除的注意事项是什么？
13. 桩锤和桩架选择考虑的因素有哪些？
14. 地基处理的目的是什么？
15. 素土垫层的材料要求是什么？如何施工？
16. 砂石垫层的材料要求与施工要点？
17. 重锤夯击法的施工要点？
18. 燃气管道应满足的要求是什么？
19. 燃气管道附件有哪些？作用是什么？
20. 铸铁燃气管道安装程序？
21. 叙述铸铁管胶圈接口的材料要求及操作过程？
22. 除锈目的是什么？
23. 防腐材料如何选择？

24. 机械化防腐的施工要点？
25. 阴极保护法防腐的要点？
26. 燃气管道水压试验应符合的要求是什么？
27. 燃气强度试验的过程？
28. 燃气严密性试验的过程？
29. 清管球清扫的要求是什么？
30. 文明施工的原则是什么？
31. 文明施工的标准是什么？

项目 6　管道顶管施工

【学习目标】

了解管道顶管施工的基本原理；了解管道顶管施工内业的基本知识；了解管道顶管文明施工、安全施工的基本知识；能熟练识读顶管工程施工图；能按照施工图，合理地选择管道施工方法，理解施工工艺，会进行管道顶管施工方案的编制。

任务1　顶管施工的准备

一、顶管施工技术简介

我国采用顶管施工技术始于 1953 年，在北京市污水管工程采用顶管法施工，顶进管径 900mm 的铸铁管，穿越白云观西墙外的铁路路基，至今已有 50 多年的历史。由于这种施工工艺不仅对穿越铁路、公路、河流等障碍物有特殊的实用意义，而且对埋设较深、处于城市闹区的地下管道施工具有显著的经济效益和社会效益，从而被广泛推广应用于整条管道的施工上。经过 50 多年，我国顶管施工技术取得了长足进展。

1985 年上海采用顶管施工法，修建穿越黄浦江的取水工程，钢管管径为 3000mm，顶距已达 1128m，目前顶管施工已在全国各地广泛采用，不仅可以顶进铸铁管、钢筋混凝土管、钢管，还可以顶进大型的方涵。

二、顶管施工适应范围及特点

（一）顶管施工适应范围

（1）管道穿越铁路、公路、河流或建筑物时；

（2）街道狭窄，两侧建筑物多时；

（3）在交通量大的市区街道施工，管道既不能改线又不能断绝交通时；

（4）现场条件复杂，与地面工程交叉作业，相互干扰，易发生危险时；

（5）管道覆土较深，开槽土方量大，并需要支撑时。

（二）与开槽施工比较具有以下特点

（1）施工占地面积少，施工面移入地下，不影响交通、不污染环境；

（2）穿越铁路、公路、河流、建筑物等障碍物时可减少拆迁，节省资金与时间，降低工程造价；

（3）施工中不破坏现有的管线及构筑物，不影响其正常使用；

（4）大量减少土方的挖填量，利用管底下边的天然土作地基，可节省管道的全部混凝土基础；

（5）顶管槽施工较开槽施工降低40％左右的工程造价。

（三）顶管施工的问题

（1）土质不良或管顶超挖过多时，竣工后地面下沉，路表裂缝，需要采用灌浆处理；

（2）必须要有详细的工程地质和水文地质勘探资料，否则将出现不易克服的困难；

（3）遇到复杂的地质情况时，如松散的砂砾层、地下水位以下的粉土，施工困难、工程造价增高。

影响顶管槽施工的因素包括：地质、管道埋深、管道种类、管材及接口、管径大小、管节长、施工环境、工期等，其中主要因素是地质和管节长。因此，顶管槽施工前，应详细勘察施工地质、水文地质和地下障碍物等情况。

顶管槽施工一般适用于非岩性土层。在岩石层、含水层施工或遇到坚硬地下障碍物，都需有相应的附加措施。

用顶管槽施工方法敷设的给水排水管道有钢管、钢筋混凝土管及预制或现浇的钢筋混凝土管沟（渠、廊）等。采用最多的管材种类还是各种圆形钢管、钢筋混凝土管。

三、顶管施工准备工作

（1）施工单位应组织有关人员，对勘察、设计单位提供的线路的工程地质及水文情况，以及地质勘探报告进行学习了解；尤其是对土地种类、性质、含石量及其粒径分析、渗透性以及地下水位等情况进行熟悉掌握。

（2）调查清楚顶管沿线的地下障碍物的情况，对管道穿越地段上部的建筑物、构筑物，必须采取安全防范措施。

（3）编制工程项目顶管施工组织设计方案，其中必须制定有针对性、实效性的安全技术措施和专项方案。

（4）建立各类安全生产管理制度，落实有关的规范、标准，明确安全生产责任制，职责、责任落实到具体人员。

四、顶管施工所需物资、机具

（1）采用的钢筋混凝土管及其他辅助材料均需合格。

（2）顶管前必须对所有的顶管用油泵、千斤顶进行检查，保养完好后方能投入使用。

（3）顶管工作坑的位置、水平与深度、支撑方法与材料平台的结构与规模、后背的结构与安装等均应符合要求，后背在承受最大顶力时，必须具有足够的稳定性，必须保证其平面与所顶管道轴线垂直，允许误差±5mm/m。

（4）一般按照总顶力的1.2倍来配置千斤顶。千斤顶的个数以偶数为宜。

五、顶管施工安全知识

（1）顶管前，根据地下顶管法施工技术要求，按实际情况，制定出符合规范、标准、规程的专项安全技术方案和措施。

（2）顶管后座安装时。如发现后背墙面不平或顶进时枕木压缩不均匀，必须调整加固后方可顶进。

（3）顶管工作坑采用机械挖上部土方时，现场应有专人指挥装车，堆土应符合有关规定，不得损坏任何构筑物和预埋立撑；工作坑如果采用混凝土灌注桩连续壁，应严格执行有关的安全技术操作规程；工作坑四周或坑底必须有排水设备及措施；工作坑内应设符合规定的和固定牢固的安全梯，下管作业的全过程中，工作坑内严禁有人。

（4）吊装顶铁或钢管时，严禁在扒杆回转半径内停留；往工作坑内下管时，应穿保险钢丝绳，并缓慢地将管子送入导轨就位，以便防止滑脱坠落或冲击导轨，同时坑下人员应站在安全角落。

（5）插管及止水盘根处理必须按操作规程要求，尤其待工具管就位（应严格复测管子的中线和前、后端管底标高，确认合格后）并接长管子，安装水力机械、千斤顶、油泵车、高压水泵、压浆系统等设备全部运转正常后方可开封插板管顶进。

（6）垂直运输设备的操作人员，在作业前要对卷扬机等设备的各部分进行安全检查，确认无异常后方可作业，作业时精力集中，服从指挥，严格执行卷扬机和与起重作业有关的安全操作规定。

（7）安装后的导轨应牢固，不得在使用中产生位移，并应经常检查校核；两导轨应顺直、平行、等高，其纵坡应与管道设计坡度一致。

（8）在拼接管段前或因故障停顿时，应加强联系，及时通知工具管头部操作人员停止冲泥出土，防止由于冲吸过多造成塌方，并应在长距离顶进过程中加强通风。

（9）当因吸泥莲蓬头堵塞、水力机械失效等原因，需要打开胸板上的清石孔进行处理时，必须采取防止冒顶塌方的安全措施。

（10）顶进过程中，油泵操作工应严格注意观察油泵车压力是否均匀渐增，若发现压力骤然上升，应立即停止顶进，待查明原因后方能继续顶进。

（11）管子的顶进或停止，应以工具管头部发出信号为准。遇到顶进系统发生故障或在拼管子前 20min，即应发出信号给工具管头部的操作人员，引起注意。

（12）顶进过程中，一切操作人员不得在顶铁两侧操作，以防发生崩铁伤人事故。

（13）如顶进不是连续三班作业，在中班下班时，应保持工具管头部有足够多的土塞；若遇土质差、因地下水渗流可能造成塌方时，则应将工具管头部灌满以增大水压力。

（14）管道内的照明电信系统应采用安全电压，每班顶管前电工要仔细检查各种线路是否正常，确保安全施工。

(15) 工具管中的纠偏千斤顶应绝缘良好,操作电动高压油泵应戴绝缘手套。

(16) 顶进中应有防毒、防燃、防爆、防水淹的措施,顶进长度超过 50m 时,应有预防缺氧、窒息的措施。

(17) 氧气瓶与乙炔瓶(罐)不得进入坑内。

任务 2　顶管工作坑设置

一、人工掘进顶管法简介

掘进顶管施工操作程序如图 6-1 所示。首先在顶进管段的两端各建一个工作坑(竖井),在工作坑中安装有后背墙、千斤顶、导轨等设施。然后将带有工具管的首节管,从顶进坑中缓缓吊入工作坑底部的导轨上,当管道高程、中心位置调整准确后,开启千斤顶使工具管的刃角切入土层,此时,工人可进入工作面挖掘刃角切入土层的泥土,并随时将弃土通过运土设备从顶进坑吊运至地面。当完成这一开挖过程后,再次开启千斤顶,则被顶进管道即可缓缓前进。随着顶进管段的加长,所需顶力也逐渐加大,为了减小阻力,在管道的外围可注入润滑剂或在管道中间设置中继间,以使顶力始终控制在顶进单元长度所需的顶力范围内。

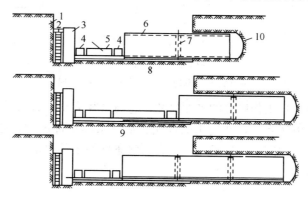

图 6-1　掘进顶管过程示意图
1—后背墙;2—后背;3—立铁;4—横铁;5—千斤顶;6—管子;
7—内涨圈;8—基础;9—导轨;10—掘进工作面

为便于管内操作和安装施工机械,采用人工挖土时,管子直径,一般不应小于 900mm;采用螺旋掘进机,一般在 200~800mm。

人工掘进顶管又称普通顶管,是目前较普遍的顶管方法。管前用人工挖土,设备简单,能适应不同的土质,但工效低。掘进顶管常用的管材为钢筋混凝土管,分为普通管和加厚管,管口形式有平口和企口两种。通常顶管使用加厚企口钢筋混凝土管为宜。顶管施工应编制施工方案,主要内容为:

(1) 选定工作坑位置和尺寸,顶管后背的结构和验算;

(2) 确定掘进和出土的方法,下管方法和工作平台支搭形式;

(3) 进行顶力计算,选择顶进设备,是否采用中继间、润滑剂等措施,以增加顶管段长度；

(4) 遇有地下水时，采取降水的方法；

(5) 顶进钢管时，确定每节管长，焊缝要求，防腐绝缘保护层的防护措施；

(6) 保证施工质量和安全的措施。

二、工作坑

工作坑是掘进顶管施工的工作场所。

（一）位置确定

(1) 根据管线设计，排水管线可选在检查井处；

(2) 单向顶进时，应选在管道下游端，以利排水；

(3) 考虑地形和土质情况，有无可利用的原土后背；

(4) 工作坑与被穿越的建筑物要有一安全距离；

(5) 距水、电源较近的地方等。

（二）工作坑的种类及尺寸

根据工作坑顶进方向，可分为单向坑、双向坑、交汇坑和多向坑等形式，如图 6-2 所示。

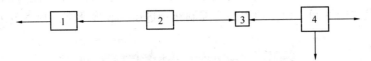

图 6-2 工作坑类型
1—单向坑；2—双向坑；3—交汇坑；4—多向坑

工作坑尺寸是指工作坑底的平面尺寸，它与管径大小、管节长度、覆盖深度、顶进形式、施工方法有关，并受土的性质、地下水等条件影响，还要考虑各种设备布置位置、操作空间、工期长短、垂直运输条件等多种因素。

工作坑的长度如图 6-3 所示。

其计算公式：

$$L = L_1 + L_2 + L_3 + L_4 + L_5$$

式中　L——矩形工作坑的底部长度（m）；

L_1——工具管长度（m）；当采用管道第一节作为工具管时，钢筋混凝土管不宜小于 0.3m；钢管不宜小于 0.6m；

L_2——管节长度（m）；

L_3——运土工作间长度（m）；

L_4——千斤顶长度（m）；

L_5——后背墙的厚度（m）。

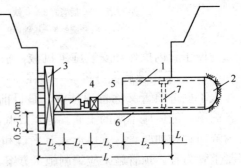

图 6-3 工作坑底的长度
1—管子；2—掘进工作面；3—后背；4—千斤顶；5—顶铁；6—导轨；7—内涨圈

工作坑的宽度和深度如图 6-4 所示。
其计算公式：
$$W = D + 2B + 2b$$
式中　W——工作坑底宽（m）；
　　　D——顶进管节外径（m）；
　　　B——工作坑内稳好管节后两侧的工作空间（m）；
　　　b——支撑材料的厚度。
支撑板时，$b=0.05$m；
木板桩时，$b=0.07$m。

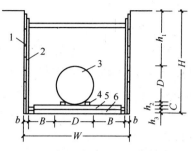

图 6-4　工作坑的底宽和深度
1—撑板；2—支撑立木；3—管子；
4—导轨；5—基础；6—垫层

$$H = h_1 + h_2 + h_3$$
式中　H——顶进坑地面至坑底的深度（m）；
　　　h_1——地面至管道底部外缘的深度（m）；
　　　h_2——基础及其垫层的厚度，但不应小于该处井室的基础及垫层厚度（m）；
　　　h_3——管道外缘底部至导轨底面的高度（m）。

工程施工中，可以根据经验，估算工作坑的长度和宽度。
工作坑的长度可以用下式估算：
$$L = L_4 + 2.5$$
工作坑的宽度可以用下式估算：
$$W = D + (2.5 + 3.0)$$

（三）工作坑、导轨及基础施工

1. 工作坑施工

工作坑的施工方法有开槽式、沉井式及连续墙式等。

（1）开槽式工作坑：开槽式工作坑是应用比较普遍的一种支撑式工作坑。这种工作坑的纵断面形状有直槽式、梯形槽式。工作坑支撑采用板桩撑。图 6-5 所示的支撑就是一种常用的支撑方法。工作坑支撑时首先应考虑撑木以下到工作坑的空间，此段最小高度应为 3.0m，以利操作。撑木要尽量选用松杉木，支撑节点的地方应加固以防错动发生危险。

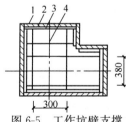

图 6-5　工作坑壁支撑
（单位：mm）
1—坑壁；2—撑板；
3—横木；4—撑杠

支撑式工作坑适用于任何土质，与地下水位无关，且不受施工环境限制，但覆土太深操作不便，一般挖掘深度以不大于 7m 为宜。

（2）沉井式工作坑：在地下水位以下修建工作坑，可采用沉井法施工。沉井法即在钢筋混凝土井筒内挖土，井筒靠自重或加重使其下沉，直至沉至要求的深度，最后用钢筋混凝土封底。沉井式工作坑采用的平面形状有单孔圆形沉井和单孔矩形沉井。

（3）连续墙式工作坑：连续墙式工作坑采取先深孔成槽，用泥浆护壁，然后放入钢筋网，浇筑混凝土时将泥浆挤出形成连续墙段，再在井内挖土封底而形成工作坑。与同样条件下施工的沉井式工作坑相比，可节约一半的造价及全部的支模材料，工期缩短。

2. 导轨

导轨的作用是引导管子按设计的中心线和坡度顶进，保证管子在顶入土之前位置正确。导轨安装牢固与准确与否对管子的顶进质量影响较大，因此，安装导轨必须符合管子中心、高程和坡度的要求。

导轨有木导轨和钢导轨。常用的钢导轨又分为轻轨和重轨，管径大的采用重轨。

导轨与枕木装置如图 6-6 所示。

两导轨间净距按公式确定，如图 6-7 所示。

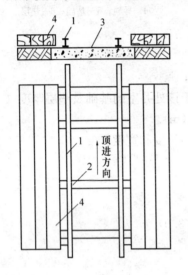

图 6-6 导轨安装图
1—导轨；2—枕木；3—混凝土基础；4—木板

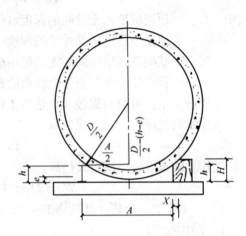

图 6-7 导轨安装间距

$$A = \{(D/2)^2 - [D/2 - (h-e)]^2\}^{1/2} = \{[D-(h-e)](h-e)\}^{1/2}$$

式中　A——两导轨内净距（mm）；
　　　D——管外径（mm）；
　　　h——导轨高，木导轨为抹角后的内边高度（mm）；
　　　e——管外底距枕木或枕铁顶角的间距（mm）。

若采用木导轨，其抹角宽度可按下式计算：

$$X = \{[D-(H-e)](H-e)\}^{1/2} - \{[D-(h-e)](h-e)\}^{1/2}$$

式中　X——抹角宽度（mm）；
　　　H——木导轨高度（mm）；
　　　h——抹角后的内边高度，一般 $H-h=50$mm；
　　　D——管外径（mm）；
　　　e——管外底距木导轨底面的距离（mm），约 10~20mm。

一般的导轨都采取固定安装，但有一种滚轮式的导轨，如图 6-8 所示。可以调整导轨间距，以减少导轨对管子的摩擦。这种滚轮式导轨用于钢筋混凝土管顶管和外设防腐层的钢管顶管。

导轨的安装应按管道设计高程、方向及坡度铺设导轨。要求两轨道平行，各点的轨距相等。

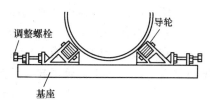

图 6-8 滚轮式导轨

导轨装好后应按设计检查轨面高程、坡度及方向。检查高程时在第 n 条轨道的前后各选 6～8 点，测其高程，允许误差 0～3mm。稳定首节管后，应测量其负荷后的变化，并加以校正。还应检查轨距，两轨内距±2mm。在顶进过程中，还应检查校正，保证管节在导轨上不产生跳动和侧向位移。

3. 基础

(1) 枕木基础：工作坑底土质好、坚硬、无地下水，可采用埋设枕木作为导轨基础，如图 6-9 所示。

枕木一般采用 15cm×15cm 方木，方木长度 2～4m，间距一般为 40～80cm 一根。

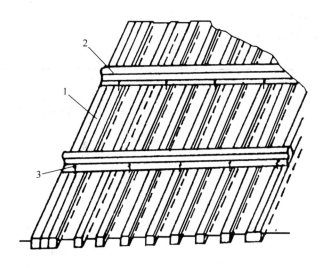

图 6-9 枕木基础
1—方木；2—导轨；3—道钉

(2) 卵石木枕基础：适用于虽有地下水但渗透量不大，而地基土为细粒粉砂土，为了防止安装导轨时扰动基土，可铺一层 10cm 厚的卵石或级配砂石，以增加其承载能力，并能保持排水通畅。在枕木间填粗砂找平。这种基础形式简单实用，较混凝土基础造价低，一般情况下可代替混凝土基础。

(3) 混凝土木枕基础：适用于地下水位高，地基承载力又差的地方，在工作坑浇筑 20cm 厚的 C10 混凝土，同时预埋方木作轨枕。这种基础能承受较大的荷载，工作面干燥无泥泞，但造价较高。

此外，在坑底无地下水，但地基土质很差时，可在坑底铺方木形成木筏基础，方木可重复利用，造价较低。

（四）工作坑的附属设施

工作坑的附属设施主要有工作台、工作顶进口装置等。

（1）工作台：位于工作坑顶部地面上，由U形钢支架而成，上面铺设方木和木板。在承重平台的中部有下管孔道，盖有活动盖板。下管后，盖好盖板。管节堆放平台上，卷扬机将管提起，然后推开盖板再向下吊放。

（2）工作棚：工作棚位于工作坑上面，目的是防风雨、雪，以利于操作。工作棚的覆盖面积要大于工作坑的平面尺寸。工作棚多采用支拆方便、重复使用的装配式工作棚。

（3）顶进口装置：管子入土处不应支设支撑。土质较差时，在坑壁的顶口处局部浇筑素混凝土壁，混凝土壁当中预埋钢环及螺栓，安装处留有混凝土台，台厚最少为橡胶垫厚度与外部安装环厚度之和。在安装环上将螺栓紧固压紧橡胶垫止水，以防止采用触变泥浆顶管时，泥浆从管外壁外溢。

工作坑内还要解决坑内排水、照明、工作坑上下扶梯等问题。

（五）工作坑内业（表6-1）

表 6-1

GB 50319—2000　　　　　　　　　　　　　　　　　　　　　　　　　　　　　　　　监 A

顶管工作坑报验申请表

工程名称：　　　　　　　　　　　　　　　　　　　　　　　　　编号：

致：　（监理单位） 　　我单位已完成了＿＿＿＿＿＿＿＿＿＿工作，现报上该工程报验申请表，请予以审查和验收。 　　附件：1. 　　　　　2.   　　　　　　　　　　　　　　　　　　　　　承包单位（章）＿＿＿＿＿＿ 　　　　　　　　　　　　　　　　　　　　　　　项目经理＿＿＿＿＿＿ 　　　　　　　　　　　　　　　　　　　　　　　日　　期　年　月　日
审查意见：   　　　　　　　　　　　　　　　　　　　　　项目监理机构＿＿＿＿＿＿ 　　　　　　　　　　　　　　　　　　　　总/专业监理工程师＿＿＿＿＿＿ 　　　　　　　　　　　　　　　　　　　　　　日　　期＿＿＿＿＿＿

本表一式三份，建设单位、监理单位、承包单位各一份。

任务 3 顶进设备安装施工

一、顶力计算

（一）计算的通用公式

顶管的顶力可按下式计算：

$$P = f\gamma D_1[2H+(2H+D_1)\text{tg}^2(45°-\phi/2)+\omega/\gamma D_1]L+P_F$$

式中 P——计算的总顶力（kN）；

γ——管道所处土层的重力密度（kN/m³）；

D_1——管道直径（m）；

H——管道顶部以上覆盖土层的厚度（m）；

ϕ——管道所处土层的内摩擦角（°）；

ω——管道单位长度的自重（kN/m）；

L——管道的计算顶进长度（m）；

f——顶进时，管道表面与其周围土层之间的摩擦系数，其取值可按表 6-2 所列数据选用；

P_F——顶进时，工具管的迎面阻力（kN），其取值宜按不同顶进方法由表 6-3 所列计算。

顶进时，管道与其周围土层的摩擦系数　　表 6-2

土　类	湿	干
黏土、粉质黏土	0.2～0.3	0.4～0.5
砂土、砂质粉土	0.3～0.4	0.5～0.6

顶进时，工具管迎面阻力（P_F）的计算公式　　表 6-3

顶进方法		顶进时，工具管迎面阻力（P_F）的计算公式（kN）
手工掘进	工具管顶部及两侧允许超挖	0
	工具管顶部及两侧不允许挖	$\pi \cdot D_{av} \cdot t \cdot R$
挤压法		$\pi \cdot D_{av} \cdot t \cdot R$
网格挤压法		$a \cdot \pi/4 \cdot D_1 \cdot R$

注：表中：

D_{av}——工具管刃脚挤压喇叭口的平均直径（m）；

t——工具管刃脚厚度或挤压喇叭口的平均宽度（m）；

R——手工掘进顶管的工具管迎面阻力，或挤压、网格挤压管法的挤压阻力。前者可采用(500kN/m)；

a——网格截面参数，可取 0.6～1.0。

顶管的顶力应大于工具管的迎面阻力、管道周围土压力对管道产生的阻力以及管道自重与周围土层产生阻力之和。即：

$$P \geqslant (P_1+P_2)L+P_F$$

式中 P——计算的总顶力；

P_1——顶进时，管道单位长度上周围土压力对管道产生的阻力；

P_2——顶进时，管道单位长度的自重与其周围土层之间产生的阻力；

L——管道的计算顶进长度；

P_F——顶进时，工具管的迎面阻力。

影响顶力的因素很多，主要包括土层的稳定性及覆盖厚度、地下水的影响、管道的材料、管道的重量、顶进方法和操作的熟练程度、顶力计算方法和选用、计算顶进长度、减阻措施以及经验等。在这些因素中，土层的稳定性、覆盖土层的厚度和顶力计算方法的选用尤为突出，而且彼此具有密切的关系。

（二）估算

顶力估算采用经验公式法，目前常用的方法有两种。

第一种经验公式：

$$P = 2\pi D_0 L f$$

式中　P——顶力（kN）；

　　　D_0——管子外径（m）；

　　　L——管子顶进长度（m）。

另一种经验公式包括两种情况：

（1）黏土、天然含水量高的砂土、人工挖土形成土拱顶管用下式计算：

$$P = (1.5 \sim 3.0)w$$

式中　P——顶力（kN）；

　　　w——待顶管段全部重量（kN）。

（2）含水量低的砂质土、砂砾、回填土、人工挖土不形成土拱顶管采用下式计算：

$$P = 3.0w$$

式中　P——顶力（kN）；

　　　w——待顶管段全部重量（kN）。

二、顶进设备

顶进设备主要包括千斤顶、高压油泵、顶铁、下管及运出设备等。

（一）千斤顶（也称顶镐）

千斤顶是掘进顶管的主要设备，目前多采用液压千斤顶。常用千斤顶性能见表6-4。

千斤顶在工作坑内的布置与采用个数有关，如图6-10所示。如一台千斤顶，其布置为单列式，应使千斤顶中心与管中心的垂线对称。使用多台并列式时，其布置为双列和环周列。顶力合力作用点和管壁反作用力作用点应在同一轴线上，防止产生顶进力偶，造成顶进偏差。根据施工经验，采用人工

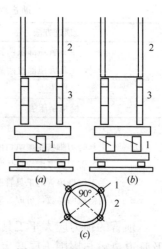

图6-10　千斤顶布置方式

(a) 单列式；(b) 双列式；(c) 环周列式

1—千斤顶；2—管子；3—顺铁

挖土，管上半部管壁与土壁有间隙时，千斤顶的着力点作用在管子垂直直径的 1/4~1/5 处为宜。

千斤顶性能表　　　　　　　　　　　　　　　表 6-4

名　称	活塞面积 (cm)	工作压力 (MPa)	起重高度 (mm)	外形高度 (mm)	外径 (mm)
武汉 200t 顶镐	491	40.7	1360	2000	345
广州 200t 顶镐	414	48.3	240	610	350
广州 300t 顶镐	616	48.7	240	610	440
广州 500t 顶镐	715	70.7	260	748	462

（二）高压油泵

由电动机带油泵工作，一般选用额定压力 32MPa 的柱塞泵，经分配器、控制阀进入千斤顶，各千斤顶的进油管并联在一起，保证各千斤顶活塞的行程一致。

（三）顶铁

顶铁是传递顶力的设备，如图 6-11 所示，要求它能承受顶进压力而不变形，并且便于搬动。

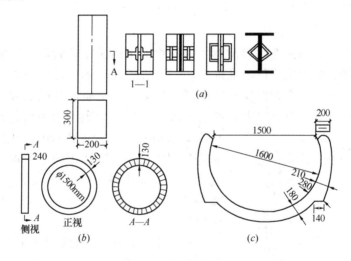

图 6-11　顶铁
(a) 矩形顶铁；(b) 圆形顶铁；(c) U 形顶铁

根据顶铁放置位置的不同，可分为横顶铁、顺顶铁和 U 形顶铁三种。

（1）横向顶铁：它安在千斤顶与方顶铁之间，将千斤顶的顶推力传递给两侧的方顶铁上。使用时与顶力方向垂直，起梁的作用。

横顶铁断面尺寸一般为 300mm×300mm，长度按被顶管径及千斤顶台数而定，管径为 500~700mm，其长度为 1.2m；管径为 900~1200mm，长度为 1.6m；管径为 2000mm，长度为 2.2m。用型钢加肋和端板焊制而成。

（2）顺顶铁（纵向顶铁）：放置在横向顶铁与被顶的管子之间，使用时与顶力方向平行，起柱的作用。在顶管过程中起调节间距的垫铁，因此顶铁的长度取决于千斤顶的行程、管节长度、出口设备等，通常有 100mm、200mm、300mm、

400mm、600mm 等几种长度。横截面为 250mm×300mm，两端面用厚 25mm 钢板焊平。顺顶铁的两顶端面加工应平整且平行，防止作业时顶铁发生外弹。

（3）U 形顶铁：安放在管子端面，顺顶铁作用其上。它的内、外径尺寸与管子端面尺寸相适应。其作用是使顺顶铁传递的顶力较均匀地分布到被顶管端断面上，以免管端局部顶力过大，压坏混凝土管端。

大口径管口采用环形，小口径管口可采用半圆形。

任务 4　顶管顶进施工

一、管道顶进梗概

管道顶进的过程包括挖土、顶进、测量、纠偏等工序。从管节位于导轨上开始顶进起至完成这一顶管段止，始终控制这些工序，就可保证管道的轴线和高程的施工质量。开始顶进的质量标准为：轴线位置 3mm，高程 0～13mm。

二、前挖土和运土

（一）挖土

管前挖土是保证顶进质量及地上构筑物安全的关键，管前挖土的方向和开挖形状，直接影响顶进管位的准确性，因为管子在顶进中是循已挖好的土壁前进的。因此，管前周围超挖应严格控制。对于密实土质，管端上方可有不大于 1.5cm 空隙，以减少顶进阻力，管端下部 135°中心角范围内不得超挖，保持管壁与土壁相平，也可预留 1cm 厚土层，在管子顶进过程中切去，这样可防止管端下沉。在不允许顶管上部土壤下沉地段顶进时（如铁路、重要建筑物等），管周围一律不得超挖，如图 6-12 所示。

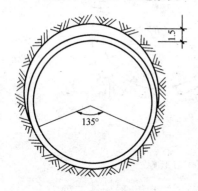

图 6-12　管前挖土

管前挖土深度，一般等于千斤顶出镐长度，如土质较好，可超前 0.5m。超挖过大，土壁开挖形状就不易控制，容易引起管位偏差和上方土坍塌。

在松软土层中顶进时，应采取管顶上部土壤加固或管前安设管檐或工具管（图 6-13）。操作人员在其内挖土，开挖工具管迎面的土体时，不论是砂类土或黏性土，都应自上而下分层开挖。有时为了方便而先挖下层土，尤其是管道内径超过手工所及的高度时，先挖中下层土很可能给操作人员带来危险。应防止坍塌伤人。

管内挖土工作条件差，劳动强度大，应组织专人轮流操作。

（二）运土

从工作面挖下来的土，通过管内水平运输和工作坑的垂直提升运至地面。除保留一部分土方用作工作坑的回填外,其余都要运走弃掉。管内水平运输可用卷扬机牵引或电动、内燃机运土,也可用皮带运输机运土。土运到工作坑后,由地面装置的卷扬机、龙门吊或其他垂直运输机械吊运到工作坑外运走。

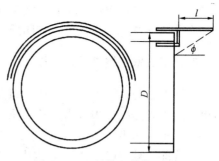

图 6-13 工具管(单位:mm)

三、顶进

顶进时利用千斤顶出镐在后背不动的情况下将被顶进管子推向前进,其操作过程如下:

(1) 安装好顶铁挤牢,管前端已挖一定长度后,启动油泵,千斤顶进油,活塞伸出一个工作行程,将管子推向一定距离。

(2) 停止油泵,打开控制阀,千斤顶回油,活塞回缩。

(3) 添加顶铁,重复上述操作,直至需要安装下一节管子为止。

(4) 卸下顶铁,下管,在混凝土管接口处放一圈麻绳,以保证接口缝隙和受力均匀。

(5) 在管内口处安装一个内涨圈,作为临时性加固措施,防止顶进纠偏时错口,其装置如图 6-14 所示。涨圈直径小于管内径 5~8cm,空隙用木楔塞紧,涨圈用 7~8mm 厚钢板焊制、宽 200~300mm。

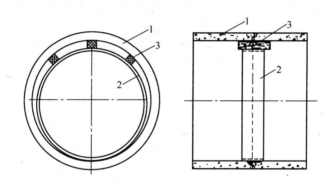

图 6-14 钢制内涨圈安装图
1—混凝土管;2—内涨圈;3—木楔

(6) 重新装好顶铁,重复上述操作。

顶进时应注意事项:

(1) 顶进时应遵照"先挖后顶,随挖随顶"的原则。应连续作业,避免中途停止,造成阻力增大,增加顶进的困难。

(2) 首节管子顶进的方向和高程,关系到整段顶进质量,应勤测量、勤检查及时校正偏差。

(3) 安装顶铁应平顺,无歪斜扭曲现象,每次收回活塞加放顶铁时,应换用可能安放的最长顶铁,使连接的顶铁数目为最少。

(4)顶进过程中，发现管前土方坍塌、后背倾斜、偏差过大或油泵压力表指针骤增等情况，应停止顶进，查明原因，排除故障后，再继续顶进。

四、机械取土掘进顶管法施工

机械掘进与人工掘进的工作坑布置基本相同，不同处主要是管端挖土与运土。机械取土顶管是在被顶进管子前端安装机械钻进的挖土设备，配上皮带运土，可代替人工挖、运土。

当管前土被切削形成一定的孔洞后，开动千斤顶，将管子顶进一段距离，机械不断切削，管子不断顶入。同样，每顶进一段距离，须要及时测量及纠偏。

(1) 伞式挖掘机：如图 6-15 所示，用于 800mm 以上大管内，是顶进机械中最常见的形式。挖掘机由电机通过减速机构直接带动主轴，主轴上装有切削盘或切削臂，根据不同土质安装不同形式的刀齿于盘面或臂杆上，由主轴带动刀盘或刀臂旋转切土，再由提升环的铲斗将土铲起、提升、倾卸于皮带运输机上运走。典型的伞式掘进机的结构一般由工具管、切削机构、驱动机构、动力设施、装载机构及校正机构组成。伞式挖掘机适合于黏土、粉质黏土、砂质粉土和砂土中钻进。不适合弱土层或含水土层。

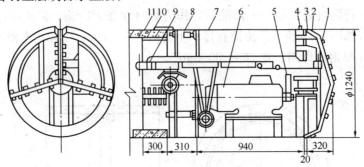

图 6-15　上海 φ1050 掘进机

1—刀齿；2—刀架；3—刮泥板；4—超挖机；5—齿轮变速；6—电机；
7—工具管；8—千斤顶；9—皮运机；10—支撑杆；11—顶进管

(2) 螺旋掘进机：如图 6-16 所示，主要用于小口径（管径小于 800mm）的顶管。管子按设计方向和坡度放在导向架上，管前由旋转切削式钻头切土，并由螺旋输送器运土。螺旋式水平钻机安装方便，但是顶进过程中易产生较大的下沉误差。而且，误差产生不易纠正，故适用于短距离顶进；一般最大顶进长度为 70～80m。800mm 以下的小口径钢管顶进方法有很多种，如真空法顶进，这种方法适用于直径为 200～300mm 管子在松散土层，如松散砂土、砂黏土、淤泥土、软黏土

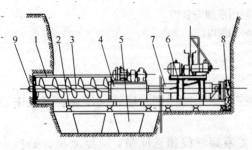

图 6-16　螺旋掘进机

1—管节；2—道轨机架；3—螺旋输送器；
4—传送机构；5—土斗；6—液压机构；
7—千斤顶；8—后背；9—钻头

等土内掘进,顶距一般为 20~30m。

（3）"机械手"挖掘机：如图 6-17 所示,"机械手"挖掘机的特点是弧形刀臂以垂直于管轴小的横轴为轴,作前后旋转,在工作面上切削。挖成的工作面为半球形,由于运动是前后旋转,不会因挖掘而造成工具管旋转,同时靠刀架高速旋转切削的离心力将土抛出离工作面较远处,便于土的管内输出。该机械构造简单,安装维修方便,便于转向,挖掘效率高,适用于黏性土。

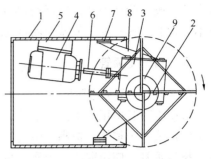

图 6-17 "机械手"掘进机
1—工具管；2—刀臂；3—减速箱；
4—电机；5—机座；6—传动轴；
7—底架；8—翼板；9—锥型圆筒

采用机械顶管法改善了工作条件,减轻了劳动强度,一般土质均能顺利顶进。但在使用中也存在一些问题,影响推广使用。

五、水力掘进顶管法

水力掘进主要设备在首节混凝土管前端装工具管。工具管内包括封板、喷射管、真空室、高压水管、排泥系统等。其装置如图 6-18 所示。

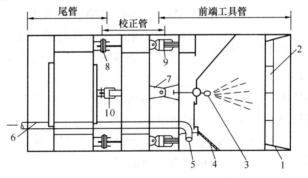

图 6-18 水力掘进装置
1—刀刃；2—格栅；3—水枪；4—格网；5—泥浆吸入口；6—泥浆管；7—水平铰；
8—垂直铰；9—上下纠偏千斤顶；10—左右纠偏千斤顶

水力掘进顶管依靠环形喷嘴射出的高压水,将顶入管内的土冲散,利用中间喷射水枪将工具管内下方的碎土冲成泥浆,经过格网流入真空室,依靠射流原理将泥浆输送至地面储泥场。

校正管段设有水平铰、垂直铰和相应纠偏千斤顶。水平铰起纠正中心偏差作用,垂直铰起高程纠偏作用。

水力掘进便于实现机械化和自动化,边顶进,边水冲,边排泥。

水力掘进应控制土壤冲成的泥浆在工具管内进行,防止高压水冲击管外,造成扰动管外土层,影响顶进的正常进行或发生较大偏差。所以顶入管内土壤应有一段长度,俗称土塞。

水力掘进顶管法的优点是：生产效率高,其冲土、排泥连续进行；设备简单,成本低；改善劳动条件，减轻劳动强度。但是，需要耗用大量的水，顶进时，方向不易控制，容易发生偏差；而且需要有存泥浆场地。

六、挤压土顶管

(一) 出土挤压土顶管

挤压土顶管不用人工挖土装土，甚至顶管中不出土，使顶进、挖土、装土三个工序形成一个整体，提高了劳动生产率。

挤压顶管的应用取决于土质、覆土厚度、顶进距离、施工环境等因素。

挤压土顶管分为出土挤压顶管和不出土顶管两种。

主要设备包括带有挤压口的工具管、割土工具和运土工具。

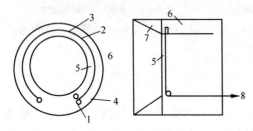

图6-19 挤压切土工具管
1—钢丝绳固定点；2—钢丝绳；3—R型卡子；
4—定滑轮；5—挤压口；6—工具管；
7—刃角；8—钢丝绳与卷扬机连接

工具管如图6-19所示，工具管内部没有挤压口，工具管口加直径应大于挤压口直径，两者或偏心布置。挤压口的开口率一般取50%，工具管一般采用10～20mm厚的钢板卷焊而成。要求工具管的椭圆度不大于3mm，挤压口的整圆度不大于1mm，挤压口中心位置的公差不大于3mm。其圆心必须落于工具管断面的纵轴线上。刃脚必须保持一定的刚度，焊接刃脚时坡口一定要用砂轮打光。

割土工具沿挤压口周围布置成一圈且用钢丝绳固定，每隔200mm左右夹上R形卡子。用卷扬机拖动旋转进行切割土柱。

运土工具是将切割的土柱运至工作坑，再经吊车吊出工作坑的斗车。

主要工作程序为：安管→顶进→输土→测量。

正常操作，在激光测量导向下，能保证上下左右的误差在10～20mm以内，方向稳定。

(二) 不出土顶管

不出土顶管是利用千斤顶将管子直接顶入土内，管周围的土被挤压密实。

不出土顶管的应用取决于土质，一般为天然含水量的黏性土、粉土。

管材以钢管为主，也可以用铸铁管。管径一般要小于300mm，管径愈小，效果愈好。

不出土顶管的主要设备是挤密土层的管尖和挤压切土的管帽，如图6-20所示。

管尖安装在管子前端，顶进时，土不能挤进管内。

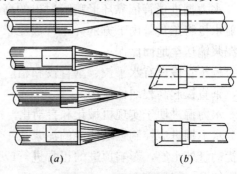

图6-20 管尖和管帽
(a) 管尖；(b) 管帽

管帽安装在管子前端，顶进时，管前端土挤入管帽内，挤进长度为管径的4~6倍时，土就不再挤入管帽内，而形成管内土塞。再继续顶进，土沿管壁挤入邻近土的空隙内，使管壁周围形成密实挤压层、挤压层和原状层三种土层。

七、中继间顶进

由于一次顶进长度受顶力大小、管材强度、后背强度等因素的限制，因此一次顶进长度约在40~50m，若再要增长，可采用中继间、泥浆套顶进等方法。提高一次顶进长度，可减少工作坑数目。

中继间是在顶进管段中间设置的接力顶进工作间，此工作间内安装中继千斤顶，担负中继间之前的管段顶进。中继千斤顶推进前面管段后，主压千斤顶再推进中继间后面的管段。此种分段接力顶进方法，称为中继间顶进，如图6-21所示。

如图6-22所示为一种中继间。施工结束后，拆除中继千斤顶，而中继间钢外套环留在坑道内。在含水土层内，中继间与管前后之间连接应有良好的密封。另一类中继间如图6-23所示。施工完毕时，拆除中继间千斤顶和中继间接力环。然后中继间将前段管顶进，弥补前中继间千斤顶拆除后所留下的空隙。

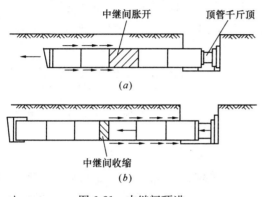

图6-21 中继间顶进
(a) 开动中继间千斤顶，关闭顶管千斤顶；
(b) 关闭中继间千斤顶，开动顶管千斤顶

中继间的特点是减少顶力效果显著，操作机动，可按顶力大小自由选择，分段接力顶进。但也存在设备较复杂、加工成本高、操作不便、降低工效的不足。

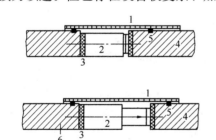

图6-22 顶进中继间一
1—中继间钢套；2—中继千斤顶；3—垫料；
4—前管；5—密封环；6—后背

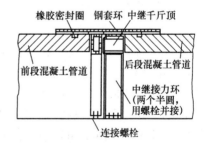

图6-23 顶进中继间二

八、泥浆套顶进

在管壁与坑壁间注入触变泥浆，形成泥浆套，可减少管壁与土壁之间的摩擦阻力，一次顶进长度可较非泥浆套顶进增加2~3倍。长距离顶管时，经常采用中继间-泥浆套顶进。

触变泥浆的要求是泥浆在输送和灌注过程中具有流动性、可变性和一定的承载力，经过一定的固结时间，产生强度。

触变泥浆的主要组成是膨润土和水。膨润土是粒径小于 $2\mu m$，主要矿物成分是 Si—Al—Si（硅—铝—硅）的微晶高岭土。膨润土的相对密度为 2.5～2.95，密度为 $(0.83～1.13)\times10^3 kg/m^3$。对膨润土的要求为：

（1）膨润倍数一般要大于6。膨润倍数愈大，造浆率越大，制浆成本越低；

（2）要有稳定的胶质价，保证泥浆有一定的稠度，不致因重力作用而使颗粒沉淀。

造浆用水除对硬度有要求外，并无其他特殊要求，用自来水即可。

为提高泥浆的某些性能而需掺入各种泥浆处理剂。常用的处理剂有：

（1）碳酸钠：可提高泥浆的稠度，但泥浆对碱的敏感性很强，加入量的多少，应事先作模拟确定。一般为膨润土重量的2%～4%。

（2）羟甲基纤维素：能提高泥浆的稳定性，防止细土粒相互吸附凝聚。掺入量为膨润土重量的2%～3%。

（3）腐殖酸盐：是一种降低泥浆黏度和静切力的外掺剂。掺入量占膨润土重量的1%～2%。

（4）铁铬木质素磺酸盐：其作用与腐殖酸盐相同。

在地面不允许产生沉降的顶进时，需要采取自凝泥浆。自凝泥浆除具有良好的润滑性和造壁性外，还具有后期固化后有一定强度，达到加大承载效果的性能。

常用自凝泥浆的外掺剂：

（1）氢氧化钙：氢氧化钙膨润土中的二氧化硅超化学作用生成水泥主要成分的硅酸三钙，经过水化作用而固结，固结强度可达0.5～0.6MPa。氢氧化钙用量为膨润土重量的20倍。

（2）工业六糖：是一种缓凝剂，掺入量为膨润土重量的1%。在20C时，可使泥浆在1～1.5个月内不致凝固。

（3）松香酸钠：泥浆内掺入1%膨润土重的松香酸钠可提高泥浆的流动性。

自凝泥浆多种多样，应根据施工情况、材料来源拌制相应的自凝浆。

触变泥浆在泥浆拌制机内采取机械或压缩空气拌制；拌制均匀后的泥浆储于泥浆池；经泵加压，通过输浆管输送到工具管的泥浆封闭环，经由封闭环上开设的注浆孔注入到坑壁与管壁间孔隙，形成泥浆套，如图6-24所示。

泥浆注入压力根据输送距离而定。一般采用0.1～0.15MPa泵压，输浆管路采用 $DN50～70$ 的钢管，每节长度与顶进管节长度相等或为顶进管的两倍。管路采取法兰连接。

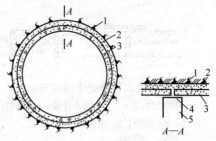

图 6-24 泥浆套
1—土壁；2—泥浆套；3—混凝土管；4—内涨圈；5—填料

输浆管前的工具管应有良好的密封,防止泥浆从管前端漏出,如图 6-25 所示。

泥浆通过管前和沿程的灌浆孔灌注。灌注泥浆分为灌浆和补浆两种,如图 6-26 所示。

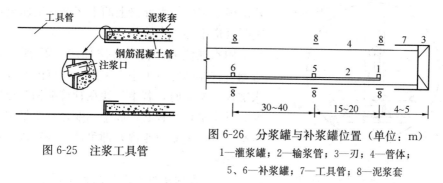

图 6-25 注浆工具管

图 6-26 分浆罐与补浆罐位置(单位:m)
1—灌浆罐;2—输浆管;3—刃;4—管体;
5、6—补浆罐;7—工具管;8—泥浆套

为防止灌浆后泥浆自刃脚处溢入管内,一般离刃脚 4~5m 处设灌浆罐,由罐向管外壁间隙处灌注泥浆,要保证整个管线周被均匀泥浆层所包围。为了弥补第一个灌浆的不足并补流失的泥浆量,还要在距离灌浆罐 15~20m 处设置第一个补浆罐,此后每隔 30~40m 设置补浆罐,以保证泥浆充满管外壁。

为了在管外壁形成浆层,管前挖土直径要大于顶节管节的外径,以便灌注泥浆。泥浆套的厚度由工具管的尺寸而定,一般厚度为 15~20mm。

任务 5 顶管测量和校正

一、顶管测量

顶管施工时,为了使管节按规定的方向前进,在顶进前要求按设计的高程和方向精确地安装导轨、修筑后背及布置顶铁。这些工作要通过测量来保证规定的精度。

在顶进过程中必须不断观测管前进的轨迹,检查首节管是否符合设计规定的位置。

顶管允许偏差与检验方法,见表 6-5。

顶管允许偏差与检验方法　　　　表 6-5

项　目		允许偏差 (mm)	检验频率		检验方法
			范　围	点　数	
中线位移		50	每节管	1	测量并查阅测量记录
管内底高程	$DN<1500$	+30 −40	每节管	1	用水准仪测量
	$DN\geqslant 1500$	+40 −50	每节管	1	
相邻管间错		15%错管壁厚,且不大于 20	每个接口	1	用尺量
对顶时管子错口		50	对顶接口	1	用尺量

（一）水准仪测平面与高程位置

用水准仪测平面位置的方法是在待测管首端固定一个小十字架，在坑内设一架水准仪，使水准仪十字对准十字架，顶进时，若出现十字架与水准仪上的十字丝发生偏离，即表明管道中心发生偏差。

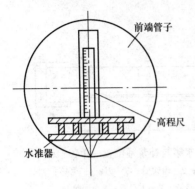

图 6-27 水准高程示意图

用水准仪测高程的方法如图 6-27 所示，在待测管首端固定一个小十字架，在坑内架设一台水准仪，检测时，若十字架在管首端相对位置不变，其水准仪高程必然固定不变，只要量出十字架交点偏离的垂直距离，即可读出顶管进行中的高差偏差。

（二）垂球法测平面与高程位置

如图 6-28 所示。在中心桩连线上悬吊的垂球显示出了管道的方位，顶进中，若管道出现左右偏离，则垂球与小线必然偏离；再在第一节管道中心沿顶进方向放置水准器，若管道发生上下移动，则水准器气泡亦会出现偏移。

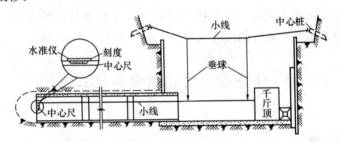

图 6-28 垂球法测平面与高程位置示意图

（三）激光经纬仪测平面与高程位置

采用架设在工作坑内的激光照射到待测管首段的标示牌，即可测定顶进时的平面与高程的误差值，激光测量如图 6-29 所示。激光经纬仪性能见表 6-6。接收靶如图 6-30 所示。

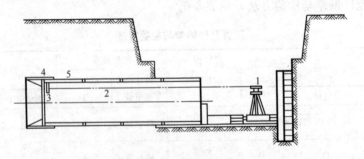

图 6-29 激光测量
1—激光经纬仪；2—激光束；3—激光接收靶；4—刃脚；5—管节

国产激光经纬仪性能　　　　　　表 6-6

仪器型号	经纬仪最小格值	激光器功率（MW）	测量（m）	光点直径（mm）	特征
J_2-JD 激光经纬仪（苏州）	$1''$ 读作 $0.1''$	1～1.5	100 250（昼）	5	激光器并联在望远镜上
DJD—1 型 激光经纬仪（北京）	$6''$	3	100（昼） 200（昼） 300	12 23 .32	纤维导光

（四）测量次数

测量工作应及时、准确，以使管节正确地就位于设计的管道轴线上。测量工作应频繁进行，以便较快地发现管道的偏移。当第一节管就位于导轨上以后即进行校测，符合要求后开始进行顶进。一般在工具管刚进入土层时，应加密测量次数。常规做法为每顶进 100cm 测量不少于 1 次，每次测量都以测量管子的前端位置为准。

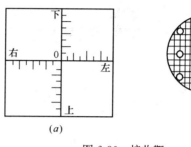

图 6-30　接收靶
(a) 方形靶；(b) 装有硅光电池的圆形靶

二、顶管校正

当发现前端管节前进的方向或高程偏离原设计位置后，就要及时采取措施迫使管节恢复原位再继续顶进。这种操作过程，称为管道校正。

（一）出现偏差的原因、校正的原则

管道在顶进的过程中，由于工具管迎面阻力的分布不均，管壁周围摩擦力不均和千斤顶顶力的微小偏心等都可能导致工具管前进的方向发生偏移或旋转。为了保证管道的施工质量必须及时纠正，才能避免施工偏差超过允许值。顶进的管道不只在顶管的两端应符合允许偏差标准，在全段都应掌握这个标准，避免在两端之间出现较大的偏差。要求"勤顶、勤纠"或"勤顶、勤挖、勤测、勤纠"，其中心都贯彻一个"勤"字，这是顶进过程中的一条共同经验。

（二）校正方法

1. 挖土校正

采用在不同部位减挖土量的方法，以达到校正的目的。即管子偏向一侧，则该少挖些土，另一侧多挖些土，顶进时管子就偏向空隙大的一侧而使误差校正。这种方法消除误差的效果比较缓慢，适用于误差值不大于 10mm 的范围，如图 6-31 所示。

2. 斜撑校正法

偏差较大时或采用挖土校正法无效时，可用圆木或方木，一端管子偏向一侧的内管壁上，另一端支撑在垫有木板的管前土层上，开动千斤顶，利用木撑产生的分力，使管子得到校正，上抬管段校正如图 6-32 所示，下陷管段校正如图 6-33 所示，错口管的校正如图 6-34 所示。

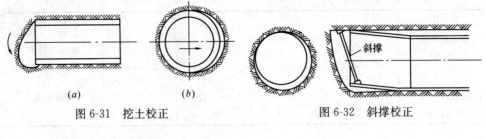

图 6-31　挖土校正　　　　　　　　　图 6-32　斜撑校正

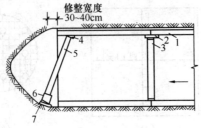

图 6-33　下陷校正
1—管子；2—木楔；3—内涨圈；4—楔子；
5—支柱；6—校正千斤顶；7—垫板

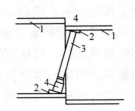

图 6-34　错口校正
1—管子；2—楔子；3—立柱；
4—校正千斤顶

3. 工具管校正

校正工具管是顶管施工的一项专用设备。根据不同管径采用不同直径的校正工具管。校正工具管主要由工具管、刃脚、校正千斤顶、后管等部分组成，如图 6-35 所示。

校正千斤顶按管内周向均匀布设，一端与工具管连接，另一端与后管连接。工具管与后管之间留有 10~15mm 的间隙。

当发现首节工具管位置误差时，启动各方向千斤顶的伸缩，调整工具管刃脚的走向，从而达到校正的目的。

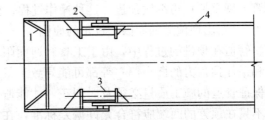

图 6-35　校正工具管组成
1—刃脚；2—工具管；3—校正工具管；4—后管

4. 衬垫校正

对淤泥、流砂地段的管子，因其基承载力弱，常出现管子低头现象，这时在管底或管子的一侧加木楔，使管道沿着正确的方向顶进。正确的方法是将木楔做成光面或包一层铁皮，稍有些斜坡，使之慢慢恢复原状，使管道由 B 方向 A 方前进（A 是正确方向），如图 6-36 所示。

三、掘进顶管内接口

掘进顶管完毕，拆除临时连接，进行内接口，接口形式根据现场条件、管道使用要求、管口形式等因素选择。

平口钢筋混凝土管油麻石棉水泥或膨胀水泥内接口，形式如图 6-37 所示。

施工时，在内脚圈安装前将麻辫填入两个管口之间，顶进完毕后，拆除内脚圈。在管口缝隙处填石棉水泥后打实，也可以填塞膨胀水泥（膨胀水泥：砂：水＝1∶1∶0.3）。还可采取油毡垫接口，此种接口方法简单，施工方便，用于无

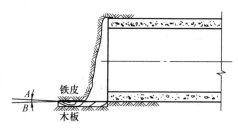

图 6-36　衬垫法

地下水处。油毡垫可以使顶力均匀分布到管节面上。一般采用 3~4 层油毡垫于管节间，在顶进中越压越紧。顶管完毕后在两管间用水泥砂浆勾内缝。

企口钢筋混凝土管内接口方式如图 6-38 所示。

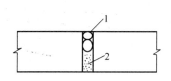

图 6-37　平口钢筋混凝土管
油麻石棉水泥内接口
1—麻辫；2—石棉水泥

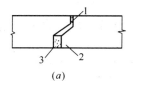 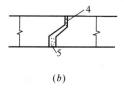

图 6-38　企口钢筋混凝土管内接口
1—油毡；2—油麻；3—石棉水泥或膨胀水泥砂浆；
4—聚氯乙烯胶泥；5—膨胀水泥砂浆

企口钢筋混凝土管的接口有油麻石棉水泥或膨胀水泥内接口，如图 6-38（a）所示，管壁外侧油毡为缓压层。还有一种聚氯乙烯胶泥膨胀水泥内接口，这种接口的抗渗性优于油麻石棉水泥或膨胀水泥接口，如图 6-38（b）所示。

此外，还可以采取麻辫沥青冷油膏接口。该接口施工方便，管接口具有一定的柔性，利于顶进中校正方向和高程，密封效果好。

复习思考题

1. 顶管法适应的范围是什么？
2. 顶管法的特点有哪些？
3. 顶管施工注意的问题有哪些？
4. 工作坑位置选择的原则是什么？
5. 如何确定工作坑尺寸？
6. 如何计算顶力，并选择顶进设备？
7. 顶进设备布置的要求是什么？
8. 说明人工掘进管道顶进的过程。
9. 说明机械掘进顶管的施工过程。
10. 说明挤压顶管法的使用条件和注意事项。
11. 说明顶管测量的过程与要求。
12. 说明顶管校正的过程。

项目7 钢管盾构法施工

【学习目标】
了解钢管管道盾构施工的基本原理；了解钢管管道盾构施工内业的基本知识；了解钢管管道盾构施工文明施工、安全施工的基本知识。能熟练识读盾构工程施工图；能按照施工图，合理地选择管道施工方法，理解施工工艺，会进行钢管管道盾构施工方案编制。

任务1 盾构施工简介

一、盾构法施工优点

(1) 因为需要顶进的是盾构本身，所以在同一土层中所需顶力为一常数，不受顶力大小的限制；

(2) 盾构断面形状可以任意选择，而且可以形成曲线走向；

(3) 操作安全，可在盾构设备的掩护下，进行挖土和衬砌；

(4) 施工时不扰民，噪声小，影响交通少；

(5) 盾构法进行水底施工，不影响航道通行；

(6) 严格控制正面超挖，加强衬砌背面空隙的填充，可控制地表沉降。

二、盾构组成

盾构是用于地下开槽法施工时进行地层开挖及衬砌拼装并起支护作用的施工设备。基本构造由开挖系统、推进系统和衬砌拼装系统三部分组成。

（一）开挖系统

盾构壳体形状可任意选择，多采用钢制圆形筒体，由切削环、支撑环、盾尾三部分组成，由外壳钢板连接成一个整体，如图7-1所示。

1. 切削环部分

位于盾构的最前端，它的前端做成刃口，以减少切土时对地层的扰动。切削环也是盾构施工时容纳作业人员挖土或安装挖掘机械的部位。

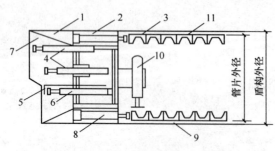

图 7-1 盾构构造
1—切削环；2—支撑环；3—盾尾部分；4—支撑千斤顶；5—活动平台；6—活动平台千斤顶；7—切口；8—盾构推进千斤顶；9—盾尾空间；10—管片拼装器；11—管片

盾构开挖系统均设置于切削环中。根据切削环与工作面的关系,可分为开放式和密闭式两类。当土质不能保持稳定,如松散的粉细砂、液化土等,应采用密闭式盾构。当需要对工作面支撑时,可采用气压盾构或泥水压力盾构,这时在切削环与支撑环之间设密封隔板分开。

2. 支撑环部分

位于切削环之后,处于盾构中间部位。它承担地层对盾构的土压力、千斤顶的顶力以及刃口、盾尾、砌块拼装时传来的施工荷载等。它的外沿布置千斤顶,大型盾构将液压、动力设备,操作系统,衬砌拼装机等均集中布置在支撑环中。在中、小型盾构中,可把部分设备放在盾构后面的车架上。

3. 盾尾部分

它的作用主要是掩护衬砌的拼装,并且防止水、土及注浆材料从盾尾间隙进入盾构。盾尾密封装置由于盾构位置千变万化,极易损坏,要求材料耐磨、耐拉并富有弹性。曾采用单纯橡胶的、橡胶加弹簧钢板的、充气式的、毛刷型的等多种盾尾密封装置,但至今效果不够理想,一般多采用多道密封及可更换盾尾密封装置。

(二) 推进系统

推进系统是盾构核心部分,依靠千斤顶将盾构向前移动。千斤顶控制采用油压系统,其组成由高压油泵、操作阀件和千斤顶等设备构成。盾构千斤顶液压回路系统如图7-2所示。

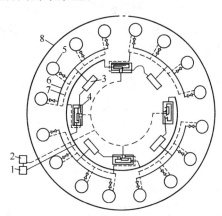

图 7-2 千斤顶液压回路系统
1—高压油泵;2—总油泵;3—分油箱;4—阀门转换器;5—千斤顶;6—进油管;7—回油管;8—盾构外壳

图7-3为阀门转换器工作示意图。当滑块2处于左端时,高压油自进油管1流入经分油箱4将千斤顶5出镐;若需回镐时,将滑块2移向右端,高压油从阀门转换器3,推动千斤顶回镐,并将回油管中的油流向分油箱。

(三) 衬砌拼装系统

盾构顶进后应及时进行衬砌工作,衬砌块作为盾构千斤顶的后背,承受顶力,施工过程中作为支撑结构,施工结束后作为永久性承载结构。

砌块采用钢管或预应力钢管,砌块状有矩形、梯形、弧形等,砌块尺寸视衬砌方法,如图7-4所示。

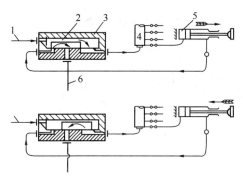

图 7-3 阀门转换器工作示意图
1—进油管;2—滑块;3—阀门转换器;4—分油箱;5—千斤顶;6—回油管

三、盾构壳体尺寸的确定

盾构壳体尺寸应适应隧道的尺寸，一般按下列几个模数确定。

（一）盾构的外径

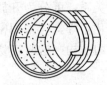

图 7-4　砌块形式

盾构的内径 $D_内$ 应大于隧道衬砌的外径。

$$D = d + 2(x + \delta)$$

式中　D——盾构外径（mm）；

　　　d——衬砌外径（mm）；

　　　x——盾构厚度（mm）；

　　　δ——盾构建筑间隙（mm）。

根据盾构调整方向的要求，一般盾构厚度为衬砌外径的 0.8%～1.0% 左右。其最小值要满足：

$$x = Ml/d$$

式中　l——盾尾内衬砌环上顶点能转动的最大水平距离，通常采用 $l = d/80$；

　　　M——盾尾掩盖部分的衬砌长度。

所以 $x = 0.0125M$，一般取用 30～60mm。

（二）盾构长度

盾构全长为前檐、切削环、支撑环和盾尾长度的总和，其大小取决于盾构开挖方法及预制衬砌环的宽度，也与盾构的灵敏度有关系。盾构灵敏度指盾构总长度 L 与其外径 D 的比例关系。灵敏度一般采用：

小型盾构（$D = 2 \sim 3$m），$L/D = 1.5$ 左右；

中型盾构（$D = 3 \sim 6$m），$L/D = 1.0$ 左右；

大型盾构，$L/D = 0.75$ 左右。

盾构直径确定后，选择适当灵敏度，即可决定盾构长度。

四、盾构推进时系统顶力计算

盾构的前进是靠千斤顶来推进和调整方向，所以千斤顶应有足够的力量，来克服盾构前进过程中所遇到的各种阻力。

（一）外壳与周围土层间摩擦阻力 F_1

$$F_1 = v_1[2(P_v + P_h)L \cdot D]$$

式中　P_v——盾构顶部的竖向土压力（kN/m²）；

　　　P_h——水平土压力值（kN/m²）；

　　　v_1——土与钢之间的摩擦系数，一般取 0.2～0.6；

　　　L——盾构长度（m）；

　　　D——盾构外径（m）。

（二）切削环部分刃口切入土层阻力 F_2

$$F_2 = D\pi l(P_v \tan\phi + C)$$

式中　ϕ——土的内摩擦角；

　　　C——土的内聚力（kN/m²）；

其余符号与上式相同。

（三）砌块与盾尾之间的摩擦力 F_3

$$F_3 = v_2 \cdot G' \cdot L'$$

式中 v_2——盾尾与衬砌之间的摩擦系数，一般为 0.4～0.5；

G'——环衬砌重量；

L'——盾尾中衬砌的环数。

（四）盾构自重产生的摩擦阻力 F_4

$$F_4 = G \cdot v_1$$

式中 G——盾构自重；

v_1——钢土之间的摩擦系数，一般为 0.2～0.6。

（五）开挖面支撑阻力 F_5，应按支撑面上的主动土压力计算

其余阻力，需根据盾构施工时的实际情况予以计算，叠加后组成盾构推进的总阻力。由于上述计算均为近似值，实际确定千斤顶总顶力时，尚应乘以 1.5～2.0 的安全系数。

有的资料提供经验公式确定盾构总顶力为：

$$P = (700 - 1000)\pi D^2 / 4 \cdot K_n$$

式中 K_n——安全系数；

其他符号同前。

盾构千斤顶的顶力：

小型断面用 500～600kN；

中型断面用 1000～1500kN；

大型断面（$D>10$m）用 25000kN；

我国使用的千斤顶多数为 1500～2000kN。

任务 2 盾 构 施 工

一、盾构施工的过程

盾构法施工全貌，如图 7-5 所示。

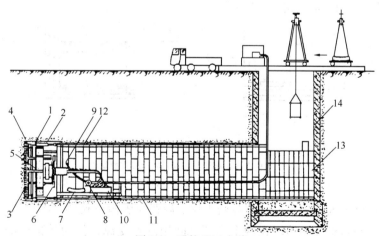

图 7-5 盾构施工全貌

1—盾构；2—盾构千斤顶；3—盾构正面网格；4—出土转盘；5—出土皮带运输机；6—管片拼装机；7—管片；8—压浆泵；9—压浆孔；10—出土机；11—由管片组成的隧道衬砌结构；12—在盾尾空隙中的压浆；13—后盾管片；14—竖井

二、盾构施工

(一) 施工准备工作

盾构施工前根据设计提供的图纸和有关资料，对施工现场应进行详细勘察，对地上、地下障碍物、地形、土质、地下水和现场条件等诸方面进行了解，根据勘察结果，编制盾构施工方案。

盾构施工的准备工作还应包括测量定线、衬块预制、盾构机械组装、降低地下水位、土层加固以及工作坑开挖等。上述这些准备工作视情况选用，并编入施工方案中，其允许偏差见表 7-1。

盾构法施工的给水管道允许偏差　　　　表 7-1

项 目		允 许 偏 差
高　程	给水管道	+15～-150mm
	套管或管廊	±100mm
轴线位移		150mm
圆环变形		8‰
初期衬砌相邻环高差		≤20mm

(二) 盾构工作坑及始顶

盾构法施工也应当设置工作坑，作为盾构开始、中间、结束井。开始工作坑作为盾构施工起点，将盾构下入工作坑内；结束工作坑作为全线顶进完毕，需要将盾构取出；中间工作坑根据需要设置，如为了减少土方、材料地下运输距离或者中间需要设置检查井、车站等构筑物时而设置中间工作坑。

开始工作坑与盾构工作坑相同，其尺寸应满足盾构和其顶进设备尺寸的要求。工作坑周壁应做支撑或采用沉井或连续加固，防止坍塌，同样盾构顶进方向对面应做好牢固后背。

盾构在工作坑导轨上至盾构完全进入土中的这一段距离，借助外部千斤顶顶进。与顶管方法相同，如图 7-6 所示。

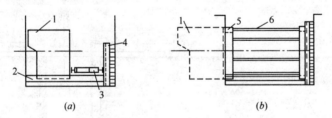

图 7-6　始顶工作坑
(a) 盾构在工作坑始顶；(b) 始顶段支撑结构
1—盾构；2—导轨；3—千斤顶；4—后背；5—木环；6—撑木

当盾构已进入土中以后，在开始工作坑后背与盾构衬砌环，各设置一个木环，其大小尺寸与衬砌环相等，在两个木环之间用圆木支撑，作为始顶段的盾构千斤顶的支撑结构。一般情况下，衬砌环长度达 30～50m 以后，才能起后背作用，才可拆除工作坑内圆木支撑。

始段开始后,即可起用盾构本身千斤顶,将切削环的刃口切入土中,在切削环掩护下进行掘土,一面出土一面将衬砌块运入盾构内,待千斤顶回镐后,其空隙部分进行砌块拼装。再以衬砌环为后背,启动千斤顶,重复上述操作,盾构便不断前进。

(三)衬砌和灌浆

按照设计要求,确定砌块形状和尺寸以及接缝方法,接口有平口、企口和螺栓连接。企口接缝防水性能好,但拼装复杂;螺栓连接整体性好,刚度大。

砌块接口涂抹胶粘剂,提高防水性能,常用的胶粘剂有沥青、玛瑞脂、环氧胶泥等。

砌块外壁与土壁间的间隙应用水泥砂浆或豆石混凝土灌注。通常每隔3~5个衬砌环有一灌注孔环,此环上设有4~10个灌注孔。灌注孔直径不小于36mm。

灌浆作业应及时进行。灌入顺序自下而上,左右对称地进行。灌浆时应防止浆液漏入盾构内,在此之前应做好止水。

砌块衬砌和缝隙注浆合称为一次衬砌。

二次衬砌按照功能要求,在一次衬砌合格后,可进行二次衬砌。二次衬砌浇筑豆石混凝土、喷射混凝土等。

1. 无注浆钢筋超前锚杆

锚杆可采用$\phi 22mm$螺纹钢筋,长度一般为2.0~2.5m,环向排列,其间距视土壤情况确定,一般为0.4~2.0m,排列至拱脚处为止。锚杆每一循环掘进打入一次。可用风动凿岩机打入拱顶上部,钢锚杆末端要焊接在拱架上。此法适用于拱顶土壤较好情况下,是防止坍塌的一种有效措施。

2. 注浆小导管

当拱顶土层较差,需要注浆加固时,利用导管代替锚杆。导管可采用直径为32mm的钢管,长度为3~7m,环向排列间距为0.3m,仰角7°~12°。导管管壁设有出浆孔,呈梅花状分布。导管可用风动冲击钻机或PZ75型水钻机成孔,然后推入孔内。

3. 喷射混凝土

喷射混凝土是借助喷射机械,利用压缩空气或其他动力,将按一定配合比拌合的拌合料,通过管道输送并以高速喷射到受喷面上凝结硬化而成的一种混凝土。

根据喷射混凝土拌合料的搅拌和运输方式、喷射方式,一般分为干式和湿式两种,常采用干式。图7-7为干式喷射混凝土工艺流程图,图7-8为湿式喷射混凝土工艺流程图。

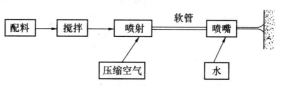

图7-7 干式喷射工艺

干式喷射是依靠喷射机压送干拌合料,在喷嘴处加水。在国内外应用较为普遍,它的主要优点是设备简单,输送距离长,速凝剂可在进入喷射机前加入。

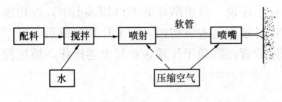

图 7-8 湿式喷射工艺

湿式喷射是用喷射机压送湿拌合料（加入拌合水），在喷嘴处加入速凝剂。它的主要优点是拌合均匀，水灰比能准确控制。

喷射混凝土材料要求：

(1) 水泥：喷射混凝土应选用不小于 32.5 级的硅酸盐或普通硅盐水泥，因为这两种水泥的 C_3S 和 C_3A 含量较高，同速凝剂的相容性好，能速凝、快硬，后期强度也较高。当遇有较高可溶性硫酸盐的地层或地下水时，应选用抗硫酸盐类水泥。当结构物要求喷射混凝土早强时，可使用硫铝酸盐水泥或其他早强水泥。

(2) 砂：喷射混凝土宜选用中粗砂，一般砂子颗粒级配应满足表 7-2 规定。砂子过细，会使干缩增大；砂子过粗，则会增加回弹。砂子中小于 0.075mm 的颗粒不应大于 20%。

砂的级配限度　　　　　　　　　　　　　　　　表 7-2

筛孔尺寸 (mm)	通过百分数（以重量计）	筛孔尺寸 (mm)	通过百分数（以重量计）
5	95~100	0.6	25~60
2.5	80~100	0.3	10~30
1.2	50~85	0.15	2~10

(3) 石子：宜选用卵石为好，为了减少回弹，石子最大粒径不宜大于 20mm，石子级配应符合表 7-3 规定。若掺入速凝剂时，石子中不应含有二氧化硅的石料，以免喷射混凝土开裂。

石子级配限度　　　　　　　　　　　　　　　　表 7-3

筛孔尺寸 (mm)	通过每个筛子的重量百分比		筛孔尺寸 (mm)	通过每个筛子的重量百分比	
	级配Ⅰ	级配Ⅱ		级配Ⅰ	级配Ⅱ
20	100	—	5	0~15	10~30
15	90~100	100	2.5	0~5	0~10
10	40~70	85~100	1.2		0~5

(4) 速凝剂：使用速凝剂主要是使喷射混凝土速凝快硬，减少回弹损失，防止喷射混凝土因重力作用引起脱落，可适当加大一次喷射厚度等。

喷射混凝土拌合料的砂率控制在 45%~55% 为宜，水灰比为 0.4~0.5 为宜。

(四) 回填注浆

在暗挖法施工中，在初期支护的拱顶上部，由于喷射混凝土与土层未密贴，拱顶下沉形成空隙，为防止地面下沉，采用水泥浆液回填注浆。这样不仅挤密了拱顶部分的土体，而且加强了土体与初期支护的形体性，能有效防止地面的沉降。

注浆设备可采用灰浆搅拌机和柱塞式灰浆泵，根据地层覆盖条件确定注浆压力，一般在 50~200kPa 范围内。

（五）二次衬砌

完成初期支护施工之后，需进行洞体二次衬砌，二次衬砌采用现浇钢管结构，混凝土强度选用C20以上，坍落度为18~20cm的高流动混凝土。采用墙体和拱顶分步浇筑方案，即先浇侧墙，后浇拱顶。拱顶部分采用压力式浇筑混凝土。图7-9为二次衬砌施工图。

图 7-9 二次衬砌施工图

任务3 盾构施工（钢管）方案实例

一、编制说明

（一）编制原则

(1) 本施工组织设计作为哈尔滨群力新区输水管线工程—泥水平衡盾构的施工依据。

(2) 确保本工程质量达到合格标准，满足建设单位工期要求。

(3) 根据本工程特点及工期、质量要求，合理安排人力、物务及财力。

(4) 精心组织施工，创造精品工程。

（二）编制依据

(1) 哈尔滨群力新区输水管线工程平面图及纵断图。

(2)《工程测量规范》(GB 50026—2007)。

(3)《给水排水管道工程施工及验收规范》(GB 50268—2008)。

二、工程概况

（一）工程概况

群力新区输水管线改造工程位于哈尔滨市西部群力新区，建于群力北路，职工街东侧，施工总长度3700m。全线大部分开槽施工，位于职工街小区的一侧因无法开槽故采用先进的泥水平衡盾构法进行施工。设计采用$\phi 2000$钢管，设计管埋深为7m，顶进长度为200m。

盾构施工的 1 个工作井采用先挖基坑，然后在坑内做井的施工方法，井的内壁宽为 5.0m，两侧壁厚均为 0.5m，井内壁长为 12m，壁厚为 0.5m，井深为 8m，因为地下水丰富，需降水施工。砌筑和开挖泥浆池距工作坑 30m 左右的地方进行，因为如果太近则会影响到工作井吊装作业和施工设备的摆放。

由于顶距较长，工作井的壁厚为 0.5m，以防止顶力巨大而顶坏工作井，混凝土采用 C30，双层 HRB335 级钢筋（Φ14～18）。

由于钢管施工不像混凝土管容易控制方向，且钢管在顶进到一定距离后会产生一种弯曲应力，所以顶距不宜太长。

（二）工程特点

（1）管线长，管径大。

（2）本工程是哈市重点工程，必须确保施工工期。

（3）地貌、交通及地质情况复杂。

（4）泥水平衡盾构长度大。

（三）地质简况

根据岩土工程勘察资料，场区地层岩性组成见表 7-4。

地层岩性组成表　　　　表 7-4

层号	岩土名称	成因	岩性描述		层厚（m）		层底标高（m）	
			主要状态	其他特征	最大值	最小值	最大值	最小值
1	杂填土	人工	杂色、松散、含生活垃圾	局部缺失	3.8	0.2	116.68	114.54
2	细砂	冲积	灰色、稍密	级配不良，湿，圆，以长石、石英为主，局部缺失	14.4	1.7	113.85	99.12
2-1	中液限黏土	冲积	褐色、可塑（软塑）中等压缩性	韧性较低，干强度中等，稍有光泽，无摇振反应，局部缺失	6	0.3	116.38	109.12
2-2	有机质低液限黏土	冲积	灰色、可塑（软塑）	韧性较低，干强度中等，稍有光泽，无摇振反应，局部缺失	2.1	2.1	113.44	113.44
2-3	含砂低液限粉土	冲积	灰色、稍密	韧性低，干强度较低，有摇振反应，局部缺失	2.1	0.8	115.38	111.35
2-4	粉砂	冲积	黄色、灰色、稍密	级配不良，饱和，圆，以长石、石英为主，局部缺失	5	3	108.35	106.32
3	中砂	冲积	灰色、中密	级配不良，饱和，圆，以长石、石英为主，局部缺失	9.5	2.8	104.94	100.25

（四）降水设计、施工

本工程为在粉质黏土和松散砂类地层中进行的基坑开挖工程，降低地下水位是必不可少的。目前基坑开挖降水方法很多，有深井点降水、明排降水和轻型井点降水，根据本场地降水时间集中、水位降深及排水量较大和冬期施工的特点，明排和轻型井点降水方法，不适合冬期施工。只有采用深井点降水方法，才能有效防止基坑底部土体隆起或突涌的发生，确保施工时基坑挖土和封底时的安全，不发生冒水冒砂，保证底板的稳定性，减少对周边环境的影响。

本工程中的工作井采用4个降水井，即在工作井的4个角各设1个降水井，即可满足施工的需要。

（五）工程管理目标

（1）质量目标：按ISO 9002质量标准进行管理。检查合格率100%，为顾客提供方便满意的工程产品。

（2）技术目标：各工序严格把关，材料进场必须有出厂合格证，严格按照标准、技术规范施工。

（3）安全目标：严格落实施工安全措施，强化雨期施工措施落实，无任何安全生产事故，抓好现场用电，杜绝火灾，严禁失盗。

（4）施工管理目标：强化文明施工管理，充分重视市政工程的影响因素，严格落实冬期施工技术措施，保工期保质量，确保高质高效，竭诚为业主服务。

三、泥水平衡盾构施工方案

（一）施工部署

1. 施工准备

（1）建立施工组织机构（图7-10）

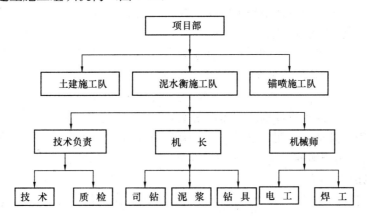

图7-10 组织机构框图

（2）技术准备工作

1）组织工程技术人员熟悉审核施工图纸，掌握本工程的设计意图、施工特点及特殊工序要求以及甲方对本工程的工期质量要求；编写各种技术交底。

2）技术及管理人员现场勘察地形、地貌及地下障碍物的情况。

3) 测量及试验人员做好施工前的各项准备工作，检查验收场区的控制桩，编制测量放线方案，按照测量方案测设施工控制桩，并作好控制桩保护。

4) 在施工组织设计基础版的基础上，结合施工图纸（资料）和现场实际情况，编制行之有效的施工组织设计。

5) 会同业主及监理单位进行图纸会审的技术交底。

（3）施工人员准备

为了保证本工程如期完成施工任务，决定发挥我们整体实力和专业施工能力，利用多年从事穿越施工的丰富经验，选派具有丰富专业施工经验的施工队伍进场施工。

该泥水平衡盾构穿越施工队由 48 人组成：

机头控制：3 人；测量工：3 人；

注浆工：3 人；电工：3 人；

电焊工：6 人；其他工：10 人；

工作坑浇筑：20 人

2. 物资准备

（1）材料的准备

1) 正确分析施工期间该地区建筑材料市场的情况。

2) 根据施工组织设计中的施工进度计划和施工预算中的工料分析，编制工程所需材料用量计划，作为备料、供料和确定仓库、堆场面积及组织运输的依据。

3) 根据材料需求量计划，做好材料的申请、订货和采购工作，使计划得以落实。

4) 组织材料按计划进场，并做好验收保管工作。

（2）施工机具准备

1) 根据施工组织设计中确定的施工方法、施工机具配置要求、数量及施工进度安排，编制施工机具需求量计划。

2) 对大型施工机械（如吊机、挖土机等），提出需求量和时间要求，准时运抵现场，并做好现场准备工作。

（3）运输准备

1) 编制运输需求量计划，并组织落实运输工具。

2) 合理安排运输时间、路线、进工地时的协调，以免由于材料运输车的原因而引起社会车辆的堵塞。

3. 劳动组织准备

（1）根据施工组织设计中确定的劳动力计划，确定各工种劳动力的数量及进场时间。

（2）选择具有丰富施工经验的优秀作业班组。

（3）对进场施工人员的作业班组进行培训和教育，并落实到每个作业人员。

4. 施工现场准备

（1）了解工程所在地情况，通过正当途径与当地职能部门搞好关系，为在施工时取得配合打好基础，建立牢固的群众基础。

(2) 根据建设单位指定的上下水源、电源、水准点和控制桩，架设水电线路和各种生产、生活用临时设施。

(3) 清除现场障碍，搞好场地平整，围护好场地，注意环境卫生，确保市容整洁。

(4) 认真组织测量放线，确保定位准确，做好控制桩和水准点的保护。

(5) 做好施工便道、现场的排水措施，合理设置排水沟和集水井，力争达到市级文明工地标准。

(6) 根据给定的永久性坐标和高程，按照施工总平面图，进行施工现场控制网点的测量，妥善设立现场永久性标志桩，为施工过程中的测量工作创造条件。

(7) 了解工程内的地下管线及周边环境情况，以保证施工顺利进行。

(二) 盾构机、配套设备选择

1. 盾构机的选择

针对建设方提供的地质情况，我们选用 $\phi1650$ 泥水平衡式工具管。该种工具管有如下特点：

(1) 本工程主管采用泥水平衡盾构工艺进行施工，头部有 1 个切土刀盘，后面有偏心旋转的碎槽，可破碎 100mm 以下的块石，然后施工时先一侧盾构，一侧盾构结束后，再进行另一侧盾构施工，减少对土体的扰动。

(2) 泥水平衡，能较精确的控制地面沉降。

2. 主要施工设备（表 7-5）

主要施工设备　　　　　　　　　表 7-5

序号	设 备 名 称	数 量	备 注
1	$\phi1650$ 泥水平衡盾构机	1 台	
2	推进系统	1 套	
3	液压动力站	1 套	
4	电气设备	1 套	
5	测量设备	1 套	
6	同步注浆系统	1 套	
7	排泥系统	1 套	
8	200kW 发电机组	1 台	
9	25t 吊车	1 台	
10	65t 吊车	1 台	
11	降水设备	1 套	

四、盾构设计技术要求

(一) 后座安装

后座安装时必须与反力墙贴紧，与盾构轴线垂直，如不垂直应加后座调整垫，使调整垫与油缸的接触面垂直于盾构轴线。

(二) 主油缸安装

(1) 安装主油缸时应按操作规程施工，不平行度在水平方向不允许超过 3mm，在垂直方向不允许超过 2mm。

(2) 若数台千斤顶共同作用,则其规格应一致,同步行程应统一,且每台千斤顶使用压力不应大于额定工作压力的70%。

(3) 为了减少后座倾覆、偏斜,千斤顶受力的合力位置应位于后座中间,2台千斤顶布置时,其合力位置在管道中心以下0~20cm处,每层千斤顶高度应与环形顶铁受力位置相适应。

(4) 主油缸先安装2台,油路必须并联,使每台千斤顶有相同的条件,每台千斤顶应有单独的进油退镐控制系统,以后视顶力和土质、摩阻力情况决定增加台数,要求将顶力控制在3000kN左右。

(5) 千斤顶应根据不同的顶进阻力选用,千斤顶的最大顶伸长度应比柱塞行程少10cm。

(6) 油泵必须有限压阀、滤油器、溢流阀和压力表等保护装置,安装完毕后必须进行试车,以检验设备的完好情况。

(三) 导轨安装

(1) 导轨安装时,应复核管道的中心位置,2根导轨必须互相平行、等高,导轨面的中心标高应按设计管底标高适当抛高(一般0.5~1cm)。

(2) 安装导轨时,要在穿墙下留出一定空隙,为焊接拼管之用。

(四) 穿墙

(1) 穿墙应对工具管进行检查试验,止水试验应在不小于0.2MPa的压力下不漏水方可使用。

(2) 液压纠偏系统无渗漏,工具管纠偏灵活,测角表要调整为零。

(3) 严格按照操作规程进行工具管穿墙一系列施工。

(五) 触变泥浆减阻

顶力的控制关键是最大限度地降低顶进阻力,而降低顶进阻力最有效的方法是注浆。在管外壁与土层形成一条完整的环状的泥浆润滑套,改变原来的干摩擦状态,就可以大大减轻顶进阻力,要达到这一目的:

(1) 选择优质的触变泥浆材料,膨润土取样测试,其主要指标为造浆率、失水率和动态塑性拢指数比。这些指标必须满足设计要求。

(2) 在管子上预埋压浆孔,压浆孔的位置要有利于浆液形成环状。

(3) 浆液的配置、搅拌、膨胀时间,都必须按照规范要求执行。

(4) 压浆方法要以与顶进同步注浆为主,补浆为副,在顶进过程中,要经常检查各推进段的浆液形成情况,还可以通过中继间和主顶装置的油压值推算出各段的注浆减阻效果,从而及时加以改进。

(5) 注浆设备和管路要可靠,应具有足够的压力良好的密封性能。

(6) 注浆工艺必须由专职人员进行操作,质检员定期检查。

(六) 纠偏测量及控制

工程常采用经纬仪进行简单有效的地面控制测量,使地面控制测量中的误差趋进1cm,水准点控制网则利用现有道路已设水准点布设水准网,直接引入工作井内。

本工程的管道顶进导向采用JDB经纬仪和全站仪进行跟踪测量,在顶进的过程中,操作者随时可以得到偏差值,及时纠正盾构方向,控制精确度要求。

在布置工作井后方的测量仪基座时，必须避免由于顶进内沉井受力使得仪器基座产生移动或变形，如果仪座发生微小位移，应及时对轴线和标高进行调整。

在机头内，安装有倾斜仪传感器，操作者可随时掌握机头的水平状态并指导纠偏。如果管径较大，则设有重球和坡度板测得机头倾角。

一般地，轴线方向可通过激光经纬仪控制，标高的控制则应通过水准测量仪测量。

顶进纠偏必须勤测量，多微调，纠偏角度应保持10°～20°，不得大于1°。

盾构开始出洞的方向尤其重要。基坑的道轨尽可能延长到井壁洞口的前端，道轨要有足够刚度，且安装焊接牢固，安装后的道轨轴线高程误差小于2mm。主顶油缸和后座的安装也要满足牢固的要求，水平和垂直误差小于10mm。

（七）钢管允许顶力

钢管的顶力主要来自主站和中继环的推力，主站的主油缸是通过环形顶铁将顶力传递到钢管上去的，力的传递比较均匀。钢管的允许顶力不但要考虑主油缸的顶力，同时还要考虑到钢管的推进过程中的弯曲。由弯曲造成的应力是很大的，在盾构早期往往超过顶进应力，盾构技术成熟后，弯曲应力大大地减少，尽管如此，管道顶进时的偏差仍然是不可避免的，这一偏差的大小与施工经验有关，其大小是无法肯定的，只能从安全系数中加以考虑。

钢管的允许顶力可按下式计算：

$$F = \frac{\pi}{K} a_t (d+t)$$

式中　F——钢管允许顶力（kN）；

K——安全系数，取$K=4$；

a_t——钢材的屈服应力（kPa），三号钢$a_t=210000$kPa；

t——钢管的壁厚（m）；

d——钢管的内径（m）。

（八）钢筋混凝土管允许顶力

钢筋混凝土管的混凝土强度等级，世界各国都要求在C50以上，但设计取用的允许应力各不相同。

根据我国的具体情况，钢筋混凝土管的允许顶力可按下式计算：

$$F = \frac{\pi}{K} \sigma (t - L_1 - L_2)(d+t)$$

式中　F——钢筋混凝土管允许顶力（kN）；

K——安全系数，取$K=6$；

σ——混凝土抗压强度（kPa）；

t——壁厚（m）；

L_1——密封圈槽底与外壁距离（m）；

L_2——木垫片至内壁的预留距离（m）；

d——钢筋混凝土管内径（m）。

顶进施工工艺程序如图7-11所示。

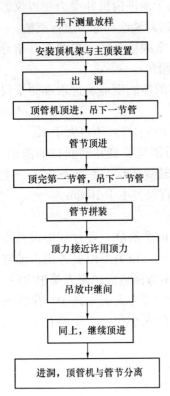

图 7-11 顶进施工工艺程序图

五、确保安全生产的技术组织措施

安全生产要认真贯彻执行"安全第一、预防为主"的方针,全面落实"谁主管、谁负责"的原则。加强施工安全管理,重点在于贯彻落实《黑龙江省劳动安全条例》及《中华人民共和国建筑法》。

(1) 依据公司(95)75 号文件《关于加强对工程项目管理暂行法》。实行安全生产项目经理负责制的规定,加强对项目经理部的安全生产管理力度,以项目经理部为安全生产的落脚点。项目经理是安全生产管理工作的第一责任者,负责施工项目全过程、全方位、全员的安全管理工作。

严格遵守执行"中华人民共和国国务院 393 令"《建设工程安全生产管理条例》。

(2) 强化安全生产管理程序,开工工程必须申报"工程开工报告"和"安全审查表"。要结合工程实际情况编制针对性的安全技术交底,做到人人签字。

(3) 建立项目经理部安全领导小组。在施工现场设置专职安全员,对现场进行巡视检查。项目经理部安全领导小组要进行定期检查,及时消除隐患,搞好安全教育自检工作。同时,要与建设单位及有关主管单位的安全部门取得联系,接受监督,遵守其有关安全生产的各项规章制度。

(4) 认真抓好现场的"三宝"利用,对违反者进行批评教育,给予经济制裁,属严重情况的清出施工现场。电动工具应有接地保护线和电动保护措施,不准带电作业。同时,重点抓好吊装及运输工作。起重用机具要经常检查,不能带病工作。

接受监理工程师对我施工单位进入施工现场的设备进行必要的检查,避免因设备原因而引发安全事故。

(5) 施工现场设置消防通信、消防水源,配备消防设施和消防器材,施工现场出入口设置明显的安全标志、口号、板报等。提高施工人员的安全意识,增强自觉性和自我保护能力。

(6) 施工用机具、车辆等,在移位时必须注意高压线路、通信线路、建筑物等地上、地下障碍物的距离。

(7) 加强用电管理,非专业人员严禁修理电气设备及电源;电气设备坚决执行"一闸一用",设有触电保护装置,电线、电源、设备定期检查,杜绝漏电等伤人事故发生。

(8) 定期检查吊具、索具。管道起重前进行试吊,吊重物时缓慢行驶,检查车是否失灵,吊具是否安全可靠。吊装要设专人指挥,统一协调。

(9) 严格落实季节施工技术措施，重点强调防积水、防塌方、防坠落、防滑及防触电措施。防腐施工时，内设通风设施，工作人员必须佩戴防毒面具，防止发生中毒事件。

(10) 施工中，我施工单位严格遵守国家、地方环境保护法、法规的规定，减少施工现场粉尘、废气、废水、噪声、扰民现象发生。

(11) 施工过程中不发生重大安全事故。

六、环境保护措施、文明施工

（一）文明施工、环境保护目标

为了保证本工程的施工符合文明、环保的要求，我公司将按照 GB/T 24001—2004 环境管理体系，建立项目文明、环保施工保证体系，保证本工程中无不文明、无污染、破坏环境的现象发生，创建"文明、环保"工地。

（二）文明施工措施

(1) 加强对所有进入现场人员的文明施工教育，提高文明施工意识，树立文明施工的形象。

(2) 施工区和施工生活区按照相应的现场平面图合理划分，并设有责任区，设有明确标志，分片承包到人。

(3) 施工前，对整个场地的机具设备、材料统一规划，停（堆）放至指定的地点，并进行标识。

(4) 进场材料在指定位置按规定码放整齐，做到横平竖直，以便施工使用。

(5) 每个施工班组施工后做到活完场清，保持施工场地的整洁。

(6) 车辆停放在停车场内指定的停车线内。

(7) 办公室内桌、椅、柜、工具箱摆放整齐。

(8) 宿舍内的生活用品摆放整齐，衣、帽、鞋等不得随意乱放。

(9) 食堂要保持良好的卫生条件，熟食、生食分开储存，剩饭、菜倒至指定地点。

(10) 针对施工现场作业场地分散的特点，适当增设现场厕所，避免施工过程中随地大、小便。

（三）环境保护措施

1. 降低噪声措施

现场的噪声源主要有机械和人员喧哗等。为降低噪声对环境的影响，我单位在施工过程中将采取以下措施，以降低噪声。

(1) 对机械进行经常性的检查维修和保养，机械的活动连接部位经常上油保持润滑，以降低摩擦噪声。

(2) 搭设机械棚，用隔声较好的材料进行围挡。

(3) 加强对人员的教育管理，避免人员喧哗产生噪声。

(4) 加强对机械操作人员的教育管理，尽量做到在作业中不鸣喇叭。

2. 防尘措施

(1) 修建水泥库，防止气流直接吹动产生扬尘。

(2) 运输土石方的车辆加盖,防止遗撒及卸载时产生过多粉尘。

(3) 对过分干燥的土石场,进行洒水湿润,减少风吹扬尘。

(4) 现场堆放土石必须予以遮盖防止扬尘。

3. 排污处理

(1) 在机台底设置沉淀池,泥浆经沉淀之后拉走或掩埋。

(2) 生活中产生的垃圾,要进行定点收集,及时清运。禁止乱扔果皮、纸屑等废弃物,尤其是控制乱扔废弃塑料袋,避免产生白色垃圾污染周围环境。

(3) 对施工产生的废弃物能回收利用的,要进行回收处理;不能回收利用的,要实行定点堆放,及时清运至消纳场所。

七、确保工程工期的技术组织措施

(一) 执行项目管理

按项目管理模式组织实施,实现实际管理层和劳务层两个层次的真正分离,管理层人员做到高效精干,除特殊工种外,劳动力在劳务基地和社会劳动力市场考核招收,在实行严格进场教育的同时,不断开展技能培训,以适应严格管理,并随着工作量的变化不断辞退多余人员,实现真正动态管理。

(二) 严格计划管理

计划一旦确定必须严格实施,每天上午应由项目经理带队,现场技术人员参加,共同巡视现场,并召开当天的工程会议,检查落实计划执行情况,下午生产例会,落实各项指令,使整个现场生产活动始终处于有领导、有组织、有秩序的状态。

(三) 全面推行 ISO 90002 质量保证体系

项目经理部通过全员培训和公司质量体系文件的学习,促进全体员工转变质量观念,更新知识,改变旧的工作习惯,编写针对性强的项目质量计划及作业指导,指导操作人员作业,质保部门要按照程序文件规定,加强对施工工序的控制,使操作人员严格按照规范,标准作业。从操作人员培训到计量器具,从物资检验到产品试验,均应严格按程序办事,并对质量总是进行统计分析,及时提出整改措施,以便有效地改进质量。

(四) 实施计算机管理

主要业务部门配置计算机,利用计算机建立数据库,对物资进场和需求计划进行有效控制,以保证工程需要,来往文件、数据以及技术方案、网络计划等应用计算机进行辅助管理。尽管规定的工期很短,先要确保工程的质量是我们对客户的最基本的承诺,也是我们对所施工的每一个工程的责任,保证工程的质量是高于一切的先决条件。

复习思考题

1. 盾构施工的优点是什么?
2. 盾构的总顶力如何计算?
3. 盾构施工的要点是什么?
4. 盾构衬砌和灌浆注意哪些事项?

项目 8　市政管道工程构筑物施工

【学习目标】
　　了解市政管道工程构筑物施工的基本原理；了解市政管道工程构筑物施工内业的基本知识；了解市政管道工程构筑物施工文明施工、安全施工的基本知识。能熟练识读市政管道工程构筑物施工图；能按照市政管道工程构筑物施工图，合理地选择施工方法，理解施工工艺，会进行市政管道工程构筑物施工方案编制。

任务 1　砖砌检查井等附属构筑物施工

一、砖石工程材料

砌筑材料常采用烧结普通砖和 P 型烧结多孔砖。
（一）烧结普通砖
烧结普通砖的技术要求包括砖的形状、尺寸、外观、强度及耐久性等。
（1）形状尺寸：普通黏土砖的尺寸规定为 240mm×115mm×53mm。这样，四个砖长，八个砖宽或十六个砖厚，都恰好为 1m。1m³ 砖砌体需用砖 512 块。
（2）外观检查：包括尺寸偏差、弯曲强度、缺棱掉角和裂纹等内容，并要求内部组织结实，不含爆裂性矿物杂质如石灰质等。对酥砖、螺纹砖和欠火砖都有限制。根据砖的强度等级、耐久性能和外观指标分为特等、一等和二等砖。
（3）强度：烧结普通砖根据抗压强度分为 MU20、MU15、MU10、MU7.5 四个强度等级，MU15～MU20 为特等砖。不低于 MU7.5 为二等砖。
（4）抗冻性：将吸收饱和的砖在 -15℃ 与 10～20℃ 的条件经 15 次冻融循环，其重量损失不得超过 2%，裂纹长度不得超过二等砖规定。在南方温暖地区使用的砖可以不考虑砖的抗冻性。
（5）吸水率：砖的吸水率的标准规定：特等砖不大于 25%，一等砖不大于 27%，二等砖无要求。欠火砖的孔隙率大，吸水率也大，相应的强度低，耐水性差，不宜用于水池砌筑。
（6）密度：烧结普通砖的密度一般为 1600～1800kg/m³。
（二）P 型烧结多孔砖
（1）形状尺寸：P 型烧结多孔砖的尺寸规定为 240mm×115mm×90mm。
（2）密度：承重的多孔砖密度一般为 1400kg/m³ 左右。
（3）P 型烧结多孔砖的质量标准按现行国家标准《烧结多孔砖》GB 13544—2000 执行。

二、砖砌检查井施工

1000mm 砖砌检查井，如图 8-1 所示。

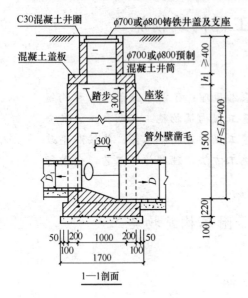
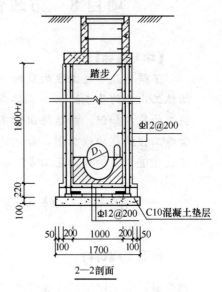
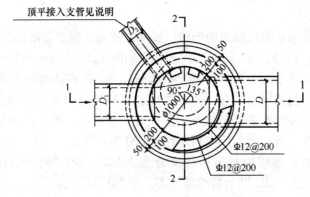

图 8-1　1000mm 砖砌检查井

说明：
1. 单位：mm；
2. 井墙及底板混凝土为 C25、S4；钢筋Φ-HPB235 级钢，Φ-HRB335 级钢；钢筋锚固长度 33d，搭接长度 40d；基础下层筋保护层 40，其他为 35。
3. 坐浆、抹三角灰均用 1∶2 防水水泥砂浆；
4. 流槽用 M7.5 水泥砂浆砌 MU10 砖；1∶2 防水水泥砂浆抹面，厚 20。
5. 井室高自井底至盖板净高一般为 1800，埋深不足时酌情减少。
6. 接入支管超挖部分用级配砂石，混凝土或砖填实。
7. 顶平接入支管见圆形检查井尺寸。
8. 井筒及井盖的安装做法见井筒图。

（一）砌筑形式

砌筑形式主要有一顺一丁、三顺一丁、全丁等。

1. 一顺一丁

一顺一丁是一皮全不顺砖与一皮全部丁砖间隔砌成。上下皮竖缝相互错开 1/4 砖长（图 8-2a）。这种砌法效率较高，适用于砌一砖、一砖半及二砖墙。

2. 三顺一丁

三顺一丁是三皮全不顺砖与一皮全部丁砖间隔砌成。上下皮顺砖间竖缝错开 1/2 砖长；上下皮顶砖与丁砖间竖缝错开 1/4 砖长（图 8-2b）。这种砌法因顺砖较多，效率较高，适用于砌一砖、一砖半墙。

3. 全丁

全丁砌法是各皮全用丁砖砌筑，上下皮竖缝相互错开，如图 8-3 所示。这种砌法适用于砌筑圆形砌体，如检查井等。

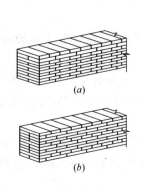

图 8-2　砖墙组砌形式
(a) 一顺一丁；(b) 三顺一丁

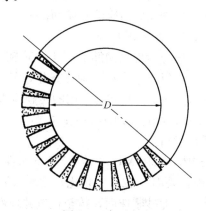

图 8-3　全丁砌法

（二）砌筑工艺

砖墙的砌筑一般有抄平、放线、摆砖、立皮数杆、盘角、挂线、砌筑、勾缝、清理等工序。

1. 抄平放线

砌墙前先在基础底板上定出标高，并用水泥砂浆或 C10 细石混凝土找平，然后根据龙门板的轴线，弹出墙身轴线、边线及门窗洞口位置，二楼以上墙的轴线可以用经纬仪或垂球将轴线引测上去。

2. 摆砖

摆砖，又称摆脚，是指在放线的基面上按选定的组砌方式用干砖试摆。目的是为了校对所放出的墨线是否符合砖的模数，以尽可能减少砍砖，并使砌体灰缝均匀。摆砖由一个大角到另一个大角，砖与砖留 10mm 缝隙。

3. 立皮数杆

皮数杆是指在其上划有每皮砖和灰缝厚度等高度位置的一种木制标杆。砌筑时用来控制墙体竖向尺寸及各部位构件的竖向标高，并保证灰缝厚度的均匀性。

4. 盘角、挂线

墙角是控制墙面横平竖直的主要依据，所以，一般砌筑时应先砌墙角。墙角砖层高度必须与皮数杆相符合，做到"三皮一吊，五皮一靠"，墙角必须双向垂直。

墙角砌好后，即可挂小线，作为砌筑中间墙体的依据，以保证墙面平整，一般一砖墙、一砖半墙可用单面挂线，一砖半墙以上则应用双面挂线。

5. 砌筑、勾缝

砌筑操作方法各地不一，但应保证砌筑质量要求，通常采用"三一砌砖法"，即一块砖、一铲灰、一揉压，并随手将挤出的砂浆刮去的砌筑方法。这种砌法的优点是灰缝容易饱满、粘结力好、墙面整洁。

勾缝是砌清水墙的最后一道工序，可以用砂浆随砌随勾缝，叫做原浆勾缝；也可砌完墙后再用1:1.5水泥砂浆或加色砂浆勾结，称为加浆勾缝。勾缝具有保护墙面和增加墙面美观的作用，为了确保勾缝质量，勾缝前应清除墙面粘结的砂浆和杂物，并洒水润湿，在砌完墙后，应画出1cm的灰槽，灰缝可勾成凹、平、斜或凸形状，勾缝完后尚应清扫墙面。

（三）砖砌检查井施工

检查井一般分为现浇钢筋混凝土、砖砌、石砌、混凝土或钢筋混凝土预制拼装等结构形式，以砖（或石）砌检查井居多。

(1) 常用的检查井形式：常用的砖砌检查井有圆形及矩形。圆形井适用于管径$D=200\sim800$mm的雨、污水管道上；矩形井适用于$D=800\sim2000$mm的污水管道上。

(2) 采用材料：

1) 砖砌体：采用MU10砖，M7.5水泥砂浆；井基采用C10混凝土；

2) 抹面：采用1:2（体积比）防水水泥砂浆抹面厚20mm，砖砌检查井井壁内外均用防水水泥砂浆抹面，抹至检查井顶部；

3) 浇槽：采用土井墙一次砌筑的砖砌流槽，如采用C10混凝土时，浇筑前应先将检查井的井基、井墙洗刷干净，以保证共同受力。

(3) 施工要点：

1) 在已安装好的混凝土管检查井位置处，放出检查井中心位置，按检查井半径摆出井壁砖墙位置。

2) 一般检查井用24墙砌筑，采用内缝小外缝大的摆砖方法，满足井室弧形要求。外灰缝填碎砖，以减少砂浆用量。每层竖灰缝应错开。

3) 对接入的支管随砌随安装，管口伸入井室30mm，当支管管径大于300mm时，支管顶与井室墙交接处用砌拱形式，以减轻管顶受力。

4) 砌筑圆形井室应随时检查井径尺寸。当井筒砌筑距地面有一定高度时，井筒逐层收口，每层每边最大收口3cm；当偏心三面收口时，每层砖可收口4~5cm。

5) 井室内踏步，除锈后，在砌砖时用砂浆填塞牢固。

6) 井筒砌完后，及时稳好井圈，盖好井盖，井盖面与路面平齐。

(4) 施工注意事项：

1) 砌筑体必须砂浆饱满灰浆均匀。

2) 预制和现浇混凝土构件必须保证表面平整、光滑、无蜂窝麻面。

3) 壁面处理前必须清除表面污物、浮灰等。

4) 盖板、井盖安装时加 1∶2 防水水泥砂浆及抹三角灰,井盖顶面要求与路面平。

5) 回填土时,先将盖板坐浆盖好,在井墙和井筒周围同时回填,回填土密实度根据路面要求而定,但不应低于 95%。

三、预制检查井安装

(1) 应根据设计的井位桩号和井内底标高,确定垫层顶面标高、井口标高及管内底标高等参数,作为安装的依据。

(2) 按设计文件核对检查井构件的类型、编号、数量及构件的重量。

(3) 垫层施工不得扰动井室地基,垫层厚度和顶面标高应符合设计规定,长度和宽度要比预制混凝土底板的长、宽各大 100mm,夯实后用水平尺校平,必要时应预留沉降量。

(4) 标示出预制底板、井筒等构件的吊装轴线,先用专用吊具将底板水平就位,并复核轴线及高程,底板轴线允许偏差±20mm,高程允许偏差±10mm。底板安装合格后再安装井筒,安装前应清除底板上的灰尘和杂物,并按标示的轴线进行安装。井筒安装合格后再安装盖板。

(5) 当底板、井筒与盖板安装就位后,再连接预埋连接件,并做好防腐。然后将边缝润湿,用 1∶2 水泥砂浆填充密实,做成 45°抹角。当检查井预制件全部就位后,用 1∶2 水泥砂浆对所有接缝进行里、外勾平缝。

(6) 最后将底板与井筒、井筒与盖板的拼缝,用 1∶2 水泥砂浆填满密实,抹角应光滑平整,水泥砂浆强度等级应符合设计要求。当检查井与刚性管道连接时,其环形间隙要均匀、砂浆应填满密实;与柔性管道连接时,胶圈应就位准确、压缩均匀。

四、现浇检查井施工

(1) 按设计要求确定井位、井底标高、井顶标高、预留管的位置与尺寸。
(2) 按要求支设模板。
(3) 按要求拌制并浇筑混凝土。先浇底板混凝土、再浇井壁混凝土、最后浇顶板混凝土。混凝土应振捣密实,表面平整、光滑,不得有漏振、裂缝、蜂窝和麻面等缺陷;振捣完毕后进行养护,达到规定的强度后方可拆模。
(4) 井壁与管道连接处应预留孔洞,不得现场开凿。
(5) 井底基础应与管道基础同时浇筑。

检查井施工允许误差应符合表 8-1 的规定。

检查井施工允许误差(mm) 表 8-1

项 目		允许偏差	检验频率		检 验 方 法
			范 围	点 数	
井深尺寸	长、宽	±20	每座	2	用尺量,长宽各计一点
	直 径	±20	每座	2	用水准仪测量

续表

项 目		允许偏差	检验频率		检验方法
			范围	点数	
井口高程	非路面	±20	每座	1	用水准仪测量
	路面	与道路规定一致	每座	1	用水准仪测量
井底高程	安管 $D\leqslant1000$	±10	每座	1	用水准仪测量
	安管 $D>1000$	±15	每座	1	用水准仪测量
	顶管 $D<1500$	+10，-20	每座	1	用水准仪测量
	顶管 $D\geqslant1500$	+10，-40	每座	1	用水准仪测量
踏步安装	水平及竖直间距外露长度	±10	每座	1	用尺量，计偏差较大者
脚窝	高、宽、深	±10	每座	1	用尺量，计偏差较大者
流槽宽度		+10	每座	1	用尺量

注：表中 D 为管径（mm）。

五、雨水口施工

（一）施工工艺

雨水口一般采用砖、石砌筑施工，砌筑工艺与检查井相同，要点如下：

（1）按道路设计边线及支管位置，定出雨水口中心线桩，使雨水口的长边与道路边线重合（弯道部分除外）。

（2）根据雨水口的中心线桩挖槽，挖槽时应留出足够的肥槽，如雨水口位置有误差应以支管为准进行核对，平行于路边修正位置，并挖至设计深度。

（3）夯实槽底。有地下水时应排除并浇筑 100mm 的细石混凝土基础；为松软土时应夯筑 3：7 灰土基础，然后砌筑井墙。

（4）砌筑井墙：

1）按井墙位置挂线，先干砌一层井墙，并校对方正。一般井墙内口为 680mm×380mm 时，对角线长 779mm；内口尺寸为 680mm×410mm 时，对角线长 794mm；内口尺寸为 680mm×415mm 时，对角线长 797mm。

2）砌筑井墙。雨水口井墙厚度一般为 240mm，用 MU10 砖和 M10 水泥砂浆按一顺一丁的形式组砌，随砌随刮平缝，每砌高 300mm 应将墙外肥槽及时填土夯实。

3）砌至雨水口连接管或支管处应满卧砂浆，砌砖已包满管道时应将管口周围用砂浆抹严抹平，不能有缝隙，管顶砌半圆砖券，管口应与井墙面平齐。当雨水连接管或支管与井墙必须斜交时，允许管口进入井墙 20mm，另一侧凸出 20mm，超过此限时必须调整雨水口位置。

4）井口应与路面施工配合同时升高，当砌至设计标高后再安装雨水箅。雨水箅安装好后，应用木板或铁板盖住，以免在道路面层施工时，被压路机压坏。

5）井底用 C10 细石混凝土抹出向雨水口连接管集水的泛水坡。

（5）安装井箅。井箅内侧应与道牙或路边成一条直线，满铺砂浆，找平坐稳，井箅顶与路面平齐或稍低，但不得凸出。现浇井箅时，模板支设应牢固、尺寸准确，浇筑后应立即养护。

（二）施工注意事项

（1）位置应符合设计要求，不得歪扭；
（2）井箅与井墙应吻合；
（3）井箅与道路边线相邻边的距离应相等；
（4）内壁抹面必须平整，不得起壳裂缝；
（5）井箅必须完整无损、安装平稳；
（6）井内严禁有垃圾等杂物，井周回填土必须密实；
（7）雨水口与检查井的连接应顺直、无错口；坡度应符合设计规定。

（三）质量要求

雨水口施工允许误差应符合表 8-2 的规定。

雨水口允许误差　　　　　表 8-2

顺序	项目	允许偏差（mm）	检验频率		检验方法
			范围	点数	
1	井圈与井壁吻合	10	每座	1	用尺量
2	井口高	0 −10	每座	1	与井周路面比
3	雨水口与路边线平行位置	20	每座	1	用尺量
4	井内尺寸	+20 0	每座	1	用尺量

六、阀门井施工

（一）施工工艺

阀门井一般采用砖、石砌筑施工，砌筑工艺与检查井相同，要点如下：

1. 井底施工要点

（1）用 C10 混凝土浇筑底板，下铺 150mm 厚碎石（或砾石）垫层，无论有无地下水，井底均应设置集水坑；

（2）管道穿过井壁或井底，须预留 50～100mm 的环缝，用油麻填塞并捣实或用灰土填实，再用水泥砂浆抹面。

2. 井室的砌筑要点

（1）井室应在管道铺设完毕、阀门装好之后着手砌筑，阀门与井壁、井底的距离不得小于 0.25m；雨天砌筑井室，须在铺设管道时一并砌好，以防雨水汇入井室而堵塞管道。

（2）井壁厚度为 240mm，通常采用 MU10 砖、M5 水泥砂浆砌筑，砌筑方法同检查井。

（3）砌筑井壁内外均需用 1∶2 水泥砂浆抹面，厚 20mm，抹面高度应高于地下水最高水位 0.5m。

（4）爬梯通常采用 φ16 钢筋制作，并做防腐，水泥砂浆未达到设计强度的 75% 以前，切勿脚踏爬梯。

（5）井盖应轻便、牢固、型号统一、标志明显；井盖上配备提盖与撬棍槽；当室外温度小于等于 −21℃ 时，应设置为保温井口，增设木制保温井盖板。安装方法同检查井井盖。

（6）盖板顶面标高应与路面标高一致，误差不超过 ±50mm，当在非铺装路面上时，井口须略高于路面，但不得超过 50mm，并有 0.02 坡度做护坡。

（二）施工注意事项

(1) 井壁的勾缝抹面和防渗层应符合质量要求；
(2) 井壁同管道连接处应严密，不得漏水；
(3) 阀门的启闭杆应与井口对中。

（三）质量要求

阀门井施工允许误差应符合表 8-3 的规定。

阀门井施工允许误差　　　　　表 8-3

项　目		允许偏差 (mm)	检验频率		检验方法
			范围	点数	
井身尺寸	长、宽	±20	每座	2	用尺量，长宽各计一点
	直径	±2	每座	2	用尺量
井盖高程	非路面	±20	每座	1	用水准仪测量
	路面	与道路规定一致	每座	1	用水准仪测量
底高程	$D<1000mm$	±10	每座	1	用水准仪测量
	$D>1000mm$	±15	每座	1	用水准仪测量

注：表中 D 为直径。

七、支墩施工

（一）材料要求

支墩通常采用砖、石砌筑或用混凝土、钢筋混凝土现场浇筑，其材质要求如下：

(1) 砖的强度等级不应低于 MU7.5；
(2) 片石的强度等级不应低于 MU20；
(3) 混凝土或钢筋混凝土的强度等级不应低于 C10；
(4) 砌筑用水泥砂浆的强度等级不应低于 M5。

（二）支墩的施工

(1) 平整夯实地基后，用 MU7.5 砖、M10 水泥砂浆进行砌筑。遇到地下水时，支墩底部应铺 100mm 厚的卵石或碎石垫层。

(2) 横墩后背土的最小厚度不应小于墩底到设计地面深度的 3 倍。

(3) 支墩与后背的原状土应紧密靠紧，若采用砖砌支墩，原状土与支墩间的缝隙，应用砂浆填实。

(4) 对横墩，为防止管件与支墩发生不均匀沉陷，应在支墩与管件间设置沉降缝，缝间垫一层油毡。

(5) 为保证弯管与支墩的整体性，向下弯管的支墩，可将管件上箍连接，钢箍用钢筋引出，与支墩浇筑在一起，钢箍的钢筋应指向弯管的弯曲中心，钢筋露在支墩外面部分，应有不小于 50mm 厚的 1∶3 水泥砂浆作保护层；向上弯管应嵌入支墩内，嵌进部分中心角不宜小于 135°。

(6) 垂直向下弯管支墩内的直管段，应包玻璃布一层，缠草绳两层，再包玻扣布一层。

(三) 支墩施工注意事项

(1) 位置设置要准确，锚定要牢固；

(2) 支墩应修筑在密实的土基或坚固的基础上；

(3) 支墩应在管道接口做完、位置固定后再修筑；

(4) 支墩修筑后，应加强养护、保证支墩的质量；

(5) 在管径大于 700mm 的管线上选用弯管，水平设置时，应避免使用 90°弯管，垂直设置时，应避免使用 45°弯管；

(6) 支墩的尺寸一般随管道覆土厚度的增加而减小；

(7) 必须在支墩达到设计强度后，才能进行管道水压试验，试压前，管顶的覆土厚度应大于 0.5m；

(8) 经试压支墩符合要求后，方可分层回填土，并夯实。

八、安全与防护措施

在砌筑操作前，必须检查施工现场各项准备工作是否符合安全要求，如道路是否畅通，机具是否完好牢固，安全设施和防护用品是否齐全，经检查符合要求后才可施工。

施工人员进入现场必须戴好安全帽。砌基础时，应检查和注意基坑土质的变化情况、堆放砖石材料应离开坑边 1m 以上、砌墙高度超过地坪 1.2m 以上时，应搭设脚手架。架上堆放材料不得超过规定荷载值，堆砖高度不得超过三皮侧砖，同一块脚手板上的操作人员不应超过两人，按规定搭设安全网。

不准站在墙顶上做画线、刮缝及清扫墙面或检查大角垂直等工作，不准用不稳固的工具或物体在脚手板上垫高操作。

砍砖时应面向墙面，工作完毕应将脚手板和砖墙上的碎砖、灰浆清扫干净，防止掉落伤人。正在砌筑的墙上不准走人，不准站在墙上做画线、刮缝、吊线等工作。

雨天或每日下班时，应做好防雨准备，以防雨水冲走砂浆，致使砌体倒塌。冬期施工时，脚手板上如有冰霜、积雪，应先清除后才能上架子进行操作。

砌筑墙体高度超过 2m 时，必须搭设操作平台，并做好防护措施，经专人验收合格后方准使用。

任务 2　钢筋混凝土构筑物施工

项目概况：某地修建的直径 100m 露天半地下式钢筋混凝土辐射式大型沉淀池，其结构如图 8-4 所示。沉淀池由进水管道、中心支座、排泥廊道、池壁、池底和刮泥机等组成。进水管道为直径 900mm 钢管，埋于池底板以下，平均埋深为 3.4m。管外部包有钢筋混凝土。进水管在池中央弯成竖管，顶部呈喇叭口状。整个竖管埋在中心支座内。

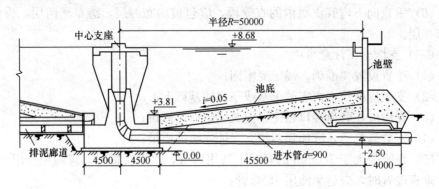

图 8-4　直径 100mm 辐射式沉淀池

中心支座位于沉淀池中央，底部直径 9m，设有环形集泥坑，顶部装有刮泥行架。整个中心支座高度 8.81m，混凝土总量为 244m³。

排泥廊道为矩形钢筋混凝土结构，断面尺寸 1.8m×2.0m。内置两条直径 250mm 铸铁排泥管，并附设冲洗、通风管道和内部照明。

沉淀池池壁高 5.9m，由 16 块壁板组成，每块弧长 19.64m，混凝土总量 2075m²。池底划分为同心圆三圈，由 40 块组成，混凝土总量 1955m³。池底下部为 500～750mm 厚的砂砾垫层，如图 8-5 所示。

刮泥机分为刮泥行架、牵引小车、中央回转支承和七架轨道四部分，总重为 70 余 t。行架长 72m，其下部装有消除池底积泥的刮泥刀。工程施工场地的地质情况，根据钻探资料，场地地质条件大致分为三层：

第一层自地面至 -4.7～

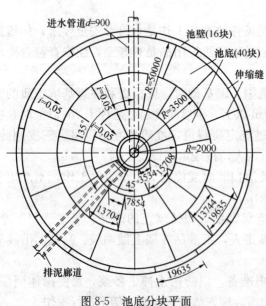

图 8-5　池底分块平面

$-3.6m$，为可塑状及流塑状态的粉质黏土和粉土；第二层自$-8.0\sim-4.7m$，主要系黄褐色粉砂层；第三层自$-8.0m$以下，系黑灰色砂层，以中、细砂为主，粗砂次之。

场地地区静止地下水位，一般在地面以下$1.01\sim1.24m$，平均渗透系数约为$20m/d$。

按照上述地质条件，沉淀池中心支座和排泥廊道均位于地下水水位以下$3m$多的粉砂层上。因此，施工中对于降低地下水位，并防止产生流砂现象将十分重要。

一、确定施工顺序

根据工程结构和施工条件，沉淀池的施工顺序确定为：

（1）先进行中心支座、排泥廊道、进水管道的土方开挖，池壁基础沟槽也同时进行开挖。当开挖接近地下水位时，及时采取降水措施，以保证土方工程能顺利开挖至设计高程。

（2）铺设进水管道、安装中心喇叭口，浇筑中心支座、排泥廊道和进水管道的钢筋混凝土，其施工进度应在池底开工前全部完成。

（3）清除池底耕植土层，分段浇筑池壁钢筋混凝土。将位于进水管道和排泥廊道上部的两段池壁，安排在后期浇筑，以便作为池内外施工的通道及运输刮泥机设备的通道。

（4）全面铺填池底砂垫层，并相应填筑池壁外部的回填土。浇筑池底混凝土，拆除中心支座、排泥廊道及进水管道的降水措施，回填砂砾层。

（5）池体结构完成后，安装刮泥机，最后进行沉降观测和满水试验及完成其他收尾工作。

二、土方开挖与施工排水

沉淀池工程土方工作量不大，由于地下水位高，故选定采用人工分层进行开挖。

按照制定的施工组织设计的安排，采用轻型井点降低地下水位的方法，以改善开挖地下水位以下土方的作业条件。井点布置为单层环形井点系统，配备双电源保证不间断抽水。沉淀池中心支座和排泥廊道的土方开挖及井点系统布置，如图8-6所示。

沉淀池中心支座位于地下$-4.7m$粉砂层上，施工中曾发生两次流砂现象。其主要原因归纳如下：①井点安装后，紧接着开始挖土，因地下水位抽降不大，土壤中饱和水分过多（应在井点安装后，提前抽水经$3\sim5d$，再开挖土方）；②井点系统中集水总管（$d=100mm$）过细，水泵能量不足，水泵吸程与真空度没有调节好，影响井点出水量；③施工中木脚手杆击伤管路，造成漏气；④施工季节气温较低，部分集水总管泡在水坑中被冻受堵等。针对上述原因，采取了改进措施，克服了流砂现象。

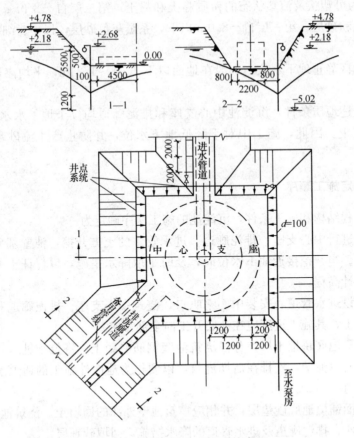

图 8-6 土方开挖和井点系统布置

三、模板施工

(一) 模板支设

模板是使混凝土结构和构件按所要求的几何尺寸成型的模型板。模板系统包括模板和支架系统两大部分,此外尚须适量的紧固连接件。在现浇钢筋混凝土结构施工中,对模板的要求是保证工程结构各部分形状尺寸和相互位置的正确性,具有足够的承载能力、刚度和稳定性,构造简单,装拆方便。接缝不得漏浆、经济。模板工程量大,材料和劳动力消耗多。正确选择模板形式、材料及合理组织施工对加速现浇钢筋混凝土结构施工和降低工程造价具有重要作用。

1. 木模板

为了节约木材,应尽量不用木模板。但有些工程或工程结构的某些部位由于工艺等需要,仍要使用木模板。

木模板一般是在木工车间或木工棚加工成基本组件(拼板),然后在现场进行拼装。拼板如图 8-7 所示,由板条用拼条钉成,板条厚度一般为 25~50mm。宽度不宜超过 200mm(工具式模板不超过 150mm),以保证在收缩时缝隙均匀,浇水后易于密缝,受潮后不易翘曲,梁底的拼板由于承受较大的荷载要加厚至 40~50mm。拼板的拼条根据受力情况可以平放也可以立放。拼条间距取决于所浇筑混凝土的侧压力和板条厚度，一般为 400～500mm。

（1）基础模板：如土质较好，阶梯形基础模板的最下一级可不用模板而进行原槽浇筑，如图 8-8 所示。安装时，要保证上、下模板不发生相对位移。如有杯口还要在其中放入杯口模板。

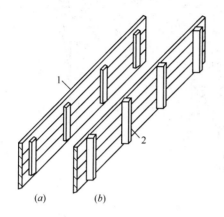

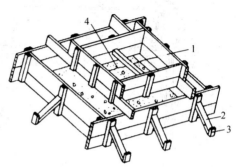

图 8-7　拼板的构图
(a) 拼条平放；(b) 拼条立放；
1—板条；2—拼条

图 8-8　阶梯形基础模板
1—拼板；2—斜撑；
3—木桩；4—钢丝

（2）柱子模板：由两块相对的内拼板夹在两块外拼板之间拼成，亦可用短横板（门子板）代替外拼板钉在内拼板上，如图 8-9 所示。

柱底一般有一钉在底部混凝土上的木框，用以固定柱模板底板的位置。柱模板底部开有清理孔，沿高度每间隔 2m 开有浇筑孔。模板顶部根据需要开有与梁模板连接的缺口。为承受混凝土的侧压力和保持模板形状，拼板外面要设柱箍。柱箍间距与混凝土侧压力、拼板厚度有关。由于柱子底部混凝土侧压力较大，因而柱模板越靠近下部柱箍越密。

（3）梁模板由底模板和侧模板等组成，如图 8-10 所示。梁底模板承受垂直荷载，一般较厚，下面有支架（琵琶撑）支撑。支架的立柱最好做成可以伸缩的，以便调整高度，底部应支承在坚实的地面、楼面上或垫以木板。在多层框架结构施工中，应使上层支架的立柱对准下层支架的立柱。支架间应用水平和斜向拉杆拉牢，以增强整体稳定性，当层间高度大于 5m 时，宜选桁架作模板的支架，以减少支架的数量。梁侧模板主要承受混凝土的侧压力，底部用钉在支架顶部的夹条夹住，顶部可由支承方形柱子的模板楼板的搁栅或支撑顶住，如图 8-10所示。高大的梁，可在侧板中上位置用钢丝或螺栓相互撑拉，梁跨度等于及大于 4m 时，底模应起拱，如设计无要求时，起拱高度宜为全跨长度的（1～3）/1000。

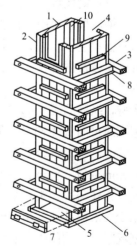

图 8-9　方形柱子的模板
1—内拼板；2—外拼板；
3—柱　箍；4—梁缺口；
5—清理孔；6—木框；
7—盖板；8—拉紧螺栓；
9—拼条；10—三角板

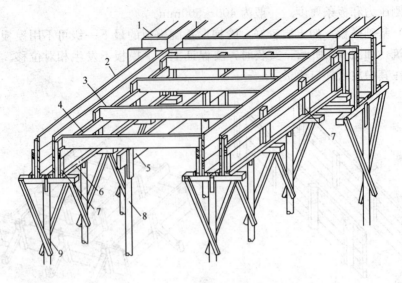

图 8-10 梁及楼板模板
1—楼板模板；2—梁侧模板；3—搁栅；4—横档；
5—牵档；6—夹条；7—短撑；8—牵杠撑；9—支撑

2. 组合钢模板

组合钢模板由钢模板和配件两大部分组成，它可以拼成不同尺寸、不同形状的模板，以适应基础、柱、梁、板、墙施工的需要。组合钢模尺寸适中、轻便灵活、装拆方便，既适用于人工装拆，也可预拼成大模板、台模等，然后用起重机吊运安装。

(1) 钢模板

钢模板有通用模板和专用模板两类。通用模板包括平面模板、阴角模板、阳角模板和连接角模；专用模板包括倒棱模板、梁腋模板、柔性模板、搭接模板、可调模板及嵌补模板。我们主要介绍常用的通用模板。平面模板由面板、边框、纵横肋构成，如图 8-11 所示。边框与面板常用 2.5~3.0mm 厚钢板冷轧冲压整体成型，纵横肋用 3mm 厚扁钢与面板及边框焊成。为便于连接，边框上有连接孔，边框的长向及短向其孔距均一致，以便横竖都能拼接。平模的长度有 1800mm、1500mm、1200mm、900mm、750mm、600mm、450mm 七种规格，宽度有 100~600mm（以 50mm 进级）十一种规格，因而可组成不同尺寸的模板。在构件接头处（如柱与梁接头）及一些特殊部位，可用专用模板嵌补。不足模数的空缺也可用少量木模补缺，用钉子或螺栓将方木与平模边框孔洞连接。阴、阳角模以成型混凝土结构的阴、阳角，连接角模用作两块平模拼成 90°角的连接件。

(2) 钢模配板

采用组合钢模时，同一构件的模板展开可用不同规格的钢模作多种方式的组合排列，因而形成不同的配板方案。配板方案对支模效率、工程质量和经济效益都有一定影响。合理的配板方案应满足：钢模块数少，木模嵌补量少，并能使支承件布置简单，受力合理。其原则：

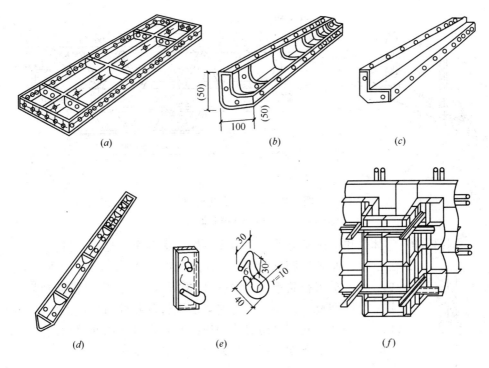

图 8-11 组合钢模板

(a) 平模板；(b) 阴角模板；(c) 阳角模板；(d) 连接角模板；(e) U 形卡；(f) 附墙柱模

1) 优先采用通用规格及大规格的模板。这样模板的整体性好，又可以减少装拆工作。

2) 合理排列模板，宜使其长边沿梁、板、墙的长度方向或宽度方向排列，以利使用长度规格大的钢模，并扩大钢模的支承跨度。如结构的宽度恰好是钢模长度的整倍数量，也可将钢模的长边沿结构的短边排列。模板端头接缝宜错开布置，以提高模板的整体性，并使模板在长度方向上易保持平直。

3) 合理使用角模，对无特殊要求的阳角，可不用阳角模，而用连接角模代替。阴角模宜用于长度大的阴角，柱头、梁口及其他短边转角（阴角）处，可用方木嵌补。

4) 便于模板支承件（钢楞或桁架）的布置，对面积较方整的预拼装大模板及钢模端头接缝集中在一条线上时，直接支承钢模的钢楞，其间距布置要考虑接缝位置，应使每块钢模都有两道钢楞支承。对端头错缝连接的模板，其直接支承钢模的钢楞或桁架的间距，可不受接缝位置的限制。

(3) 支承件

支承件包括柱箍、梁托架、钢楞、桁架、钢管顶撑及钢管支架。

柱箍可用角钢、槽钢制作，也可采用钢管及扣件组成。梁侧托架用来支托梁底模和夹模，如图 8-12 (a) 所示。梁托架可用钢管或角钢制作，其高度为 500～800mm，宽度达 600mm，可根据梁的截面尺寸进行调整，高度较大的梁，可用对拉螺栓或斜撑固定两边侧模。

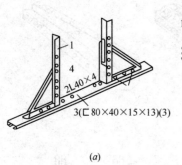
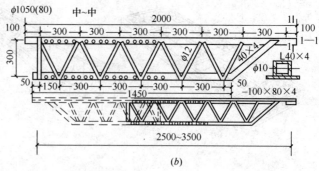

图 8-12 托架及支托桁架
(a) 梁托架；(b) 支托桁架

支托桁架有整体式和拼接式两种，拼接式桁架可由两个半榀桁架拼接，以适应不同跨度的需要，如图 8-12（b）所示。钢管顶撑由套管及插管组成，如图 8-13 所示。其高度可借插销粗调，借螺旋微调。钢管支架由钢管及扣件组成，支架柱可用钢管对接（用对接扣连接）或搭接（用回转扣连接）接长。支架横杆步距为 1000～1800mm。

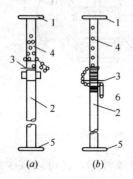

图 8-13 钢管顶撑
(a) 对接扣连接；
(b) 回转扣连接
1—顶板；2—套管；
3—转盘；4—插管；
5—底板；6—转动手柄

（二）模板拆除

现浇混凝土结构模板的拆除日期，取决于结构的性质、模板的用途和混凝土硬化速度。及时拆除，可提高模板的周转，为后续工作创造条件。如过早拆模，因混凝土未达到一定强度，过早承受荷载会产生变形甚至会造成重大质量事故。

模板拆除的相关规定：

（1）非承重模板（如侧板）应在混凝土强度能保证其表面及棱角不因拆除模板而受损坏时，方可拆除。

（2）承重模板应在与结构同条件养护的试块达到表 8-4 规定的强度时，方可拆除。

整体结构拆除时所需的混凝土强度　　　表 8-4

项次	结构类型	结构跨度（m）	按设计混凝土强度的标准百分率（%）
1	板	≤2	50
		>2, ≤8	75
		>8	100
2	梁、拱、壳	≤8	75
		>8	100
3	悬臂梁构件	≤2	75
		>2	100

(3) 在拆除模板过程中，如发现混凝土有影响结构安全的质量问题时，应暂停拆除。经过处理后，方可继续拆除。

(4) 已拆除模板及其支架的结构，应在混凝土强度达到设计强度后才允许承受全部计算荷载。当承受施工荷载大于计算荷载时，必须经过核算，加设临时支撑。

拆除模板注意事项：

(1) 拆模时不要用力过猛，拆下来的模板要及时运走、整理、堆放以便再用。

(2) 模板及其支架拆出的顺序及安全措施应按施工技术方案执行。拆模程序一般应是后支的先拆，先拆除非承重部分，后拆除承重部分。一般是谁安谁拆。重大复杂模板的拆除，事先应制定拆模方案。

(3) 拆除框架结构模板的顺序，首先是柱模板，然后是楼板底板、梁侧模板，最后是梁底模板。拆除跨度较大的梁下支柱时，应先从跨中开始，分别拆向两端。

(4) 层楼板支柱的拆除，应按下列要求进行：上层楼板正在浇筑混凝土时，下一层楼板的模板支柱不得拆除，再下一层楼板模板的支柱，仅可拆除一部分；跨度4m及4m以上的梁下均应保留支柱，其间距不大于3m。

(5) 拆模时，应尽量避免混凝土表面或模板受到损坏，注意防止整块板落下伤人。

四、钢筋施工

钢筋混凝土结构及预应力混凝土结构常用的钢材有热轧钢筋、钢绞线、消除应力钢丝和热处理钢筋四类。

钢筋混凝土结构常用热轧钢筋，热轧钢筋按其化学成分和强度分为HPB235级，用符号ϕ表示；HRB335级，用符号⏀表示；HRB400级，用符号⏀表示；RRB400级；用符号⏀^{R}表示。HPB235级钢筋的表面为光面，其余级别钢筋表面一般为带肋钢筋（月牙肋或等高肋）。为便于运输，$\phi 6 \sim \phi 10$的钢筋常卷成圆盘，大于$\phi 12$的钢筋则轧成6~12m长的直条。

钢筋进场应有产品合格证、出厂检验报告，每捆（盘）钢筋均应有标牌，进场钢筋应按进场的批次和产品的抽样检验方案抽取试样作机械性能试验，合格后方可使用。钢筋在加工过程中出现脆断、焊接性能不良或力学性能显著不正常等现象时，还应进行化学成分检验或其他专项检验，同时还应进行外观检查，要求钢筋应平直、无损伤，表面不得有裂纹、油污、颗粒状或片状老锈。

钢筋在运输和储存时，必须保留标牌，并按批分别堆放整齐，避免锈蚀和污染。

钢筋一般在钢筋车间加工，然后运至现场绑扎或安装，其加工过程一般有冷拉、冷拔、调直、剪切、除锈、弯曲、绑扎、焊接等。

（一）钢筋加工

钢筋的加工包括调直、除锈、切断、接长、弯曲等工作。

钢筋调直宜采用机械调直，也可利用冷拉进行调直。采用冷拉方法调直钢筋时，HPB235级钢筋的冷拉率不宜大于4%；HRB335、HRB400级钢筋的冷拉率不宜大于1%。除利用冷拉调直钢筋外，粗钢筋还可采用锤直和拔直的方法；直径4～14mm的钢筋可采用调直机进行。调直机具有使钢筋调直、除锈和切断三项功能。冷拔低碳钢丝在调直机上调直后，其表面不得有明显擦伤，抗拉强度不得低于设计要求。

钢筋的表面应洁净，油渍、漆污和用锤敲击时能剥落的浮皮、铁锈等应在使用前清除干净。在焊接前，焊点处的水锈应清除干净。钢筋的除锈，宜在钢筋冷拉或钢丝调直过程中进行，这对大量钢筋的除锈较为经济省工。用机械方法除锈，如采用电动除锈机除锈，对钢筋的局部除锈较为方便。手工（用钢丝刷、砂盘）喷砂和酸洗等除锈，由于费工费料，现已很少采用。

钢筋下料时须按下料长度切断。钢筋切断可采用钢筋切断机或手动切断器。手动切断器一般只用于直径小于$\phi 12$的钢筋；钢筋切断机可切断直径小于$\phi 40$的钢筋。切断时根据下料长度，统一排料；先断长料，后断短料；减少短头，减少损耗。

钢筋下料之后，应按钢筋配料单进行画线，以便将钢筋准确地加工成所规定的尺寸。当弯曲形状比较复杂的钢筋时，可先放出实样，再进行弯曲。钢筋弯曲宜采用弯曲机，弯曲机可弯$\phi 6 \sim \phi 40$的钢筋。小于$\phi 25$的钢筋当无弯曲机时，也可采用板钩弯曲。目前钢筋弯曲机主要承担弯曲粗钢筋。为了提高工效，工地常自制多头弯曲机（一个电动机带动几个钢筋弯曲盘）以弯曲细钢筋。

加工钢筋的允许偏差：受力钢筋顺长度方向全长的净尺寸偏差不应超过$\pm 10mm$；弯起筋的弯折位置偏差不应超过$\pm 20mm$；箍筋内净尺寸偏差不应超过5mm。

（二）钢筋绑扎与安装

钢筋加工后，进行绑扎、安装。钢筋绑扎、安装前，应先熟悉图纸。核对钢筋配料单和钢筋加工牌，研究与有关工种的配合，确定施工方法。

钢筋的接长、钢筋骨架或钢筋网的成型应优先采用焊接或机械连接，如不能采用焊接（如缺乏电焊机或焊机功率不够）或骨架过大过重不便于运输安装时，可采用绑扎的方法。钢筋绑扎一般采用20～22号钢丝，钢丝过硬时，可经退火处理。绑扎时应注意钢筋位置是否准确，绑扎是否牢固，搭接长度及绑扎点位置是否符合规范要求。板和墙的钢筋网，除靠近外侧两行钢筋的相交点全部扎牢外，中间部分的相交点可相隔交错扎牢，但必须保证受力钢筋不位移。双向受力的钢筋，须全部扎牢；梁和柱的箍筋，除设计有特殊要求时应与受力钢筋垂直设置。箍筋弯钩叠合处，应沿受力钢筋方向错开设置；柱中的竖向钢筋搭接时，角部钢筋弯钩应与模板成45°（多边形柱为模板内角的平分角，圆形柱应与模板切线垂直）；弯钩与模板的角度最小不得小于15°。

当受力钢筋采用机械连接接头或焊接接头时，设置在同一构件内的接头宜相互错开。同一构件中相邻纵向受力钢筋的绑扎搭接接头宜相互错开。钢筋搭接处，应在中心和两端用钢丝扎牢。在受拉区域内，HPB235级钢筋绑扎接头的末端应做弯钩。绑扎搭接接头中钢筋的横向净距不应小于钢筋直径，且不应小于25mm；

钢筋绑扎搭接接头连接区段的长度为 $1.3L_1$；（L_1 为搭接长度），凡搭接接头中点位于该连接区段长度内的搭接接头均属于同一连接区段。同一连接区段内，纵向钢筋搭接接头面积百分率为该区段内有搭接接头的纵向受力钢筋截面面积与全部纵向受力钢筋截面面积的比值；同一连接区段内，纵向受拉钢筋搭接接头面积百分率应符合规范要求。

钢筋绑扎搭接长度按下列规定确定：

（1）纵向受力钢筋绑扎搭接接头面积百分率不大于 25% 时，其最小搭接长度应符合表 8-5 的规定。

纵向受拉钢筋的最小搭接长度　　　　表 8-5

钢筋类型		混凝土强度等级			
		C15	C20～C25	C30～C35	≥C40
光圆钢筋	HPB235	45d	35d	30d	25d
带肋钢筋	HRB335	55d	45d	35d	30d
	HRB400 级，RRB400 级	—	55d	40d	35d

注：两根直径不同钢筋的搭接长度，以较细钢筋的直径计算。

（2）当纵向受拉钢筋搭接接头面积百分率大于 25%，但不大于 50% 时，其最小搭接长度应按表 8-5 中的数值乘以系数 1.2 取用；当接头面积百分率大于 50% 时，应按表 8-5 中的数值乘以系数 1.35 取用。

（3）纵向受拉钢筋的最小搭接长度根据前述（1）、（2）条确定后，在下列情况时还应进行修正：带肋钢筋的直径大于 25mm 时，其最小搭接长度应按相应数值乘以系数 1.1 取用；对环氧树脂涂层的带肋钢筋，其最小搭接长度应按相应数值乘以系数 1.25 取用；当在混凝土凝固过程中受力钢筋易受扰动时（如滑模施工），其最小搭接长度应按相应数值乘以系数 1.1 取用；对末端采用机械锚固措施的带肋钢筋，其最小搭接长度可按相应数值乘以系数 0.7 取用；当带肋钢筋的混凝土保护层厚度大于搭接钢筋直径的 3 倍且配有箍筋时，其最小搭接长度可按相应数值乘以系数 0.8 取用；对有抗震设防要求的结构构件，其受力钢筋的最小搭接长度对一、二级抗震等级应按相应数值乘以系数 1.15 采用；对三级抗震等级应按相应数值乘以系数 1.05 采用。

（4）纵向受压钢筋搭接时，其最小搭接长度应根据（1）～（3）条的规定确定相应数值后，乘以系数 0.7 取用。

（5）在任何情况下，受拉钢筋的搭接长度不应小于 300mm，受压钢筋的搭接长度不应小于 200mm。

在梁、柱类构件的纵向受力钢筋搭接长度范围内，应按设计要求配置箍筋。

钢筋安装或现场绑扎应与模板安装相配合。柱钢筋现场绑扎时，一般在模板安装前进行，柱钢筋采用预制安装时，可先安装钢筋骨架，然后安装柱模板，或先安装三面模板，待钢筋骨架安装后，再钉第四面模板。梁的钢筋一般在梁模板安装后，再安装或绑扎；断面高度较大（>600mm），或跨度较大、钢筋较密的大梁，可留一面侧模，待钢筋安装或绑扎完后再钉。楼板钢筋绑扎应在楼板模板安装后进行，并应按设计先画线，然后摆料、绑扎。

钢筋保护层应按设计或规范的要求正确确定。工地常用预制水泥垫块垫在钢筋与模板之间，以控制保护层厚度。垫块应布置成梅花形，其相互间距不大于1m。上下双层钢筋之间的尺寸，可绑扎短钢筋或设置撑脚来控制。

五、混凝土施工

混凝土工程包括混凝土的拌制、运输、浇筑捣实和养护等施工过程。各个施工过程既相互联系又相互影响，在混凝土施工过程中除按有关规定控制混凝土原材料质量外，任一施工过程处理不当都会影响混凝土的最终质量，因此，如何在施工过程中控制每一施工环节，是混凝土工程需要研究的课题。随着科学技术的发展，近年来混凝土外加剂发展很快。它们的应用改进了混凝土的性能和施工工艺。此外，自动化、机械化的发展、纤维混凝土和碳素混凝土的应用、新的施工机械和施工工艺的应用，也大大改变了混凝土工程的施工面貌。

（一）混凝土搅拌设备

混凝土搅拌是将各种组成材料拌制成质地均匀、颜色一致、具备一定流动性的混凝土拌合物。如混凝土搅拌得不均匀就不能获得密实的混凝土，影响混凝土的质量，所以搅拌是混凝土施工工艺中很重要的一道工序。由于人工搅拌混凝土质量差，消耗水泥多，而且劳动强度大，所以只有在工程量很小时才用人工搅拌，一般均采用机械搅拌。混凝土搅拌机按其搅拌原理分为自落式和强制式两类，如图8-14所示。

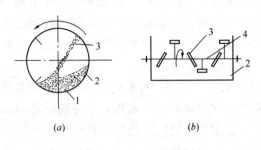

图8-14 混凝土搅拌机类型
(a) 自落式搅拌；(b) 强制式搅拌
1—混凝土拌合物；2—搅拌筒；3—叶片；4—转轴

自落式搅拌机的搅拌筒内壁焊有弧形叶片，当搅拌筒绕水平轴旋转时，叶片不断将物料提升到一定高度，利用重力的作用，自由落下。由于各物料颗粒下落的时间、速度、落点和滚动距离不同，从而使物料颗粒达到混合的目的。自落式搅拌机宜于搅拌塑性混凝土和低流动性混凝土。

JZ锥形反转出料搅拌机是自落式搅拌机中较好的一种，由于它的主副叶片分别与拌筒轴线成45°和40°夹角，故搅拌时叶片使物料作轴向窜动，所以搅拌运动比较强烈。它正转搅拌，反转出料，功率消耗大。这种搅拌机构造简单，重量轻，搅拌效率高，出料干净，维修保养方便。

强制式搅拌机利用运动着的叶片强迫物料颗粒朝环向、径向和竖向各个方向产生运动，使各物料均匀混合。强制式搅拌机作用比自落式强烈，宜于搅拌干硬性混凝土和轻骨料混凝土。

强制式搅拌机分立轴式和卧轴式，立轴式又分涡浆式和行星式。1965年我国研制出构造简单的JW涡浆式搅拌机，尽管这种搅拌机生产的混凝土质量、搅拌时间、搅拌效率等明显优于鼓筒型搅拌机,但也存在一些缺点,如动力消耗大、叶片和衬板磨损大、混凝土骨料尺寸大时易把叶片卡住而损坏机器等。卧轴式又分 JD 单卧轴搅拌机和 JS 双卧轴搅拌机,由旋转的搅拌叶片强制搅动,兼有自落和强制搅拌两种动能,搅拌强烈,搅拌的混凝土质量好,搅拌时间短,生产效率高。卧轴式搅拌机在我国是 20 世纪 80 年代才出现的,但发展很快,已形成了系列产品,并有一些新规格出现。

我国规定混凝土搅拌机以其出料容量(m^3)×1000 标定规格,现行混凝土搅拌机的系列为:50、150、250、350、500、750、1000、1500 和 3000。

选择搅拌机时,要根据工程量大小、混凝土的坍落度、骨料尺寸等确定,既要满足技术上的要求,亦要考虑经济效果和节约能源。

(二)确定搅拌制度

为了获得质量优良的混凝土拌合物,除正确选择搅拌机外,还必须正确确定搅拌制度,即搅拌时间、投料顺序和进料容量等。

(1)搅拌时间:搅拌时间是影响混凝土质量及搅拌机生产率的重要因素之一,时间过短,拌合不均匀,会降低混凝土的强度及和易性;时间过长,不仅会影响搅拌机的生产率,而且会使混凝土和易性降低或产生分层离析现象。搅拌时间与搅拌机的类型、鼓筒尺寸、骨料的品种和粒径以及混凝土的坍落度等有关,混凝土搅拌的最短时间(即自全部材料装入搅拌筒中起到卸料)。可按表 8-6 采用。

混凝土搅拌的最短时间(s) 表 8-6

混凝土坍落度 (mm)	搅拌机类型	搅拌机出料容量(L)		
		<250	250~500	>500
≤30	自落式	90	120	150
	强制式	60	90	120
>30	自落式	90	90	120
	强制式	60	60	90

注:掺有外加剂时,搅拌时间应适当延长。

(2)投料顺序:投料顺序应从提高搅拌质量,减少叶片、衬板的磨损,减少拌合物与搅拌筒的粘结,减少水泥飞扬,改善工作条件等方面综合考虑确定。常用方法有:

一次投料法。即在上料斗中先装石子,再加水泥和砂,然后一次投入搅拌机。在鼓筒内先加水或在料斗提升进料的同时加水,这种上料顺序使水泥夹在石子和砂中间,上料时不致飞扬,又不致粘住斗底,且水泥和砂先进入搅拌筒形成水泥砂浆,可缩短包裹石子的时间。

二次投料法。它又分为预拌水泥砂浆法和预拌水泥净浆法。预拌水泥砂浆法是先将水泥、砂和水加入搅拌筒内进行充分搅拌,成为均匀的水泥砂浆,再投入石子搅拌成均匀的混凝土。预拌水泥净浆法是将水泥和水充分搅拌成均匀的水泥净浆后,再加入砂和石子搅拌成混凝土。二次投料法搅拌的混凝土与一次投料法相比较,混凝土强度提高约15%，在强度相同的情况下，可节约水泥约为15%～20%。

水泥裹砂法，此法又称为SEC法。采用这种方法拌制的混凝土称为SEC混凝土，也称作造壳混凝土。其搅拌程序是先加一定量的水，将砂表面的含水量调节到某一规定的数值后，再将石子加入与湿砂拌匀，然后将全部水泥投入，与润湿后的砂、石拌合，使水泥在砂、石表面形成一层低水灰比的水泥浆壳（此过程称为"成壳"），最后将剩余的水和外加剂加入，搅拌成混凝土。采用SEC法制备的混凝土与一次投料法比较，强度可提高20%～30%，混凝土不易产生离析现象，泌水少，工作性能好。

(3) 进料容量（干料容量）：为搅拌前各种材料体积的累积。进料容量I_{vy}与搅拌机搅拌筒的几何容量V_g有一定的比例关系，一般情况下$I_{vy}/V_g=0.22～0.4$，鼓筒式搅拌机可用较小值。如任意超载（进料容量超过10%以上），就会使材料在搅拌筒内无充分的空间进行拌合，影响混凝土拌合物的均匀性；如装料过少，则又不能充分发挥搅拌机的效率。进料容量可根据搅拌机的出料容量按混凝土的施工配合比计算。

使用搅拌机时，应该注意安全。在鼓筒正常转动之后，才能装料入筒。在运转时，不得将头、手或工具伸入筒内。在因故（如停电）停机时，要立即设法将筒内的混凝土取出，以免凝结。在搅拌工作结束时，也应立即清洗鼓筒内外。叶片磨损面积如超过10%左右，就应按原样修补或更换。

（三）混凝土搅拌站

混凝土拌合物在搅拌站集中拌制，可以做到自动上料、自动称量、自动出料和集中操作控制，机械化、自动化程度大大提高，劳动强度大大降低，使混凝土质量得到改善，可以取得较好的技术经济效果。施工现场可根据工程任务的大小、现场的具体条件、机具设备的情况，因地制宜的选用，如采用移动式混凝土搅拌站等。

为了适应我国基本建设事业飞速发展的需要，一些大城市已开始建立混凝土集中搅拌站，目前的供应半径约为15～20km。搅拌站的机械化及自动化水平一般较高，用自卸汽车直接供应搅拌好的混凝土，然后直接浇筑入模。这种供应"商品混凝土"的生产方式，在改进混凝土的供应，提高混凝土的质量以及节约水泥、骨料等方面，有很多优点。

（四）混凝土的运输

对混凝土拌合物运输的要求是：运输过程中，应保持混凝土的均匀性，避免产生分层离析现象，混凝土运至浇筑地点，应符合浇筑时所规定的坍落度，见表8-7；混凝土应以最少的中转次数，最短的时间，从搅拌地点运至浇筑地点，保证混凝土从搅拌机卸出后到浇筑完毕的延续时间不超过表8-8的规定；运输工作应保证混凝土的浇筑工作连续进行；运送混凝土的容器应严密，其内壁应平整光洁，不吸水，不漏浆，粘附的混凝土残渣应经常清除。

混凝土运输工作分为地面运输、垂直运输和楼面运输三种情况。

地面运输如运距较远时，可采用自卸汽车或混凝土搅拌运输车；工地范围内的运输多用载重1t的小型机动翻斗车，近距离亦可采用双轮手推车。

混凝土浇筑时的坍落度 表 8-7

项次	结构种类	坍落度（mm）
1	基础或地面等的垫层、无配筋的大体积结构（挡土墙、基础或厚大的块体等）或配筋稀疏的结构	10~30
2	板、梁和大型及中型截面的柱子等	30~50
3	配筋密列的结构（薄壁、斗仓、筒仓、细柱等）	50~70
4	配筋特密的结构	70~90

注：1. 本表系指采用机械振捣的坍落度，采用人工捣实时可适当增大。
2. 需要配制大坍落度混凝土时，应掺用外加剂。
3. 曲面或斜面结构的混凝土，其坍落度值，应根据实际需要另行选定。
4. 轻骨料混凝土的坍落度，宜比表中数值减少 10~20mm。
5. 自密实混凝土的坍落度另行规定。

混凝土从搅拌机中卸出后到浇筑完毕的延续时间（min） 表 8-8

混凝土强度等级	气温（℃）	
	不高于 25	高于 25
C30 及 C30 以下	120	90
C30 以上	90	60

注：1. 掺用外加剂或采用快硬水泥拌制混凝土时，应按试验确定。
2. 轻骨料混凝土的运输、浇筑延续时间应适当缩短。

混凝土的垂直运输，目前多用塔式起重机、井架，也可采用混凝土泵。

塔式起重机运输的优点是地面运输、垂直运输和楼面运输都可以采用。混凝土在地面由水平运输工具或搅拌机直接卸入吊斗吊起运至浇筑部位进行浇筑。

混凝土的垂直运送，除采用塔式起重机之外，还可使用井架。混凝土在地面用双轮手推车运至井架的升降平台上，然后井架将双轮手推车提升到楼层上，再将手推车沿铺在楼面上的跳板推到浇筑地点。另外，井架可以兼运其他材料，利用率较高。由于在浇筑混凝土时，楼面上已立好模板，扎好钢筋，因此需铺设手推车行走用的跳板。为了避免压坏钢筋，跳板可用马凳垫起。手推车的运输道路应形成回路，避免交叉和运输堵塞。

混凝土泵是一种有效的混凝土运输工具，它以泵为动力，沿管道输送混凝土，可以同时完成水平和垂直运输，将混凝土直接运送至浇筑地点，我国一些大中城市及重点工程正逐渐推广使用并取得了较好的技术经济效果。多层和高层框架建筑、基础、水下工程和隧道等都可以采用混凝土泵输送混凝土。混凝土泵车是将混凝土泵装在车上，车上装有可以伸缩或曲折的"布料杆"，管道装在杆内，末端是一段软管，可将混凝土直接送到浇筑地点，如图 8-15 所示。这种泵车布料范围广、机动性好、移动方便，适用于多层框架结构施工。

泵送混凝土除应满足结构设计强度外，还要满足可泵性的要求，即混凝土在泵管内易于流动，有足够的黏聚性，不泌水、不离析，并且摩阻力小。要求泵造混凝土所采用粗骨料应为连续级配，其针片状颗粒含量不宜大于 10%；粗骨料的

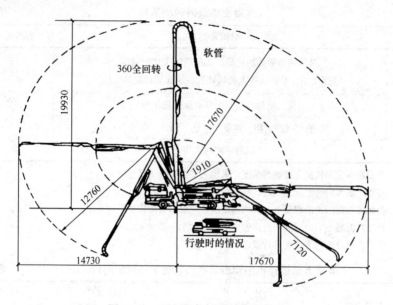

图 8-15 三折叠式布料车浇筑范围

最大粒径与输送管径之比应符合规范的规定;泵送混凝土宜采用中砂,其通过 0.315mm 筛孔的颗粒含量不应少于 15%,最好能达到 20%。泵送混凝土应选用硅酸盐水泥、普通硅酸盐水泥、矿渣硅酸盐水泥和粉煤灰硅酸盐水泥,不宜采用火山灰质硅酸盐水泥。为改善混凝土工作性能,延缓凝结时间,增大坍落度和节约水泥,泵送混凝土应掺用泵送剂或减水剂;泵送混凝土宜掺用粉煤灰或其他活性矿物掺合料。掺磨细粉煤灰,可提高混凝土的稳定性、抗渗性、和易性和可泵性,既能节约水泥,又使混凝土在泵管中增加润滑能力,提高泵和泵管的使用寿命。混凝土的坍落度值为 80~180mm;泵送混凝土的用水量与水泥和矿物掺合料的总量之比不宜大于 0.60。泵送混凝土的水泥和矿物掺合料的总量不宜小于 300kg/m³。为防止泵送混凝土经过泵管时产生阻塞,要求泵送混凝土比普通混凝土的砂率要高,其砂率值为 35%~45%;此外,砂的粒度也很重要。

混凝土泵在输送混凝土前,管道应先用水泥浆或砂浆润滑。泵送时要连续工作,如中断时间过长,混凝土将出现分层离析现象,应将管道内混凝土清除,以免堵塞,泵送完毕要立即将管道冲洗干净。

(五)混凝土浇筑

混凝土浇筑要保证混凝土的均匀性和密实性,要保证结构的整体性、尺寸准确和钢筋、预埋件的位置正确,拆模后混凝土表面要平整、光洁。

浇筑前应检查模板、支架、钢筋和预埋件的正确位置,并进行验收。由于混凝土工程属于隐蔽工程;因而对混凝土量大的工程、重要工程或重点部位的浇筑,以及其他施工中的重大问题,均应随时填写施工记录。

1. 浇筑方法

混凝土浇筑前应做好必要的准备工作,如模板、钢筋和预埋管线的检查和清理以及隐蔽工程的验收;浇筑用脚手架、走道的搭设和安全检查;根据试验室下达的混凝土配合比通知单准备和检查材料；并做好施工用具的准备等。

浇筑柱子时，施工段内的每排柱子应由外向内对称地顺序浇筑，不要由一端向另一端推进，预防柱子模板因湿胀造成受推倾斜而误差积累难以纠正。截面在400mm×400mm 以内，或有交叉箍筋的柱子，应在柱子模板侧面开孔用斜溜槽分段浇筑，每段高度不超过 2m。截面在 400mm×400mm 以上，无交叉箍筋的柱子，如柱高不超过 4.0m，可从柱顶浇筑；如用轻骨料混凝土从柱顶浇筑，则柱高不得超过 3.5m。柱子开始浇筑时，底部应先浇筑一层厚 50～100mm 与所浇筑混凝土成分相同的水泥砂浆。浇筑完毕，如柱顶处有较大厚度的砂浆层，则应加以处理。柱子浇筑后，应间隔 1～1.5h，待所浇混凝土拌合物初步沉实，再浇筑上面的梁板结构。

梁和板一般应同时浇筑，从一端开始向前推进。只有当梁高大于 1m 时才允许将梁单独浇筑，此时的施工缝留在楼板板面下 20～30mm 处。梁底与梁侧面注意振实，振动器不要直接触及钢筋和预埋件。楼板混凝土的虚铺厚度应略大于板厚，用表面振动器或内部振动器振实，用铁插尺检查混凝土厚度，振捣完后用长的木抹子抹平。为保证捣实质量，混凝土应分层浇筑，每层厚度见表 8-9。

混凝土浇筑层的厚度　　　　　　　　　　　　　　　　表 8-9

项次	捣实混凝土的方法		浇筑厚度（mm）
1	插入式振动		振动器作用部分长度的 1.25 倍
2	表面振动		200
3	人工捣实	（1）在基础或无筋混凝土和配筋稀疏的结构中	250
		（2）在梁、板、墙、柱结构中	200
		（3）在配筋密集的结构中	150
4	轻骨料混凝土	插入式振动	300
		表面振动（表面振动时需加荷）	200

浇筑叠合式受弯构件时，应按设计要求确定是否设置支撑，且叠合面应根据设计要求预留凸凹差（当无要求时，凸凹为 6mm），形成自然粗糙面。

2. 混凝土振捣

混凝土浇入模板以后是较疏松的，里面含有空气与气泡。而混凝土的强度、抗冻性、抗渗性以及耐久性等，都与混凝土的密实程度有关。目前主要是用人工或机械捣实混凝土使混凝土密实。人工捣实是用人力的冲击来使混凝土密实成型，只有在缺乏机械、工程量不大或机械不便工作的部位采用。机械捣实的方法有多种，下面主要介绍振动捣实。

在振动力作用下混凝土内部的黏着力和内摩擦力显著减少，使骨料犹如悬浮在液体中，在其自重作用下向新的位置沉落，紧密排列，水泥砂浆均匀分布填充空隙，气泡被排出，游离水被挤压上升，混凝土填满了模板的各个角落并形成密实体积。机械振实混凝土可以大大减轻工人的劳动强度，减少蜂窝麻面的发生，提高混凝土的强度和密实性，加快模板周转，节约水泥10%～15%。影响振动器的振动质量和生产率的因素是复杂的，当混凝土的配合比、骨料的粒径、水泥的稠度以及钢筋的疏密程度等因素确定之后，振动质量和生产率取决于"振动制度"，也就是振动的频率、振幅和振动时间等。

正确选择振动机械，振动机械可分为内部振动器、表面振动器、外部振动器和振动台，如图8-16所示。内部振动器又称插入式振动器，是建筑工地应用最多的一种振动器，多用于振实梁、柱、墙、厚板和基础等。

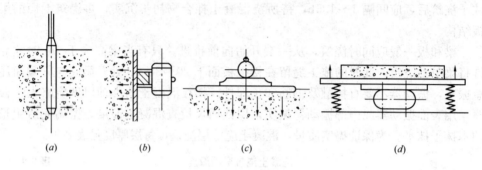

图8-16 振动机械示意图
(a) 内部振动器；(b) 外部振动器；(c) 表面振动器；(d) 振动台

用插入式振动器振动混凝土时，应垂直插入，并插入下层混凝土50mm，以促使上下层混凝土接合成整体。每一振点的振捣延续时间，应使混凝土捣实（即表面呈现浮浆和不再沉落为限）。采用插入式振动器捣实普通混凝土的移动间距，不宜大于作用半径的1.5倍。捣实轻骨料混凝土的间距，不宜大于作用半径的1倍；振动器与模板的距离不应大于振动器作用半径的1/2，并应尽量避免碰撞钢筋、模板、预埋件等。插点的分布有行列式和交错式两种，如图8-17所示。

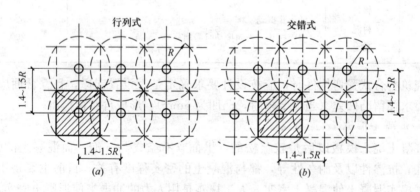

图8-17 插点的分布
(a) 行列式；(b) 交错式

表面振动器又称平板振动器，它是将电动机装上有左右两个偏心块固定在一块平板上而成，其振动作用可直接传递到混凝土面层上。这种振动器适用于捣实楼板、地面、板形构件和薄壳等薄壁结构。在无筋或单层钢筋结构中，每次振实的厚度不大于 250mm；在双层钢筋的结构中，每次振实厚度不大于 120mm。表面振动器的移动间距，应保证振动器的平板覆盖已振实部分的边缘，以使该处的混凝土振实出浆为准。也可进行两遍振实，第一遍和第二遍的方向要互相垂直，第一遍主要使混凝土密实，第二遍则使表面平整。

附着式振动器又称外部振动器，它通过螺栓或夹钳等固定在模板外侧的横档或竖档上，偏心块旋转所产生的振动力通过模板传给混凝土，使之振实，但模板应有足够的刚度。对于小截面直立构件，插入式振动器的振动棒很难插入，可使用附着式振动器，附着式振动器的设置间距，应通过试验确定，在一般情况下，可每隔 1～1.5m 设置一个。

振动台是混凝土制品厂中的固定生产设备，用于振实预制构件。

3. 混凝土养护与拆模

混凝土浇筑捣实后，逐渐凝固硬化，这个过程主要由水泥的水化作用来实现，而水化作用必须在适当的温度和湿度条件下才能完成。因此，为了保证混凝土有适宜的硬化条件，使其强度不断增长，必须对混凝土进行养护。

混凝土浇筑后，如气候炎热、空气干燥，不及时进行养护，混凝土中的水分蒸发过快出现脱水现象，会使已形成凝胶体的水泥颗粒不能充分水化，不能转化为稳定的结晶，缺乏足够的粘结力，从而会在混凝土表面出现片状或粉状剥落，影响混凝土的强度。此外，在混凝土尚未具备足够的强度时，水分过早地蒸发，还会产生较大的变形，出现干缩裂缝，影响混凝土的整体性和耐久性。因此，混凝土养护绝不是一件可有可无的事，而是一个重要的环节，应按照要求，精心进行。

混凝土养护方法分自然养护和人工养护。

自然养护是指利用平均气温高于 5℃ 的自然条件，用保水材料或草帘等对混凝土加以覆盖后适当浇水，使混凝土在一定的时间内在湿润状态下硬化。当最高气温低于 25℃ 时，混凝土浇筑完后应在 12h 以内加以覆盖和浇水；最高气温高于 25℃ 时，应在 6h 以内开始养护。浇水养护时间的长短视水泥品种而定，硅酸盐水泥、普通硅酸盐水泥和矿渣硅酸盐水泥拌制的混凝土，不得少于 7 昼夜；火山灰质硅酸盐水泥和粉煤灰硅酸盐水泥拌制的混凝土或有抗渗性要求的混凝土，不得少于 14 昼夜。浇水次数应使混凝土保持具有足够的湿润状态。养护初期，水泥的水化反应较快，需水也较多，所以要特别注意在浇筑以后头几天的养护工作，此外，在气温高、湿度低时，也应增加洒水的次数。混凝土必须养护至其强度达到 1.2MPa 以后，方准在其上踩踏和安装模板及支架。也可在构件表面喷洒塑料薄膜，来养护混凝土，适用于在不易洒水养护的高耸构筑物和大面积混凝土结构。它是将过氯乙烯树脂塑料溶液用喷枪喷洒在混凝土表面上，溶液挥发后在混凝土表面形成一层塑料薄膜，使混凝土与空气隔绝，阻止水分的蒸发以保证水化作用的正常进行。所选薄膜在养护完成后能自行老化脱落。不能自行脱落的薄膜，不宜于喷洒在要做粉刷的混凝土表面上，在夏季，薄膜成型后要防晒，否则易产生裂纹。

人工养护就是用人工来控制混凝土的养护温度和湿度，使混凝土强度增长，如蒸汽养护、热水养护、太阳能养护等。主要用来养护预制构件，现浇构件大多用自然养护。

模板拆除日期取决于混凝土的强度、模板的用途、结构的性质及混凝土硬化时的气温。

不承重的侧模，在混凝土强度能保证其表面棱角不因拆除模板而受损坏时，即可拆除。承重模板，如梁、板等底模，应待混凝土达到规定强度后，方可拆除。结构的类型、跨度不同，其拆模强度不同，底模拆除时混凝土应达到强度要求。

已拆除承重模板的结构，应在混凝土达到规定的强度等级后，才允许承受全部设计荷载。拆模后应由监理（建设）单位、施工单位对混凝土的外观质量和尺寸偏差进行检查，并做好记录。如发现缺陷，应进行修补。对面积小、数量不多的蜂窝或露石的混凝土，先用钢丝刷或压力水洗刷基层，然后用1:2~1:2.5的水泥砂浆抹平；对较大面积的蜂窝、露石、露筋应按其全部深度凿去薄弱的混凝土层，然后用钢丝刷或压力水冲刷，再用比原混凝土强度等级高一个级别的细骨料混凝土填塞，并仔细捣实。对影响结构性能的缺陷，应与设计单位研究处理。

六、构筑物施工

（一）中心支座施工

中心支座的钢筋混凝土工程施工，是根据结构体型、构造特点及施工条件等，为了便于模板的支设和保证混凝土浇筑质量，将整体结构分为上下两层。第一层从底板至集泥坑，最大高度为3.75m，混凝土浇筑量为153m^3；第二层由集泥坑至支座顶部，最大高度近5m，其中有6根断面仅为400mm宽的钢筋混凝土支柱，浇筑比较困难，该层的混凝土浇筑量为71m^3。中心支座的分层和支设模板情况，如图8-18所示。

浇筑中心支座的混凝土，由现场搅拌站集中配制，由自卸汽车运输，倾倒在受料槽后，用皮带运输机和手推车转运到浇筑工作面，浇筑情况如图8-19所示。

（二）排泥廊道施工

排泥廊道由沉淀池中心至排泥泵站，长度77m，为矩形钢筋混凝土结构，断面尺寸为1.8m×2.0m，埋于地下3m处，并设有7处伸缩缝。其模板的支设和混凝土浇筑，如图8-20所示。

排泥廊道的施工采用间隔逐段流水作业。位于池底下部的排泥廊道，其施工进度应与中心支座密切配合。

（三）沉淀池池壁施工

沉淀池池壁高5.9m，根据伸缩缝的设置，全池共分为16块池壁，采用流水作业施工。每块池壁混凝土的浇筑分三次进行，池壁模板的支设和分层浇筑情况，如图8-21所示。

池壁模板为定型铁皮模板，共有两种规格，即0.5m×1.0m和0.7m×1.4m，由50mm×50mm的小方木做框架，外包铁皮。采用铁皮木制模板，装拆方便且较坚固，比一般现场拼装的木拼合板的周转率高三倍。但缺点是铁皮不渗水，洒水养护混凝土不便。

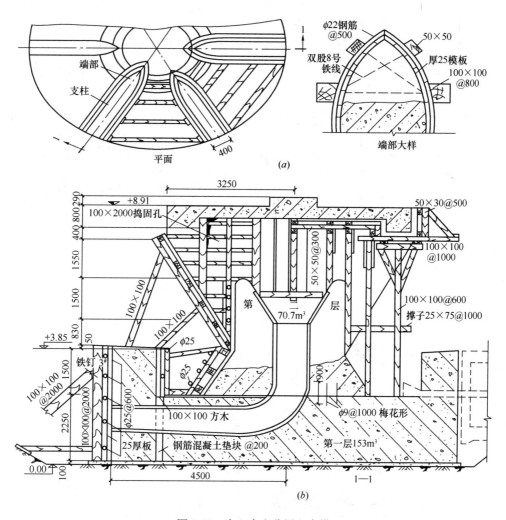

图 8-18 中心支座分层和支模

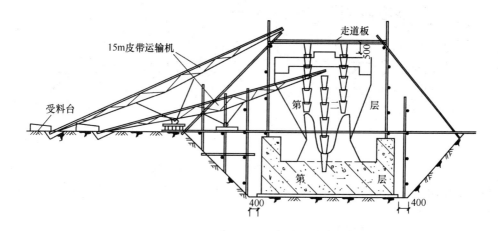

图 8-19 中心支座混凝土浇筑

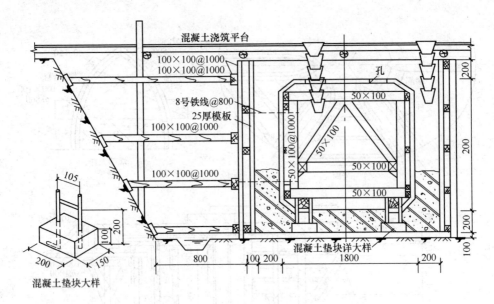

图 8-20 排泥廊道支模及浇筑

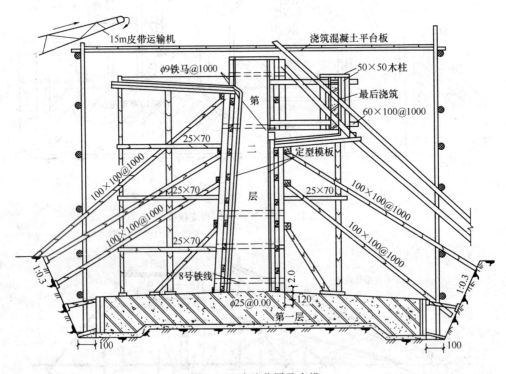

图 8-21 池壁分层及支模

池壁的钢筋绑扎、混凝土浇筑,以及施工缝、伸缩缝的处理均按照设计要求和施工操作规程规定进行施工。对处于地下水位以下部分的池壁及基础均涂刷热沥青玛琋脂隔绝层。

池外壁回填土方采用电动打夯机夯实,外部填土应配合内部填土同步进行,其高差不宜超过 1m,以保证池壁的稳定。

（四）池底施工

池底混凝土浇筑施工前，先将全部表层耕植土清除。按原设计要求，应回填粉质黏土或黏土，干密度不得低于 $1.6t/m^3$。因施工中难于控制土壤最佳含水量，为保证回填质量改用回填砂砾层。根据设计要求，夯填密实度为中密度，砂干密度达到 $1.72t/m^3$ 以上为合格。

回填砂砾层采用洒水夯实法，夯实工具使用电动打夯机、平头夯、尖头夯及平板振动器。为控制回填质量，每 $400m^2$ 砂面取样一次，检验夯填密实度。

砂砾层回填按分区进行施工，每区范围为 15~20m，并备有刻度尺控制回填厚度。回填的施工顺序为先中心支座、排泥廊道及进水管道的最低处，然后由池中心向四周扩展。按照池底设计要求的 0.05 坡度，每填好一个区域即测量高程，待全部回填完成后，开始混凝土垫层的浇筑。

池底板的浇筑由中心向四周分块进行。浇筑池底垫层混凝土设置的施工缝，按设计要求，与池底板钢筋混凝土的伸缩缝相互错开。池底、池壁混凝土的浇筑顺序见图 8-22。

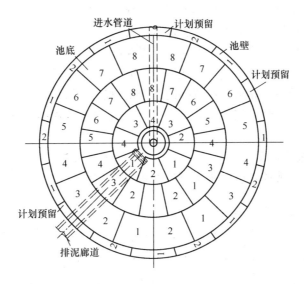

图 8-22　池底、池壁混凝土的浇筑顺序

池底板伸缩缝，按要求应为二次灌缝，即先在伸缩缝中浇灌一层 100mm 厚的玛琋脂，再填上一层 50mm 厚的沥青胶砂，用烙铁熨平。

（五）沉降观测及注水试验

沉降观测的沉降点，分别设置在中心支座和池壁上。中心支座设 4 个，分别置于支座顶板的轴线上，距边缘 1m，用长脚帽钉预先焊在钢筋上，并高出浇筑混凝土后的表面；每块池壁设置 2 个沉降观测点，采用角钢焊于钢筋上，使其露出混凝土表面 40~50mm，角钢距伸缩缝 1.5m。

通过施工期内沉降观测，中心支座平均沉降 5mm，在设计允许范围内。池壁每块沉降值不同，个别池壁沉降达 20mm，须在安装刮泥机轨道时，统一找平。

根据施工验收规范的规定，满水试验须在沉淀池混凝土达到设计强度后进行。

满水前，应封闭水池进出水管道，在 16 块池壁外侧设置千分表，以便观测池壁位移情况。

经过满水试验，沉淀池的渗漏量均小于规范规定的标准，满足使用的要求。

七、混凝土结构工程施工安全

（一）钢筋加工安全

（1）机械的安装必须坚实稳固，保持水平位置。固定式机械应有可靠的基础，移动式机械作业时应楔紧行走轮。

（2）外作业应设置机棚，机旁应有堆放原料、半成品的场地。

（3）加工较长的钢筋时，应有专人帮扶，并听从操作人员指挥，不得随意推拉。

（4）作业后，应堆放好成品、清理场地、切断电源、锁好电闸。

（5）焊机必须接地，以保证操作人员安全，对于焊接导线及焊钳接导处，都应可靠的绝缘。

（6）大量焊接时，焊接变压器不得超负荷，变压器升温不得超过 60℃。

（7）点焊、对焊时，必须开放冷却水，焊机出水温度不得超过 40℃，排水量应符合要求。天冷时应放尽焊机内存水，以免冻塞。

（8）对焊机闪光区域，须设铁皮隔挡。焊接时禁止其他人员停留在闪光区范围内，以防火花烫伤。焊机工作范围内严禁堆放易燃物品，以免引起火灾。

（9）室内电弧焊时，应有排气装置。焊工操作地点相互之间应设挡板，以防弧光刺伤眼睛。

（二）模板施工安全

（1）进入施工现场人员必须戴好安全帽，高空作业人员必须配戴安全带，并应系牢。

（2）经医生检查认为不适宜高空作业的人员，不得进行高空作业。

（3）工作前应先检查使用的工具是否牢固，扳手等工具必须用绳链系挂在身上，以免掉落伤人。工作时要思想集中，防止钉子扎脚和空中滑落。

（4）安装与拆除 5m 以上的模板，应搭脚手架，并设防护栏，防止上下在同一垂直面操作。

（5）高空、复杂结构模板的安装与拆除，事先应有切实的安全措施。

（6）遇六级以上大风时，应暂停室外的高空作业，雪霜雨后应先清扫施工现场，略干后不滑时再进行工作。

（7）二人抬运模板时要互相配合、协同工作。传递模板、工具应用运输工具或绳子系牢后升降，不得乱扔。装拆时，上下应有人接应，钢模板及配件应随装随拆运送，严禁从高处掷下。高空拆模时，应有专人指挥，并在下面标出工作区，用绳子和红白旗加以围栏，暂停人员过往。

（8）不得在脚手架上堆放大批模板等材料。

（9）支撑、牵杠等不得搭在门框架和脚手架上。通路中间的斜撑、拉杠等应设在 1.5m 高以上。

(10) 支模过程中，如需中途停歇，应将支撑、搭头、柱头板等钉牢。拆模间歇应将已活动的模板、牵杠等运走或妥善堆放，防止因扶空、踏空而坠落。

(11) 模板上有预留洞者，应在安装后将空洞口盖好。混凝土板上的预留洞，应在模板拆除后随即将洞口盖好。

(12) 拆除模板一般用长撬棍。人不许站在正在拆除的模板上。在拆除楼板模板时，要注意整块模板掉下，尤其是用定型模板做平台模板时更要注意，拆模人员要站在门窗洞口外拉支撑，防止模板突然全部掉落伤人。

(13) 在组合钢模板上架设电线和使用电动工具，应用 36V 低压电源或采取其他有效措施。

（三）混凝土施工安全

(1) 垂直运输设备，应有完善可靠的安全保护装置（如起重量及提升高度的限制、制动、防滑、信号等装置及紧急开关等），严禁使用安全保护装置不完善的垂直运输设备。

(2) 垂直运输设备安装完毕后，应按出厂说明书要求进行无负荷、静负荷、动负荷试验及安全保护装置的可靠性试验。

(3) 对垂直运输设备应建立定期检修和保养责任制。

(4) 操作垂直运输设备的司机，必须通过专业培训，考核合格后持证上岗，严禁无证人员操作垂直运输设备。

(5) 操作垂直运输设备，在有下列情况之一时，不得操作设备：

1）司机与起重机之间视线不清、夜间照明不足，而又无可靠的信号和自动停车、限位等安全装置。

2）设备的传动机构、制动机构、安全保护装置有故障，问题不清，动作不灵。

3）电气设备无接地或接地不良、电气线路有漏电。

4）超负荷或超定员。

5）无明确统一信号和操作规程。

(6) 进料时，严禁将头或手伸入料斗与机架之间察看或探摸进料情况，运转中不得用手或工具等物伸入搅拌筒内扒料出料。

(7) 料斗升起时，严禁在其下方工作或穿行。料坑底部要设料斗枕垫，清理料坑时必须将料斗用链条扣牢。

(8) 向搅拌筒内加料应在运转中进行；添加新料必须先将搅拌机内原有的混凝土全部卸出来才能进行。不得中途停机或在满载荷时启动搅拌机，反转出料者除外。

(9) 作业中，如发生故障不能继续运转时，应立即切断电源，将筒内的混凝土清除干净，然后进行检修。

(10) 支腿应全部伸出并支固，未支固前不得启动布料杆。布料杆升离支架后方可回转，布料杆伸出时应按顺序进行，严禁用布料杆起吊或拖拉物件。

(11) 当布料杆处于全伸状态时，严禁移动车身。作业中需要移动时，应将上段布料杆折叠固定，移动速度不超过 10km/h。布料杆不得使用超过规定直径的配管，装接的软管应系防脱安全绳带。

（12）应随时监视各种仪表和指示灯，发现不正常应及时调整或处理。如出现输送管道堵塞时，应进行逆向运转使混凝土返回料斗，必要时应拆管排除堵塞。

（13）泵送工作应连续作业，必须暂停时应每隔5～10min（冬季3～5min）泵送一次。若停止较长时间后泵送时，应逆向运转一至二个行程，然后顺向泵送。泵送时料斗内应保持一定量的混凝土，不得吸空。

（14）应保持储满清水，发现水质混浊并有较多砂粒时应及时检查处理。

（15）泵送系统受压力时，不得开启任何输送管道和液压管道。液压系统的安全阀不得任意调整，蓄能器只能充入氮气。

（16）使用前应检查各部件是否连接牢固，旋转方向是否正确。

（17）振动器不得放在初凝的混凝土、地板、脚手架、道路和干硬的地面上进行试振。维修或作业间断时，应切断电源。

（18）插入式振动器软轴的弯曲半径不得小于50cm，并不多于两个弯，操作时振动棒应自然垂直地沉入混凝土，不得用力硬插、斜推或使钢筋夹住棒头，也不得全部插入混凝土中。

（19）振动器应保持清洁，不得有混凝土粘结在电动机外壳上妨碍散热。

（20）作业转移时，电动机的导线应保持有足够的长度和松度。严禁用电源线拖拉振捣器。用绳拉平板振动器时，绳应干燥绝缘，移动或转向时不得脚踢电动机。

（21）振动器与平板应保持紧固，电源线必须固定在平板上，电器开关应装在手把上。

（22）在一个构件上同时使用几台附着式振动器工作时，所有振动器的频率必须相同。

（23）操作人员必须穿戴绝缘手套。

（24）作业后，必须做好清洗、保养工作，振动器要放在干燥处。

任务3 渠 道 施 工

当市政管道所需的管径较大时，为方便施工，降低工程造价，通常采用渠道，如给水工程中的输水渠道和排水工程中的排水明渠（或暗渠）等。渠道的施工一般有现场开挖、现场浇筑、现场砌筑和预制钢筋混凝土构件装配等方法。

一、渠道现场开挖

（一）开挖方法

渠道开挖有人工开挖、机械开挖和爆破开挖等方法，一般应根据现场施工条件、土壤特性、渠道横断面尺寸、地下水位等因素综合考虑确定。

1. 人工开挖

渠道人工开挖时首先要消除地表水或地下水对施工的影响，一般采用明沟排水，方法详见项目一。

人工开挖，应自渠道中心向外分层下挖，先深后宽。为方便施工，加快工程进度，在边坡处可按设计边坡先挖成台阶状，待挖至设计深度时再进行削坡。开挖后的弃土，应先行规划，尽量做到挖填平衡。一般有以下两种开挖方法：

其一是一次到底法。该法适用于土质较好、含水量低、挖深为 2~3m 的渠道。开挖时先将排水沟挖到低于渠底设计标高 0.5m 处，然后按阶梯状向下逐层开挖至渠底，如图 8-23 所示。

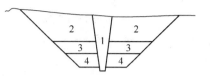

图 8-23 一次到底法
1—排水沟；2、3、4—开挖顺序

其二是分层下挖法。该法适用于土质较软、含水量高、挖深较大的渠道。一般有中心排水沟法和翻滚排水沟法两种方法。

当渠道较窄时，可采用中心排水沟法，如图 8-24（a）所示。施工时将排水沟布置在渠道中部，逐层下挖排水沟，直至渠底，此法适用于工期短、地下水量较小、平地开挖的渠道。

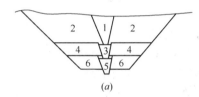 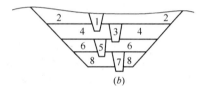

图 8-24 分层下挖法
（a）中心排水沟；（b）翻滚排水沟
2、4、6、8—开挖顺序；1、3、5、7—排水沟

当渠道较宽时，可采用翻滚排水沟法，如图 8-24（b）所示。该法排水沟断面小，施工安全，布置灵活，适用于开挖深度大、土质差、地下水量大、可以双面出土的渠道。

2. 机械开挖

机械开挖可以减轻工人的劳动强度，加快施工进度，降低工程造价，适用于土方较集中的大型渠道的施工。但施工场地必须便于机械施工，而且常需辅以人工清边清底，以保证开挖质量，使渠道达到设计要求。常用的开挖机械有：

（1）铲运机开挖。铲运机最适宜开挖全挖方渠道或半挖半填渠道。对需要在纵向调配土方的渠道，如运距不远时，也可用铲运机开挖。铲运机的开行线路宜布置成"8"字形或环行，如图 8-25（a）所示。

（2）推土机开挖。推土机适用于开挖深度不超过 2.0m，填筑渠堤高度不超过 3.0m，边坡不陡于 1∶2 的渠道。此外，还可用于平整渠底、清除腐殖土层、压实渠堤等。其工作方式如图 8-25（b）所示。

3. 爆破开挖

对于岩基渠道、盘山渠道或施工机械难于开挖的渠道，宜采用爆破开挖法进行施工。

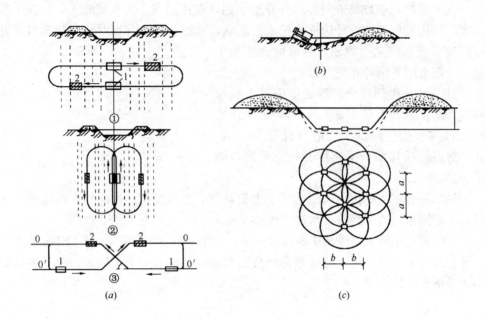

图 8-25 机械开挖渠道

(a) 铲运机的开行路线；(b) 推土机开挖渠道；(c) 渠道开挖药包布置
①环形横向开行；②环形纵向开行；③"8"字形开行
1—铲土；2—填土；0-0—填方轴线；0'-0'—挖方轴线

采用爆破法开挖渠道时，药包应根据开挖断面的大小沿渠道成排布置，如图 8-25 (c) 所示。当渠底宽度为渠道深度的 2 倍以上时，一般布置 2～3 排药包，爆破作用指数可取为 1.75～2.0。单个药包的装药量以及药包的间距和排距应根据爆破试验确定，宜请专业队进行爆破施工，爆破后应辅以人工清边清底，使渠道达到设计要求。

4. 开挖质量要求

渠道的开挖必须达到以下质量要求：

(1) 不扰动天然地基或地基处理符合设计要求；

(2) 渠壁平整，边坡坡度符合设计规定；

(3) 渠道高程允许偏差：开挖土方时为 ±20mm，开挖石方时为 +20～-200mm。

(二) 渠道衬护

现场开挖的渠道应进行衬护，即用灰土、水泥土、块石、混凝土、沥青、土工织物等材料在渠道内壁铺砌一衬护层，以防止渠道受冲刷；减少输水时的渗漏，提高渠道输水能力；减小渠道断面尺寸，降低工程造价；便于维护和管理。

常用的衬护方法有：

1. 灰土衬护

灰土由石灰和土料混合而成，灰土比为 1:2～1:6（重量比），衬护厚度一般为 200～400mm。灰土衬护的渠道，防渗效果较好，一般可减少渗漏量的 85％～

95%，造价较低，但其不耐冲刷。

施工时，先将过筛后的细土和石灰粉干拌均匀后，再加水拌合，然后堆放一段时间，使石灰充分熟化，待稍干后，即可分层铺筑夯实，拍打坡面消除裂缝。对边坡较缓的渠道，可不立模板直接填筑，铺料要自下而上，先渠底后边坡。对边坡较陡的渠道必须立模填筑，一般模板高0.5m，分三次上料夯实。灰土夯实后应养护一段时间再通水。

2. 砌石衬护

砌石衬护有干砌块石、干砌卵石和浆砌块石几种形式。干砌块石和干砌卵石用于土质较好的渠道，主要起防冲刷作用；浆砌块石用于土质较差的渠道，起抗冲防渗的作用。

在砂砾石地区，对坡度大、渗漏较大的渠道，采用干砌卵石衬护是一种经济的防渗措施，一般可减少渗漏量10%~60%。但卵石表面光滑，尺寸和重量较小，形状不一，稳定性差，砌筑质量要求较高。

干砌卵石施工时，应按设计要求先铺设垫层，然后再砌卵石。砌筑用卵石以外形稍带扁平且大小均匀为好。砌筑时宜采用直砌法，即卵石的长边要垂直于渠底，并砌紧、砌平、错缝，且位于垫层上。砌筑坡面时，要挂线自上而下分层砌筑，渠道边坡以1:1.5左右为宜，太陡会使卵石不稳，易被水流冲走，太缓则会减少卵石之间的挤压力，增加渗漏损失。为了防止砌筑面被局部冲毁，通常每隔10~20m用较大卵石在渠底和边坡干砌或浆砌一道隔墙，隔墙深600~800mm，宽400~500mm，以增加渠底和边坡的稳定性。渠底隔墙可做成拱形，其拱顶迎向水流，以提高抗冲能力。

砌筑顺序应遵循"先渠底，后边坡"的原则。砌筑质量要达到"横成排、三角缝、六面靠、踢不动、拔不掉"的要求。

砌筑完后还应进行灌缝和卡缝。灌缝是将较大的石子灌进砌缝中；卡缝是用木榔头或手锤将小片石轻轻砸入砌缝中。灌缝和卡缝完毕后在砌体表面扬铺一层砂砾，用少量水进行放淤，一边放水，一边投入砂砾石碎土，直至砌缝被泥砂填实为止。这样既可保证渠道运行安全，又可提高防渗效果。

3. 混凝土衬护

混凝土衬护具有强度高、糙率小、防渗性能好（可减少渗漏90%以上）、适用性强和维护工作量小等优点，因而被广泛采用。混凝土衬护有现浇式、预制装配式和喷混凝土等几种形式。

（1）现浇混凝土衬护

大型渠道的混凝土衬护多采用现浇施工。在渠道开挖和压实后，先排水、铺设垫层，然后再浇筑混凝土。浇筑时按结构缝分段，一般段长为10m左右，先浇渠底混凝土，后浇坡面混凝土。混凝土浇筑宜采用跳仓浇筑法，溜槽送混凝土入仓，平板振动器或直径30~50mm的插入式振动棒振捣。为方便施工，坡面模板可边浇筑边安装。结构缝应根据设计要求做好止水措施，安装填缝板，在混凝土拆模后，灌注填缝材料。

（2）预制装配式混凝土板衬护

装配式混凝土板衬护，是在预制厂制作混凝土衬护板，运至现场后进行安装，然后灌注填缝材料。混凝土预制板的尺寸应与起吊、运输设备的能力相适应，人工安装时，单块预制板的面积一般为 0.4~1.0m。铺砌时应将预制板四周刷净，并铺于已夯实的垫层上。砌筑时，横缝可以砌成通缝，但纵缝必须错开。装配式混凝土预制板衬护，施工受气候条件影响小，易于保证质量。但接缝较多，防渗、抗冻性能较差，适用于中小型渠道的衬护。

（3）喷混凝土衬护

喷混凝土衬护前，对石砌渠道应将砌筑面冲洗干净，对土质渠道应修整平整。喷混凝土时，应一次完成，达到平整光滑。混凝土要按顺序一块一块地喷施，喷施时从渠道底向两边对称进行，喷射枪口与喷射面应尽量保持垂直，距喷射面一般为 0.6~1.0m，喷射机的工作风压在 0.1~0.2MPa 之间。喷后应及时洒水养护。

4. 土工织物衬护

土工织物是用锦纶、涤纶、丙纶等高分子合成材料通过纺织、编制或无纺的方式加工成的一种新型土工材料，广泛用于工程的防渗、反滤、排水等施工中，一般采用混凝土模袋衬护或土工膜衬护。

（1）混凝土模袋衬护

先用透水不透浆的土工织物缝制成矩形模袋，把拌好的混凝土装入模袋中，再将装了混凝土的模袋铺砌在渠底或边坡（也可先将模袋铺在渠底或边坡，再将混凝土灌入模袋中）处，混凝土中多余的水分可从模袋中挤出，从而使水灰比迅速降低，形成高密度、高强度的混凝土衬护。衬护厚度一般为 150~500mm，混凝土坍落度为 200mm。利用混凝土模袋衬护渠道，衬护结构柔性好，整体性强，能适应基面变形。

（2）土工膜衬护

渠道防渗以前多采用普通塑料薄膜，因塑料薄膜容易老化，耐久性差，现已被新型防渗材料——复合防渗土工膜取代。复合防渗土工膜是在塑料薄膜的一侧或两侧贴以土工织物，以此保护防渗薄膜不受破坏，增加土工膜与土体之间的摩擦力，防止土工膜滑移，提高铺贴稳定性。复合防渗土工膜有一布一膜、二布一膜等形式．具有极高的抗拉、抗撕裂能力和良好的柔性，可使因基面的凸凹不平产生的应力得以很快分散，适应变形的能力强；由于土工织物具有一定的透水性，使土工膜与土体接触面上的孔隙水压力和浮托力易于消散；有一定的保温作用，减小了土体冻胀对土工膜的破坏。为了减少阳光照射，增加其抗老化性能，土工膜要采用埋入法铺设。

施工时，先用粒径较小的砂土或黏土找平基础，然后再铺设土工膜。土工膜不要绷得太紧，两端埋入土体部分呈波纹状，最后在土工膜上铺一层 100mm 厚的砂或黏土作过渡层，以避免将块石直接砸在土工膜上。在过渡层上砌 200~300mm 厚的块石或预制混凝土块作防冲保护层，宜边铺膜边进行保护层的施工。

施工中应做好土工膜的接缝处理，一般常用的接缝方式有：

1) 搭接，要求搭接长度在 150mm 以上；
2) 缝纫后用防水涂料进行处理；
3) 热焊，对于较厚的无纺布基材，可焊接处理；
4) 粘结，将与土工膜配套供应的胶粘剂涂在要接缝的部位上，在压力作用下进行粘合，使接缝达到最终强度。

(三) 渠堤填筑

渠道开挖完毕后要进行渠堤的填筑。渠堤填筑前要清除基础范围内的块石、树根、草皮、淤泥等杂质，并将基面略加平整，然后进行刨毛。如基础过于干燥，还应洒水湿润，然后再填筑。

渠堤填筑以粒径小的湿润散土为宜，如砂质壤土或砂质黏土。要求将透水性小的土料填筑在迎水面，透水性大的土料填筑在背水面。土料中不得掺有杂质，并应保持一定的含水量，以利压实。严禁使用冻土、淤泥、净砂、砂礓土等。半挖半填渠道应尽量利用挖方筑堤，只有在土料不足或土质不能满足填筑要求时，才取土填筑。

取土时，取土处应距堤脚一定距离，宜分层取土，每层挖土厚度不宜超过 1m，不得使用地下水位以下的土料。取土时应清除表层 150～200mm 的浮土或种植土。取土点宜先远后近，合理布置运输线路，避免陡坡和急弯，上、下坡路线要分开设置。

填筑时，应分层进行，每层土的虚铺厚度以 200～300mm 为宜，铺土要均匀，每层铺土应保证土堤断面略大于设计宽度，以免削坡后断面不足。堤顶应有 2%～4% 的坡度，坡向堤外，以利排除降水。筑堤时要考虑土堤在施工期间和日后的沉陷，填筑高度可预加 5% 的沉陷量。

二、砌筑渠道施工

砌筑渠道在国内外给水排水工程中应用较早，虽然它的施工进度较慢，砌筑技术较为复杂，但由于它可以充分利用当地材料，目前在各地仍普遍使用。砌筑渠道常用的断面形式有圆形、矩形、半椭圆形等，可用普通黏土砖或特制的楔形砖砌筑，在石料丰富的地区，还可采用料石或毛石砌筑。当砖的质地良好时，砖砌渠道能抵抗污水或地下水的腐蚀作用，经久耐用。

(一) 材料要求

砌筑渠道施工中所用材料应符合表 8-10 的要求。

砌筑渠道施工中材料要求　　　　　　表 8-10

材料名称	具 体 要 求
砖	砌筑用砖应采用机制普通黏土砖，其强度等级不应低于 MU7.5，并应符合国家现行《普通黏土砖》标准的规定
石料	石料应采用质地坚实无风化和裂纹的料石或毛石，其强度等级不应低于 MU20
砌块	混凝土砌块的抗压强度、抗渗、抗冻指标应符合设计要求，其尺寸允许偏差应符合国家现行有关标准和规范的规定

续表

材料名称	具 体 要 求
水泥砂浆	1. 材料要求 砌筑应采用水泥砂浆。水泥强度等级不应低于 42.5；砂宜采用质地坚硬、级配良好而洁净的中砂或粗砂，含泥量不应大于 3%；掺用防水剂或防冻剂时，应符合国家现行有关标准和规范的规定 2. 水泥砂浆配制和应用要求 （1）砂浆应按设计配合比配制 （2）砂浆应搅拌均匀，稠度应符合施工规范要求 （3）砂浆应随拌随用，在初凝前使用完毕。使用中出现泌水现象时，应重新拌合后再用

（二）砌筑施工

1. 砖砌渠道墙体和拱圈施工

（1）墙体的砌筑要点：

1）墙体宜采用五顺一丁式砌筑，但顶皮与底皮均须用丁砖砌筑。

2）墙体有抹面要求时，应随砌随将挤出的砂浆刮平；墙体为清水墙时，应随砌随划出深度 10mm 的凹槽。

（2）拱圈的砌筑要点：

1）拱圈砌筑前应将拱胎充分湿润，冲洗干净，并均匀涂刷隔离剂。

2）拱圈在拱胎上砌筑，当拱圈较大时，拱胎顶部可留一定的预加高度，以弥补拆除拱胎后拱圈的微量下沉。

3）拱圈须用丁砖砌筑，各砖缝的延长线应穿过拱心。当砌到拱顶最后一砖时，则用木锤轻轻敲入，以使灰缝密实。

4）砌筑时应自两侧向拱中心采用退槎法对称进行，每块砌块退半块留槎，必须当日封顶，拱顶上不得堆置器材和重物。

5）拱胎的拆除随拱圈直径而异，拱圈直径较小时，拱胎可在砌筑后一天进行拆除，以加速其周转使用；当直径较大时，则应养护 3~7d 后再拆除。

6）当渠道沉降缝中填塞沥青玛琋脂时，施工时应先在沉降缝的砖面上涂冷底子油，然后把预制的沥青玛琋脂块塞入缝中，砌完后再用喷灯烤热玛琋脂，使其与砖块粘结牢固。

（3）砌筑质量要求：

1）砖砌渠道应满铺满砌、上下错缝、内外搭砌，水平灰缝厚度和竖向灰缝宽度宜为 10mm，并不得有竖向通缝；曲线段的竖向灰缝，其内侧灰缝宽度不应小于 5mm，外侧灰缝宽度不应大于 13mm。

2）灰缝匀称，砂浆饱满严密，拱中心位置正确。

2. 石砌渠道墙体和拱圈施工

（1）墙体的砌筑要点

砌筑前应清除石块表面的污垢和水锈，并用水湿润。砌筑时采用铺浆法分层卧砌，上下错缝，内外搭接，并应在每 0.7m² 墙内至少设置拉结石一块，拉结石在同层内的中距不应大于 2m，每日砌筑高度不宜超过 1.2m。

(2) 拱圈的砌筑要点

石砌拱圈时，相邻两行拱石的砌缝应错开，砌体必须错缝、咬槎紧密，不得采用外贴侧立石块，中间填心的砌筑方法。

(3) 质量要求

灰缝宽度均匀，嵌缝饱满密实。

3. 反拱砌筑

有些渠道根据设计要求需做成拱底弧形，此时在渠底就要用砖（或石）砌筑反拱。

(1) 砌筑要点：

1) 砌筑前应根据设计要求制作反拱样板，沿设计轴线每隔 10m 左右设一块样板；

2) 根据反拱样板挂线，先砌中心的一列砖石，找准高程后再接砌两侧砖石。砌筑灰缝不得凸出墙面，砌筑完毕当砂浆强度达到设计抗压强度标准值的 25% 以上时，方可踩压。

(2) 质量标准：

反拱表面应平顺光滑，高程允许偏差为 ±10mm。

4. 砌筑渠道抹面

砌筑渠道应用水泥砂浆进行抹面，以减少渗漏。

(1) 施工要点：

1) 抹面前应将渠道表面粘结的杂物清理干净，并洒水湿润。

2) 水泥砂浆抹面宜分两道抹成，第一道抹成后应刮平并使表面成粗糙纹，初凝后再抹第二道水泥砂浆。第二道砂浆抹平后，应分两次压实抹光。

3) 抹面砂浆初凝后，应及时湿润养护，养护时间不宜小于 14d。

(2) 质量要求：

1) 砂浆与基层及各层间应粘结紧密牢固，不得有空鼓和裂纹等缺陷；

2) 抹面平整度不应大于 5mm；

3) 接槎平整，阴阳角清晰顺直。

5. 矩形渠道的钢筋混凝土盖板安装

对于暗渠，一般均要加设钢筋混凝土盖板，以保证水量和保护水质。其施工要点如下：

(1) 盖板安装前，应将墙顶清扫干净，洒水湿润，然后坐浆安装。

(2) 盖板安装时，应按设计吊点起吊、搬运和堆放，不得碰撞和反向放置。盖板安装的板缝宽度应均匀一致。

(3) 盖板就位后，相邻板底错台不应大于 10mm；板端压墙长度应满足设计要求，允许偏差为 ±10mm。板缝及板底的三角灰，应用水泥砂浆填抹压实。

6. 渠道砌筑质量标准

渠道砌筑允许偏差应符合表 8-11 的要求。

管渠砌筑质量允许偏差　　　　　　　　表 8-11

项目		允许误差（mm）			
		砖砌	料石	石块	混凝土块
轴线位置		15	15	20	15
渠底	高程	±10	±20		±10
	中心线每侧宽	±10	±10	±20	±10
墙高		±20	±20		±20
墙厚		不小于设计规定			
墙面垂直度		15	15		15
墙面平整度		10	20	30	10
拱圈断面尺寸		不小于设计规定			

三、装配式钢筋混凝土渠道施工

装配式钢筋混凝土渠道（或管沟）一般用于重力流管线上。它的优点是施工速度快，造价低，工程质量有保证，施工时受季节影响小。其缺点是机械化程度要求较高，接缝处理比较复杂。

装配式管沟预制块的大小，主要取决于施工条件，为了增强渠道的结构整体性，提高其水密性，加快施工速度，应在施工条件许可的条件下，尽量加大预制块的尺寸。

1. 施工要点

（1）渠底基础与墙体的连接

装配式渠道的基础与墙体等上部构件采用杯口连接时，杯口宜与混凝土一次连续浇筑；当采用分期浇筑时，应在基础面凿毛、清洗干净后再浇筑混凝土。

（2）构件安装

1）构件应待基础杯口混凝土达到设计抗压强度的 75% 以后，再进行安装；

2）安装前应将与构件连接部位凿毛清洗，杯底铺设水泥砂浆；

3）安装时应使构件稳固，接缝间隙符合设计要求，上、下构件的竖向企口接缝应错开。

（3）接缝处理

1）管渠侧墙两板间的竖向接缝应用细石混凝土或水泥砂浆嵌填密实。

2）矩形或拱形构件进行装配施工时，其水平企口应铺满水泥砂浆，使接缝咬合，且安装后应及时对接缝内外面勾抹压实。

3）矩形或拱形构件的嵌缝或勾缝应先做外缝，后做内缝，并适时洒水养护。内部嵌缝或勾缝，应在管渠外部还土后进行。

4）矩形或拱形管渠顶部的内接缝，采用石棉水泥嵌缝时，宜先填入 3/5 深度的麻辫，然后再填打石棉水泥至缝平。

2. 施工注意事项

（1）矩形或拱形管渠构件的运输、堆放及吊装，应采取措施防止构件失稳和受损。

（2）管渠采用先浇底板后装配墙板法施工时，安装墙板应位置准确，与相邻板顶平齐；采用钢管支撑器临时固定时，支撑器应待板缝及杯口混凝土达到规定强度，盖好盖板后方可拆除。

3. 装配式管渠构件安装质量标准

装配式管渠构件安装允许偏差应符合表 8-12 的规定。

装配式管渠构件安装允许偏差　　　　表 8-12

项　目	允许偏差（mm）	项　目	允许偏差（mm）
轴线位置	10	墙板、拱构件间隙	±10
高程（墙板、拱）	±5	杯口底、顶宽度	+10 −5
垂直度（墙板）	5		

四、现浇钢筋混凝土渠道施工

现浇钢筋混凝土渠道，施工时不需大型吊装设备，不必进行接缝处理，易于保证渠道的水密性，施工方法与一般水工混凝土相同，包括支模、安放钢筋骨架、浇筑混凝土、养护等工序。本教材不做介绍，施工时请参见有关书籍，但应注意以下问题：

1. 施工缝的设置

施工缝应设置在底角加腋的上皮以上不小于 200mm 处，在其上浇筑混凝土之前，应将接槎处混凝土表面的水泥砂浆或松散层清除，用水冲洗干净充分湿润后，均匀铺 15～25mm 厚与混凝土同级配的水泥砂浆，然后再浇筑混凝土。

2. 混凝土的浇筑

混凝土宜按渠道变形缝分段连续浇筑，渠道两侧应对称进行，严防一侧浇筑量过大，使模板产生弯曲变形和位移。当渠道深度超过 2m 时，为防止混凝土产生离析现象，应采用溜槽、串筒或导管浇筑。混凝土浇至墙顶并间歇 1～1.5h 后，再继续浇筑顶板。

3. 止水处理

在施工缝、变形缝等处，应用止水带做好止水，严防漏水。

4. 施工允许偏差

现浇钢筋混凝土渠道允许偏差见表 8-13。

现浇钢筋混凝土渠道允许偏差　　　　表 8-13

项　目	允许偏差（mm）	项　目	允许偏差（mm）
轴线位置	15	渠底中线每侧宽度	±10
渠底高程	±10	墙面垂直度	15
管、拱断面尺寸	不小于设计规定	墙面平整度	10
盖板断面尺寸	不小于设计规定	墙厚	+10 0
墙高	±10		

管渠施工完毕后应及时回填。回填时，两侧应同时进行，以保证砌块不发生

错位和移动,每层虚铺厚度以不超过 250mm 为宜。两侧同时轻夯,以免拱圈受力不匀左、右移动而造成拱圈开裂。拱顶部分的还土应薄铺轻夯,直到拱顶覆土厚度在 30cm 以上时,方可逐渐增大夯力,但仍需两侧同时夯打。

五、倒虹管施工

(一)直接顶管法

直接顶管法是采用顶管施工工艺铺设倒虹管的平行管,而两端的下行管和上行管一般采用开槽铺设。该法施工简单,节省人力、物力。但施工前必须清楚整个河床的构造,施工安全度不高,有时容易从工作坑内进水。适用于河床地质构造较好,河流较窄处的倒虹管施工。

1. 施工要点

(1) 施工前应进行详细的地形勘查、地质勘察和水文地质勘察,制定切实可行的施工方案;

(2) 采用直接顶管法施工;

(3) 穿越河流的平行直管顶入后,应对该管段进行清洗,然后将两端用木塞或其他物品暂时封堵,防止泥土及其他杂物进入,最后再连接两端的下行管和上行管,形成倒虹吸管。

2. 施工注意事项

(1) 不准在淤泥及流砂地带顶进;

(2) 穿越管道的管顶距河床底高度,对于不通航河道不得小于 0.5m,对于通航河道不得小于 1m;

(3) 穿越管道选用钢管时,要注意进行防腐处理。

(二)围堰法施工

1. 概述

围堰法施工就是在水体内围隔一环形堤堰,用水泵抽空堰内积水,再进行管道的开槽施工,待工程完工后再拆除围堰。该法施工技术成熟,难度低,钢管、铸铁管、玻璃钢管等均可采用此法施工。但修筑围堰工作量大,必要时须提防围堰被洪水冲毁。一般适用于河流不太宽、水流不急、不通航处的倒虹管施工。

(1) 围堰类型的选用

常用围堰见表 8-14。

常用围堰选用表　　　　　　　　表 8-14

围堰类型	适用条件		
	河床	最大水深 (m)	最大流速 (m/s)
土围堰		2	0.5
草土围堰		3	1.5
草捆土围堰	不透水	5	3
草(麻)袋围堰		3.5	2
堆石土围堰		4	3
石笼土围堰		5	4

续表

围堰类型	适用条件		
	河床	最大水深（m）	最大流速（m/s）
木板桩围堰	可透水	5	3
钢板桩围堰		—	3

(2) 施工要点

1) 围堰的结构和施工方法，应保证其可靠的稳定性、坚固性和不透水性；

2) 防止围堰基础与围堰本身的土层发生管涌现象；

3) 围堰和开挖的沟槽之间，应有足够的间距，以满足施工排水与运输的需要；

4) 堰顶高程的确定应根据波浪壅高和围堰的沉陷综合考虑确定，超高一般在 0.5~1.0m 以上；

5) 围堰的构造应当简单，能方便施工、修理和拆除并符合就地取材的原则；

6) 围堰布置时，应采取措施防止水流冲刷围堰；

7) 在通航河道上布置的围堰要满足航运的要求，特别是航堑型河道水流流速的要求；

8) 其他要求见表 8-15。

围堰要求表　　　表 8-15

堰型	断面尺寸			堰顶高出施工期最高水位（m）	材料规格	
	堰顶宽（m）	边坡坡度			土	其他
		堰内	堰外			
土围堰	≥1.5	1:1~1:3	>1:2	0.5~0.7	采用松散黏性土，不含石块、垃圾等杂物，不得使用冻土	用草皮、树枝、碎石护坡
草土围堰	1~2	1:1~1:3	>1:2	0.5~0.7		可用稻草、麦秸或杂草
草捆土围堰	2.5~3.0	1:0.2~1:0.5	1:0.5~1:1	1.0~1.5		稻草长:150~180cm 直径:40~50cm 草捆拉绳为麻绳，直径为2cm
草（麻）袋围堰	1~2	1:0.2~1:0.5	1:0.5~1:1	0.5~0.7		草麻袋装土为2/3，袋口缝合不得漏土
堆石土围堰	≥1.5	1:0.5~1:1	1:0.2~1:0.5	0.5~0.7		使用就地河沟中的大块碎石、卵石
石笼土围堰	≥1.5	1:1.5	1:1	0.5~0.7		竹笼直径0.4~0.6m，长1.5~6.0m，内装碎石

2. 倒虹管施工要点

(1) 选择围堰类型，在穿越河流地段进行围堰施工；

(2) 用水泵抽空堰内积水；

(3) 沿倒虹管的设计位置和走向在堰内开挖沟槽，铺设管道，堰内管道全部安装完毕后，将两端的管口临时封堵，防止进土及杂物；

(4) 对倒虹管进行试压检验，合格后方可回填管沟；

(5) 当需修建第二道围堰时，其位置要考虑尽量减少施工工作量，与已完管段相交处的管沟要用黏土做成止水带，防止沿管沟串水。

3. 施工注意事项

(1) 在施工组织设计时，要依据施工进度及水文资料确定科学、合理的开工日期，使围堰施工在枯水期内完成。围堰的质量要保证在整个施工期间内，出现最高水位时安全可靠。

(2) 倒虹管的覆土厚度，不通航河流不小于0.5m；通航河流应大于1.0m，且覆土表层要用片石、草袋或土工织物等做防冲刷处理，回填高度不得高于河床。

(3) 施工中，应采取可靠的措施，防止管道上浮和偏移。

(4) 倒虹管选用钢管时，应作好防腐处理，若采用铸铁管或自应力混凝土管时，应优先考虑橡胶圈柔性接口，并配以可靠的基础。

(5) 若沟槽底的土层结构不稳定时，应设置混凝土带状基础。

(三) 沉浮法施工

沉浮法施工是在水中开挖管沟，然后将已焊接好的倒虹管沉放到管沟中。该法适用面广，不影响河流通航和河水的流动。但水下开挖及控制管道的浮运难度较大，要采用一定的施工机械。一般适用于河床受水流影响较小处的倒虹管施工。

1. 施工要点

(1) 开挖水下管沟。水下管沟可以采用挖泥船、吸泥泵、抓铲等机械挖掘，也可采用拉铲挖沟，如图8-26所示。挖掘装置在安装和使用时，要使牵引索始终保持与管道走向相同。

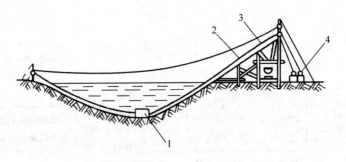

图 8-26 沉浮法施工管道穿越河流
1—索铲；2—牵引索；3—空载索；4—绞车

(2) 在挖沟的同时，要经常测定水深、沟深，检查管沟的质量。

(3) 用碎石对管沟进行初步找平，达到设计要求。

(4) 在邻近管沟河岸的平整场地上依河床断面焊接倒虹吸管，钢管应进行防腐处理。

(5) 进行分段打压试验。

(6) 将打压试验合格的钢管两端用木塞临时封堵，然后拖至河中水面上，对准管沟方位。

（7）再一次进行严密性检验，校正管中线及倒虹吸管的形状位置是否与管沟断面相适应。

（8）打开安装在管道的进水阀和排气阀，均匀地将管道沉于河底管沟中。

（9）潜水员检查和校正管道位置使之符合设计要求后，用石块填塞管道沟底的空隙，拆去管道上所系钢丝绳，然后回填。

2. 施工注意事项

（1）水下管沟开挖方向要符合管道设计走向；

（2）倒虹管只能采用钢管；

（3）沉管时，要求两端同时进水，进水流量要小，而且两端进水速度大致相同，同时两端牵引设备要拉住管道，以免因进水不均，管道两端下降速度不同而造成倾斜，改变位置；

（4）管顶覆土必须均匀，尽可能恢复原河床断面，如埋设在河床下较浅时，也可不覆土待其自然淤设。

复习思考题

1. 砖砌体施工工艺是什么？
2. 检查井砌筑有哪些注意事项？
3. 检查井砌筑都要采取哪些安全技术措施？
4. 钢筋绑扎的要求是什么？
5. 模板施工有哪些注意事项？
6. 钢筋加工时要采取哪些安全技术措施？
7. 混凝土浇筑时有哪些注意事项？
8. 混凝土浇筑时要采取哪些安全技术措施？

主要参考文献

[1] 姜湘山主编. 简明管道工手册. 北京：机械工业出版社，2001.
[2] 边喜龙主编. 给水排水工程施工技术. 北京：中国建筑工业出版社，2005.
[3] 谷峡，边喜龙主编. 新编建筑给水排水工程师手册. 哈尔滨：黑龙江科技出版社，2001.
[4] 白建国，戴安全，吕宏德编. 市政管道工程施工. 北京：中国建筑工业出版社，2007.
[5] 姜湘山，张晓明编著. 市政工程管道工实用技术. 北京：机械工业出版社，2005.
[6] 张奎主编. 给水排水管道工程技术. 北京：中国建筑工业出版社，2005.
[7] 段常贵主编. 燃气输配. 北京：中国建筑工业出版社，2001.
[8] 李德英主编. 供热工程. 第一版. 北京：中国建筑工业出版社，2005.
[9] 严煦世，范瑾初主编. 给水工程. 第三版. 北京：中国建筑工业出版社，1995.
[10] 郑达谦主编. 给水排水工程施工. 第三版. 北京：中国建筑工业出版社，1998.
[11] 高乃熙，张小珠主编. 顶岗技术 [M]. 北京：中国建筑工业出版社，1984.
[12] 严纯文，蒋国胜，叶建良主编. 非开挖铺设地下管线工程技术. 第一版. 上海：上海科学技术出版社，2005.
[13] 邢丽贞主编. 市政管道施工技术. 北京：化学工业出版社，2004.
[14] 张鸿滨主编. 水暖与通风施工技术. 北京：中国建筑工业出版社，1989.
[15] 李良训主编. 市政管道工程. 第一版. 北京：中国建筑工业出版社，1998.
[16] 夏明耀主编. 地下工程设计施工手册. 第一版. 北京：中国建筑工业出版社，1999.
[17] 周爱国主编. 隧道工程现场施工技术. 第一版. 北京：人民交通出版社，2004.
[18] 张凤祥，朱合华，付德明主编. 盾构隧道. 第一版. 北京：人民交通出版社，2004.
[19] 刘钊，余才高，周振强主编. 地铁工程设计与施工. 第一版. 北京：人民交通出版社，2004.
[20] 李国轩主编. 水利水电勘察设计施工新技术实用手册. 第一版. 长春：吉林摄影出版社，2004.
[21] 毛建平，金文良主编. 水利水电工程施工 [M]. 郑州：黄河水利出版社，2004.
[22] 刘灿生主编. 给水排水工程施工手册. 第二版. 北京：中国建筑工业出版社，2002.
[23] 李昂主编. 管道工程施工及验收标准规范实务全书. 第一版. 北京：金版电子出版公司，2003.
[24] 孙连溪主编. 实用给水排水工程施工手册. 第一版. 北京：中国建筑工业出版社，1998.
[25] 贾宝，赵智等主编. 管道施工技术. 北京：化学工业出版社，2003.
[26] 北京市政工程局主编. 市政工程施工手册. 第二卷. 专业施工技术（一），第一版. 北京：中国建筑工业出版社，1995.
[27] 市政工程设计施工系列图集编绘组编. 市政工程设计施工系列图集（给水、排水工程，下册）. 北京：中国建材工业出版社，2004.
[28] 秦树和，杨光臣编著，安装工程施工工艺. 第一版. 重庆：重庆大学出版社，1997.
[29] 中华人民共和国建设部主编. 给水排水管道工程施工及验收规范. GB 50268—2008. 北京：中国建筑工业出版社，2003.
[30] 上海市建设和交通委员会主编. 室外给水设计规范. GB 50013—2006. 北京：中国计划出

版社，2006．

[31] 城市建设研究院主编．城市燃气输配管道工程施工及验收规范．CJJ 33—2005．北京：中国建筑工业出版社，2003．

[32] 北京市供热工程设计公司等主编．城市燃气输配管道工程施工及验收规范．CJJ 28—2004．北京：中国建筑工业出版社，2003．

[33] 北京市市政工程设计研究总院，哈尔滨建筑大学主编．埋地硬聚氯乙烯给水管道工程技术规程．CECS17：2000．北京：中国建筑工业出版社，2000．

尊敬的读者：

感谢您选购我社图书！建工版图书按图书销售分类在卖场上架，共设22个一级分类及43个二级分类，根据图书销售分类选购建筑类图书会节省您的大量时间。现将建工版图书销售分类及与我社联系方式介绍给您，欢迎随时与我们联系。

★ 建工版图书销售分类表（见下表）。

★ 欢迎登陆中国建筑工业出版社网站www.cabp.com.cn，本网站为您提供建工版图书信息查询、网上留言、购书服务，并邀请您加入网上读者俱乐部。

★ 中国建筑工业出版社总编室　　电　话：010—58337016　　传　真：010—68321361

★ 中国建筑工业出版社发行部　　电　话：010—58337346　　传　真：010—68325420
　　　　　　　　　　　　　　　　E-mail：hbw@cabp.com.cn

建工版图书销售分类表

一级分类名称（代码）	二级分类名称（代码）	一级分类名称（代码）	二级分类名称（代码）
建筑学（A）	建筑历史与理论（A10）	园林景观（G）	园林史与园林景观理论（G10）
	建筑设计（A20）		园林景观规划与设计（G20）
	建筑技术（A30）		环境艺术设计（G30）
	建筑表现·建筑制图（A40）		园林景观施工（G40）
	建筑艺术（A50）		园林植物与应用（G50）
建筑设备·建筑材料（F）	暖通空调（F10）	城乡建设·市政工程·环境工程（B）	城镇与乡（村）建设（B10）
	建筑给水排水（F20）		道路桥梁工程（B20）
	建筑电气与建筑智能化技术（F30）		市政给水排水工程（B30）
	建筑节能·建筑防火（F40）		市政供热、供燃气工程（B40）
	建筑材料（F50）		环境工程（B50）
城市规划·城市设计（P）	城市史与城市规划理论（P10）	建筑结构与岩土工程（S）	建筑结构（S10）
	城市规划与城市设计（P20）		岩土工程（S20）
室内设计·装饰装修（D）	室内设计与表现（D10）	建筑施工·设备安装技术（C）	施工技术（C10）
	家具与装饰（D20）		设备安装技术（C20）
	装修材料与施工（D30）		工程质量与安全（C30）
建筑工程经济与管理（M）	施工管理（M10）	房地产开发管理（E）	房地产开发与经营（E10）
	工程管理（M20）		物业管理（E20）
	工程监理（M30）	辞典·连续出版物（Z）	辞典（Z10）
	工程经济与造价（M40）		连续出版物（Z20）
艺术·设计（K）	艺术（K10）	旅游·其他（Q）	旅游（Q10）
	工业设计（K20）		其他（Q20）
	平面设计（K30）	土木建筑计算机应用系列（J）	
执业资格考试用书（R）		法律法规与标准规范单行本（T）	
高校教材（V）		法律法规与标准规范汇编/大全（U）	
高职高专教材（X）		培训教材（Y）	
中职中专教材（W）		电子出版物（H）	

注：建工版图书销售分类已标注于图书封底。